第3章 卡片设计

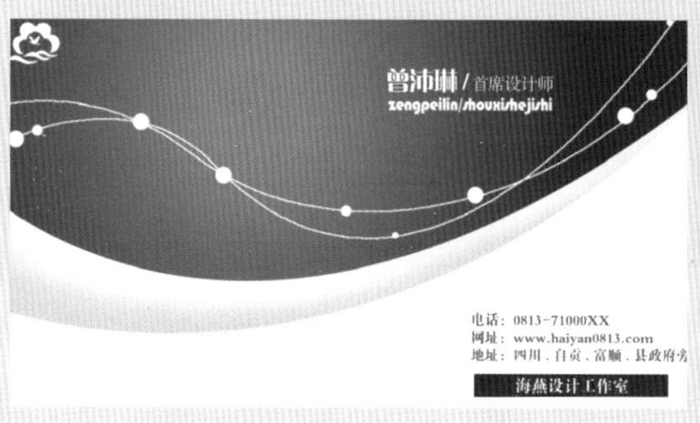

【课堂案例——个性名片】

【课堂案例——贵宾卡设计】

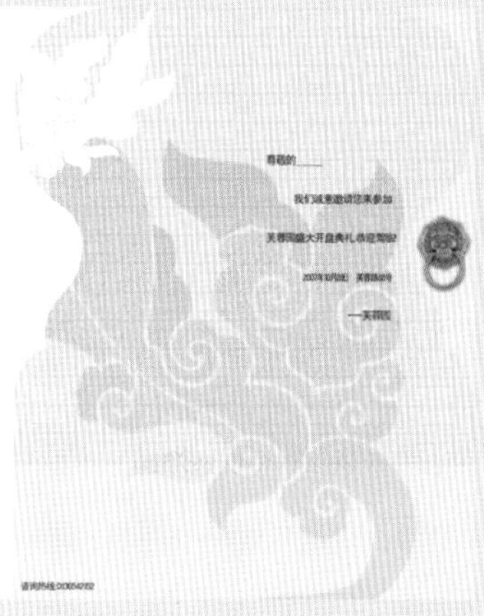

【课堂案例——邀请函】

【课堂案例——教师节卡片】

【课后习题1——个人名片】

【课后习题2——优惠卡】

【课后习题3——门票】

第4章
DM单设计

【课堂案例——单页广告】

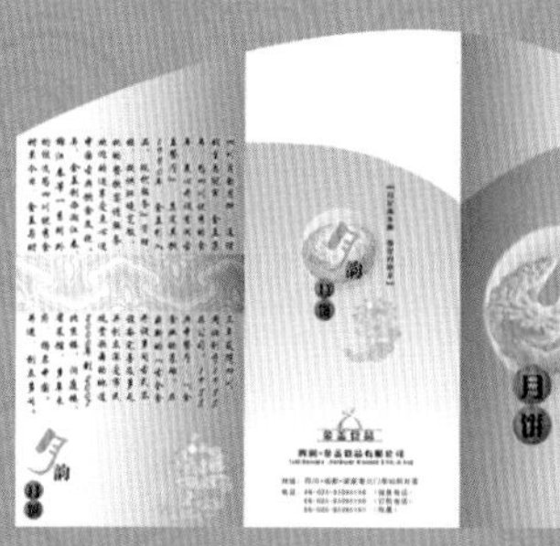

【课堂案例——三折页广告】

【课堂案例——直邮广告】

【课堂案例——房地产DM单】

【课堂案例——美味轩食物广告】

【课后习题1——单面DM单】

【课堂案例——化妆品广告】

【课后习题2——双面DM单】

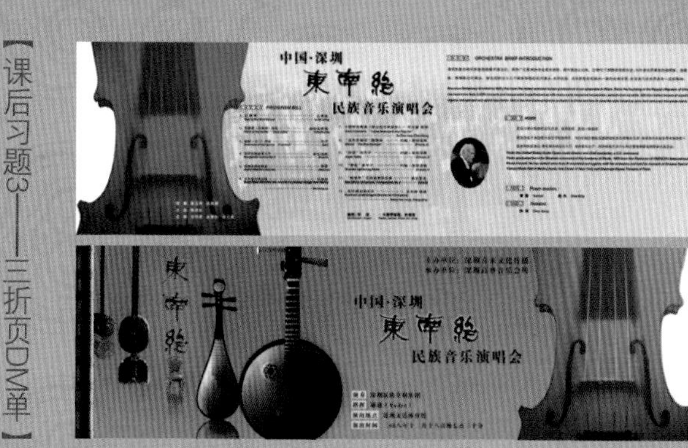

【课后习题3——三折页DM单】

【课堂案例——单色报纸广告】

【课堂案例——汽车广告设计】

第5章
报纸杂志广告设计

【课堂案例——手表广告设计】

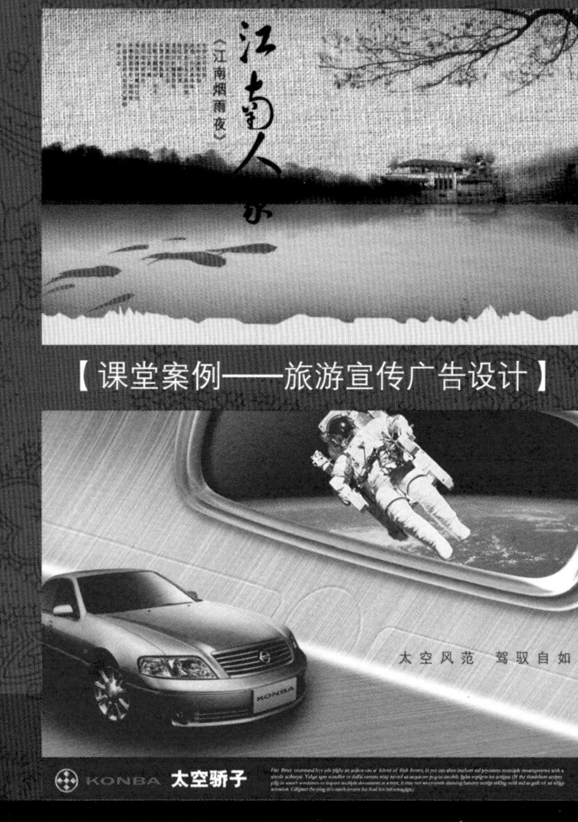

【课堂案例——旅游宣传广告设计】

【课堂案例——报版设计】

【课堂案例——音乐手机广告设计】

【课后习题1——彩色报版设计】

【课后习题2——红酒广告】

【课后习题3——化妆品广告】

【课后习题4——时尚手机广告】

第6章

户外广告设计

【课堂案例——公交广告】

【课后习题3——户外广告牌设计】

【课堂案例——广告牌设计】

【课堂案例——霓虹灯广告牌】

【课堂案例——户外海报设计】

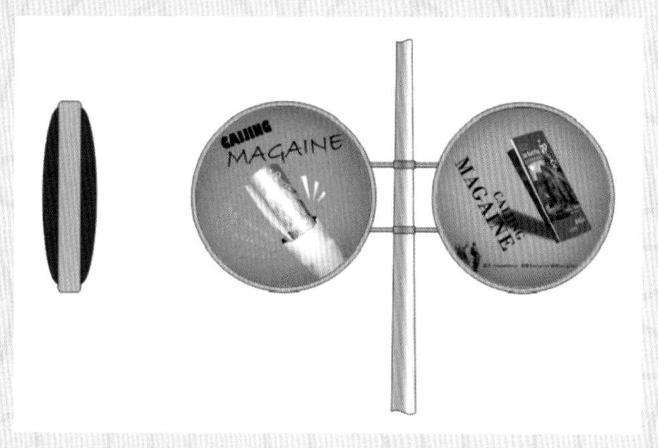

【课堂案例——户外灯箱设计】

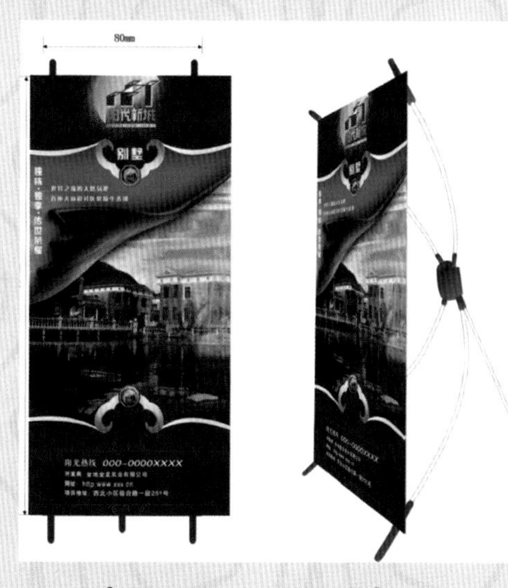

【课后习题1——X展架设计】

【课后习题2——易拉宝设计】

【课后习题4——企业海报设计】

【课堂案例——古典画册】

第7章
画册和菜谱设计

【课堂案例——装饰设计画册】

【课堂案例——药业公司画册】

课后习题3——酒楼菜谱设计】

【课堂案例——菜谱设计】

第8章 封面和装帧设计

【课后习题2——杂志封面】

【课堂案例——系列封面设计】

【课堂案例——CD封面设计】

【课堂案例——宣传画册平面设计】

【课堂案例——宣传画册立体设计】

【课堂案例——精装书籍封面设计】

【课后习题1——画册封面设计】

第9章 纸盒包装设计

【课堂案例——巧克力包装盒设计】

【课堂案例——月饼包装设计】

【课堂案例——红酒包装盒】

【课堂案例——碧螺春包装设计】

【课后习题1——茶叶包装设计】

【课堂案例——金属酒盒包装】

【课堂案例——洗发水包装设计】

【课后习题2——巧克力包装设计】

【课堂案例——CD盒包装设计】

【课后习题3——白酒包装设计】

第10章 造型包装设计

中文版 Photoshop CS6 平面设计实用教程

（第2版）

时代印象 编著

人民邮电出版社
北京

图书在版编目（CIP）数据

中文版Photoshop CS6平面设计实用教程 / 时代印象编著. -- 2版. -- 北京 : 人民邮电出版社, 2017.7(2022.6重印)
ISBN 978-7-115-45436-2

Ⅰ. ①中… Ⅱ. ①时… Ⅲ. ①平面设计－图象处理软件－教材 Ⅳ. ①TP391.413

中国版本图书馆CIP数据核字(2017)第076156号

内容提要

本书是一本全面介绍如何使用 Photoshop CS6 进行平面设计的实用教程。本书针对零基础读者编写，是入门级读者快速、全面掌握 Photoshop CS6 平面设计的必备参考书。

本书从 Photoshop CS6 基本工具的用法入手，延伸至平面设计的基础知识，紧接着安排了 8 章内容，详细介绍了卡片设计、DM 单设计、报纸杂志广告设计、户外广告设计、画册和菜谱设计、封面和装帧设计、纸盒包装设计以及造型包装设计等实际工作中常见的案例。每个案例都有制作流程详解，图文并茂、一目了然，并且每章都配有课后习题，读者在学完案例后可继续参考习题进行深入练习，以拓展自己的创意思维，提高平面设计能力。

本书提供下载资源，内容包含本书所有案例的源文件、素材文件、PPT 课件和多媒体视频教学录像，读者可通过在线方式获取这些资源，具体方法请参看本书前言。

本书非常适合作为院校和培训机构平面设计专业课程的教材和教学参考书，也可以作为 Photoshop CS6 自学人员的学习用书。

◆ 编　　著　时代印象
责任编辑　张丹丹
责任印制　陈　犇

◆ 人民邮电出版社出版发行　　北京市丰台区成寿寺路 11 号
邮编　100164　　电子邮件　315@ptpress.com.cn
网址　http://www.ptpress.com.cn
固安县铭成印刷有限公司印刷

◆ 开本：787 × 1092　1/16　　彩插：6
印张：23　　2017 年 7 月第 2 版
字数：668 千字　　2022 年 6 月河北第 10 次印刷

定价：49.80 元

读者服务热线：(010)81055410　印装质量热线：(010)81055316
反盗版热线：(010)81055315
广告经营许可证：京东市监广登字20170147号

前言

Photoshop是Adobe公司旗下一款优秀的图像处理软件，其功能强大，应用领域涉及平面设计、图片处理、照片处理、网页设计、界面设计、文字设计、插画设计、视觉创意与三维设计等。

本书的特色包括以下3点。

- 全面的知识：覆盖Photoshop CS6所有的平面设计类型。
- 实用的实例：37个最常见的平面设计课堂案例+24个平面设计延伸课后习题。
- 超值的赠送：所有案例源文件+所有案例的教学视频+PPT教学课件+Photoshop CS6快捷键索引。

本书内容分为10章。

第1章的主要内容是软件概述和基本工具介绍。本章全面讲解Photoshop CS6各种工具的用法，带领读者进入Photoshop CS6的世界。

第2章主要介绍平面设计的基础知识。本章结合平面设计的概念与特征、平面设计元素创意技法、平面设计创意表现技法和印刷常识等，对平面设计的相关知识进行了整体概括。

第3章～第10章为案例讲解部分，是本书的重点部分。这个部分全面介绍在实际工作中最常见的卡片设计、DM单设计、报纸杂志广告设计、户外广告设计、画册和菜谱设计、封面和装帧设计和包装设计等方面的内容。

随书资源中包含“案例文件”“素材文件”“多媒体教学”和“PPT课件”4个文件夹。其中“案例文件”中包含本书所有案例的源文件；“素材文件”中包含本书所有案例用到的素材文件；“多媒体教学”中包含本书所有课堂案例和课后习题的多媒体有声视频教学录像，读者可以边观看录像，边学习书中的案例；“PPT课件”中包含各章的重点知识，可供任课教师教学使用。

为了达到使读者轻松自学并深入了解用Photoshop CS6进行平面设计的目的，本书在版面结构设计上尽量做到清晰明了，如下图所示。

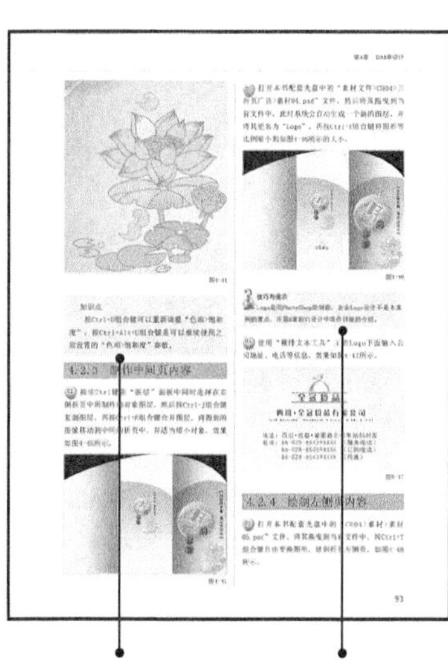

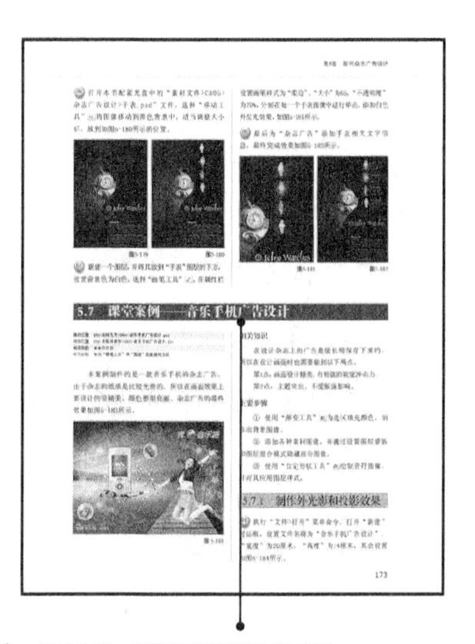

课堂案例：包含大量的平面设计案例详解，让大家深入掌握各种平面设计的制作流程，以快速提升平面设计能力。

知识点：针对软件的各种重要技术及平面设计的重要知识点进行点拨。

技巧与提示：针对软件的实用技巧及平面设计制作过程中的难点进行重点提示。

课后习题：安排重要的平面设计习题，让大家在学完相应内容以后继续强化所学技能。

本书的参考学时为53学时，其中讲授环节为33学时，实训环节为20学时，各章的学时可参考下面的学时分配表。

章	课程内容	学时分配	
		讲授学时	实训学时
第1章	认识Photoshop CS6	2	
第2章	平面设计的相关知识	1	
第3章	卡片设计	3	2
第4章	DM单设计	3	2
第5章	报纸杂志广告设计	5	3
第6章	户外广告设计	5	3
第7章	画册和菜谱设计	3	2
第8章	封面和装帧设计	3	2
第9章	纸盒包装设计	4	3
第10章	造型包装设计	4	3
学时总计	53	33	20

由于编写水平有限，书中难免出现疏漏和不足之处，还请广大读者包涵并指正。

我们衷心地希望能够为广大读者提供力所能及的阅读服务，尽可能地帮读者解决一些实际问题，如果读者在学习过程中需要我们的支持，请通过以下方式与我们取得联系，我们将尽力解答。

售后服务

本书所有的学习资源文件均可在线下载（或在线观看视频教程），扫描封底的“资源下载”二维码，关注我们的微信公众号即可获得资源文件下载方式。资源下载过程中如有疑问，可通过我们的在线客服或客服电话与我们联系。在学习的过程中，如果遇到问题，也欢迎您与我们交流，我们将竭诚为您服务。

资源下载

您可以通过以下方式来联系我们。

客服邮箱：press@iread360.com

客服电话：028-69182687、028-69182657

编者

2017年3月

目 录 CONTENTS

目 录 CONTENTS

目 录 CONTENTS

目录 CONTENTS

第1章 认识Photoshop CS6

“工欲善其事，必先利其器”，只有完全掌握和了解了Photoshop，才能在以后的工作和设计中提高效率。本章我们将介绍Photoshop的发展史和应用领域，并着重讲解Photoshop CS6的工作界面和首选项的设置，使读者整体了解Photoshop CS6，并在大脑中对其有一个完整的概念。

课堂学习目标

了解Photoshop的应用领域

了解Photoshop的工作界面

掌握Photoshop工具的运用

1.1 Photoshop的应用领域

Photoshop是Adobe公司旗下一款优秀的图像处理软件，其主要应用领域到底有哪些呢？读了下面的内容就知道了！

1.1.1 平面设计

毫无疑问，平面设计是Photoshop应用最为广泛的领域之一。无论是我们正在阅读的图书封面，还是在大街上看到的招贴、海报，这些具有丰富图像的平面印刷品（见图1-1和图1-2），基本上都需要使用Photoshop对图像进行处理。

图1-1

图1-2

1.1.2 照片处理

Photoshop作为照片处理的王牌软件，当然具有一套相当强大的图像修饰功能。利用这些功能，我们可以快速修复数码照片上的瑕疵，同时可以调整照片的色调或为照片添加装饰元素等，如图1-3所示。

图1-3

1.1.3　网页设计

随着互联网的普及，人们对网页的审美要求也不断提升，使用Photoshop可以美化网页元素，如图1-4所示。

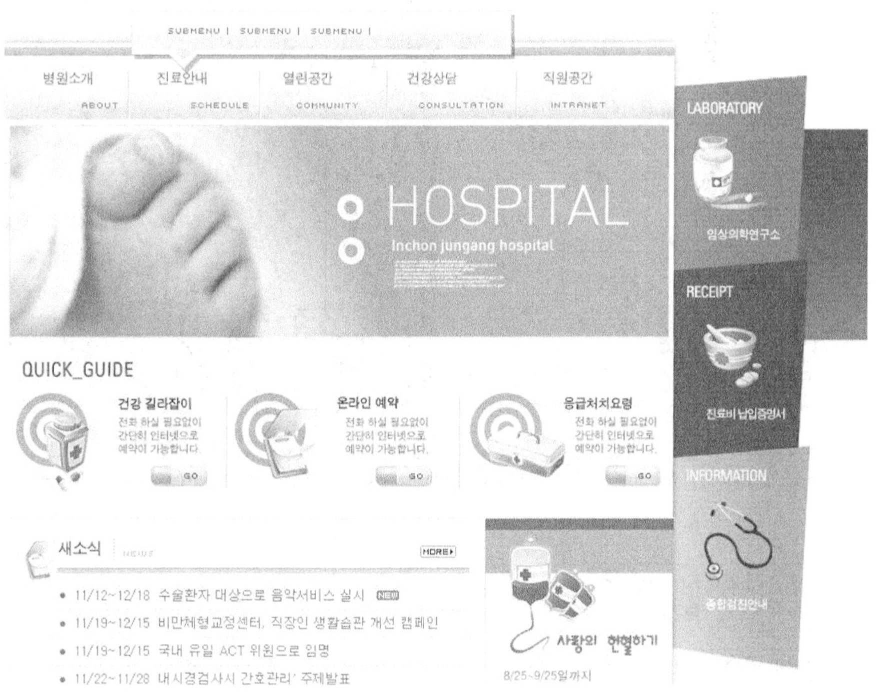

图1-4

1.1.4　界面设计

界面设计受到越来越多的软件企业及开发者的重视，绝大多数设计师使用的设计软件都是Photoshop，如图1-5所示。

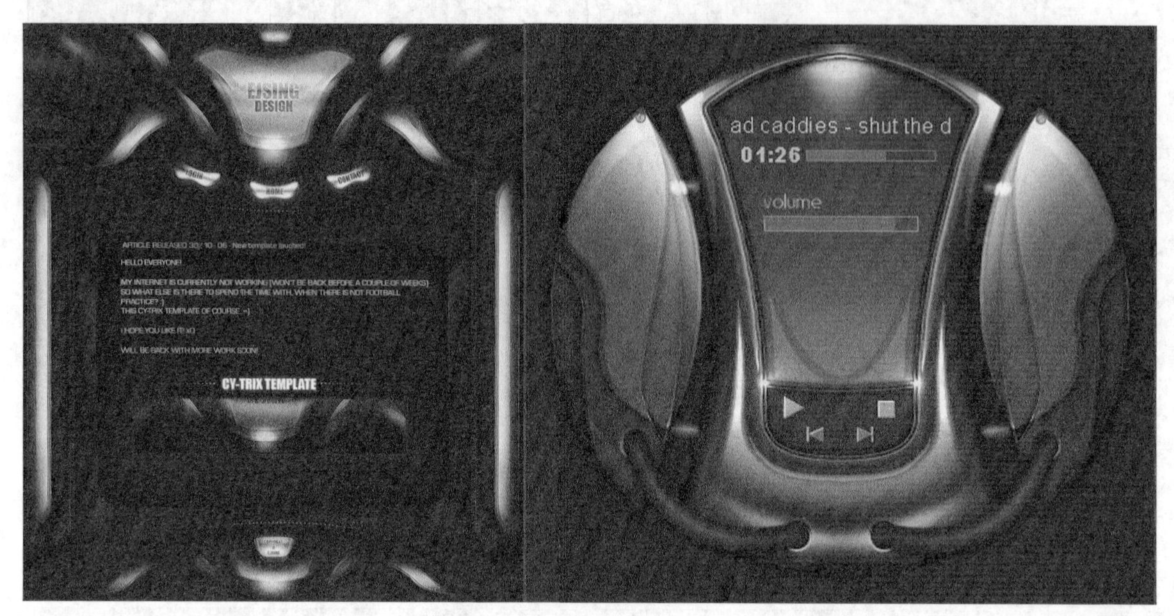

图1-5

1.1.5　文字设计

千万不要忽视Photoshop在文字设计方面的应用，它可以制作出各种质感和特效文字，如图1-6所示。

图1-6

1.1.6　插画创作

Photoshop具有一套优秀的绘画工具，我们可以使用Photoshop绘制出各种各样的精美插画，如图1-7所示。

图1-7

1.1.7　视觉创意

视觉创意与设计是设计艺术的一个分支，此类设计通常没有非常明显的商业目的，但由于它为广大设计爱好者提供了无限的设计空间，因此越来越多的设计爱好者都开始注重视觉创意，并逐渐形成了属于自己的一套创作风格，如图1-8所示。

图1-8

1.1.8　三维设计

Photoshop在三维设计中主要有两方面的应用：一是对效果图进行后期修饰，包括配景的搭配及色调的调整等，如图1-9所示；二是用来绘制精美的贴图，因为再好的三维模型，如果没有逼真的贴图附在模型上，仍然得不到好的渲染效果，如图1-10所示。

图1-9

图1-10

1.2 Photoshop CS6的工作界面

随着版本的不断升级，Photoshop的工作界面布局也更加合理、更加具有人性化。启动Photoshop CS6，其工作界面如图1-11所示，主要由菜单栏、属性栏、标题栏、工具箱、状态栏、文档窗口和各式各样的面板组成。

图1-11

1.2.1　菜单栏

Photoshop CS6的菜单栏中包含11组主菜单，分别是“文件”“编辑”“图像”“图层”“文字”“选择”“滤镜”“3D”“视图”“窗口”和“帮助”，如图1-12所示。单击相应的主菜单，即可打开该菜单下的命令，如图1-13所示。

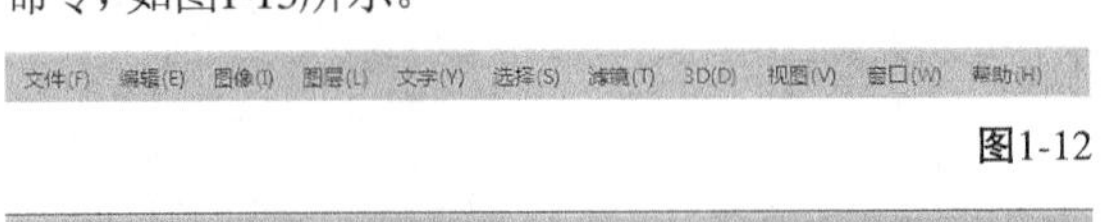

图1-12

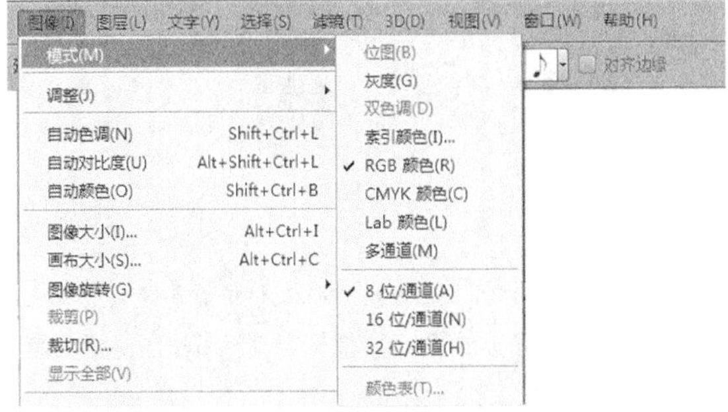

图1-13

1.2.2　标题栏

打开一个文件以后，Photoshop会自动创建一个标题栏。在标题栏中会显示这个文件的名称、格式、窗口缩放比例和颜色模式等信息。

1.2.3　文档窗口

文档窗口是显示打开图像的地方。如果只打开了一张图像，则只有一个文档窗口，如图1-14所示；如果打开了多张图像，则文档窗口会按选项卡的方式进行显示，如图1-15所示。单击一个文档窗口的标题栏即可将其设置为当前工作窗口。

图1-14

图1-15

按住鼠标左键拖曳文档窗口的标题栏，可以将其设置为浮动窗口，如图1-16所示；按住鼠标左键将浮动文档窗口的标题栏拖曳到选项卡中，文档窗口会停放到选项卡中，如图1-17所示。

图1-16

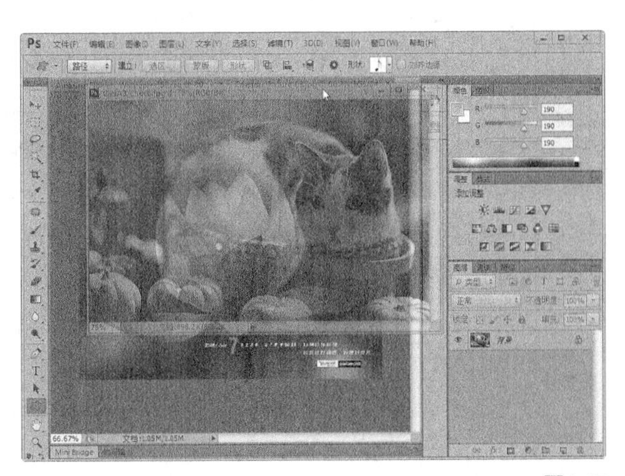

图1-17

1.2.4 工具箱

“工具箱”中集合了Photoshop CS6的大部分工具，这些工具按功能分，分别是选择工具、裁剪与切片工具、吸管与测量工具、修饰工具、路径与矢量工具、文字工具和导航工具，外加一组设置前景色和背景色的图标与一个特殊工具——“以快速蒙版模式编辑”，如图1-18所示。使用鼠标左键单击一个工具，即可选择该工具，如果工具的右下角带有三角形图标，表示这是一个工具组，在工具上单击鼠标右键即可弹出隐藏的工具，图1-19所示的是显示画笔工具组后的效果。

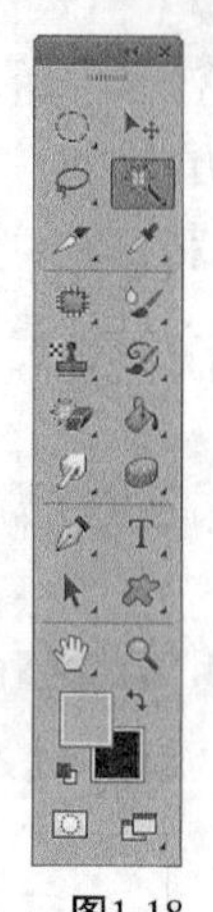

图1-18

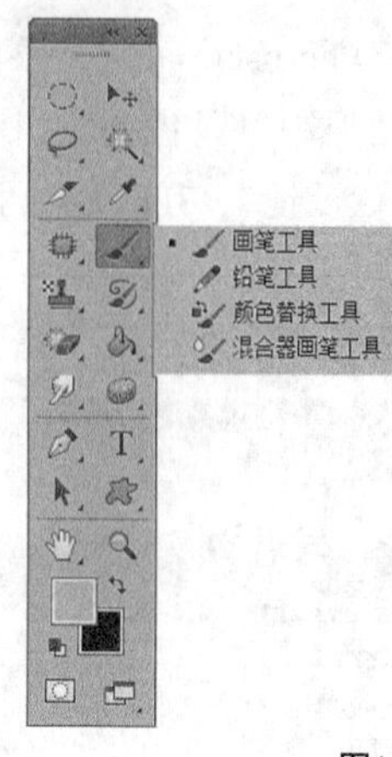

图1-19

技巧与提示

“工具箱”可以折叠起来，单击“工具箱”顶部的图标，可以将其折叠为双栏，同时图标会变成图标，再次单击，可以将其还原为单栏。另外，可以将“工具箱”设置为浮动状态，方法是将光标放置在图标上，然后使用鼠标左键进行拖曳（将“工具箱”拖曳到远处，可以将其还原为固定状态）。

工具	主要作用	快捷键
移动工具	选择/移动对象	V
矩形选框工具	绘制矩形选区	M
椭圆选框工具	绘制圆形或椭圆形选区	M
单行选框工具	绘制高度为1像素的选区	无
单列选框工具	绘制宽度为1像素的选区	无
套索工具	自由绘制出形状不规则的选区	L
多边形套索工具	绘制一些转角比较强烈的选区	L
磁性套索工具	快速选择与背景对比强烈且边缘复杂的对象	L
快速选择工具	利用可调整的圆形笔尖迅速地绘制选区	W
魔棒工具	快速选取颜色一致的区域	W
裁剪工具	裁剪多余的图像	C
切片工具	创建用户切片和基于图层的切片	C
切片选择工具	选择、对齐、分布切片，以及调整切片的堆叠顺序	C
吸管工具	采集色样来作为前景色或背景色	I
颜色取样器工具	精确观察颜色值的变化	I
标尺工具	测量图像中点到点的距离、位置和角度	I
注释工具	在图像中添加文字注释和内容	I
计数工具	对图像中的元素进行计数	I
污点修复画笔工具	消除图像中的污点和某个对象	J
修复画笔工具	校正图像的瑕疵	J
修补工具	利用样本或图案修复所选区域中不理想的部分	J
红眼工具	去除由闪光灯导致的红色反光	J

续表

工具	主要作用	快捷键
画笔工具	使用前景色绘制出各种线条或修改通道和蒙版	B
铅笔工具	绘制硬边线条	B
颜色替换工具	将选定的颜色替换为其他颜色	B
混合器画笔工具	模拟真实的绘画效果	B
仿制图章工具	将图像的一部分绘制到另一个位置	S
图案图章工具	使用图案进行绘画	S
历史记录画笔工具	可以理性、真实地还原某一区域的某一步操作	Y
历史记录艺术画笔工具	将标记的历史记录或快照用作源数据对图像进行修改	Y
橡皮擦工具	将像素更改为背景色或透明	E
背景橡皮擦工具	在抹除背景的同时保留前景对象的边缘	E
魔术橡皮擦工具	将所有相似的像素更改为透明	E
渐变工具	在整个文档或选区内填充渐变色	G
油漆桶工具	在图像中填充前景色或图案	G
模糊工具	柔化硬边缘或减少图像中的细节	无
锐化工具	增强图像中相邻像素之间的对比	无
涂抹工具	模拟手指划过湿油漆时所产生的效果	无
减淡工具	对图像进行减淡处理	O
加深工具	对图像进行加深处理	O
海绵工具	精确地更改图像某个区域的色彩饱和度	O
钢笔工具	绘制任意形状的直线或曲线路径	P
自由钢笔工具	绘制比较随意的图形	P
添加锚点工具	在路径上添加锚点	无
删除锚点工具	在路径上删除锚点	无
转换点工具	转换锚点的类型	无
横排文字工具	输入横向排列的文字	T
直排文字工具	输入纵向排列的文字	T
横排文字蒙版工具	创建横向文字选区	T
直排文字蒙版工具	创建纵向文字选区	T
路径选择工具	选择、组合、对齐和分布路径	A
直接选择工具	选择、移动路径上的锚点以及调整方向线	A
矩形工具	创建正方形和矩形	U
圆角矩形工具	创建具有圆角效果的矩形	U
椭圆工具	创建椭圆和圆形	U
多边形工具	创建正多边形（最少为3条边）和星形	U
直线工具	创建直线和带有箭头的路径	U
自定形状工具	创建各种自定形状	U
抓手工具	在放大图像窗口中移动光标到特定区域内查看图像	H
旋转视图工具	旋转画布	R
缩放工具	放大或缩小图像的显示比例	Z
默认前景色/背景色	将前景色/背景色恢复到默认颜色	D
前景色/背景色互换	互换前景色/背景色	X
以快速蒙版模式编辑	创建和编辑选区	Q

1. 选择工具

选择工具包括“矩形选框工具”、“椭圆选框工具”、“单行选框工具”、“单列选框工具”、“套索工具”、“多边形套索工具”、“磁性套索工具”、“快速选择工具”和“魔棒工具”。熟练掌握这些选择工具的使用方法，可以快速地选择需要的选区。

（1）移动工具

“移动工具”是最常用的工具之一，无论是在文档中移动图层、选区中的图像，还是将其他文档中的图像拖曳到当前文档，都需要使用到“移动工具”，如图1-20所示。“移动工具”的属性栏如图1-21所示。

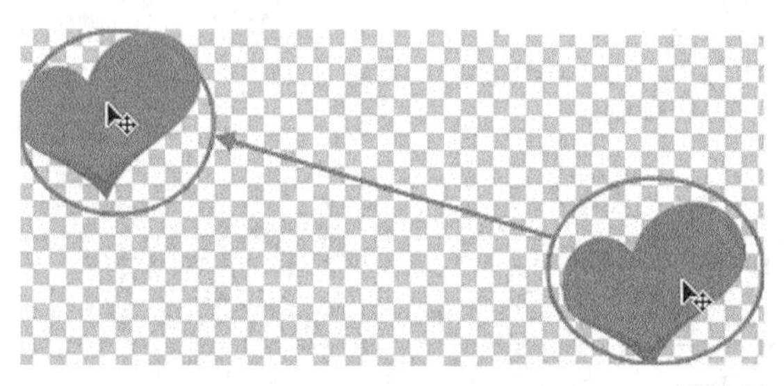

图1-20

图1-21

（2）矩形选框工具

“矩形选框工具”主要用于创建矩形或正方形选区（按住 Shift 键可以创建正方形选区），如图 1-22 和图 1-23 所示。“矩形选框工具”的属性栏如图 1-24 所示。

图1-22

图1-23

图1-24

（3）椭圆选框工具

“椭圆选框工具”主要用来制作椭圆选区和圆形选区（按住Shift键可以创建圆形选区），如图1-25和图1-26所示。“椭圆选框工具”的属性栏如图1-27所示。

图1-25

图1-26

图1-27

（4）单行选框工具、单列选框工具、

“单行选框工具”、“单列选框工具”主要用来创建高度或宽度为1像素的选区，常用来制作网格效果，如图1-28所示。

图1-28

（5）套索工具

使用“套索工具”可以非常自由地绘制出形状不规则的选区。启用“套索工具”以后，在图像上拖曳光标绘制选区边界，当松开鼠标左键时，选区将自动闭合，如图1-29和图1-30所示。

图1-29

图1-30

（6）多边形套索工具

“多边形套索工具”与“套索工具”使用方法类似。“多边形套索工具”适合创建一些转角比较强烈的选区，如图 1-31 和图 1-32 所示。

图1-31

图1-32

（7）磁性套索工具

“磁性套索工具”可以自动识别对象的边界，特别适合快速选择与背景对比强烈且边缘复杂的对象。使用“磁性套索工具”时，套索边界会自动对齐图像的边缘，如图 1-33 所示。当勾选完比较复杂的边界时，还可以按住 Alt 键切换到“多边形套索工具”，以勾选转角比较强烈的边缘，如图 1-34 所示。

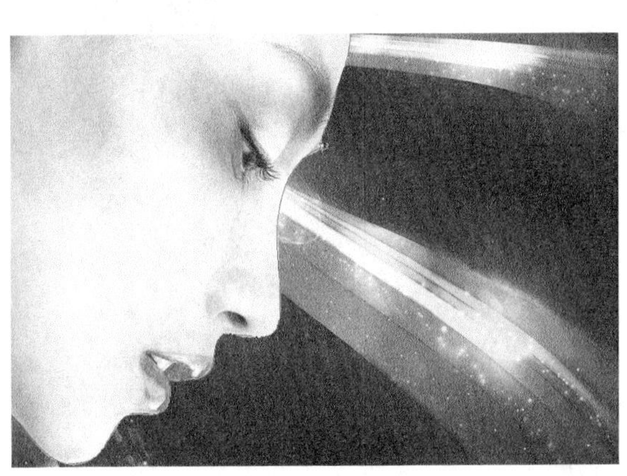

图1-33

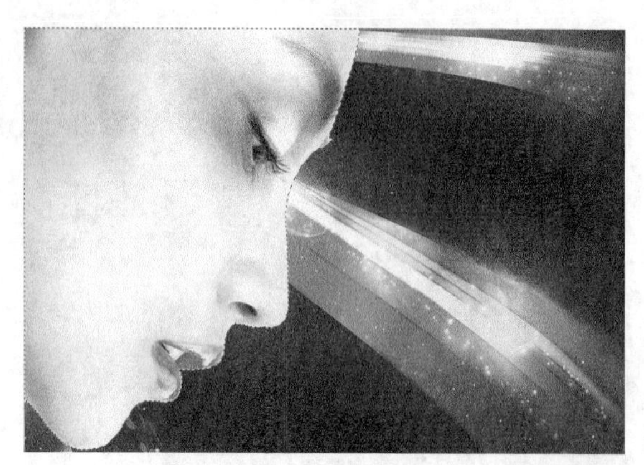

图1-34

（8）快速选择工具

使用“快速选择工具”可以利用可调整的圆形笔尖迅速绘制出选区。当拖曳笔尖时，选取范围不但会向外扩张，而且还可以自动寻找并沿着图像的边缘描绘边界，如图1-35和图1-36所示。“快速选择工具”的属性栏如图1-37所示。

图1-35

图1-36

图1-37

（9）魔棒工具

“魔棒工具”不需要描绘出对象的边缘，就能选取颜色一致的区域，在实际工作中的使用频率相当高，如图1-38所示。“魔棒工具”的属性栏如图1-39所示。

图1-38

图1-39

2. 裁剪与切片工具

（1）裁剪工具

裁剪是指移去部分图像，以突出或加强构图效果的过程。使用“裁剪工具”可以裁剪掉多余的图像，并重新定义画布的大小。选择“裁剪工具”后，在画面中拖曳出一个矩形区域，选择要保留的部分，然后按Enter键或双击鼠标左键即可完成裁剪，如图1-40所示。在“工具箱”中单击“裁剪工具”，可调出如图1-41所示的属性栏。

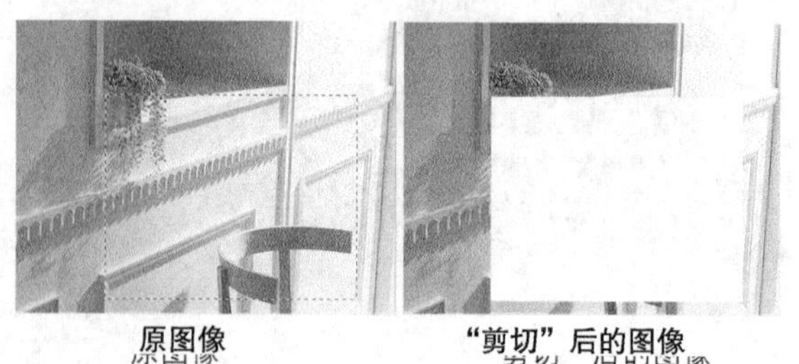

图1-40

图1-41

（2）切片工具

“切片工具”可以将一个完整的图片切割成许多小片，以便我们的制作，这样我们可以对每一张图片进行单独的优化，如图 1-42 所示。利用“切片工具”可以快速进行网页的制作。在“工具箱”中单击“切片工具”，可调出其属性栏，如图 1-43 所示。

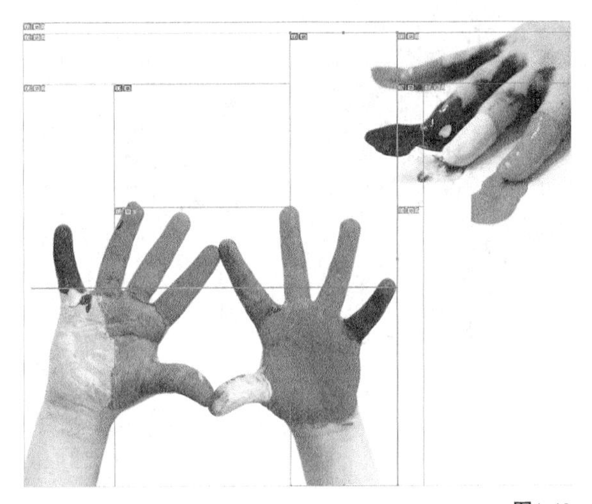

图1-42

图1-43

3. 吸管与测量工具

（1）吸管工具

使用“吸管工具”可以在打开图像的任何位置采集色样作为前景色（单击“吸管工具”）或背景色（按住Alt键，单击吸管工具），如图1-44和图1-45所示。“吸管工具”的属性栏如图1-46所示。

图1-44

图1-45

图1-46

（2）标尺工具

“标尺工具”主要用来测量图像中点到点之间的距离、位置和角度等，如图1-47所示。在“工具箱”中单击“标尺工具”，在工具属性栏可以观察到“标尺工具”的相关参数，如图1-48所示。

图1-47

图1-48

（3）注释工具

使用“注释工具”可以在图像中添加文字

注释和内容，可以用这种功能来协同制作图像、备忘录等，如图1-49所示。“注释工具”的属性栏如图1-50所示。

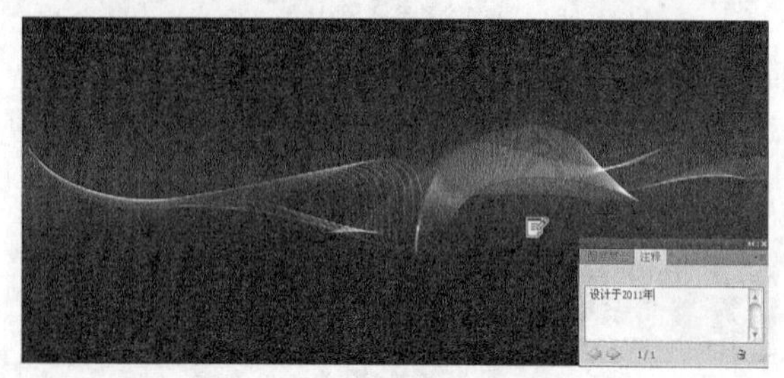

图1-49

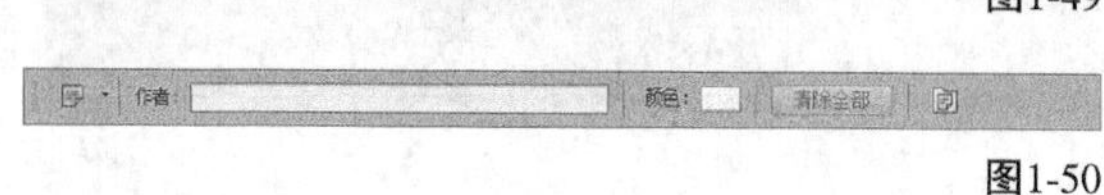

图1-50

（4）计数工具

使用“计数工具”可以对图像中的元素进行计数，也可以自动对图像中多个选定区域进行计数，如图1-51所示。“计数工具”的属性栏包含了显示计数的数目、颜色、标记大小等选项，如图1-52所示。

图1-51

图1-52

4. 修饰工具

（1）画笔工具

“画笔工具”与毛笔比较相似，可以使用前景色绘制出各种线条，同时也可以利用它来修改通道和蒙版，是使用频率最高的工具之一，图 1-53 所示为画笔工具制作的裂痕效果。“画笔工具”的属性栏如图 1-54 所示。

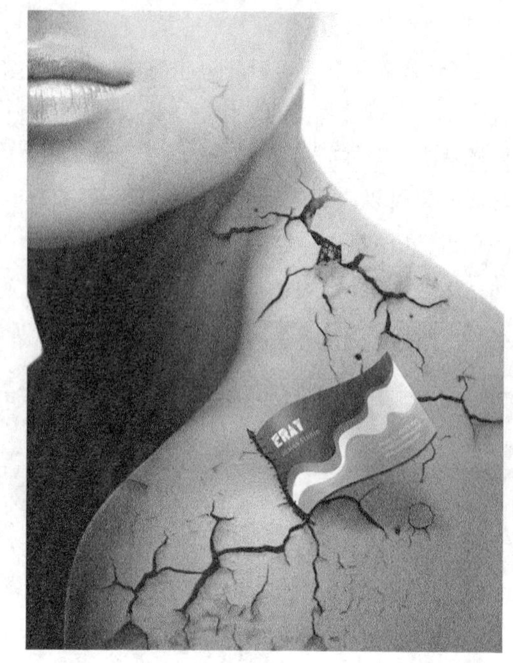

图1-53

图1-54

（2）历史记录画笔工具

“历史记录画笔工具”可以将标记的历史记录状态或快照用作源数据对图像进行修改。“历史记录画笔工具”可以理性、真实地还原某一区域的某一步操作。图 1-55 所示为原始图像，图 1-56 所示的是使用“历史记录画笔工具”还原“染色玻璃”滤镜的效果。

图1-55

图1-56

（3）历史记录艺术画笔工具

与“历史记录画笔工具”一样，“历史记录艺术画笔工具”也可以将标记的历史记录状态或快照用作源数据对图像进行修改。但是，“历史记录画笔工具”只能通过重新创建指定的源数据来绘画，而“历史记录艺术画笔工具”在使用这些数据的同时，还可以为图像创建不同的颜色和艺术风格，如图1-57所示，其属性栏如图1-58所示。

图1-57

图1-58

（4）铅笔工具

“铅笔工具”不同于“画笔工具”，它只能绘制出硬边线条，如图 1-59 所示，其属性栏如图 1-60 所示。

图1-59

图1-60

（5）颜色替换工具

“颜色替换工具”可以将选定的颜色替换为其他颜色，如图 1-61 所示，其属性栏如图 1-62 所示。

图1-61

图1-62

（6）混合器画笔工具

“混合器画笔工具” 可以模拟真实的绘画效果，并且可以混合画布颜色和使用不同的绘画湿度，如图 1-63 所示，其属性栏如图 1-64 所示。

图1-63

图1-64

（7）渐变工具

“渐变工具” 的应用非常广泛，它不仅可以填充图像，还可以用来填充图层蒙版、快速蒙版和通道等。“渐变工具” 可以在整个文档或选区内填充渐变色，并且可以创建多种颜色间的混合效果，如图 1-65~ 图 1-69 所示，其属性栏如图 1-70 所示。

图1-65

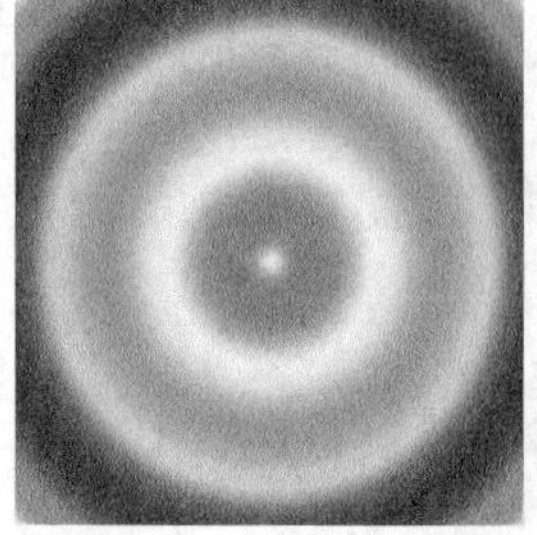

图1-66

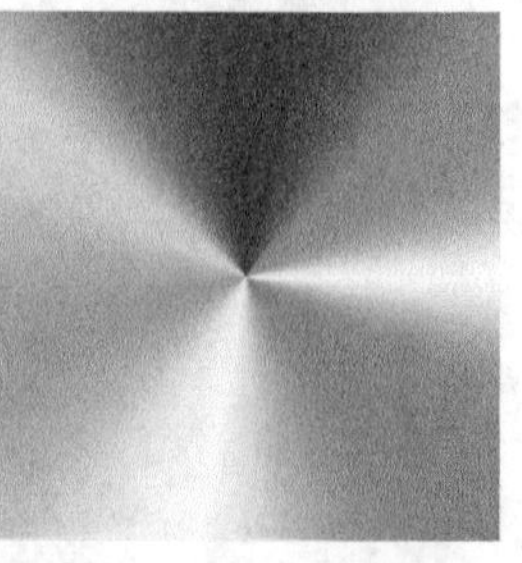

图1-67

图1-68

图1-69

图1-70

（8）油漆桶工具

“油漆桶工具” 可以在图像中填充前景色或图案，如图 1-71 和图 1-72 所示。如果创建了选区，填充的区域为当前选区；如果没有创建选区，填充的就是与鼠标单击处颜色相近的区域。“油漆桶工具” 的属性栏如图 1-73 所示。

图1-71

图1-72

图1-73

5. 绘画工具

（1）污点修复画笔工具

使用“污点修复画笔工具”可以消除图像中的污点和某个对象，如图1-74所示。“污点修复画笔工具”不需要设置取样点，因为它可以自动从所修饰区域的周围进行取样，其属性栏如图1-75所示。

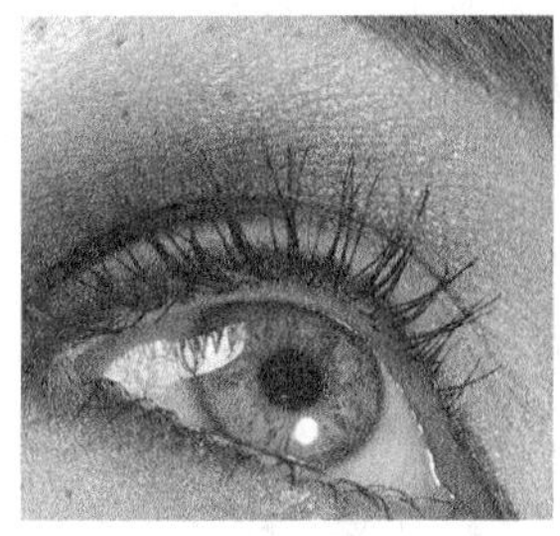
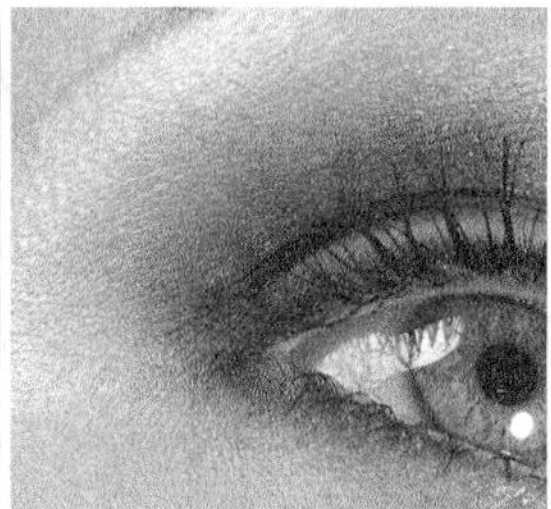

图1-74

图1-75

（2）修复画笔工具

“修复画笔工具”可以校正图像的瑕疵，也可以用图像中的像素作为样本进行绘制。“修复画笔工具”还可以将样本像素的纹理、光照、透明度和阴影与所修复的像素进行匹配，从而使修复后的像素不留痕迹地融入图像的其他部分，如图1-76所示，其属性栏如图1-77所示。

原图像　　使用“修复画笔工具”

图1-76

图1-77

（3）红眼工具

“红眼工具”可以去除由闪光灯导致的红色反光，如图1-78所示，其属性栏如图1-79所示。

原图像　　使用“红眼工具”

图1-78

图1-79

（4）修补工具

“修补工具”可以利用样本或图案来修复所选图像区域中不理想的部分，如图1-80所示，其属性栏如图1-81所示。

图1-80

图1-81

（5）仿制图章工具

“仿制图章工具”可以将图像的一部分绘制到同一图像的另一个位置上，或绘制到具有相同颜色模式的任何打开的文档的另一部分，当然也可以将一个图层的一部分绘制到另一个图层上。“仿制图章工具”对于复制对象或修复图像中的缺陷非常有用，如图1-82所示，其属性栏如图1-83所示。

图1-82

图1-82（续）

图1-83

（6）图案图章工具

“图案图章工具”可以使用预设图案或载入的图案进行绘画，如图1-84和图1-85所示，其属性栏如图1-86所示。

未勾选“对齐”效果　　勾选“对齐”效果

图1-84

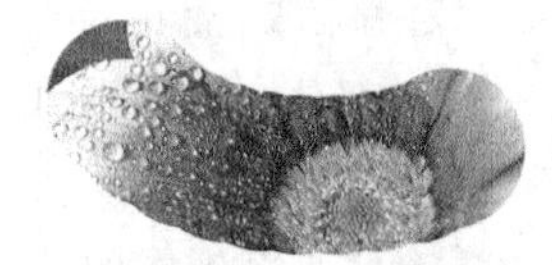

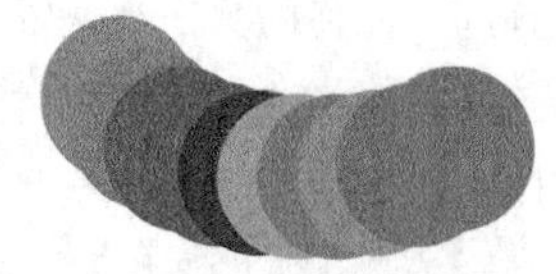

未勾选“印象派”效果　　勾选“印象派”效果

图1-85

图1-86

（7）橡皮擦工具

“橡皮擦工具”可以将像素更改为背景色或透明，其属性栏如图1-87所示。如果使用该工具在“背景”图层或锁定了透明像素的图层中进行擦除，则擦除的像素将变成背景色，如图1-88所示；如果在普通图层中进行擦除，则擦除的像素将变成透明，如图1-89所示。

图1-87

图1-88

图1-89

（8）背景橡皮擦工具

“背景橡皮擦工具”是一种智能化的橡皮擦。设置好背景色以后，使用该工具可以在抹除背景的同时保留前景对象的边缘，如图1-90所示，其属性栏如图1-91所示。

原图像　　使用“背景橡皮擦”

图1-90

图1-91

（9）魔术橡皮擦工具

"魔术橡皮擦工具"在图像中单击时，可以将所有相似的像素更改为透明（如果在已锁定了透明像素的图层中工作，这些像素将更改为背景色），如图 1-92 所示，其属性栏如图 1-93 所示。

原图像　　效果图

图1-92

图1-93

（10）模糊工具

"模糊工具"可柔化硬边缘或减少图像中的细节，如图 1-94 所示。使用该工具在某个区域上方绘制的次数越多，该区域就越模糊。"模糊工具"的属性栏如图 1-95 所示。

原图像　　使用"模糊工具"后的效果

图1-94

图1-95

（11）锐化工具

"锐化工具"可以增强图像中相邻像素之间的对比，以提高图像的清晰度，如图 1-96 所示。"锐化工具"的属性栏只比"模糊工具"多一个"保护细节选项"，如图 1-97 所示。勾选该选项后，在进行锐化处理时，将对图像的细节进行保护。

原图像　　使用"锐化工具"效果

图1-96

图1-97

（12）涂抹工具

"涂抹工具"可以模拟手指划过湿油漆时所产生的效果。该工具可以使鼠标单击处的颜色沿着拖曳的方向展开，如图 1-98 所示。"涂抹工具"的属性栏如图 1-99 所示。

原图像　　使用"涂抹工具"后的效果

图1-98

图1-99

（13）减淡工具

"减淡工具"可以对图像进行减淡处理，如图 1-100~ 图 1-102 所示，其属性栏如图 1-103 所示。该工具用在某个区域上方绘制的次数越多，该区域就会变得越亮。

"中间调"方式

图1-100

“阴影”方式

图1-101

“高光”方式

图1-102

图1-103

（14）加深工具

“加深工具”可以对图像进行加深处理，用在某个区域上方绘制的次数越多，该区域就会变得越暗，如图1-104所示，其属性栏如图1-105所示。

图1-104

高光 曝光度：20% 保护色调

图1-105

（15）海绵工具

“海绵工具”可以精确地更改图像某个区域的色彩饱和度，如图1-106和图1-107所示，其属性栏如图1-108所示。如果是灰度图像，该工具将通过灰阶远离或靠近中间灰色来增加或降低对比度。

原图像　“饱和”模式

图1-106

原图像　“降低饱和度”模式

图1-107

图1-108

6. 路径与矢量工具

（1）钢笔工具

“钢笔工具”是最基本、最常用的路径绘制工具，使用该工具可以绘制任意形状的直线或曲线路径，其属性栏如图1-109所示。“钢笔工具”的属性栏中有一个“橡皮带”选项，勾选该选项后，可以在绘制路径的同时观察到路径的走向。

图1-109

（2）自由钢笔工具

使用“自由钢笔工具”可以绘制出比较随意的图形，就像用铅笔在纸上绘图一样，如图1-110所示。在绘图时，将自动添加锚点，无需确定锚点的位置，完成路径后可进一步对其进行调整。

图1-110

（3）添加锚点工具

使用“添加锚点工具”可以在路径上添加锚点。将光标放在路径上，如图1-111所示，当光标变成形状时，在路径上单击即可添加一个锚点，如图1-112所示。

图1-111

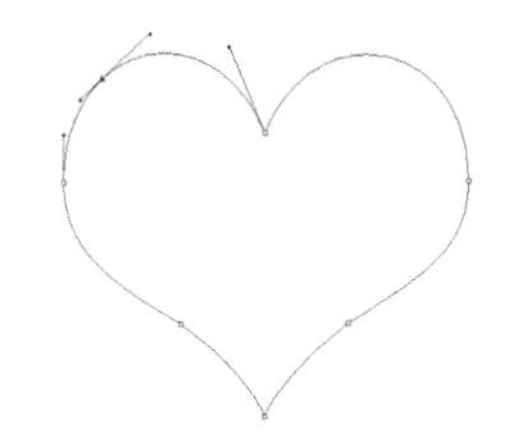

图1-112

（4）删除锚点工具

使用“删除锚点工具”可以删除路径上的锚点。将光标放在锚点上，如图1-113所示，当光标变成形状时，单击鼠标左键即可删除锚点，如图1-114所示。

图1-113

图1-114

（5）转换为点工具

“转换为点工具”主要用来转换锚点的类型。在平滑点上单击，可以将平滑点转换为角点，如图1-115和图1-116所示；在角点上单击，可以将角点转换为平滑点，如图1-117所示。

图1-115

图1-116

图1-117

（6）路径选择工具

使用“路径选择工具”可以选择单个路径，也可以选择多个路径，同时还可以用来组合、对齐和分布路径，其属性栏如图1-118所示。

图1-118

（7）直接选择工具

“直接选择工具”主要用来选择路径上的单个或多个锚点，可以移动锚点、调整方向线，如图1-119所示。

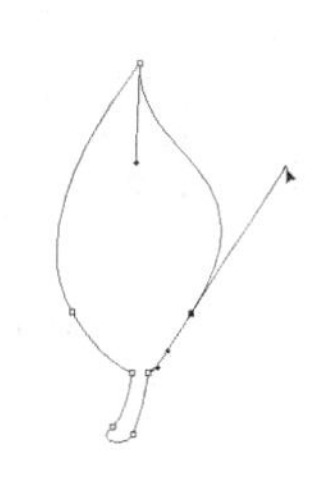

图1-119

（8）矩形工具

使用“矩形工具”可以绘制出正方形和矩形，其使用方法与“矩形选框工具”类似。在绘制时，按住Shift键可以绘制出正方形，如图1-120所示；按住Alt键可以以鼠标单击点为中心绘制矩形，如图1-121所示；按住Shift+Alt组合键可以以鼠标单击点为中心绘制正方形，如图1-122所示。

图1-120

图1-121

图1-122

（9）圆角矩形工具

使用“圆角矩形工具”可以创建出具有圆角效果的矩形，如图1-123所示，其创建方法与选项同矩形完全相同。在图像中单击鼠标左键，即可弹出“创建圆角矩形”对话框，如图1-124所示，“半径”选项用来设置圆角的半径（以“像素”为单位），值越大，圆角越大。

图1-123

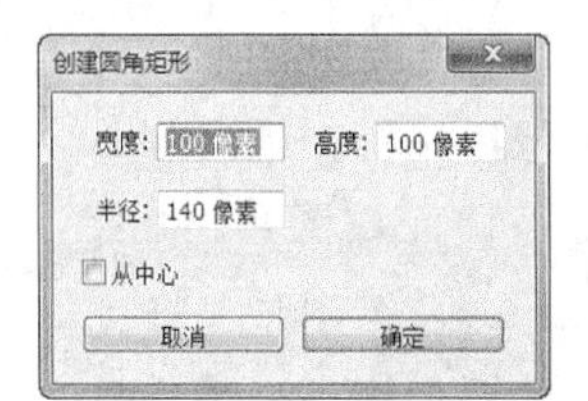

图1-124

（10）椭圆工具

使用“椭圆工具”可以创建出椭圆和圆形，如图1-125所示。在图像中单击鼠标左键，可以打开“创建椭圆”对话框，其中可以设置圆形的宽度和高度参数，如图1-126所示。如果要创建椭圆形，可以拖曳鼠标进行创建；如果要创建圆形，可以按住Shift键或Shift+Alt组合键（以鼠标单击点为中心）进行创建。

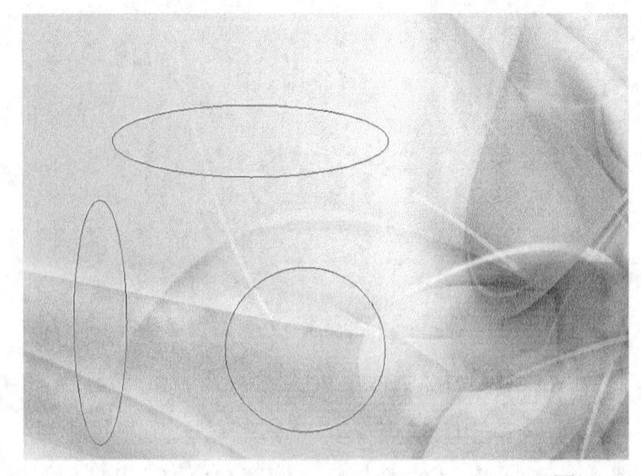

图1-125

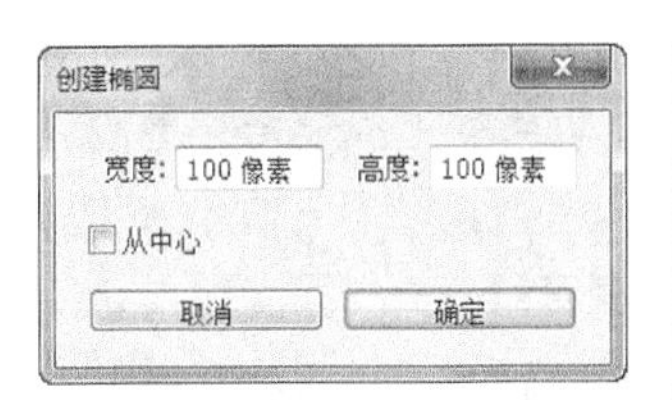

图1-126

（11）多边形工具

使用“多边形工具”可以创建出正多边形（最少为3条边）和星形，“创建多边形”对话框如图1-127所示。

（12）直线工具

使用“直线工具”可以创建出直线和带有箭头的路径，其设置选项如图1-128所示。

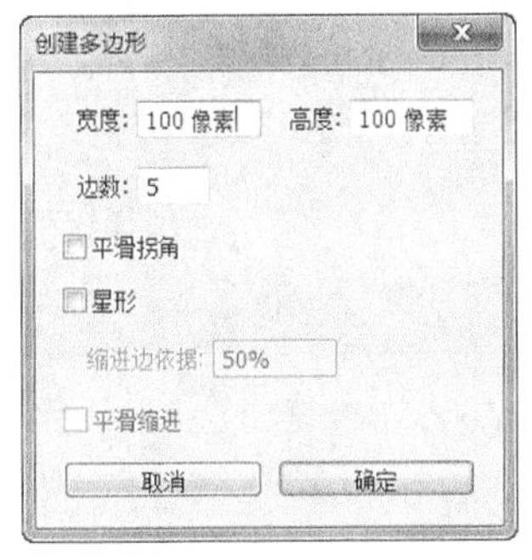

图1-127

图1-128

（13）自定形状工具

使用“自定形状工具”可以创建出非常多的形状，其选项设置如图1-129所示。这些形状既可以是Photoshop的预设，也可以是用户自定义或加载的外部形状。

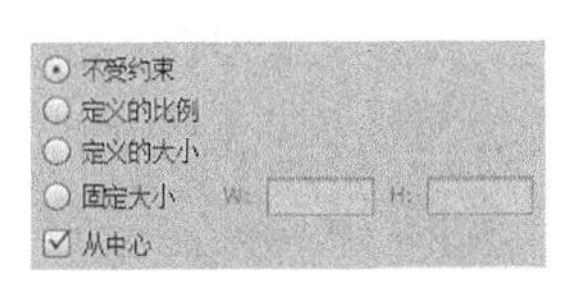

图1-129

7. 文字工具

（1）横排文字工具与直排文字工具

Photoshop提供了两种输入文字的工具，分别是“横排文字工具”和“直排文字工具”。“横排文字工具”用来输入横向排列的文字；“直排文字工具”用来输入竖向排列的文字。

下面以“横排文字工具”为例来讲解文字工具的参数选项。在“横排文字工具”的属性栏中可以设置字体的系列、样式、大小、颜色和对齐方式等，如图1-130所示。

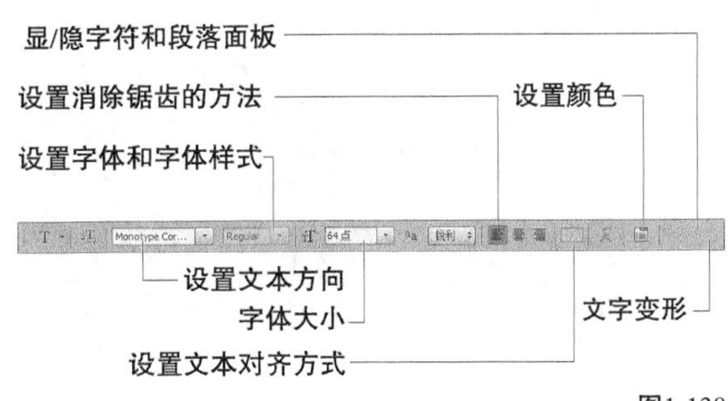

图1-130

（2）文字蒙版工具

文字蒙版工具包含“横排文字蒙版工具”和“直排文字蒙版工具”两种。使用文字蒙版工具输入文字以后，文字将以选区的形式出现，如图1-131所示。在文字选区中，可以填充前景色、背景色以及渐变色等，如图1-132所示。

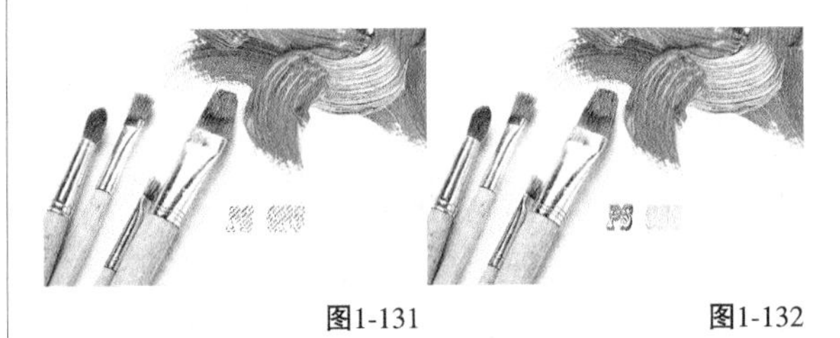

图1-131　　图1-132

8. 导航工具

（1）抓手工具

“抓手工具”在实际工作中的使用频率相当高。当放大一个图像后，可以使用“抓手工具”将图像移动到特定的区域内查看，如图1-133所示。图1-134所示是“抓手工具”的属性栏。

图1-133

图1-134

（2）缩放工具

使用“缩放工具”可以将图像进行放大和缩小，如图1-135所示。图1-136所示为“缩放工具”的属性栏。

图1-135

图1-136

9. 前景色与背景色

在Photoshop“工具箱”的底部有一组前景色和背景色设置按钮，如图1-137所示。在默认情况下，前景色为黑色，背景色为白色。

图1-137

10. 以快速蒙版模式编辑

单击“工具箱”中的“以快速蒙版模式编辑”按钮，可以进入快速蒙版状态。在快速蒙版状态下，可以使用各种绘画工具和滤镜对选区进行细致的处理。

“以快速蒙版模式编辑”工具是一种用于创建和编辑选区的工具，其功能非常实用，可调性也非常强。在快速蒙版状态下，可以使用任何Photoshop工具或滤镜来修改蒙版，如图1-138所示。

图1-138

1.2.5 属性栏

属性栏主要用来设置工具的参数选项，不同工具的属性栏也不同。例如，当选择“移动工具”时，其属性栏会显示如图1-139所示的内容。

图1-139

1.2.6 状态栏

状态栏位于工作界面的最底部，可以显示当前文档的大小、文档尺寸、当前工具和窗口缩放比例等信息。单击状态栏中的三角形图标，可以设置要显示的内容，如图1-140所示。

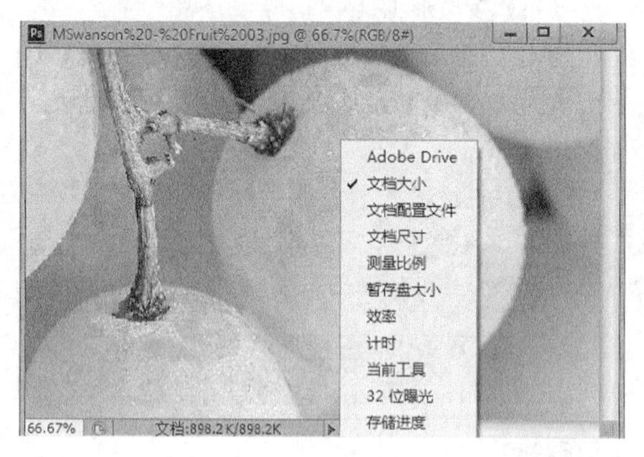

图1-140

1.2.7 面板

Photoshop CS6一共有26个面板，这些面板主要用来配合图像的编辑、对操作进行控制以及设置参数等。执行“窗口”菜单下的命令可以打开面板，如图1-141所示。例如，执行“窗口>色板”菜单命令，使“色板”命令处于勾选状态，那么就可以在工作界面中显示“色板”面板。

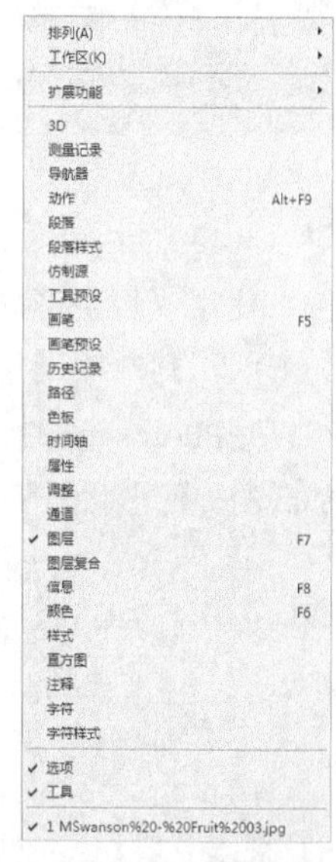

图1-141

1.3 本章小结

完成本章的学习后，读者应该对Photoshop的发展史和应用领域有了一个初步的了解，熟悉了Photoshop CS6的工作界面，并掌握了Photoshop CS6的首选项设置。

第2章 平面设计的相关知识

本章将对平面设计的概念、特征等知识做一个系统的讲解。这些理论知识是平面设计的基础，对读者的实践操作起到一个宏观的指导作用。

课堂学习目标

平面设计的理论知识
平面设计元素创意技法
平面设计创意表现技法
印刷常识

2.1 平面设计理论知识

2.1.1 平面设计的概念与特征

1. 平面设计的概念

在平面设计中，设计师需要用视觉元素（文字和图形）来表达设想和计划，并通过这些视觉元素，使观众理解并接受。

一幅视觉作品成功与否，应该看该作品是否具有感动观众的能力，是否能顺利地传递出背后的信息，就像人际关系学一样，平面设计是依靠魅力来征服对象的。也就是说，平面设计师担任的是多重角色，需要知己（产品本身的定位）知彼（消费者的心理）才能设计出让客户满意的作品。

2. 平面设计的特征

设计是科技与艺术的结合，是商业社会的产物。商业社会中的设计，需要理性设计与感性创作的平衡，需要客观与主观的互补。

设计与美术不同，美术可凭个人喜好即兴创作；而设计既要符合审美性，又要具有实用性。总之，设计是一门替人设想、以人为本的艺术。

设计需要精益求精，不断完善，需要挑战自我。设计的关键在于发现，只有不断地深入感受和体验才能设计出令人满意的作品。

2.1.2 平面设计之路

设计的学习方法有很多种，这是由设计的多元化知识结构决定的，但一个人无论从事哪种行业，在进入设计领域之后，其阅历都将影响到他。同时，设计多元化的知识结构也要求设计师具有多元化的知识及信息获取方式。下面是学习设计的5个步骤。

第1步：从点、线、面的认识开始，学习掌握平面构成、色彩构成、立体构成和透视学等基础知识。

第2步：学会设计草图。这个步骤很重要，因为绘画是平面设计的基础。

第3步：学习传统课程。如陶艺、版画、水彩、油画、摄影、书法、国画和黑白画等，这些课程将在不同层面上加强学习者设计的动手能力、表现能力和审美能力，最关键的是能让学习者明白什么是艺术。

第4步：知道自己要设计什么。作为一名优秀的设计师，必须了解周围的环境，了解何种设计元素能吸引人们的眼球。

第5步：辨别设计的好坏。当一个设计师能设计出一定层次的作品时，必须知道这幅作品的优劣在何处，这是成长为优秀设计师的必经之路，也是一个经验积累的过程。

2.1.3 平面设计的基本构图方式

概念元素：就是不存在的，但在人们的意识中又能感觉到的东西。概念元素包括点、线、面。

视觉元素：传达设计信息的重要组成部分，包括图形的大小、形状和色彩等。

关系元素：画面中元素的组织和排列是靠关系元素来决定的。关系元素包括方向、位置、空间和重心等。

实用元素：设计所表达的含义、内容、设计目的及功能等。

1. 点、线、面

在平面设计中，一组相同或相似的图形组合在一起可以获得意想不到的效果，而每一个组成单位就是一个基本形状。基本形状是一个最小的单位，利用它可以根据一定的构成原则来排列或组合成图形，图2-1、图2-2和图2-3所示的是点、线、面的构图效果。

在平面设计中，点、线、面的构图方式主要有以下8种。

组形：由基本的组合来产生形与形之间的组合关系。

图2-1

图2-2

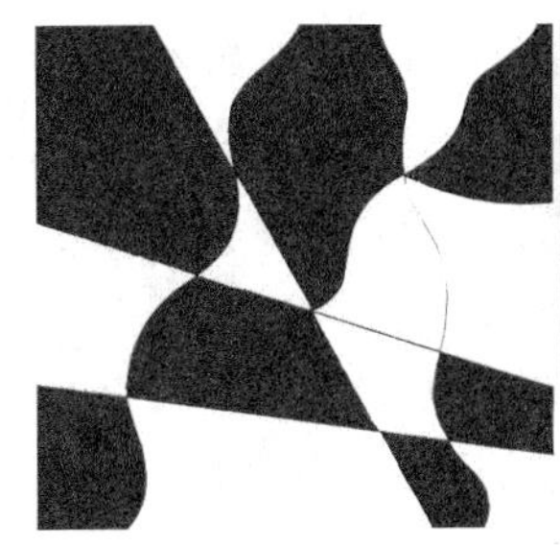

图2-3

分离：形与形之间不接触，有一定距离。

接触：形与形之间的边缘正好相切。

复叠：形与形之间是重叠关系，由此产生上、下、前、后、左、右的空间关系。

透叠：形与形之间透明性的相互交叠，但不产生上、下、前、后的空间关系。

结合：形与形之间相互结合成新的形状。

减缺：形与形之间相互覆盖，覆盖的地方被剪掉。

差叠：形与形之间相互交叠，交叠的地方产生新的形状。

2. 渐变

渐变是一种效果，在自然界中能体验到，如行驶在车道上我们会感到树木由近到远、由大到小的渐变等，效果如图2-4所示。

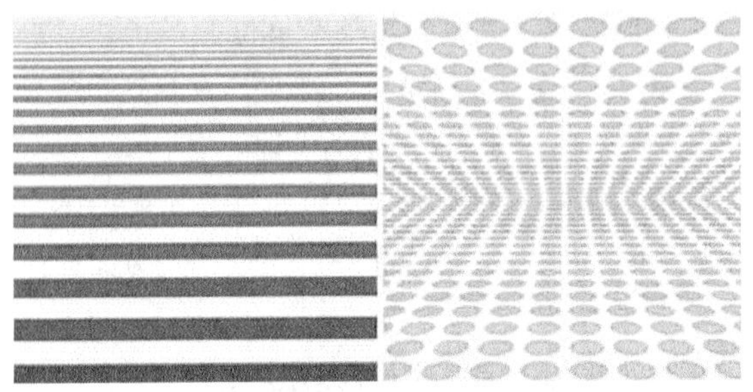

图2-4

渐变的类型主要有以下5种。

形状渐变：一个基本形状渐变到另一个基本形状，基本形状可以由完整到残缺，也可以由简单到复杂或由抽象到具象。

方向渐变：基本形状在平面上进行方向渐变。

大小渐变：基本形状由大到小的渐变进行排列，可产生远近、深度和空间感。

色彩渐变：在色彩中，色相、明度、纯度都可以表现出渐变效果，而且可产生层次感。

骨骼渐变：指骨骼有规律地变化，使基本形状在外形、大小和方向上进行变化。划分骨骼的线可以是水平线、垂直线、斜线、折线和曲线等。

3. 重复

重复是指在同一设计中，相同或相似的形状出现过两次以上，如图2-5所示。重复是设计中比较常用的手法，可产生有规律的节奏感，使画面统一。

图2-5

重复的类型主要有以下7种。

基本形状重复：在构成设计中使用同一个基本形状来构成的图面称为基本形状重复，这种重复在日常生活中到处可见，如高楼上的窗户。

骨骼重复：如果骨骼每个单位的形状和面积完全相同，这就是一个重复的骨骼，重复骨骼是规律骨骼的一种，也是最简单的一种。

形状重复：形状是最常用的重复元素，在整个构成中，重复的形状可在大小和色彩等方面进行变动。

大小重复：相似或相同的形状在大小上进行重复。

色彩重复：在色彩相同的条件下，对形状和大小进行重复。

肌理重复：在肌理相同的条件下，对大小和色彩进行重复。

方向重复：将基本形状在方向上进行重复。

4. 近似

近似是指构图在形状、大小、色彩和肌理等方面具有共同的特征。近似的程度可大可小，如果近似的程度大就会产生重复感；如果近似的程度小就会破坏画面的统一性，如图2-6所示。

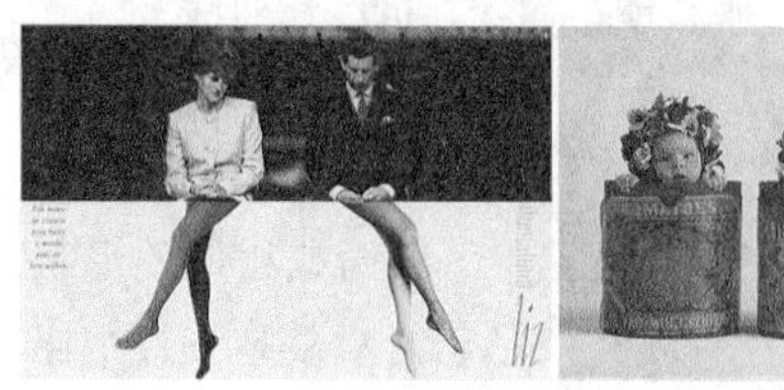

图2-6

近似的种类主要有以下两种。

形状近似：如果两个形状属同一种类，那么它们的形状均是近似的，如成年男性和成年女性。

骨骼近似：骨骼可以是重复的，但在一般情况下是近似的，主要体现在骨骼的形状和大小上。

技巧与提示

近似与渐变的区别在于渐变的变化规律性很强，基本形状的排列非常严谨，而近似的变化规律性较差，基本形状排列比较随意。

5. 骨骼

骨骼决定了基本形状在构图中彼此的关系。在某些时候，骨骼也是形象的一部分，而骨骼的变化会使整体构图发生变化，如图2-7所示。

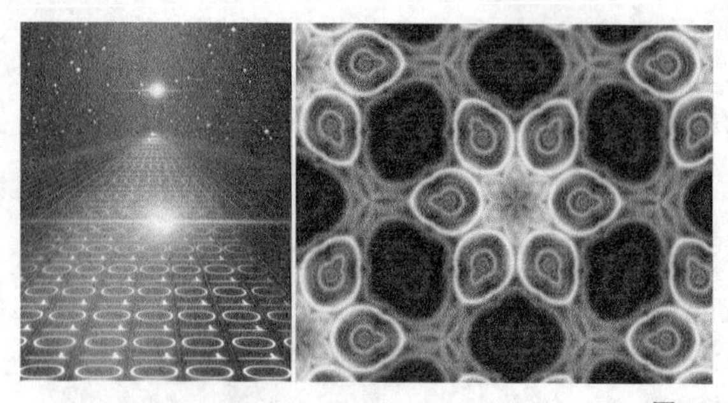

图2-7

骨骼的种类主要有以下5种。

规律性骨骼：具有精确严谨的骨骼线和数字关系，基本形状按照骨骼进行排列。规律性骨骼包括重复骨骼、渐变骨骼和发射骨骼等。

非规律性骨骼：一般没有严谨的骨骼线，构图方式比较自由。

作用性骨骼：可使基本形状彼此之间分成各自相对独立的骨骼单位，为形象定位准确的空间，并且基本形状可在骨骼单位内自由改变位置和方向，甚至越出骨骼线。

非作用性骨骼：一种概念性的东西，它有助于基本形状的排列，但不会影响它们的形状，也不会将空间分割为相对独立的骨骼单位。

重复性骨骼：指骨骼线分割的空间单位在形状和大小上完全相同，它是最有规律性的骨骼，其基本形状按骨骼连续性进行排列。

6. 发射

发射是一种常见的自然现象，太阳发出的光芒就属于发射，发射的方向具有很强的规律性。发射中心是最重要的视觉焦点，所有的形状均向中心集中，或由中心散开，有时可造成光学动感，会产生爆炸的感觉，给人以强烈的视觉效果，如图2-8所示。

图2-8

发射的种类主要有以下3种。

中心点发射：由中心点向外或由外向内集中的发射。

螺旋式发射：围绕一个中心点以螺旋状逐渐扩大的发射。

同心式发射：以一个焦点为中心层层环绕的发射（如箭靶图形）。

7. 特异

特异是指构成要素在有次序的关系里，有意违反次序，突出少数个别的重要元素，以打破规律，如图2-9所示。

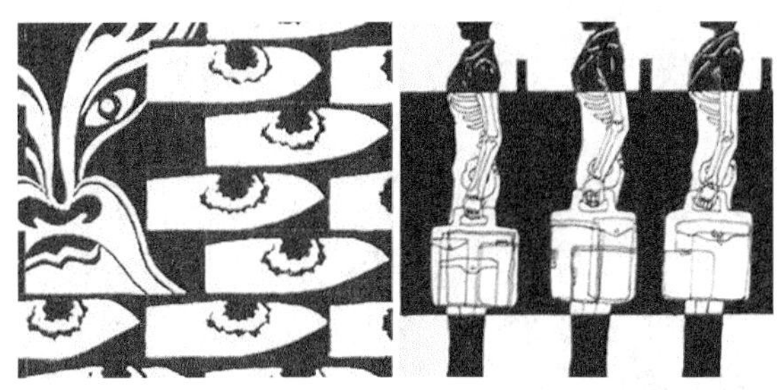

图2-9

特异的种类主要有以下5种。

形状特异：在许多重复或近似的基本形状中，出现一小部分特异的形状，以形成差异对比，成为画面中的视觉焦点。

大小特异：在相同的基本形状构成中，只在大小上进行某些特异对比，但应注意基本形状在大小上的特异要适中，不能差距过大或太相似。

色彩特异：在同类色彩构成中，加入某些对比成分，以打破单调的格局。

方向特异：大多数基本形状在方向上保持一致，而少数基本形状在方向上有所变化以形成特异效果。

肌理特异：在相同的肌理质感中，加入不同的肌理来产生特异效果。

技巧与提示

在平面设计中，除了以上7种构图方式外，还有对比、密集、肌理、空间、图与底、打散、韵律、分割和平衡等构图方式，在这里就不多加讲解了，大家可以自行摸索、练习，这样才能设计出传神的优秀作品。

2.1.4　平面设计的流程

平面设计的流程主要分为以下6个步骤。

第1步：双方进行意向沟通。

① 双方沟通确定基本意向。

② 客户提出基本制作要求，设计方提供报价。

③ 客户对设计方报价基本认可后，应提供相关设计资料。

④ 设计方可应客户要求，免费提供部分设计，供客户用以确定设计风格。

第2步：确认制作。

① 双方签订协议。

② 客户提供具体资料。

③ 客户支付预付款。

第3步：方案设计。

① 根据客户意见，设计方对设计稿进行相应调整，客户审核确认后定稿。

② 设计方全部设计完成后，提供给客户确认。

第4步：制作完稿。

① 设计方设计完成并经客户确认后，向客户提交黑白稿。

② 客户审核并校对文案内容，确认后签字。

③ 设计方根据客户校对结果对设计稿进行修正，并出彩色喷墨稿。

④ 客户再次审核，校对色彩，确认后签字。

⑤ 完成制作，出片打样，客户确认签字。

⑥ 印刷制作。

第5步：交货验收。

① 客户根据合同验收，支付余款。

② 客户档案录入。

第6步：客服跟踪。

① 设计方可通过电话或E-mail与客户联系，确保方案已顺利实施。

② 合同完成后，客户如需其他服务，可另签订合同进行合作。

2.2 平面设计元素创意技法

2.2.1 用色创意

很难想象在一个没有色彩的世界里，将会是什么样子，在平面设计中，色彩的重要性不言而喻。色彩不仅能焕发出人们的情感，而且可以描述人们的思想，因此在平面设计里，有见地地、适当地使用色彩能够提高作品的受关注程度。

在平面设计创意技法中，富有创意的配色可以体现出画面的重点，并更好地传达设计主题，给人过目不忘的效果。创意用色其实讲究的是色彩搭配，下表是平面设计中最常见的10种配色的基本原则和方法。

	105 101 98 105 101 98 无色设计：不用彩色，只用黑、白、灰色		92 88 73 92 88 73 类比设计：在色相环上任选3个连续的色彩或任意的明色与暗色
	4 68 4 68 冲突设计：将一种颜色与其补色配合起来		92 44 92 44 互补设计：使用色相环上全然相反的颜色
	81 85 88 81 85 88 单色设计：将一个颜色与任一种颜色或与其所有的明色、暗色配合起来		17 32 26 17 32 26 中性设计：加入一种颜色的补色或黑色，使其色彩处于消失或中性化状态
	20 57 73 20 57 73 分裂补色设计：将一种颜色与其补色任一边的颜色组合起来		92 44 92 44 原色设计：将纯原色红、黄、蓝结合起来
	53 86 20 53 86 20 二次色设计：将二次色绿、紫、橙结合起来		57 28 95 57 28 95 三次色三色设计：三次色三色设计是红橙、黄绿、蓝紫色或蓝绿，黄橙、红紫色中的一种，并且在色相环上每个颜色彼此都有相等的距离

下面讲解在平面设计中6种最基本的配色方法，同时也是最基本的用色创意方法。

1. 基本配色——强烈

最艳丽的色彩组合在一起就形成了最刺激的画面。在色彩世界中，红色永远是最强烈、最大胆、最极端的色彩。在平面设计中，强烈的色彩可用来传达最重要的信息，并且总能吸引众人的目光，如图2-10所示。

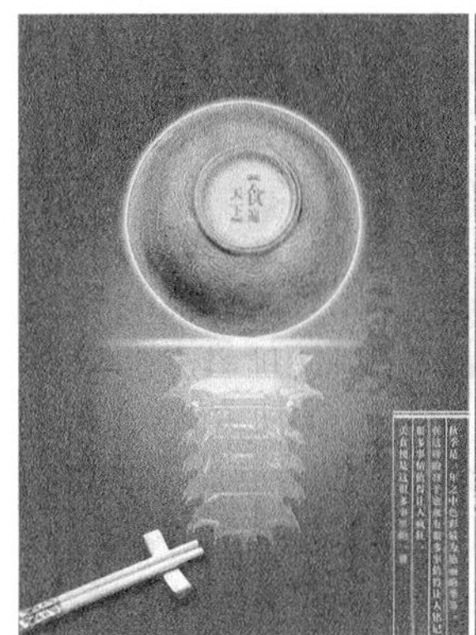

图2-10

2. 基本配色——丰富

要表现色彩的浓烈与富足感，可用强而有力的色彩来搭配画面。如在酒红色中加入黑色来象征法国葡萄酒的纯美与财富，如图2-11所示。

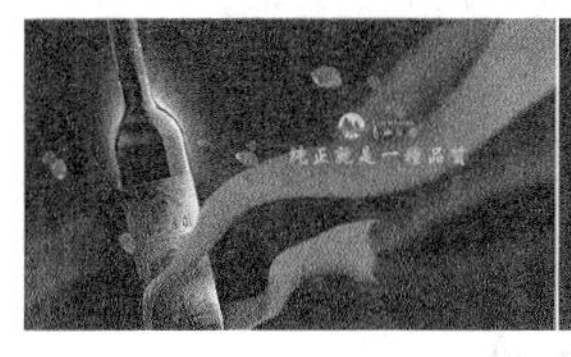
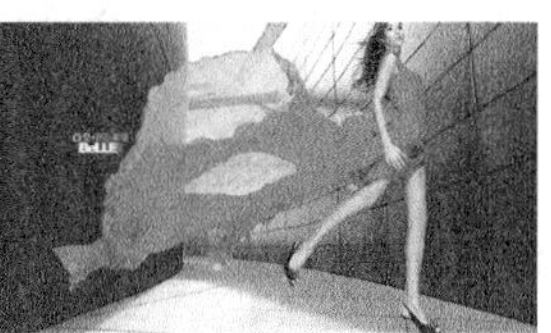

图2-11

3. 基本配色——浪漫

一般情况下采用粉红色来突出浪漫气氛。粉红色是将数量不一的白色加到红色中，形成一种明亮的红。粉红色与红色一样，可引起人的兴趣，使人产生快感，如图2-12所示。

图2-12

4. 基本配色——奔放

在平面设计中，一般采用朱红色、红橙色和蓝绿色来突出奔放的效果，再配以明色和暗色来装饰画面。奔放的配色效果有助于展现青春、朝气、活泼与顽皮的气氛，如图2-13所示。

图2-13

5. 基本配色——土性

深色与鲜明的红橙色叫赤土色。在平面设计中，常用赤土色来设计鲜艳、温暖与充满活力的画面，能够令人联想到悠闲、舒适的生活，如图2-14所示。

图2-14

6. 基本配色——友善

在平面设计中，常用橙色来表达友善的氛围，这种色彩组合可以体现出开放、随和的情感，如图2-15所示。

图2-15

2.2.2　文字创意设计常用技法

随着计算机的不断普及，文字设计已经由计算机来完成（创意仍是靠人脑来完成的）。下面将讲解进行文字设计时需要注意的几点问题。

1. 文字的可读性

文字的主要功能是传达设计的理念和各种信息，要达到这一目的必须考虑文字的整体诉求效果，应给人清晰的视觉印象。因此，文字设计应避免繁杂零乱，尽量使人易认、易懂，切忌为了设计而设计，如图2-16所示。

图2-16

2. 赋予文字个性

文字设计要服从于作品的风格特征，不能脱离作品的整体风格，更不能与之冲突，否则会破坏文字的诉求效果，如图2-17所示。

图2-17

> **技巧与提示**
> 在平面设计中，文字的个性类型主要包括端庄秀丽型、格调高雅型、华丽高贵型、坚固挺拔型、简洁爽朗型、追随潮流型、深沉厚重型、庄严雄伟型、欢快轻盈型、跳跃明快型、生机盎然型、苍劲古朴型和新颖独特型等。

3. 在视觉上体现美感

在视觉传达的过程中，文字作为画面的形象要素之一，具有传达感情的功能，因而它必须具有视觉上的美感，才能给人以美的感受，如图2-18所示。

图2-18

> **技巧与提示**
> 精美的字体可以给人带来愉快的心情，留下美好的印象，从而获得良好的心理反应；反之，则很难传达出设计的理念与意图。

4. 要富于创造性

在平面设计中，需要根据作品主题的要求来突出文字的个性与色彩，创造出与众不同的文字效果，以独特与新颖的风格为人们带来视觉享受，如图2-19所示。

图2-19

2.2.3 文字的组合

文字设计成功与否，不仅取决于字体本身的形状，同时还取决于文字排列是否得当，如图2-20和图2-21所示。如果一幅作品的文字排列不当，不仅会影响作品本身的美感，而且不利于阅读，这样就不能产生良好的视觉传达效果。

图2-20

图2-21

技巧与提示

为了使文字组合统一，需要从文字的风格、大小、方向和明暗度等方面进行设计，并将对比元素与协调元素恰当地运用在文字设计中，这样才能设计出优秀的文字组合效果。

2.2.4 常用版式结构

版式设计是设计艺术的重要组成部分，是视觉传达的重要手段。所谓版式设计，就是在版面上将有限的视觉元素进行有机排列组合，将理性思维个性化表现出来，从而突出作品的风格与艺术特色。

版面结构是指能够让读者清楚、容易地理解作品所传达信息的一种排列方式。

1. 骨骼型

骨骼型是一种规范的理性分割方法。常见的骨骼有竖向通栏、双栏、三栏和四栏等，以及横向通栏、双栏、三栏和四栏等，一般以竖向分栏居多。在图片和文字的编排上严格按照骨骼比例进行排列，从而给人以严谨美、和谐美与理性美的感受，如图2-22所示。

图2-22

2. 满版型

满版型版面主要以图像为诉求，视觉传达直观而强烈，文字主要配置在上下、左右或中部的图像上，从而给人以大方、舒展的感觉。满版型是商品广告常用的一种版面形式，如图2-23所示。

图2-23

3. 上下分割型

上下分割型版式结构是将整个版面分为上下两个部分，在上半部或下半部配置图片，另一部分则配置文案。图片部分感性而有活力，文案部分理性而静止，如图2-24所示。

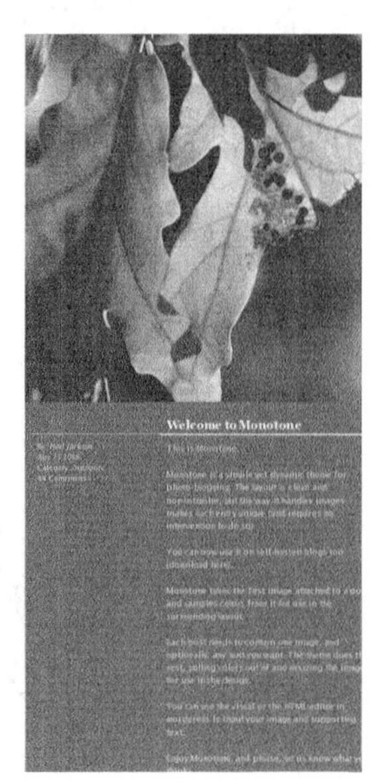

图2-24

4. 左右分割型

左右分割型版式结构是将整个版面分割为左右两个部分，分别在左或右配置文案，如图2-25所示。当左右两部分形成强烈对比时，会造成视觉心理上的不平衡，倘若将分割线进行虚化处理，或用文字进行左右重复或穿插，那么左右图文就可变得自然和谐了。

图2-25

5. 中轴型

中轴型版式结构是将图形在水平或垂直方向进行排列，并将文案配置在上下或左右区域，如图2-26所示。水平排列的版面可以给人带来稳定、安静、和平与含蓄的感觉，而垂直排列的版面可给人带来强烈的动感。

图2-26

6. 曲线型

曲线型版式结构是将图片或文字在版面结构上进行曲线式编排，以产生节奏感和韵律感，如图2-27所示。

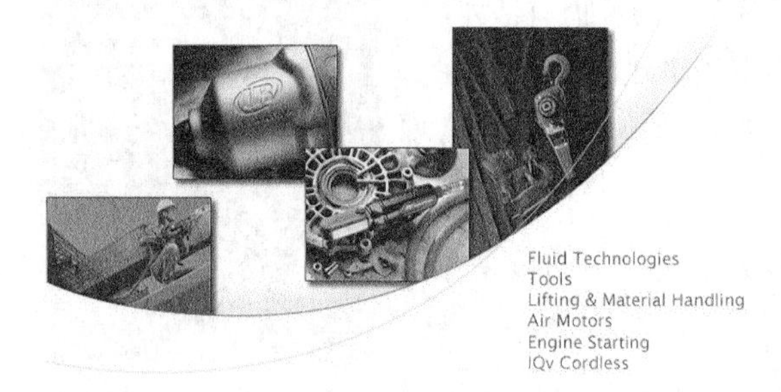

图2-27

7. 倾斜型

倾斜型版式结构是将主体形象在画面中进行倾斜编排，以产生强烈的动感，从而吸引观众的眼球，如图2-28所示。

图2-28

8. 对称型

对称型版式结构给人以稳定、庄重的感觉。对称有绝对对称和相对对称两种，在平面设计中，一般采用相对对称进行设计，如图2-29所示。

图2-29

技巧与提示

在平面设计中，除了以上常用的版式结构外，还有中心型版式结构、三角形版式结构、并置型版式结构、自由型版式结构和四角型版式结构等。

2.3 平面设计创意表现技法

2.3.1 直接展示法

直接展示法是平面设计中最常用的表现手法，它将产品或主题直接展示在广告版面上，充分运用摄影或绘画等技术突出主题元素，如图2-30所示。

图2-30

技巧与提示

由于直接展示法是将产品直接推向消费者，所以要十分注意画面上产品的组合与展示角度，并着力突出产品的品牌和产品本身最容易打动人心的部位，然后运用色光和背景进行烘托，使产品置于最具感染力的空间内。

2.3.2 突出特征法

突出特征法也是表现广告主题的重要手法之一。运用这种手法可强调产品或主题本身与众不同的特征，并且能将这些特征鲜明地表现出来，如图2-31所示。

图2-31

2.3.3　对比衬托法

对比衬托法是对立冲突艺术中最常用的一种表现手法，它将作品中所描绘事物的性质与特点进行鲜明的对比与衬托，从而给消费者带来深刻的视觉冲击力，如图2-32所示。

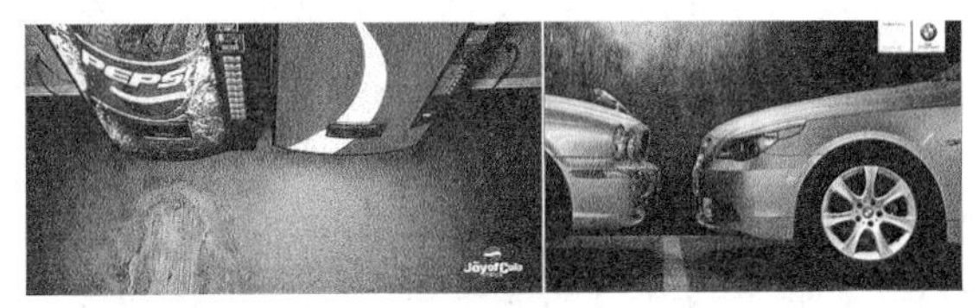

图2-32

> **技巧与提示**
> 对比手法的运用不仅加强了广告主题的表现力度，而且饱含情趣，扩大了广告作品的感染力。成功地运用对比手法，能使平凡的画面蕴含丰富的韵味，从而展示出广告主题的不同层次和深度。

2.3.4　合理夸张法

合理夸张法是借助想象对广告作品中所宣传对象的品质或特性的某个方面进行合理夸张，以加深或扩大观众对这些特征的认识，如图2-33所示。

> **技巧与提示**
> 按夸张的表现特征来分，可将其分为形态夸张和神情夸张两种类型，前者主要表现对象的形状，后者主要表现对象的神情。

图2-33

2.3.5　以小见大法

在平面设计中经常会对立体形象进行强调、取舍和浓缩，以独特的形象来突出画面的主题元素，这种表现手法就是以小见大法。以小见大法中的“小”是画面中的焦点和视觉中心，同时也是广告创意的浓缩，如图2-34所示。

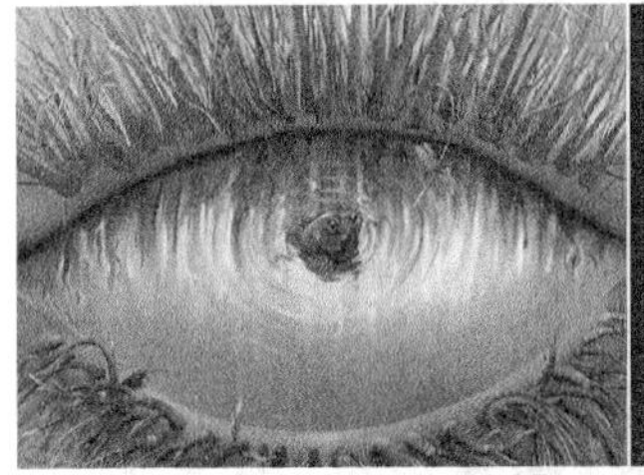

图2-34

2.3.6　运用联想法

在审美过程中通过丰富的联想，能突破时空的界限，扩大艺术形象的容量，加深画面的意境，从而使审美对象与审美心理融为一体，在产生联想的过程中引发美感共鸣，如图2-35所示。

图2-35

2.3.7　富于幽默法

幽默法是指在广告作品中巧妙地再现喜剧性特征，抓住生活中的局部性现象，运用饶有风趣的情节，巧妙地安排，将某种需要肯定的事物无限延伸到漫画的程度，形成一种充满情趣，引人发笑而又耐人寻味的幽默意境，如图2-36和图2-37所示。

图2-36

图2-37

2.3.8 借用比喻法

比喻法是指在设计过程中选择与主题互不相干，而在某些方面又有些相似的事物；此物与主题没有直接的关系，但是在某一点上与主题的某些特征又有相似之处，如图2-38和图2-39所示。

图2-38

图2-39

2.3.9 以情托物法

艺术有传达感情的特征，“感人心者，莫先于情”，这句话已表明了感情因素在艺术创造中的作用，在表现手法上侧重选择具有感情倾向的内容，以美好的情感来烘托主题，发挥艺术感染力，这就是现代广告设计经常用到的以情托物法，如图2-40和图2-41所示。

图2-40

图2-41

2.3.10　悬念安排法

悬念安排法是在表现手法上故弄玄虚，布下疑阵，使人对广告画面怎么看都不解题意，从而造成一种猜疑和紧张的心理状态，以产生夸张的效果，触发消费者的好奇心和购买欲望，如图2-42所示。

图2-42

技巧与提示

悬念手法有相当高的艺术价值，它可以加深矛盾冲突，吸引观众的兴趣和注意力，并且产生引人入胜的艺术效果。

2.3.11　选择偶像法

选择偶像法是抓住人们对名人偶像仰慕的心理，选择观众心目中崇拜的偶像来配合产品信息传达给观众。由于名人偶像有很强的心理感召力，故借助名人偶像的陪衬来提高产品的认知程度与销售地位，如图2-43和图2-44所示。

图2-43

图2-44

2.3.12　谐趣模仿法

谐趣模仿法是一种创意引喻手法，别有意味地采用以新换旧的借名方式，将大众所熟悉的名画等艺术品和社会名流等作为谐趣的对象，然后经过巧妙的整形让对象产生谐趣感，给消费者一种崭新奇特的视觉印象，如图2-45所示。

图2-45

2.3.13　神奇迷幻法

神奇迷幻法是运用畸形的夸张，以无限丰富的想象构织出神话与童话般的画面，如图2-46所示。

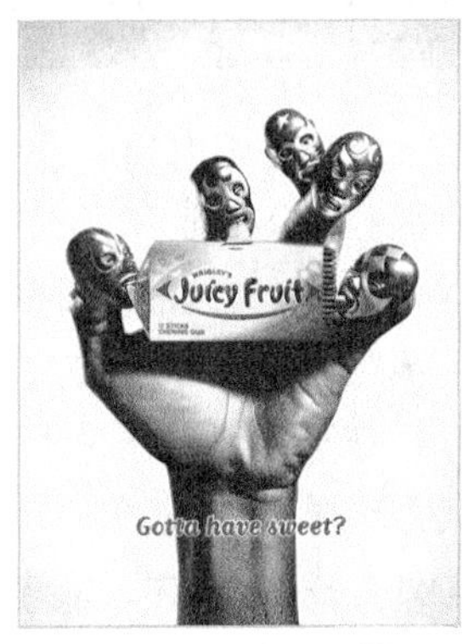

图2-46

技巧与提示

神奇迷幻法是一种充满浓郁浪漫主义，写意多于写实的表现手法，以突然出现某种神奇的视觉效果来感染观众，从而满足人们喜好奇多变的审美情趣。

2.3.14　连续系列法

连续系列法是通过画面和文字来传达清晰、突出、有力的广告信息，广告画面本身有生动的直观形象，通过画面的重复来加深消费者对产品的印象，以获得良好的宣传效果，如图2-47和图2-48所示。

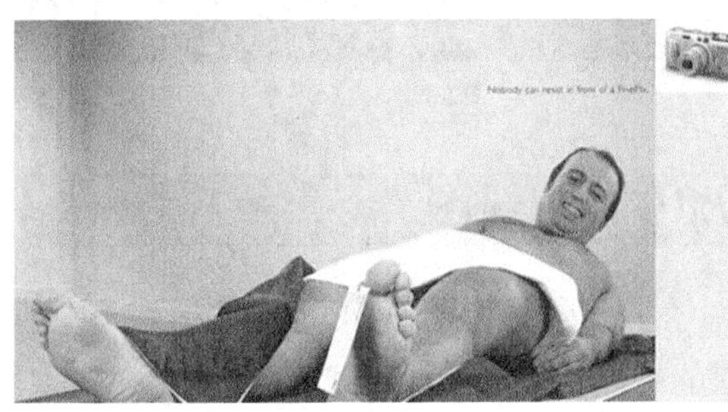

图2-47

图2-48

2.4 平面广告制作的专业术语

2.4.1 设计

设计是一门独立的艺术学科，它的研究内容和服务对象有别于传统的艺术门类，因此，设计美学也有别于传统的绘画和装饰，其研究内容自然也不能完全照搬传统的美学理论。

在平面广告中，设计是指美术指导和平面设计师选择和配置一条广告的美术元素的过程。设计师选择特定的美术元素并以其独特的方式对它们加以组合，以此定下设计的风格——即某个想法或形象的表现方式，如图2-49和图2-50所示，用很简单的设计手法，却给人带来很强烈的视觉冲击力。

图2-49　图2-50

2.4.2 布局图

布局图是指一条广告所有组成部分的整体安排：图像、标题、副标题、正文、口号、印签、标志和签名等，如图2-51所示。

图2-51

布局图有几个作用，首先，布局图有助于广告公司和客户预先制作并测评广告的最终形象和感觉，为客户（他们通常都不是艺术家）提供修正、更改、评判和认可的有形依据。

其次，布局图有助于创意小组设计广告的心理成分——即非文字和符号元素。精明的广告客户不仅希望广告给自己带来客流，还希望广告为自己的产品树立良好形象，在消费者心目中建立品牌（或企业）资产。要做到这一点，广告的“模样”必须明确表现出某种形象或氛围，反映或加强广告客户及其产品的优点。因此，在设计广告布局初稿时，创意小组必须对产品或企业的预期形象有大致的方向。

最后，挑选出最佳设计方案之后，布局图便发挥蓝图的作用，显示各广告元素所占的比例和位置。一旦制作部经理了解了某条广告的大小、图片数量、排字量，以及颜色和插图等这些美术元素的运用，便可以判断出制作该广告的成本了。

2.4.3 小样和大样

小样，是美工用来具体表现布局方式的大致效果图，尺寸很小，大约为70mm×100mm，省略了细节，比较粗糙，是最基本的效果。直线或水波纹表示正文的位置，方框表示图形的位置。选中的小样再进一步发展。

在大样中，美工画出实际大小的广告，提出候选标题和副标题的最终字样，安排插图和照片，用横线表示正文。广告公司可以向客户（尤其是在乎成本的客户）提交大样，征得他们的认可。

2.4.4 末稿

到末稿这一步，制作已经非常精细，几乎和成品一样。末稿一般都很详尽，有彩色照片，确定好的字体风格、大小，以及配合用的小图像，再加上一张光喷纸封套。现在，末稿的文案排版及图像元素的搭配都由电脑来执行，打印出来的广告如同四色清样一般。到这一阶段，所有图像元素都应最后落实。

2.4.5 样本

样本主要体现手册、多页材料或售点陈列被拿在手上的样子和感觉。美工借助彩色记号笔和电脑清样，把样本放在硬纸上，然后按尺寸进行剪裁和折叠。例如，手册的样本是逐页装订起来的，看起来同成品一模一样。图2-52所示为一张卡片的样本设计。

图2-52

2.4.6 版面组合

交给印刷厂复印的末稿，必须把字样和图形都放在准确的位置上。现在，大部分设计人员都采用电脑来完成这一部分工作，完全不需要拼版这道工序。但有些广告设计人员仍保留着传统的版面组合方式，在一张空白版（又叫拼版）上按各自应处的位置标出黑色字体和美术元素，再用一张透明纸覆盖在上面，标出颜色的色调和位置。由于印刷厂在着手复印之前要用一部大型制版照相机对拼版进行照相，设定广告的基本色调、复印件和胶片，因此，印刷厂常把拼版称为照相制版。

在设计过程的任何环节（直至油墨落到纸上之前）都有可能对广告的美术元素进行更改。当然，这样一来，费用也要随环节的进展而成倍地增长，越往后，更改的代价就越高，甚至可能高达10倍，所以，一定要细心避免出现错误。

2.4.7 认可

文案人员和美术指导的作品始终面临着“认可”这个问题。广告公司越大，客户越大，这道手续就越复杂。一个新的广告概念首先要经过广告公司创意总监的认可，然后交由客户部审核，再交由客户方的产品经理和营销人员审核，他们往往会改动一小部分，有时甚至推翻整个表现形式。双方的法律部再对文案和美术元素进行严格审查，以免发生问题。最后，企业的高层主管对选定的方案和正文进行审核。

在“认可”中面临的最大困难是如何说服决策人认可广告方案。虽然创意小组花费了大量心血设计了广告，但一群不是文案、不是美工的人却有权全盘改动它。作为设计师想要保持艺术上的纯洁非常困难，需要耐心、灵活、成熟，以及明确有力地表达重要观点和解释美工选择理由的能力，只有这样才能征服决策人，并得到认可。

2.5 平面广告的构成要素

2.5.1 标题

标题是表达广告主题的文字内容，应具有吸引力，能使读者注目，引导读者观看广告插图，并阅读广告正文。标题是画龙点睛之笔，因此，标题要用较大号字体，安排在广告最醒目的位置，应注意配合插图造型的需要，如图2-53所示。

图2-53

2.5.2 正文

广告正文是说明广告内容的文本，基本上是标题的发挥。广告正文具体地叙述真实的事实，使读者心悦诚服地走向广告宣传的产品。广告正文文字集中，一般都安排在插图的左右或上下，如图2-54所示。

图2-54

2.5.3 广告语

广告语是配合广告标题、正文，加强商品形象的短语。应顺口易记，要反复使用，使其成为“文章标志”“言语标志”，如“城市生活，流行自觉者”言简意赅，在设计时可以放置在版面的任何位置，如图2-55所示。

图2-55

2.5.4 插图

插图可以是一种手绘作品，也可以是配合广告所需的图片内容，但都不同于一般独立欣赏性的图像，它具有相对的独立性又具有必要的从属性。插图必须能从形象本身表现一定的主题，同时又必须服从原著，成为辅助者。如画册内页的插图设计，能够更好地配合文字诠释企业所要表达的内容，如图2-56所示。

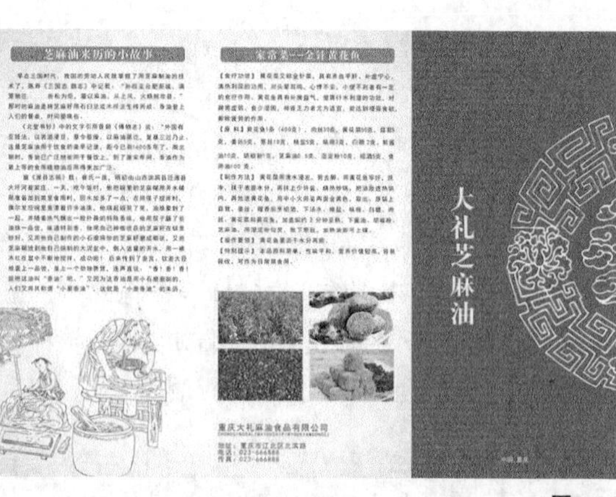

图2-56

2.5.5 标志

标志有商品标志和企业形象标志两类。标志是广告对象借以识别商品或企业的主要符号。在广告设计中，标志不是广告版面的装饰物，而是重要的构成要素。在整个广告版面中，标志造型最单纯、最简洁，其视觉效果最强烈，在一瞬间就能识别，并给消费者留下深刻的印象。图2-57所示的牛奶标志和图2-58所示的手机标志都能给人留下很深刻的印象。

图2-57

图2-58

2.5.6 公司名称

公司名称一般都放置在广告版面下方次要的位置，也可以和商标配置在一起，如图2-59和图2-60所示。

图2-59

图2-60

2.5.7　色彩

运用色彩的表现力，如同为广告版面穿上漂亮鲜艳的衣服，能增强广告的吸引力。图2-61所示的是酒类广告设计，图中鲜艳的瓶身设计，给观众带来了强烈的色彩冲击力。

图2-61

从整体上说，有时为了塑造更集中、更强烈、更单纯的广告形象，以加深消费者的认识程度，可针对具体情况，对上述某一个或几个要素进行夸张和强调。

2.6　印刷常识

印前作业是指印刷工艺的前期工作，包括排版拼版、分色扫描等工作。对于印前作业的设计人员来说，首要的任务就是在接触印前工作之后，要不惜一切代价掌握印刷的专业知识，否则就有可能无法开展工作。

2.6.1　字符

字符是用来记录和传达语言的书写符号，印刷中用到的字符可分为字种、字体和字号等。

1. 字体

在国内印刷行业中，字种主要有汉字、外文字和民族字3种。汉字如宋体、楷体和黑体等；外文字可以根据字的粗细分为白体和黑体，或根据外形分为正体、斜体和花体等；民族字是指少数民族所使用的文字，如蒙古文、藏文、维吾尔文等，下面主要讲解汉字在印刷中的运用。

宋体：印刷行业应用最广泛的字体，根据字体外形的不同，又分为书宋和报宋两种。宋体字的主要特点是字形方正、笔画横平竖直、横细竖粗、棱角分明、结构严谨、整齐均匀，有极强的笔画规律性，在现代印刷中主要用于书刊或报纸的正文部分。

楷体：楷体又称活体，是一种模仿手写习惯的字体，其笔画挺秀均匀、字形端正，广泛用于学生课本、通俗读物以及批注等。

黑体：黑体又称方体或等线体，是一种字面呈正方形的粗壮字体，其字形端庄、笔画横平竖直、粗细均匀，结构醒目严密，主要运用在标题或需要引起注意的醒目部分，但是字体过于粗壮，所以不适用在正文部分。

仿宋体：采用宋体结构、楷体笔画的一种较为清秀挺拔的字体，其笔画粗细均匀，常用于排印副标题、诗词短文、批注和引文等，在一些读物中也用来排印正文。

美术体：指一些非正常的特殊印刷字体（如汉鼎和文鼎），一般用来美化版面。美术体的笔画和结构一般都进行了形象化处理，常用于书刊封面或版面上的标题部分，如果应用适当，可以有效地提高印刷品的艺术品位。

2. 字号

字号是区分文字大小的一种衡量标准，国际上通用的是点制，在国内则是以号制为主，点制为辅。

号制是采用互不成倍数的几种活字为标准，根据加倍或减半的换算关系而自成系统，可以分为四号字系统、五号字系统和六号字系统等。字号的标称数越小，字形越大，如四号字比五号字要大，五号字又要比六号字大等。

点制又称为磅制（P），是通过计算字外形的“点”值为衡量标准。根据印刷行业标准的规定，字号每一个点值的大小等于0.35mm，误差不得超过0.005mm，如五号字换成点制等于10.5点，也就是3.675mm。外文字全部都以点来计算，每点的大小约等于1/72英寸，即0.35146mm。

字号的大小除了号制和点制外，在传统照排文字中，则以mm为计算单位，俗称为“级”（J或K），每一级等于0.25mm，1mm等于4级。照排文字能排出的大小一般从7级到62级，也可以从7级到100级。在印刷排版时，如遇到以号数为标注的字符时，必须将号数的数值换算成级数，才能掌握字符的正确大小。号数与级数的换算关系如下。

1J = 1K =0.25mm = 0.714点（P）

1点（P）=0.35mm=1.4级（J或K）

3. 版面设计与排版规格

排版时应根据印刷版面的要求来设计版面，如一本书的印制，制作时需要注意开本的大小，排版的形式（横排或竖排），正文的字体字号，每页的行数，每行的字数，字与字及行与行之间的空隙，页面的栏数和每栏的字数，栏与栏之间的间距，页码及页码的摆放位置，页眉页脚的位置及大小，等等。

在排版文字时，还要注意一些禁排规定，如在每段的开头要空两个字符，在行首不能排句号、逗号、顿号、分号、冒号、问号、感叹号以及下引号、下括号、下书名号等标点符号；在行末不能排上引号、上括号、上书名号以及中文中的序号（如①、②、③）；数字中的分数、年份、化学分子式、数字前的正负号、温度标识符，以及单音节的外文单词等都不应该分开排在上下两行。

2.6.2 纸张

纸张是印前工作人员必须注意的重要内容之一。

1. 纸张的构成

纸张是由植物纤维加入填料、胶料、色料等成分加工提炼出来的一种物质材料。

填料：加入填料是为了增强纸张的柔韧性、减小纸张的透明度和伸缩性，如一般印刷纸用到的滑石粉，高级印刷纸用到的高岭土和硫酸钡等。填料的使用量一般占纸张成分的20%左右，过多则会降低纸张的抵抗力和柔韧性，并且会阻碍油墨的吸收，从而造成印刷时出现掉粉现象。

胶料：加入胶料是为了填塞纸张中的小孔隙，以提高纸张的抗水性，同时也可以改善纸张的光泽度和强度。常用的胶料有松香、明矾和淀粉等。

色料：加入色料是为了增强纸张的色泽纯度，在印刷行业中，一般使用无机颜料或有机染料作为色料。

2. 纸张的规格

纸张根据印刷用途的不同可以分为平板纸和卷筒纸两种。平板纸适用于一般印刷机，而卷筒纸一般用于高速轮转印刷机。

在印刷行业中，书写及绘图类用纸的原纸尺寸是：卷筒纸宽度分为1575mm、1092mm、880mm和787mm 4种；平板纸的原纸尺寸按大小分为880mm×1230mm、850mm×1168mm、880mm×1092mm、787mm×1092mm、787mm×960mm和690mm×960mm 6种。

图书杂志的开本印刷尺寸有3种：880mm×1230mm、900mm×1280mm和1000mm×1400mm，由于设备、生产和供应等原因，原787mm×1092mm和850mm×1168mm大小的纸张现在仍可继续使用。

在沿海地区，很多印刷机构还在广泛采用一些老版纸张，纸张的重量以定量（也称“克重”）和令重来表示。定量是指纸张单位面积的质量关系，用g/m²来表示，如150g的纸是指该种纸每平方米的单张重量为150g。凡重量在200g/ m²以下（含200g/ m²）的纸张称为“纸”，超过200g/ m²的纸张称为“纸板”。令重是指每令（500张纸为1令）纸的总质量，单位是kg（千克），根据纸张的定量和幅面尺寸，令重可以采用令重（kg）= 纸张的幅面（m²）× 500 ×定量（g/ m²）的公式计算出来。

2.7 本章小结

通过对本章的学习读者对平面设计的概念与特征，平面设计元素的创意技法和创意的表现技法有了一定的了解和认识，最后对简单的印刷知识进行了学习。

这些知识将在以后的学习中得到具体的呈现，作为一个平面设计的学习者更应该熟记和熟练运用本章所讲的概念和知识点。通过不断练习把这些理论知识运用到实践中，是学习本章的根本目的。

第3章

卡片设计

卡片设计是日常工作中最为常见的设计类型，应用领域非常广泛。在卡片设计中，前期创意思考是非常重要的环节，无论再绚丽的卡片设计，如果不能吸引观众的眼球，不能与主题思想关联，注定是失败的设计。因此，对于卡片设计，创意与理性分析相互结合是非常重要的。

课堂学习目标

个性名片的制作方法
贵宾卡的制作方法
邀请函的制作方法
教师节卡片的制作方法

3.1 卡片设计相关知识

卡片设计属于平面设计的一种，是将不同的基本图形按照一定的规则进行组合，并且反映在画面中的一种设计形式，主要在二维空间范围内以轮廓线的形式描绘形象。而平面设计所表现的立体空间感，也并非真实的三维空间，仅仅是图形对人的视觉引导作用形成的幻觉空间。与其他平面设计不同的是，卡片设计还与卡片自身的形式和材料有关。

3.1.1 分类

1. 名片

名片是标示姓名及其所属组织、公司单位和联系方法的纸片。除此之外，名片也是新朋友互相认识、自我介绍最快有效的方法，而交换名片是商业交往中第一个标准式动作。

名片按用途可分为：商业、公用、个人。

- 商业名片：为公司或企业进行业务活动时使用的名片，大多以盈利为目的。
- 公用名片：为政府或社会团体在对外交往时使用的名片，不以盈利为目的。
- 个人名片：朋友间交流感情，结识新朋友所使用的名片。

常见的名片种类有以下5种。

第1种：局部LOGO烫金名片。局部LOGO烫金、烫银、烫彩金在各行名片中的应用是非常广泛的，能起到画龙点睛的作用，尤其适合于服装、珠宝、化妆品行业。

第2种：名片压纹。凹凸压纹工艺能使名片显得精致，尤其针对简单的图形和文字轮廓，采用凹凸压纹工艺绝对是明智的做法。过去这一工艺用在高档楼书、包装上，现在将这一传统工艺表现在名片制作上更加给人耳目一新的感觉。图3-1和图3-2所示为名片压纹效果。

图3-1

图3-2

第3种：圆角名片。圆角名片具有亲和力，手感舒适，艺术性极强，非常适合圆形、方形品牌LOGO搭配设计。圆角名片同时便于放入名片册中，如图3-3所示。

图3-3

第4种：打圆孔及打多孔特殊名片。打圆孔及打多孔个性名片设计能体现名片的层次感，使名片增添一种特殊的艺术感。

第5种：折叠名片。折叠名片让品牌LOGO独立展示在折叠翻盖上，适合集团化公司多信息的需要，能够强调更为细致的名片资料，如图3-4所示。

图3-4

2. 宣传卡

宣传卡是商业贸易活动中的重要媒介体，俗称小广告。宣传卡自成一体，无需借助于其他媒体，不受宣传环境、公众特点、信息安排、版面、纸张等限制，并且还具有针对性、独立性和整体性的特点，被广泛应用。

从用纸来看，宣传卡根据不同形式和用途分为铜版纸、卡纸、玻璃卡等。

从开本来看，宣传卡的开本有32开、24开、16开、8开等，还有的采用折叠的形式。开本大的可用于张贴，开本小的利于邮寄、携带。

从折叠来看，折叠方法主要采用“平行折”和“垂直折”两种，并由此演化出多种形式。

从整体设计来看，在确定了新颖别致、美观、实用的开本和折叠方式基础上，宣传卡封面（包括封底）要抓住商品的特点，运用逼真的摄影或其他形式与牌名、商标以及企业名称、联系地址等，以美观的艺术形式将其表现出来，从而吸引消费者；而内页的设计要详细地反映商品的内容，并且做到图文并茂，如图3-5所示。

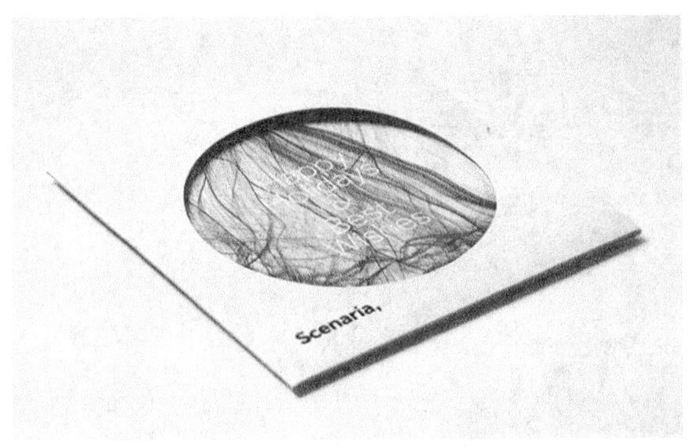

图3-5

3. 明信片

明信片是不用信封就可以直接邮寄的载有信息的卡片，卡片上必须贴有胶粘邮票，在其中一面有装饰，如一幅画。它是一种新型的广告媒体，以社会大众广泛使用的通信方式为载体，来展示企业的形象、理念、品牌以及产品等，图3-6所示为国外的一款明信片。

图3-6

4. 便笺

便笺是一种小型的、便于携带的纸张，有的一面有黏性，多是黄色，但现在为了迎合年轻人的喜好，也出现了其他鲜艳的颜色，可以用来随时记下一些内容，如写便条、电话号码等。

便签是办公用品，形状多为长方形或正方形，颜色大小不一，几十或几百张形成一叠，可随处粘贴，方便提醒使用者有关问题、想法、指示等。

现在市面便签大致由3种形式构成：小便签、中便签和创意便签。图3-7所示为便签广告。

图3-7

5. 贺卡

贺卡是人们在喜庆的日子互相表示问候的一种卡片。人们通常赠送贺卡的日子包括生日、圣诞、元旦、春节、母亲节、父亲节、情人节等。贺卡上一般有一些祝福的话语。

贺卡的设计以温馨、喜庆为主，符合当时的节日气氛即可，如图3-8所示。

图3-8

3.1.2 卡片设计原则

卡片的设计按形式分，可以分为折页卡片、单页卡片和立体卡片3种。下面将介绍这3种卡片形式设计的基本要求。

1. 折页卡片

折页设计一般分为两折页、三折页和四折页等。根据内容的多少来确定页数的多少。有的企业想让折页的设计出众，可能在表现形式上采用模切（印刷后期加工的一种裁切工艺，可以把印刷品或其他纸制品按照事先设计好的图形制作成模切刀版进行裁切，使印刷品的形状不再局限于直边直角）、特殊工艺等来体现折页的独特性，进而加深消费者对产品的印象。图3-9所示为折叠卡片。

图 3-9

2. 单页卡片

单页卡片的设计更注重设计的形式，在有限的空间表现出海量的内容。单页设计常见于产品广告中，一般都采用正面是产品广告，背面是产品介绍。图3-10所示为单页卡片。

图 3-10

3. 立体卡片

现代设计越来越先进，在单页、折页两种卡片形式之外，设计师与时俱进地设计出立体造型卡片，这种卡片更加让人印象深刻。图3-11所示为立体造型卡片。

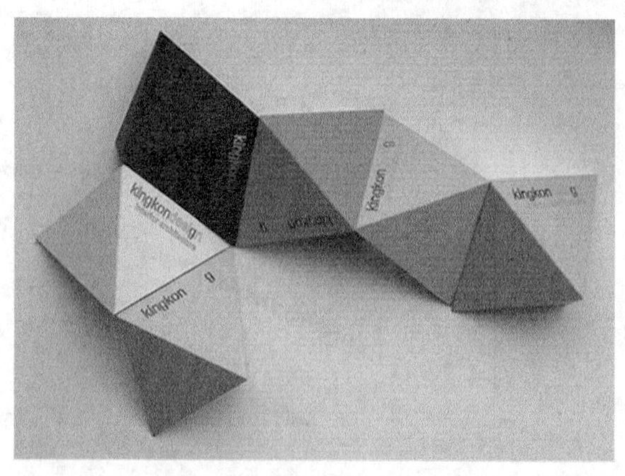

图 3-11

3.2　课堂案例——个性名片

案例位置　案例文件>CH03>个性名片.psd
视频位置　多媒体教学>CH03>个性名片.flv
难易指数　★★☆☆☆
学习目标　学习“钢笔工具”的使用、“路径”的调节、文字工具的使用

个性名片首先要突出“个性”，在设计的时候，要分析设计对象的含义。本案例是为“海燕设计工作室”设计的名片，该名片在设计上用简单的弧形图像和曲线加圆点的造型突出表现了设计的感觉。个性名片的最终效果如图3-12所示。

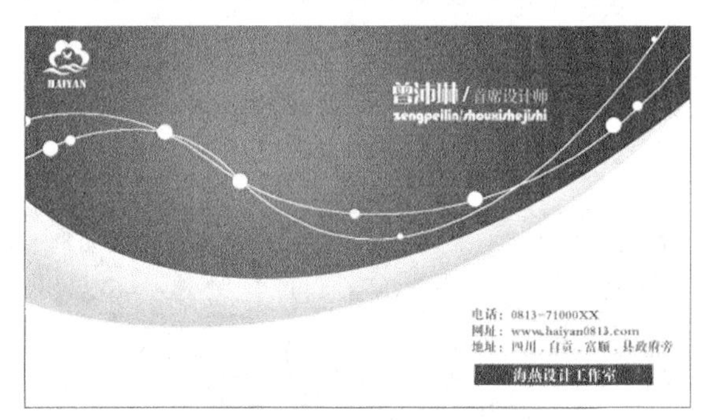

图3-12

相关知识

个性名片是依据自己独特的个性所设计，个性名片的设计主要掌握以下6个要点。

第1点：名片的大小一般为90mm×50mm或者90mm×55mm。

第2点：有横向和纵向两种排版方式。

第3点：制作成品的时候，要考虑四边的出血量，一般为1mm。

第4点：超出部分要裁剪掉，勿用白色色块遮掩。

第5点：切记界面不能过于花哨和复杂，要达到“简而不凡”的效果。

第6点：切割名片一般用专门的切卡机，也可以用美工刀配以直尺、垫板进行切割。

主要步骤

① 利用“钢笔工具”绘制出弧形图像，并对其填充不同的颜色。

② 利用“钢笔工具”绘制出曲线，并描边路径。

③ 输入名片的文字信息。

3.2.1　绘制背景效果

01 启动Photoshop CS6，执行“文件>新建”菜单命令或按下Ctrl+N组合键新建一个名称为“个性名片”的文档，设置“宽度”为9厘米、“高度”为5厘米、“分辨率”为300像素/英寸、“颜色模式”为“RGB颜色”，如图3-13所示。设置完毕后，单击“确定”按钮得到新建的图像文件。

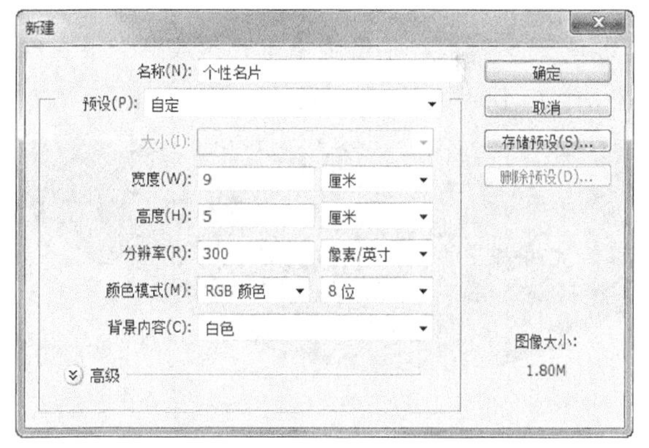

图 3-13

02 新建图层1，选择“钢笔工具”，在图像中绘制一条弧形路径，如图3-14所示。

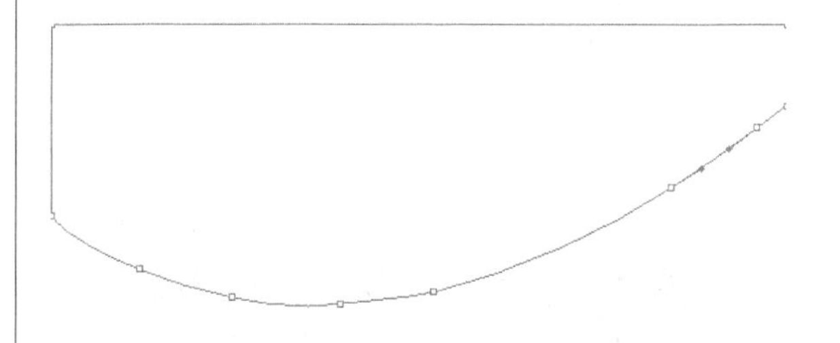

图3-14

技巧与提示

因为此设计不需要印刷出图，所以没有必要考虑出血量，但是在实际设计时需要根据实际情况来设置不同尺寸的出血量。

03 按Ctrl＋Enter组合键将路径转化为选区，然后选择“渐变工具”为选区应用“径向渐变”填充，设置颜色从蓝色（R：0，G：67，B：101）到深蓝色（R：81，G：155，B：199），在选区中按住鼠标左键向外拖动，如图3-15所示。

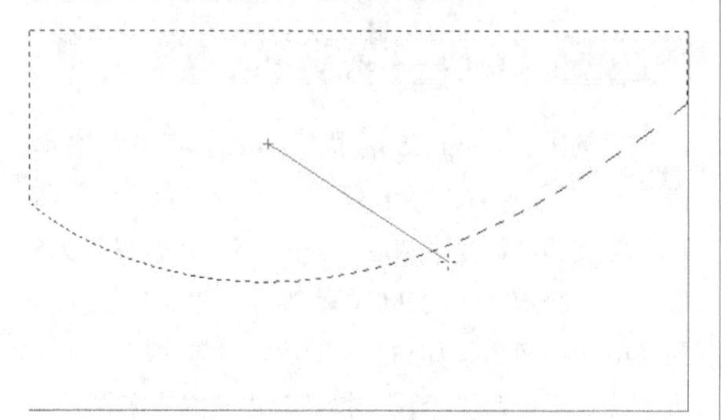

图 3-15

04 松开鼠标后，将得到填充后的效果，跟着再按下Ctrl＋D组合键取消选区，如图3-16所示。

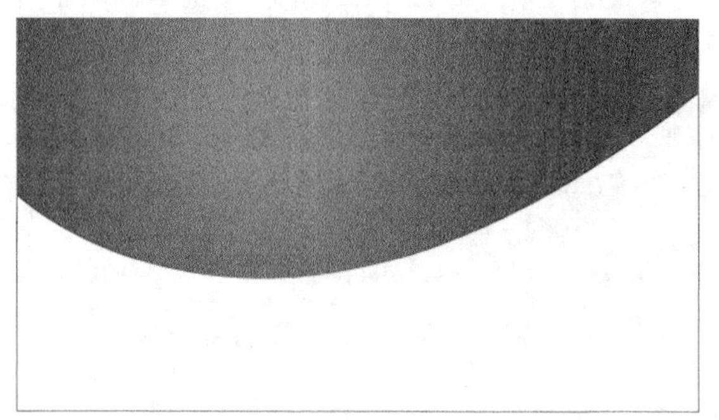

图3-16

05 新建一个图层，使用“钢笔工具”再绘制一个弧线路径，如图3-17所示，将路径转换为选区后，填充为淡蓝色（R：182，G：220，B：226），如图3-18所示。

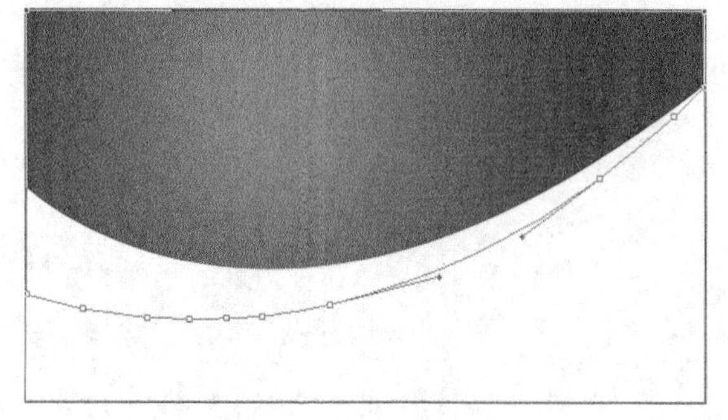

图 3-17

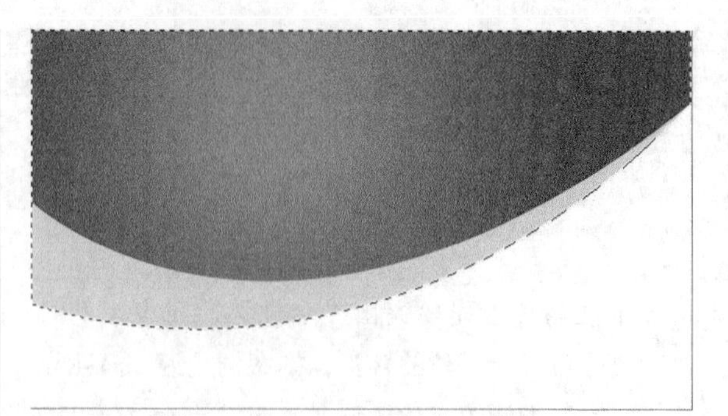

图3-18

06 设置前景色为白色，选择“画笔工具”，在属性栏中设置画笔样式为“柔角”，“大小”为69，“不透明度”为27%，然后在深蓝色图像和浅蓝色图像交界处进行涂抹，得到如图3-19所示的效果。

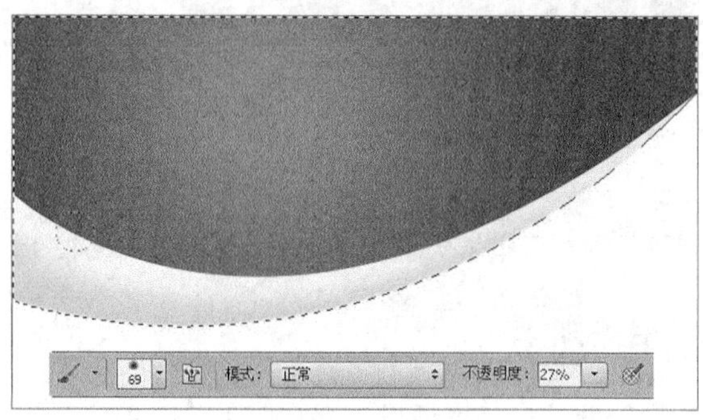

图 3-19

3.2.2 添加曲线和文字

01 打开本书配套资源中的“素材文件>CH03>个性名片>LOGO.psd”文件，使用“移动工具”将其拖动到当前图像中，适当调整大小后，放到画面左上角，如图3-20所示。

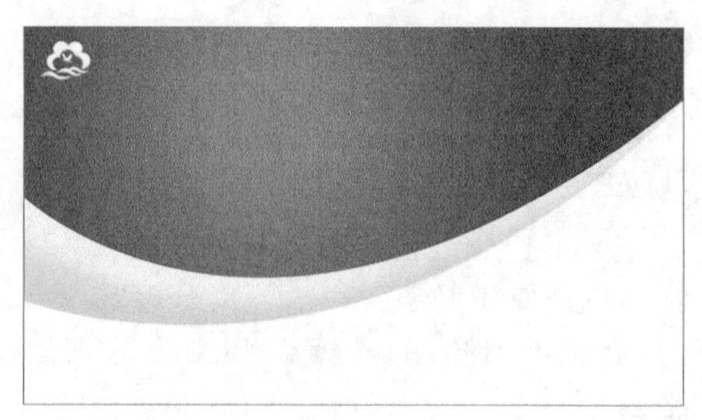

图3-20

02 新建一个图层，设置前景色为白色，选择“钢笔工具”在画面中绘制两条曲线路径，如图3-21所示。

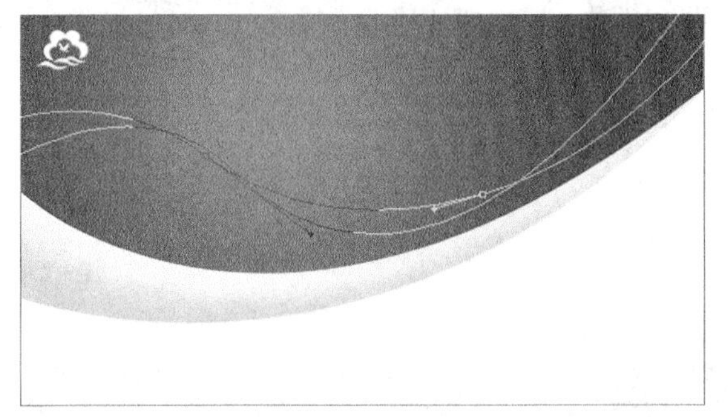

图 3-21

03 选择“铅笔工具”，在属性栏中设置画笔“大小”为2，然后切换到“路径”面板，单击面板底部的“用画笔描边路径”按钮，得到描边的线条，如图3-22所示。

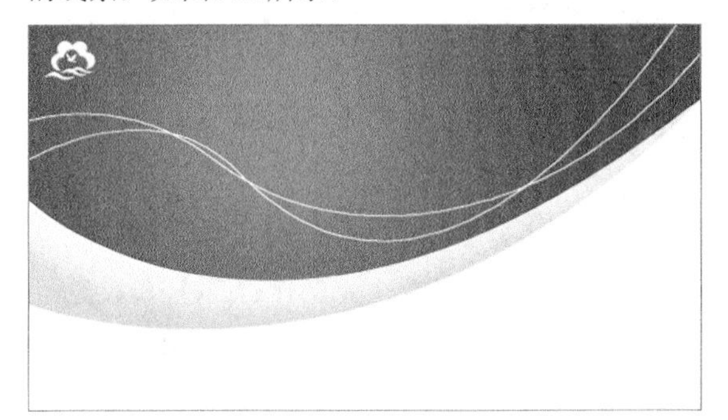

图3-22

04 新建一个图层，选择“椭圆选框工具”，按住Shift键在线条上绘制多个圆形选区，并填充为白色，如图3-23所示。

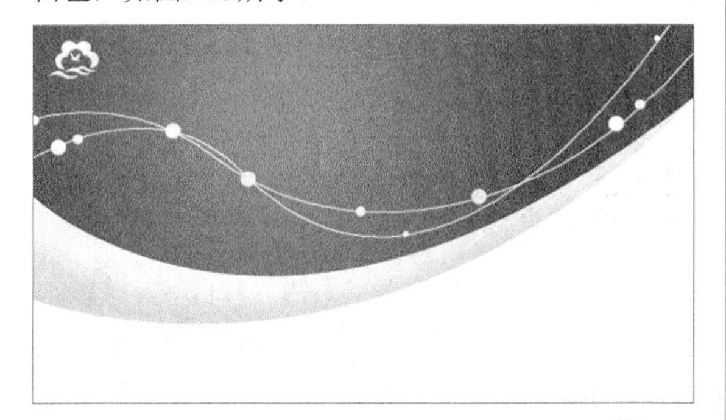

图 3-23

05 选择“横排文字工具”，在画面右上方输入文字“曾沛琳/首席设计师”，然后在属性栏中设置“曾沛琳”字体为“方正粗倩简体”，“首席设计师”字体为“方正书宋简体”，并适当调整文字大小，再填充为白色，如图3-24所示。

图3-24

06 在中文字下方再输入一行与其相应的拼音字母，填充为白色，适当调整大小后的效果如图3-25所示。

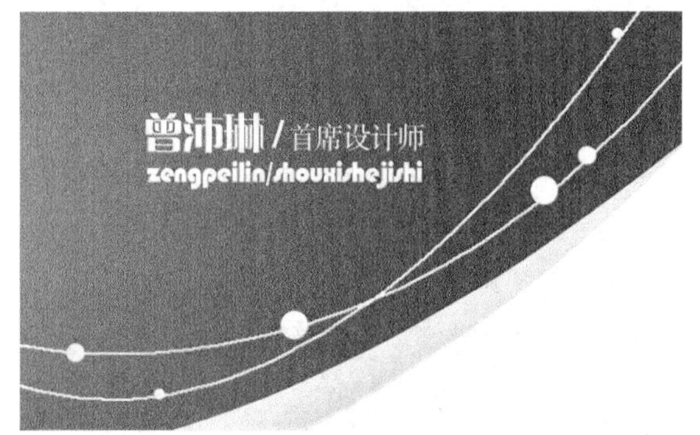

图 3-25

07 在画面右下角输入公司地址、电话等信息，并填充为淡蓝色（R：30，G：109，B：118），适当调整大小后的效果如图3-26所示。

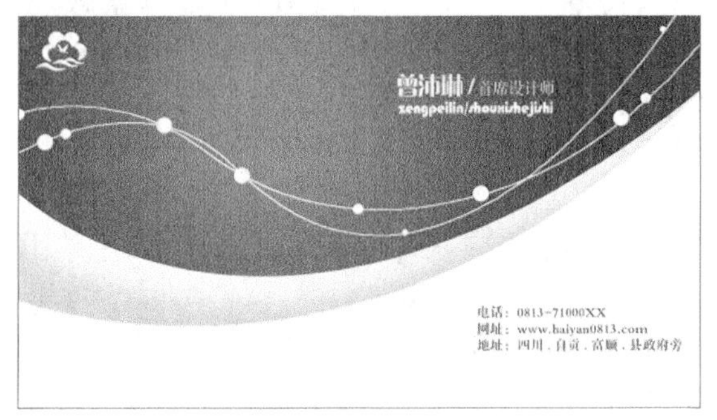

图3-26

08 新建一个图层，选择“矩形选框工具”在画面右下方绘制一个矩形选区，并填充为蓝色（R：0，G：67，B：101）如图3-27所示。

09 选择“横排文字工具”在蓝色矩形中输入文字“海燕设计工作室”，然后在属性栏设置字体为“方正大标宋简体”，颜色为白色，适当调整大小后，效果如图3-28所示，完成本实例的制作。

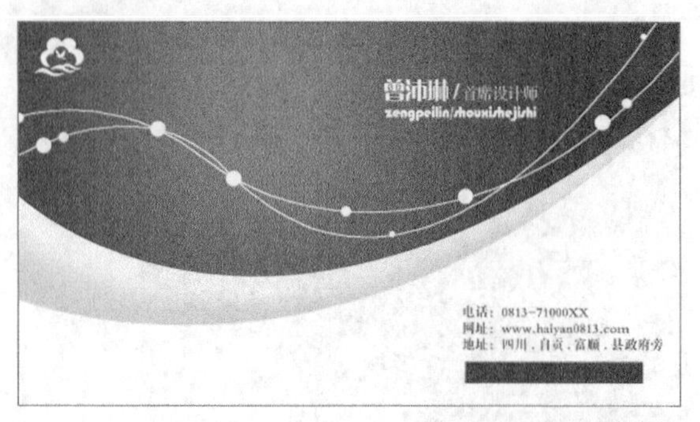

图 3-27

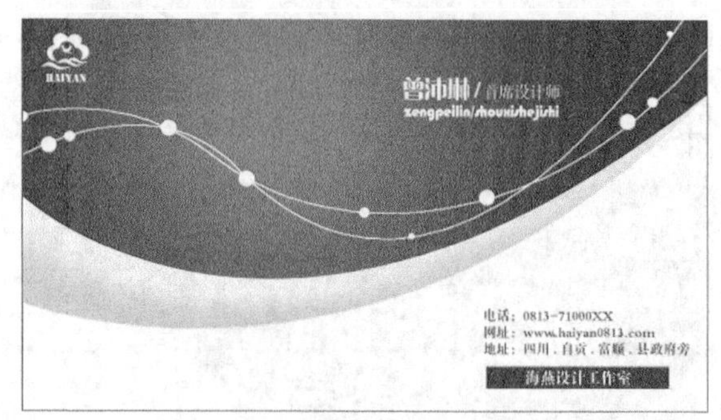

图3-28

3.3 课堂案例——贵宾卡设计

案例位置 案例文件>CH03>贵宾卡.psd
视频位置 多媒体教学>CH03>贵宾卡.flv
难易指数 ★★☆☆☆
学习目标 学习“圆角矩形工具”“渐变工具”“钢笔工具”的使用

本案例是为“纯印婚礼顾问机构”设计的贵宾卡，选用温馨的紫红色搭配玫瑰花，既显大气又符合主题。贵宾卡的最终效果如图3-29所示。

图3-29

相关知识

贵宾卡也称VIP卡，是公司、企业向重要客户分发的一种卡片，在服务性行业使用得较多。贵宾卡的设计主要掌握以下两个要点。

第1点：贵宾卡的形状多数采用矩形，当然也有不规则的形态，这点要结合企业和公司的性质来决定。

第2点：贵宾卡设计应具有视觉冲击力、较强的审美性质和可识别性。

主要步骤

① 使用“圆角矩形工具”确定贵宾卡的外形，然后使用“渐变工具”填充颜色。

② 添加鲜花素材，并为文字添加“图层样式”。

③ 使用“钢笔工具”制作星星特效。

④ 使用“钢笔工具”和“自由变换”功能制作轻纱。

⑤ 使用“矩形选框工具”和“横排文字工具”制作背面效果。

⑥ 使用“添加杂色”滤镜和“光照效果”滤镜制作背景。

⑦ 使用“图层样式”和“自由变换”功能制作效果图。

3.3.1 绘制贵宾卡基本造型

01 按Ctrl+N组合键打开“新建”对话框，设置名称为“贵宾卡”、“宽度”为25厘米、“高度”为17厘米、“分辨率”为150像素/英寸、“颜色模式”为“RGB颜色”，如图3-30所示。

02 新建图层1，将其命名为“卡片正面”，然后选择“圆角矩形工具”，并在属性栏设置绘制模式为Path（路径），半径为22，如图3-31所示。

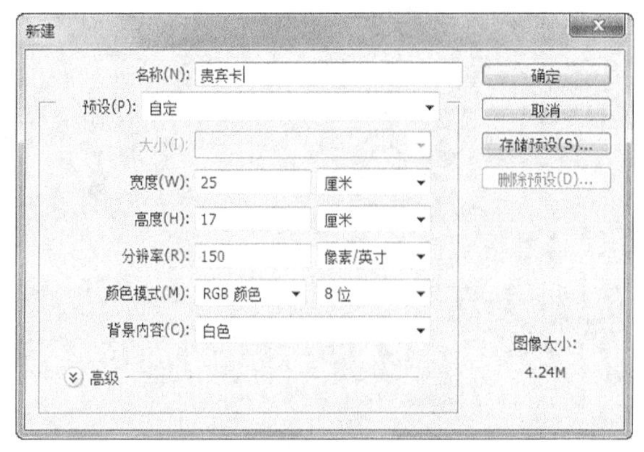

图3-30

图3-31

03 在画面左侧按住鼠标左键拖动，绘制出一个圆角矩形，如图3-32所示。

图3-32

04 按Ctrl+Enter组合键将路径转换为选区，再使用“渐变工具”为其应用“径向渐变”填充，设置颜色从淡紫色（R：154，G：21，B：115）到紫色（R：250，G：62，B165），然后在选区中按住鼠标左键向外拖动，填充选区，如图3-33所示。

图3-33

05 保持选区状态，新建一个图层，将其命名为“卡片背面”，再选择任意一个选区工具，将鼠标放到选区中移动该选区，到右侧后，填充为白色，如图3-34所示。

图3-34

3.3.2　素材与文字处理

01 首先制作正面图中的内容，打开本书配套资源中的“素材文件>CH03>贵宾卡设计>素材01.psd”文件，使用“移动工具”将其拖曳到当前文件中的合适位置，如图3-35所示。

图3-35

02 按住Ctrl键单击“卡片正面”图层，载入图像选区，选择“鲜花”图层，并按Ctrl+Shift+I组合键反选选区，接着按Delete键删除选区内的像素，效果如图3-36所示。

图3-36

03 使用“横排文字工具”T（字体大小和样式可根据实际情况而定）在绘图区域中输入“贵宾卡”3个字，效果如图3-37所示。

图3-37

04 双击文字图层的缩览图，打开“图层样式”对话框，选择“投影”复选框，设置投影颜色为黑色，其他参数设置如图3-38所示。

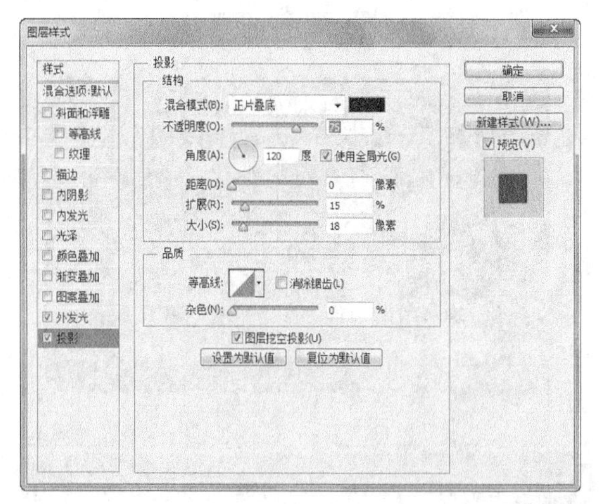

图3-38

技巧与提示

“贵宾卡”是整个设计中是最主体的文字，消费者第一眼看到的也是这3个字，因此在设计时应该尽量让其美观，这样才能体现出“贵宾”的氛围。这种文字的处理方式一般是先手绘出字体样式，然后扫描到电脑中，再导入到Photoshop中，最后利用“钢笔工具”将字体样式勾画出来。

05 再选择“外发光”复选框，设置外发光颜色为洋红色（R：248，G：0，B：121），其他参数设置如图3-39所示，单击“确定”按钮 确定 ，得到的文字效果如图3-40所示。

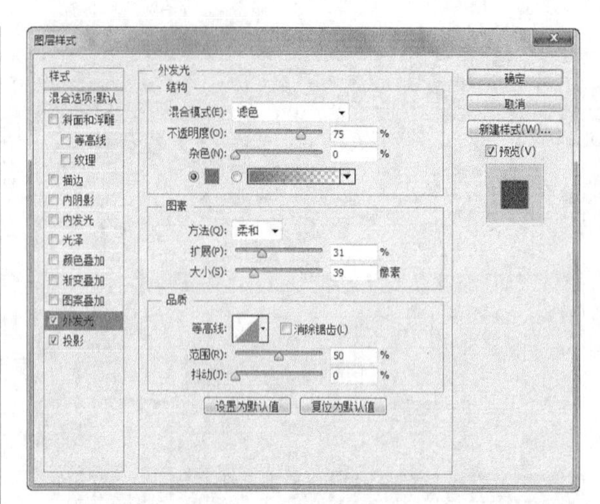

图3-39

图3-40

技巧与提示

打开“图层样式”对话框的方法主要有两种：一是双击当前图层的缩览图；二是单击“图层”面板下面的“添加图层样式”按钮 fx. ，在弹出的菜单中选择相应的命令即可打开与之对应的“图层样式”对话框。

06 使用“横排文字工具”T在贵宾卡文字上方输入“纯印婚礼顾问机构”，如图3-41所示。

图3-41

07 新建一个图层，将其命名为“星星”，然后使用“钢笔工具”绘制出星星的路径，并按Ctrl+Enter组合键载入路径的选区，接着用白色填充选区，效果如图3-42所示。

图3-42

08 在“图层”面板中设置“星星”图层的“不透明度”为40%，效果如图3-43所示，然后按住Ctrl＋Alt组合键移动复制出多个对象，并适当调整大小，放到如图3-44所示的位置。

图3-43

图3-44

技巧与提示

复制“星星”图层是为了丰富画面效果，若只存在一个星星，画面看起来就很单调。

3.3.3　制作轻纱

01 新建一个“背景花纹”图层，使用“钢笔工具”绘制一条柔美的曲线路径，如图3-45所示。

图3-45

02 按Ctrl＋Enter组合键将路径转换为选区，设置前景色颜色为粉红色（R：252，G：73，B：174），接着按Alt+Delete组合键用前景色填充选区，效果如图3-46所示。

图3-46

03 按Ctrl＋J组合键复制一次“背景花纹”图层，然后执行“编辑>变换>水平翻转”命令，调整大小后放到卡片右上方，效果如图3-47所示。

图3-47

04 再次复制“背景花纹”图层，然后执行“编辑>自由变换”菜单命令，将其做适当的自由变换，效果如图3-48所示。

图3-48

05 按住Ctrl键单击“卡片正面”图层的选区，然后按Ctrl+Shift+I组合键反选选区，再按Delete键删除选区内的图像，并在图层面板中设置该图层的“不透明度”为80%，得到的图像效果如图3-49所示。

图3-49

06 选择“横排文字工具”T，在右下角输入贵宾卡的编号，效果如图3-50所示。

图3-50

3.3.4 背面制作

01 下面开始制作卡片背面内容，新建一个图层，设置前景色颜色为灰色（R：125，G：125，B125），然后使用“矩形选框工具”绘制一个大小合适的矩形选区，并用前景色填充选区，效果如图3-51所示。

图3-51

02 使用“横排文字工具”T在磁条下面输入各项相关文字信息，并注意在属性栏中设置相关字体，颜色为黑色，效果如图3-52所示。

持卡人签名：　NO.08170975

使用注意事项：

* 贵宾卡是您身份的象征，不得转借，遗失不予补办；
* 客户凭此卡可在店内享受八折优惠；
* 本卡不能兑换现金，不设零找；
* 请在结帐时出示本卡；
* 本店拥有此卡的最终解释权。

纯印婚礼顾问机构

图3-52

技巧与提示

一般此类的贵宾卡背面都是磁条，并配有此卡的使用说明和注意事项等，不必放太多的设计元素在里面，需要注意的是文字的大小及版式即可。

03 选择背景图层，设置前景色为黑色，背景色为白色，执行“滤镜>杂色>添加杂色”菜单命令，打开“添加杂色”对话框，设置各项参数如图3-53所示，单击“确定”按钮确定后得到的图像效果如图3-54所示。

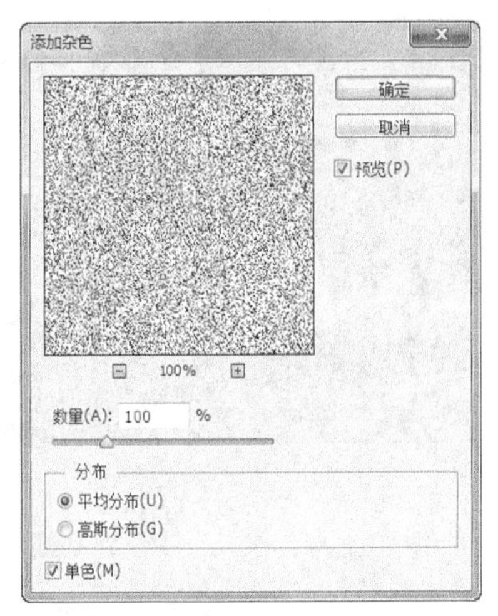

图3-53

图3-54

04 执行“滤镜>渲染>光照效果”菜单命令，在弹出对话框中做如图3-55所示的设置，效果如图3-56所示。

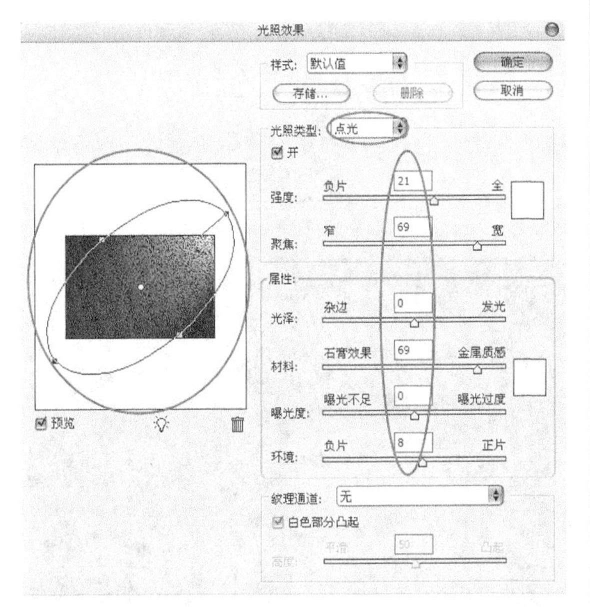

图3-55

图3-56

3.3.5 效果图制作

01 按住Ctrl键在“图层”面板中选择卡片正面图像的所有图层，按Ctrl＋E组合键合并图层，将其重命名为“卡片正面”，接着按Ctrl+T组合键适当旋转图像，放到画面右侧，如图3-57所示。

图3-57

02 执行“图层>图层样式>投影”命令，打开“图层样式”对话框，设置投影颜色为黑色，其余参数设置如图3-58所示。

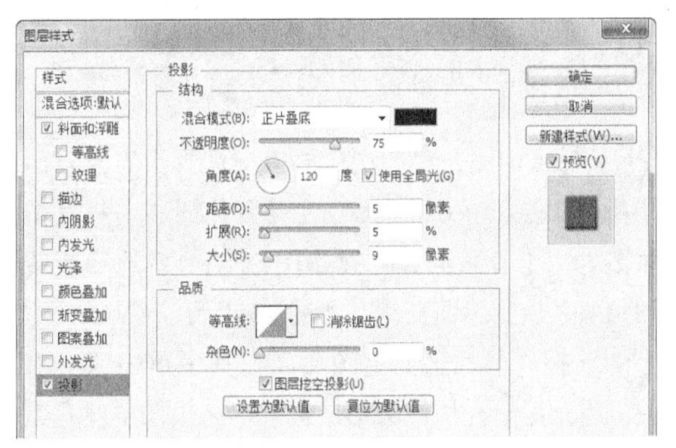

图3-58

技巧与提示

在自由变换时，需要使贵宾卡的角度与光线的照射角度保持一致。

03 单击“斜面和浮雕”样式，设置“样式”为内斜面，其他参数设置如图3-59所示，效果如图3-60所示。

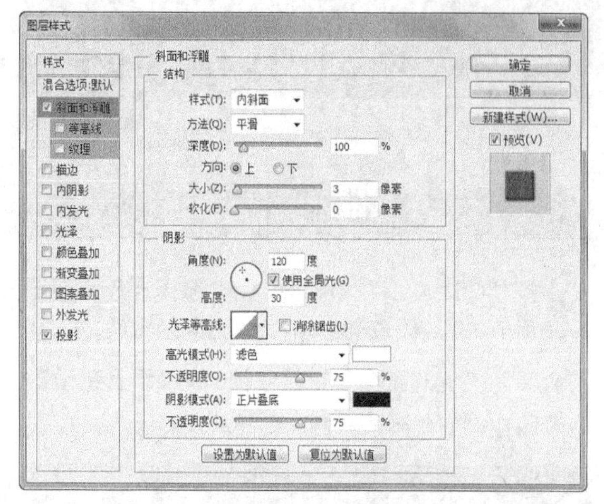

图3-59

图3-60

技巧与提示

添加“斜面和浮雕”样式效果是为了让贵宾卡有一定的厚度，若不添加该效果，贵宾卡看起来就像是一张薄薄的纸。

04 按住Ctrl键在“图层”面板中选择贵宾卡背面图所有图层，按Ctrl＋E组合键合并图层，将其重命名为“卡片背面”，按Ctrl＋T组合键适当旋转图像，并放到画面左侧，如图3-61所示。

05 选择“卡片正面”图层，在其中单击鼠标右键，将弹出一个快捷菜单，选择“拷贝图层样式”命令，效果如图3-62所示。

图3-61

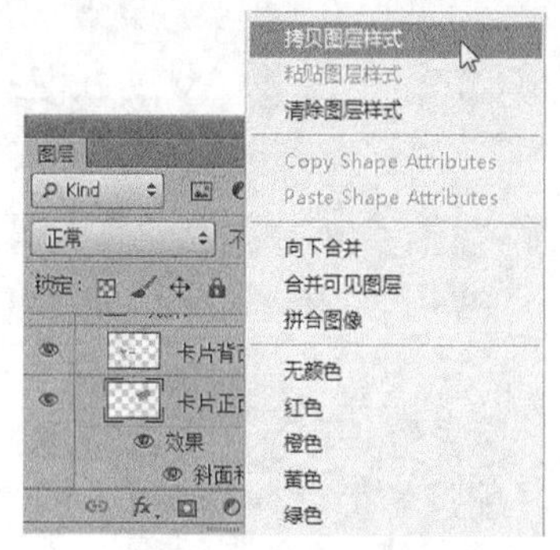

图3-62

06 选择“卡片背面”图层，单击鼠标右键，在弹出的快捷菜单中选择“粘贴图层样式”命令，如图3-63所示，完成后得到的图像效果如图3-64所示。

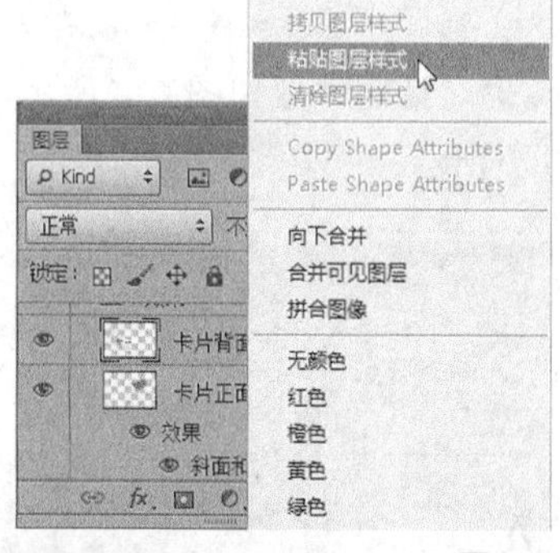

图3-63

图3-64

3.4 课堂案例——邀请函

案例位置　案例文件>CH03>邀请函.psd
视频位置　多媒体教学>CH03>邀请函.flv
难易指数　★★★☆☆
学习目标　学习“圆角矩形工具”“渐变工具”“钢笔工具”的使用

邀请函是扩大公司影响力很好的方式，在设计的时候一定要注重表现细节，力求给客户留下良好的印象。本案例是为“芙蓉园开盘盛典”设计的邀请函，结合地产行业的相关特性，同时选用红色作为主色调，与设计主体相符合。邀请函的最终效果如图3-65所示。

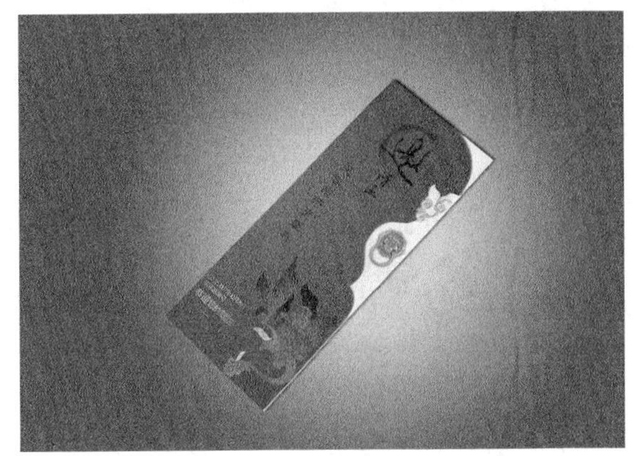

图3-65

相关知识

邀请函主要运用在大型的会议和活动中，比如说一家房地产公司开盘邀请客户去参观，这时就需要用到邀请函。邀请函的设计主要掌握以下两个要点。

第1点：邀请函的设计应具有较强的审美性和可识别性。

第2点：邀请函的设计应结合企业和公司的性质做出新颖的特色，避免千篇一律，墨守成规。

主要步骤

① 使用“参考线”确定贵宾卡的分割点。

② 使用“矩形选框工具”和“钢笔工具”确定邀请函的外形，然后调出墨迹效果。

③ 运用素材和“图层蒙版”功能制作荷花。

④ 使用“直排文字工具”、“横排文字工具”和“图层样式”处理文字效果。

⑤ 利用图层的复制功能制作内页效果。

⑥ 利用“图层样式”“自由变换”和“光照效果”滤镜制作效果图。

3.4.1 制作外页图像

01 按Ctrl+N组合键新建一个“邀请函”文件，设置“宽度”为33厘米、“高度”为17厘米、“分辨率”为150像素/英寸、“颜色模式”为“RGB颜色”，如图3-66所示。

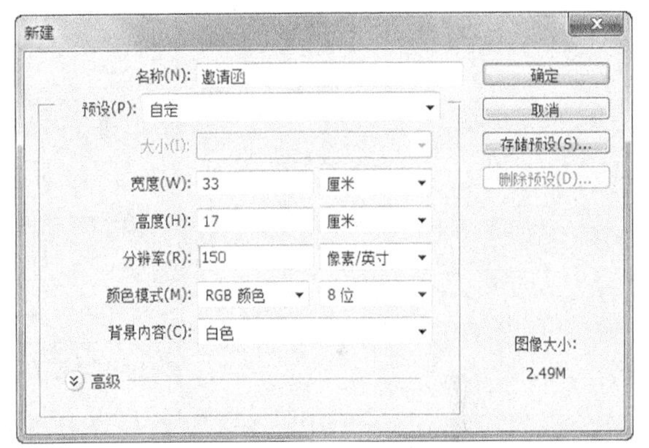

图3-66

02 执行8次“视图>新建参考线”菜单命令，然后在弹出的“新建参考线”对话框中分别做如图3-67所示的设置，效果如图3-68所示。

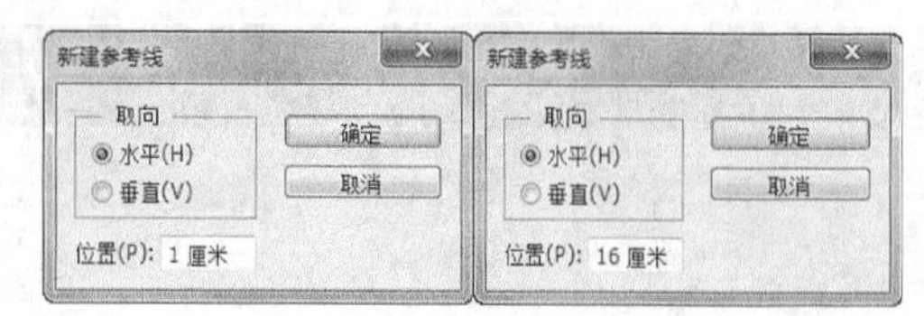

图3-67

图3-68

03 新建图层1，使用“矩形选框工具”在如图3-69所示的位置绘制一个矩形选区。

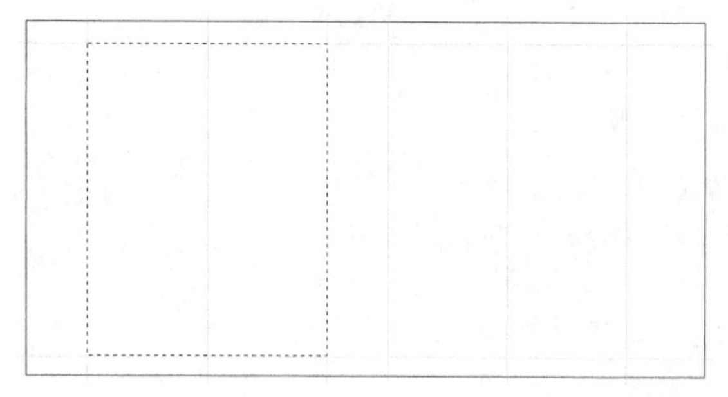

图3-69

04 选择“渐变工具”，单击属性栏左侧的按钮，打开“渐变编辑器”对话框，设置颜色从红色（R：230，G：0，B：18）到深红色（R：145，G：0，B0），如图3-70所示。

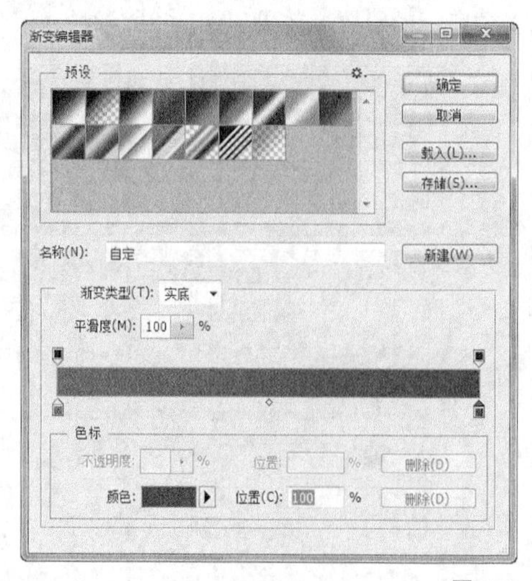

图3-70

05 再单击属性栏中的“径向渐变”按钮，然后按照如图3-71所示的方向为选区填充渐变色，效果如图3-72所示。

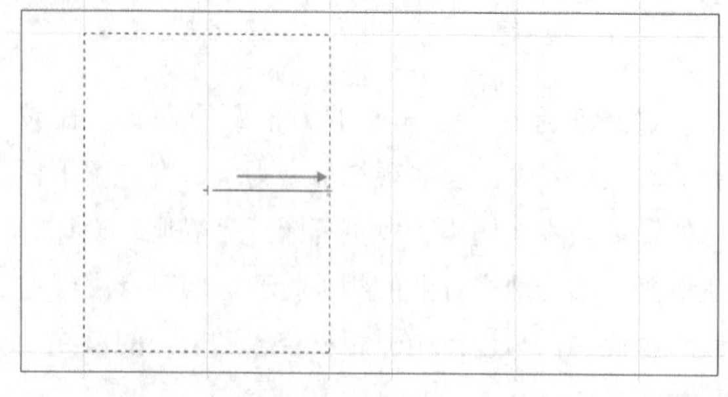

图3-71

图3-72

技巧与提示

在设计“邀请函”的时候，可以先将外页部分的底色制作出来，这样更加方便后面的设计。

06 打开本书配套资源中的“素材文件>CH03>邀请函>文字.psd”文件，使用“移动工具”将其拖曳到当前文件中，如图3-73所示。

图3-73

07 使用“矩形选框工具”绘制一个大小合适的矩形选区，将“邀”字框选出来，如图3-74所示，然后选择“移动工具”，并将其拖曳到合适的位置，再按Ctrl+T组合键调整大小，放到“请”字的上方，最后采用相同的方法处理好另外两个字，完成后的效果如图3-75所示。

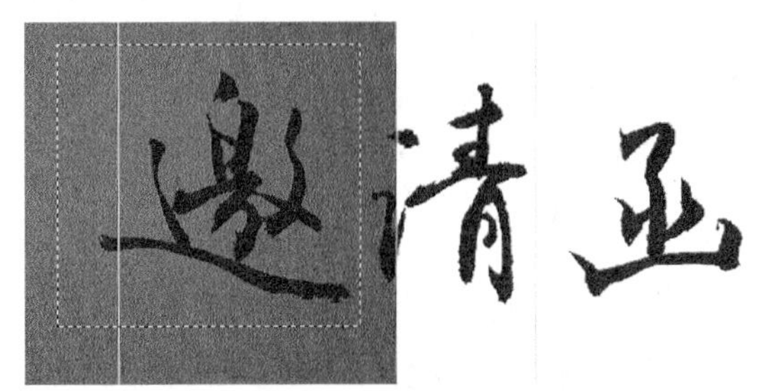

图3-74

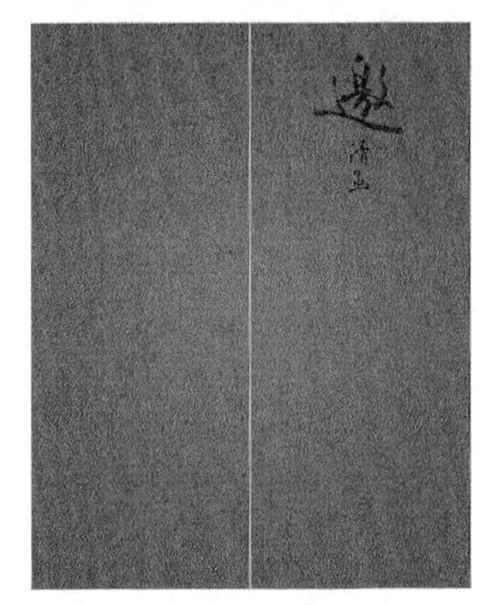

图3-75

技巧与提示

当文件中存在选区时，并且当前工具为选区工具，那么移动选区时不会移动选区中的像素；若当前工具为“移动工具”，那么移动选区时就会将选区和选区中的像素一起移动。

08 打开本书配套资源中的“素材文件>CH03>邀请函>素材02.psd”文件，并将其拖曳到当前操作界面中，调整大小后放到如图3-76所示的位置。

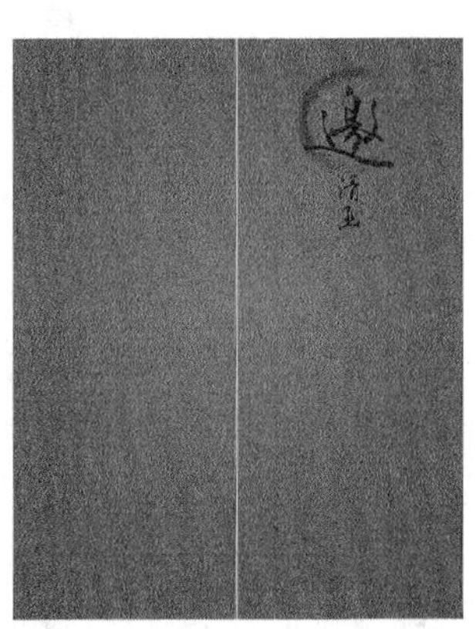

图3-76

09 选择红色背景图层，使用“钢笔工具”绘制一条如图3-77所示的路径，然后按Ctrl+Enter组合键将路径转换为选区，并按Delete键删除选区内的图像，效果如图3-78所示。

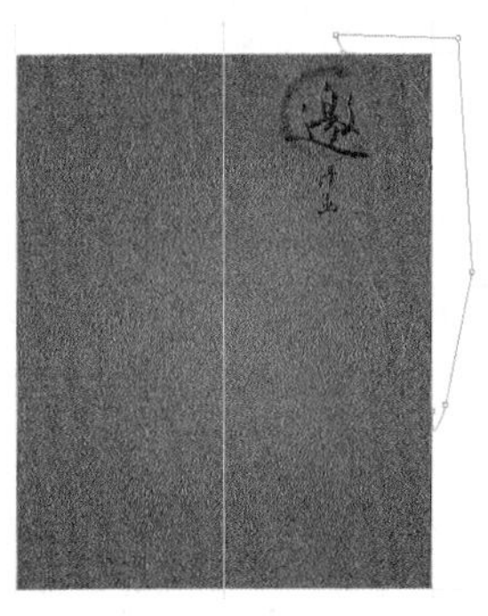

图3-77

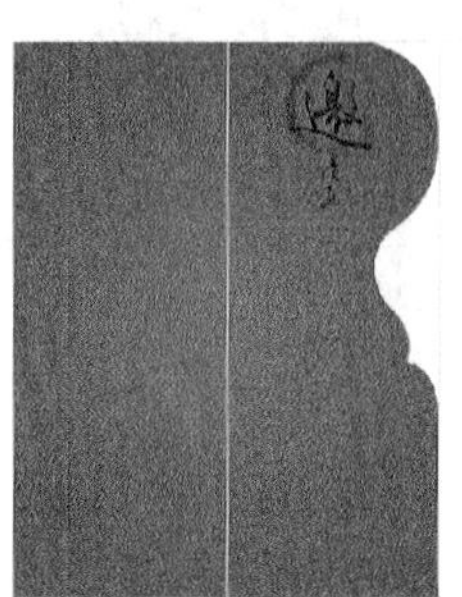

图3-78

10 打开本书配套资源中的“素材文件>CH03>邀请函>素材03.psd”文件，使用“移动工具”将其拖曳到当前图像中，如图3-79所示。

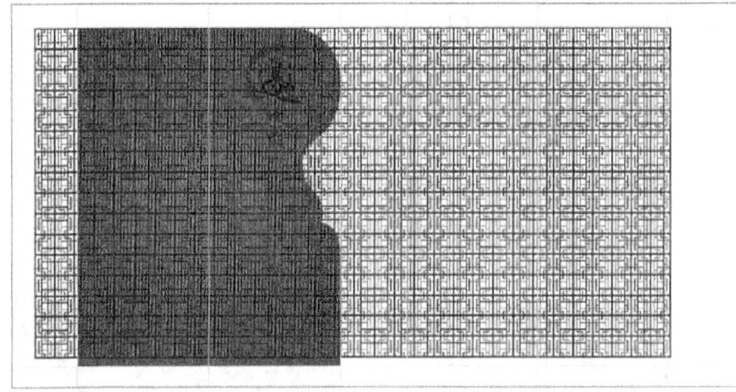

图3-79

11 按住Ctrl键的同时单击该图层，载入图像选区，将其填充为红色（R：230，G：0，B18），再设置该图层的混合模式为“颜色加深”，得到的效果如图3-80所示。

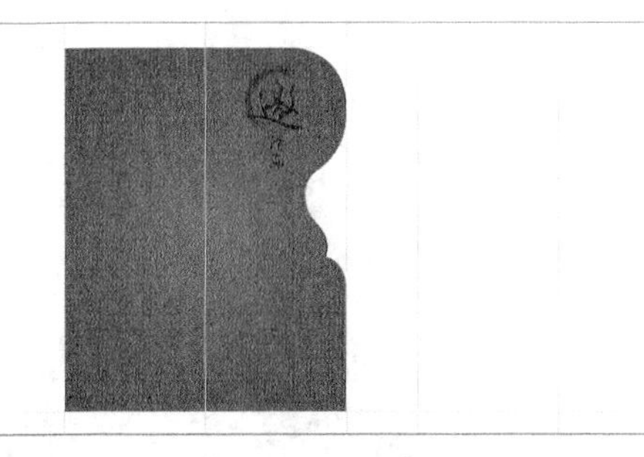

图3-80

12 执行“编辑>自由变换”菜单命令，然后按住Shift键的同时等比例缩小图像，如图3-81所示。

13 按住Ctrl键的同时单击红色图像所在图层，载入该图像的选区，然后按Shift+Ctrl+I组合键反选选区，再按Delete键删除选区内的像素，效果如图3-82所示。

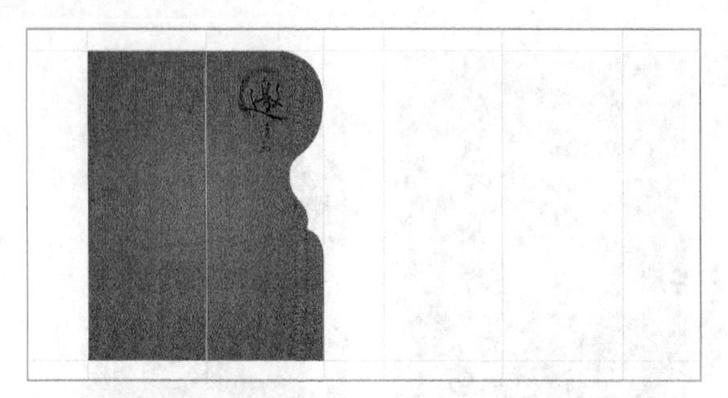

图3-81

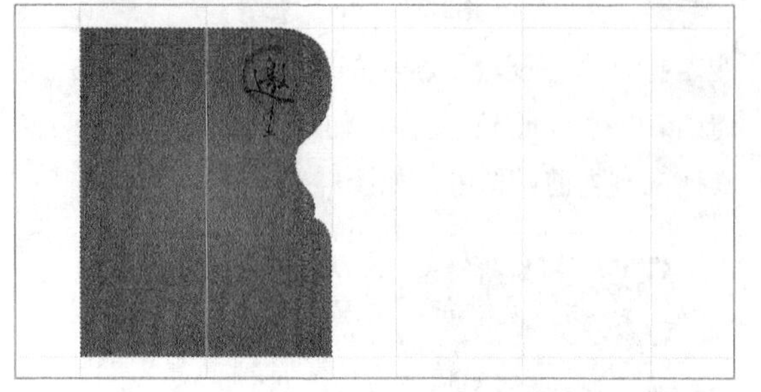

图3-82

⑭ 打开本书配套资源中的“素材文件>CH03>邀请函>素材04.psd”文件，使用“移动工具”将其拖曳到当前操作界面中，适当调整大小后，放到红色图像右下方，如图3-83所示。

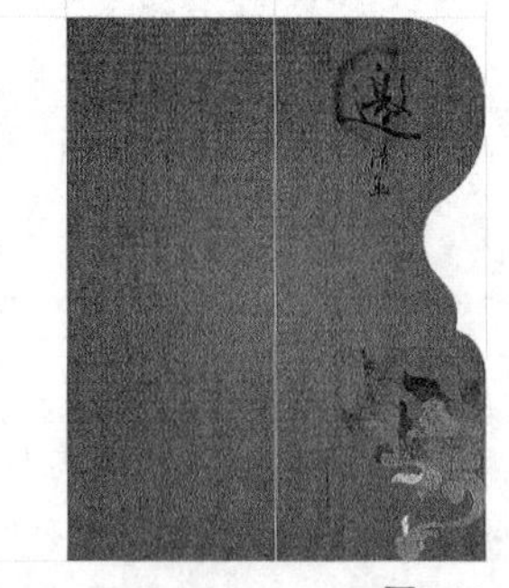

图3-83

⑮ 新建一个图层，按住Ctrl键单击花纹图像所在图层，载入该图像的选区，选择任意一个选区工具，将其移动到如图3-84所示的位置。

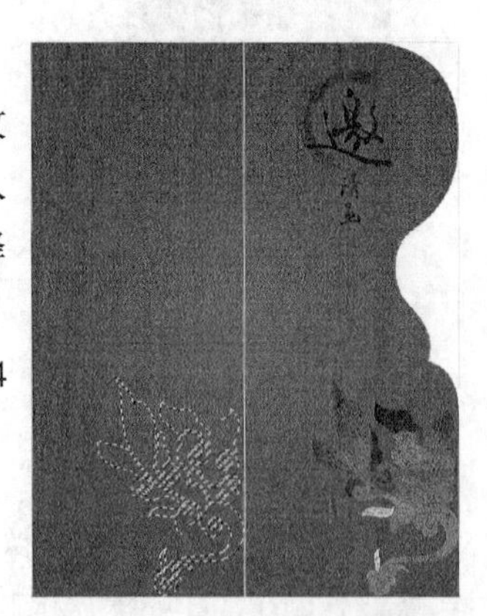

图3-84

⑯ 选择“选择>修改> 边界”命令，打开“边界选区”对话框，设置“宽度”为4，如图3-85所示。

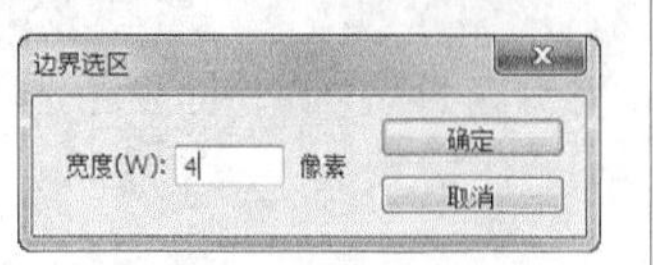

图3-85

⑰ 单击“确定”按钮，选择“渐变工具”，为选区应用“径向渐变”填充，设置颜色从橘黄色（R：255，G：110，B：2）到黄色（R：230，G：230，B：72）到橘黄色（R：255，G：110，B：2），如图3-86所示。

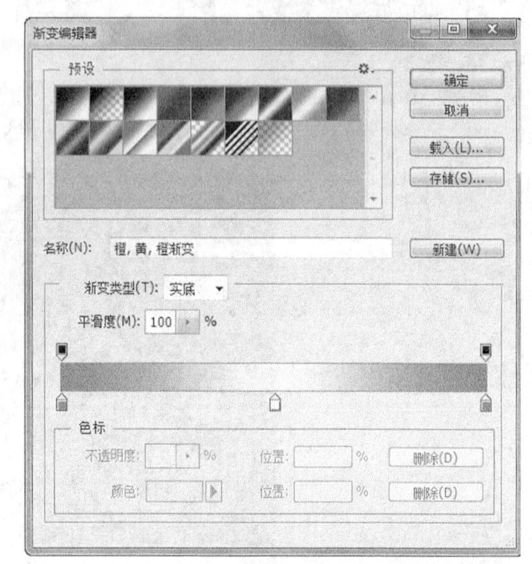

图3-86

⑱ 单击“确定”按钮，在选区中按住鼠标左键从左上角向右下角为选区填充渐变色，效果如图3-87所示。

图3-87

⑲ 使用“矩形选框工具”将底部多余的部分勾选出来，然后按Delete键删除多余的像素，完成后的效果如图3-88所示。

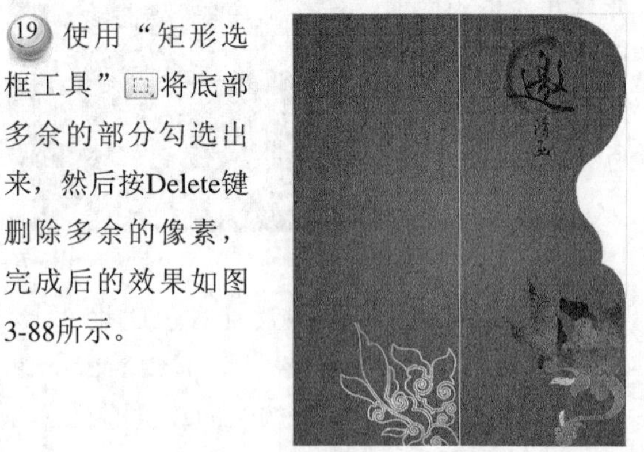

图3-88

⑳ 打开本书配套资源中的“素材文件>CH03>邀请函>素材05.psd”文件，使用“移动工具”将荷叶图像拖曳到当前图像中，适当缩小后，放到如图3-89所示的位置。

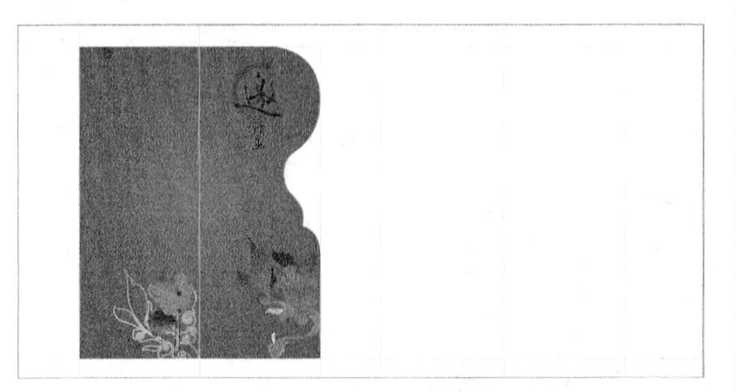

图3-89

㉑ 新建一个图层，按住Ctrl键单击花纹所在图层，载入该图像的选区，填充为白色，效果如图3-90所示，执行“编辑>变换>水平翻转”命令，将其放到如图3-91所示的位置。

图3-90

图3-91

㉒ 载入红色图像图层的选区，然后选择花纹白色所在图层，并执行“选择>反选”菜单命令，再按Delete键删除选区内的像素，效果如图3-92所示。

图3-92

㉓ 设置前景色颜色为深红色（R：125，G：0，B：0），然后选择“直排文字工具”，接着单击属性栏中的按钮，打开“字符”面板，并在其中设置字体和字号等，如图3-93所示，最后在绘图区域输入相应的文字信息，效果如图3-94所示。

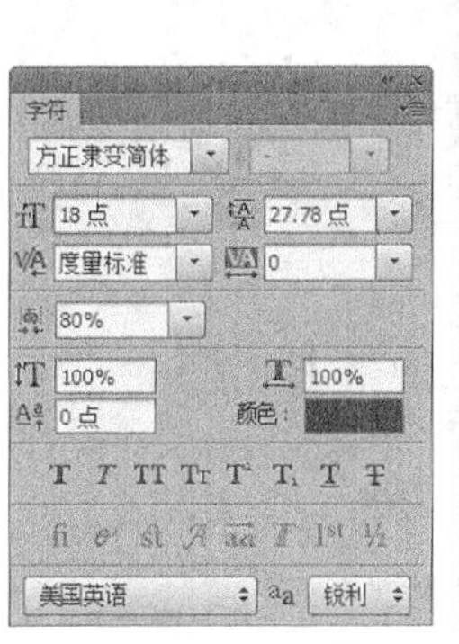

图3-93

图3-94

㉔ 设置前景色为白色，选择“横排文字工具”，在“字符”面板中设置字体和字号，如图3-95所示，然后在绘图区域输入相应的文字信息，如图3-96所示。

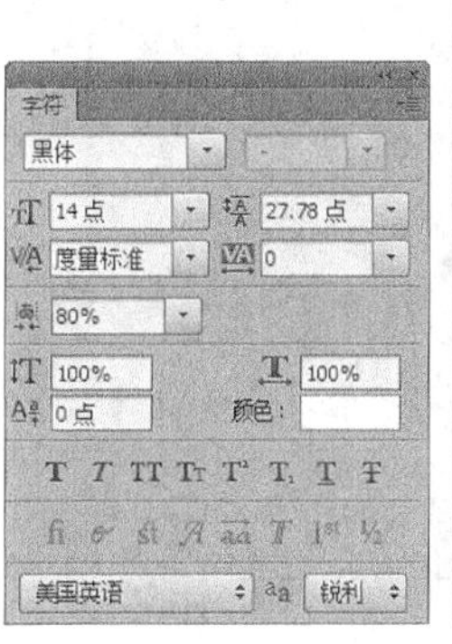

图3-95

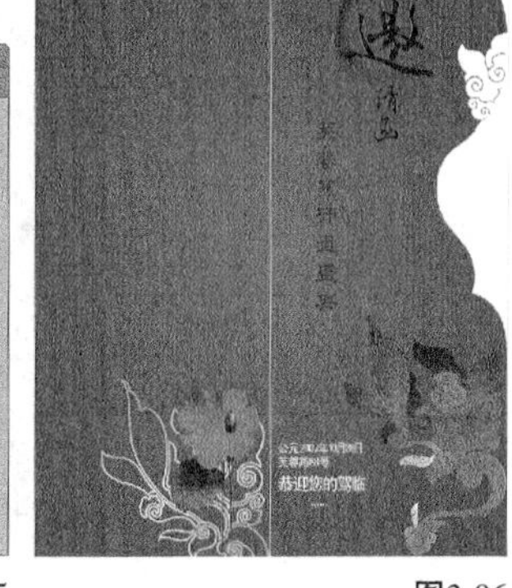

图3-96

㉕ 在“图层”面板中选择刚刚输入文字的图层，单击鼠标右键，在弹出菜单中选择“栅格化文字”命令，然后选择“渐变工具”为其应用径向渐变填充，设置颜色从橘黄色（R：255，G：110，B：2）到黄色（R：230，G：230，B：72）到橘黄色（R：255，G：110，B：2），效果如图3-97所示。

㉖ 选择“图层>图层样式>投影”命令，打开“图层样式”对话框，设置投影颜色为黑色，再设置其他参数，如图3-98所示，效果如图3-99所示。

图3-97

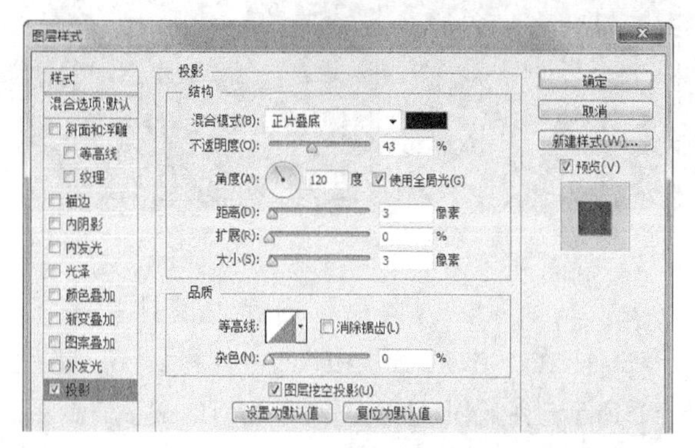

图3-98

图3-99

27 使用“横排文字工具”输入背面的文字信息（字体样式和大小可根据实际情况而定），效果如图3-100所示。

图3-100

3.4.2 内页制作

01 新建一个图层，将其命名为“内页背景色”，然后使用“矩形选框工具”将右侧的内页区域勾选出来，设置前景色颜色为（R：254，G：236，B：210），按Alt+Delete组合键用前景色填充选区，效果如图3-101所示。

图3-101

02 按住Ctrl键的同时单击红色背景图像所在的图层，载入该图层的选区，然后使用“矩形选框工具”将选区拖曳到如图3-102所示的位置。选择“内页背景色”图层，再按Shift+Ctrl+I组合键反选选区，最后按Delete键删除选区内的像素，效果如图3-103所示。

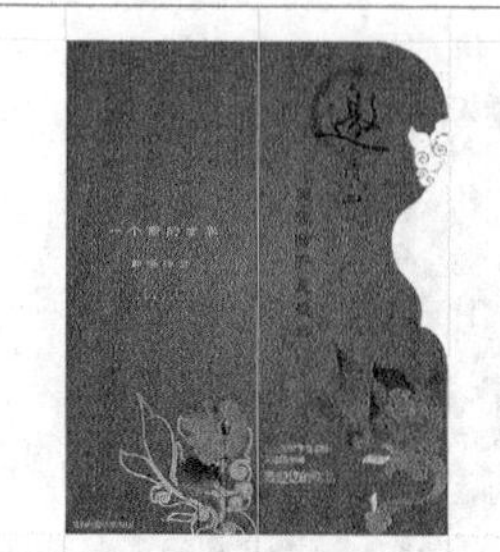

图3-102

图3-103

03 确定“内页背景色”图层为当前图层，执行

“编辑>变换>水平翻转”菜单命令，得到的图像效果如图3-104所示。

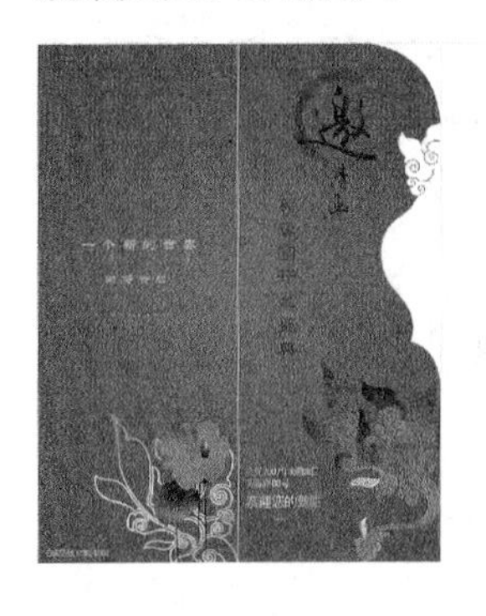

图3-104

04 按住Ctrl键单击花纹图像所在图层，载入选区，然后使用任意选区工具将选区移动到如图3-105所示位置，再按Delete键删除选区内容。

图3-105

05 复制红色图像中的背景图像，并将其拖曳到内页区域，然后设置该图层的“混合模式”为“叠加”，“不透明度”为50%，效果如图3-106所示。

图3-106

06 选择“橡皮擦工具”，在属性栏中设置画笔“大小”为100像素，在内页中的底纹图像右侧进行涂抹，擦除部分图像，效果如图3-107所示。

07 打开本书配套资源中的“素材文件>CH03>邀请函>素材06.psd”文件，然后使用“移动工具”将其拖曳到当前操作界面中，接着执行“编辑>自由变换”菜单命令，并按住Shift键将其等比例缩小，如图3-108所示。

图3-107　图3-108

08 执行“图层>图层样式>投影”菜单命令，打开“图层样式”对话框，设置投影颜色为黑色，其他参数设置如图3-109所示，单击“确定”按钮，将得到如图3-110所示的效果。

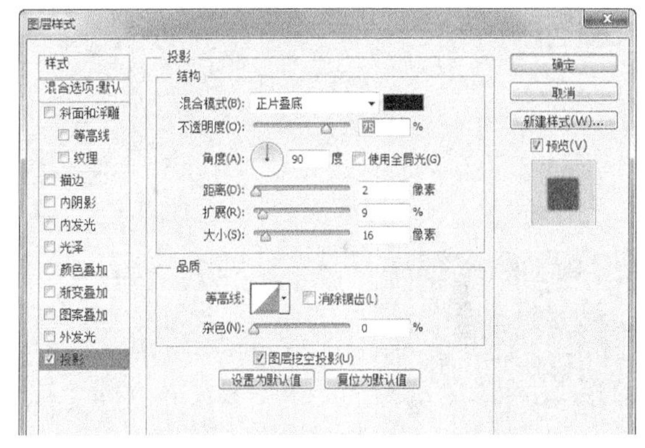

图3-109

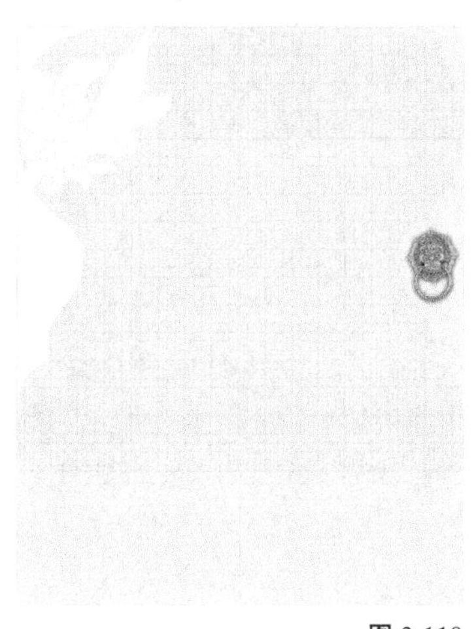

图 3-110

09 再次打开“素材04.psd”文件，执行“编辑>变换>水平翻转”菜单命令，适当调整大小后，放到内页图像中，并设置其图层“不透明度”为10%，如图3-111所示。

图3-111

10 使用“横排文字工具”在绘图区域输入相应的文字信息，效果如图3-112所示。到此，内页就设计完成了，效果如图3-113所示。

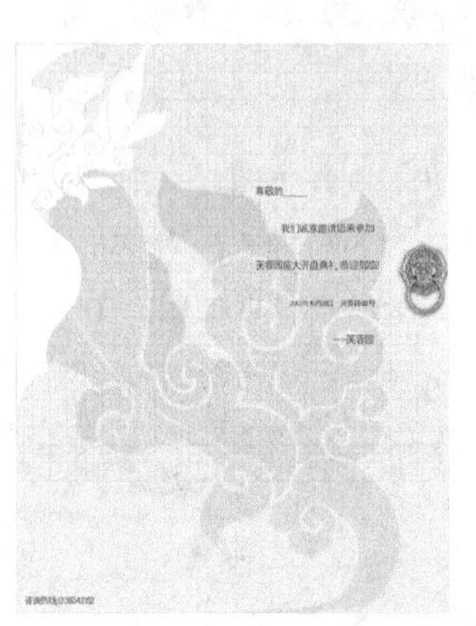

图3-112

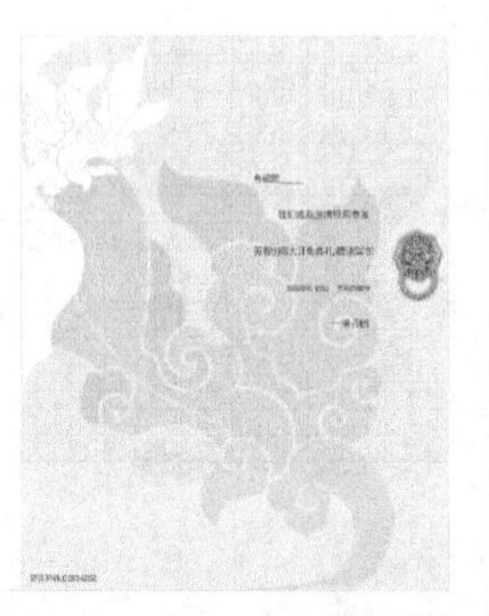

图3-113

技巧与提示

版面的装饰元素由文字、图形、色彩等通过点、线、面的组合与排列构成，采用夸张、比喻、象征的手法表现视觉效果，这样既美化了版面，又提高了传达信息的功能。而装饰是运用审美特征构造出来的，不同类型的版面信息，具有不同方式的装饰形式，它不仅起到突出版面信息的作用，而且能使读者从中获得美的享受。

3.4.3 效果图制作

01 执行“图层>合并可见图层”菜单命令，将合并所有图层，只得到一个背景图层，如图3-114所示。

图3-114

02 按下Ctrl+N组合键，新建一个“邀请函效果图”文件，设置“宽度”为25厘米，“高度”为17厘米，“分辨率”为120像素/英寸，如图3-115所示。

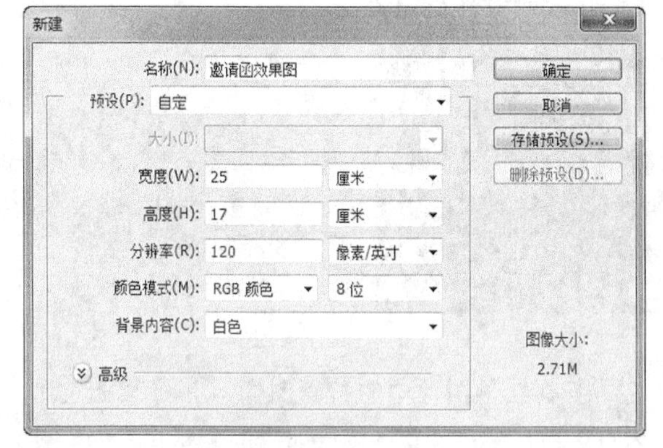

图3-115

03 在合并后的图像中，使用“矩形选框工具”框选邀请函正面图像，再使用“移动工具”将其拖曳到新建图像中，得到图层1，如图3-116所示。

图3-116

04 选择“魔棒工具”，按住Shift键单击正面图像中的白色图像，获取选区，然后按Delete键删除图像，如图3-117所示。

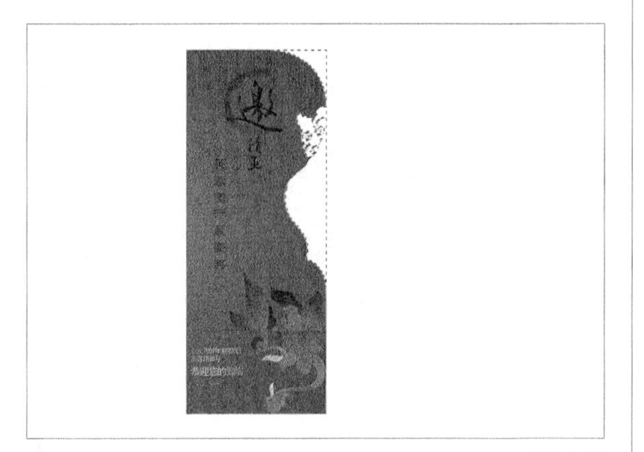

图3-117

05 再将邀请函的背面拖曳到当前操作界面中，得到图层2，然后将其放置在图层1的下一层，效果如图3-118所示，接着将“底面”图层拖曳到如图3-119所示的位置。

图3-118

图3-119

06 双击图层1的缩览图，将打开“图层样式”对话框，单击“投影”样式，设置投影颜色为黑色，其他参数设置如图3-120所示，单击“确定”按钮，得到的图像效果如图3-121所示。

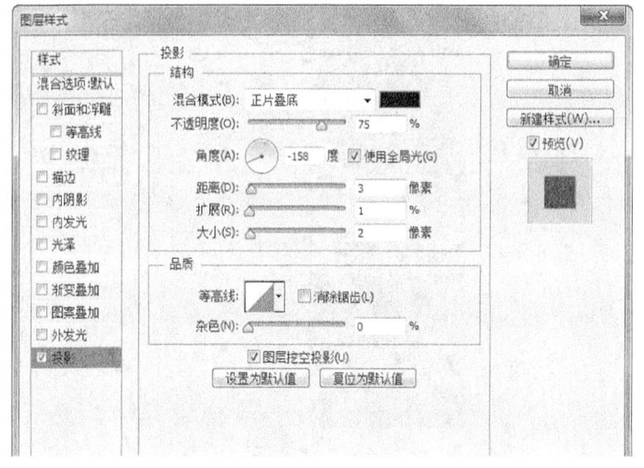

图3-120

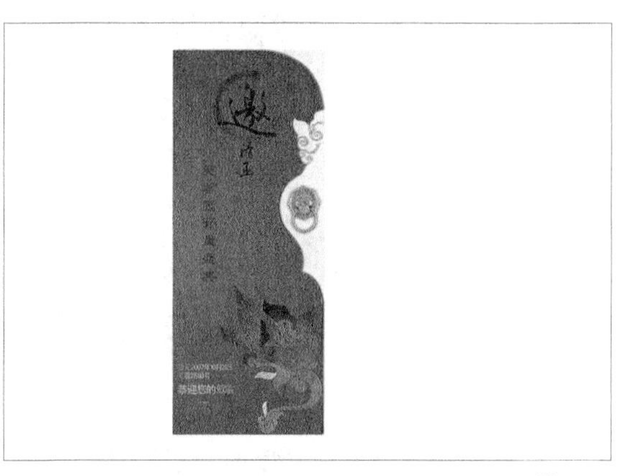

图3-121

技巧与提示

该步骤的主要意图就是加强正面效果的立体感，使其看起来更加真实。

07 双击图层2的缩览图，在弹出的“图层样式”对话框中单击“投影”样式，设置投影颜色为黑色，其他参数设置如图3-122所示，单击“确定”按钮，得到的图像效果如图3-123所示。

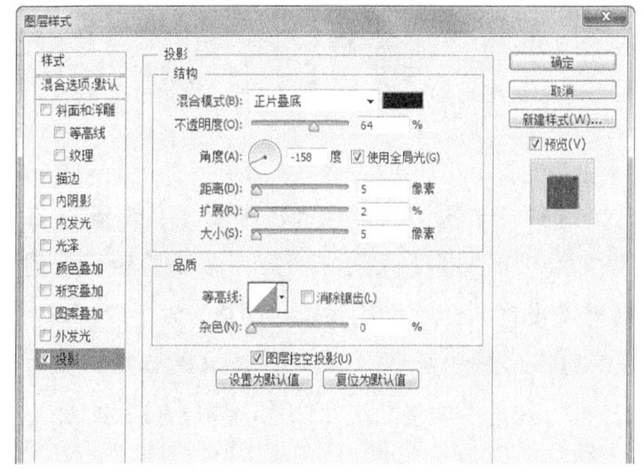

图3-122

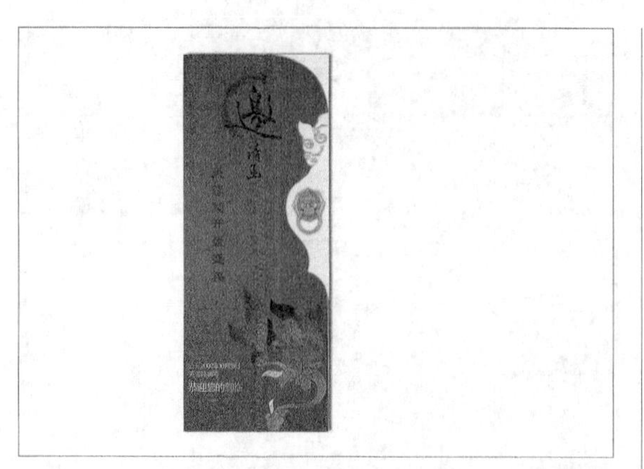

图3-123

08 选择图层1，然后在按住Ctrl键的同时单击图层2，再单击“链接图层”按钮，链接这两个图层，如图3-124所示。

图3-124

09 按下Ctrl+T组合键适当缩小并旋转图像，并按住Ctrl键调整左上方的角，使其有透视效果，如图3-125所示。

图3-125

10 选择背景图层，再选择“渐变工具”，在属性栏中单击渐变色条，打开“渐变编辑器”对话框，设置渐变颜色从深蓝色（R：51，G：82，B：102）到浅蓝色（R：176，G：215，B：232），并适当调整滑块的位置，如图3-126所示。

11 单击属性栏中的“径向渐变”按钮，并选中“反向”复选框，在背景图像中间按住鼠标左键向外拖动，填充图像效果如图3-127所示，完成本实例的制作。

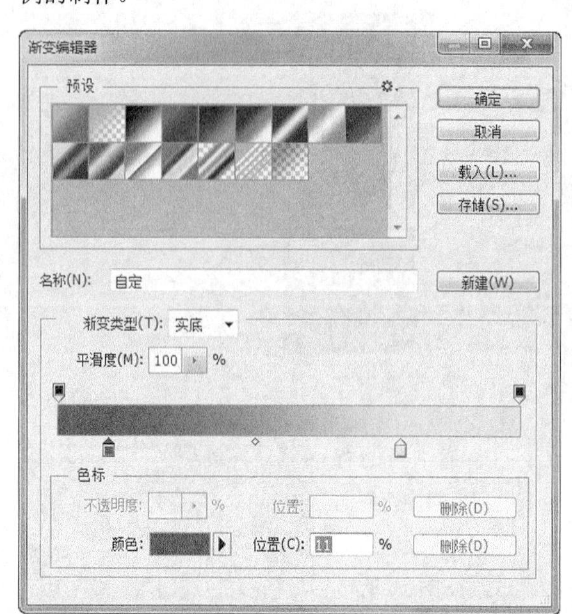

图3-126

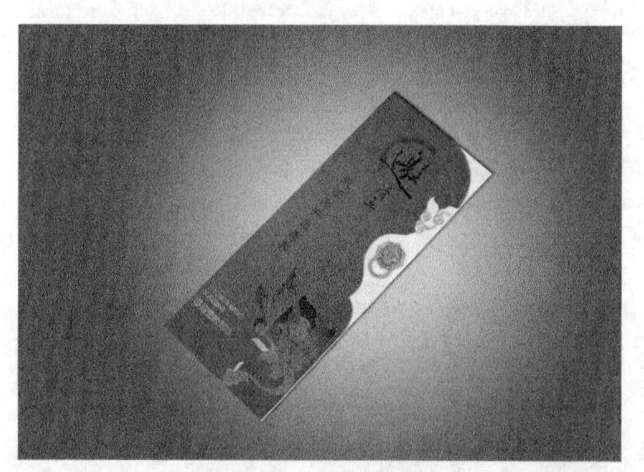

图3-127

3.5 课堂案例——教师节卡片

案例位置 案例文件>CH03>教师节卡片.psd
视频位置 多媒体教学>CH03>教师节卡片.flv
难易指数 ★★☆☆☆
学习目标 学习图层混合模式、“钢笔工具”的使用

教师节贺卡有很明确的针对性人群，所以在设计时对文字做了比较复杂的造型，同时选用绿色作为主色调，并添加书本和大树等素材图像，隐喻教师这一崇高的职业。教师节卡片的最终效果如图3-128所示。

图3-128

相关知识

在对一个画面进行设计时，首先要考虑整体色调和构图效果，在素材图像和文字上都要贴合设计主题。教师节卡片的设计主要掌握以下两个要点。

第1点：素材图像的选择应该有较强的美感和可识别性。

第2点：文字的造型设计可以复杂，但需与主题风格一致，要起到画龙点睛的作用。

主要步骤

① 使用图层蒙版功能隐藏“大树”背景图像。

② 使用“钢笔工具”对文字进行造型。

③ 使用“钢笔工具”绘制出五线谱效果，再使用“自定形状工具”绘制出音符图像。

3.5.1　制作背景图像

01 按下Ctrl+N组合键新建一个“教师节卡片”文件，设置“宽度”为10厘米、“高度”为15厘米、“分辨率”为150像素/英寸、“颜色模式”为“RGB颜色”，如图3-129所示。

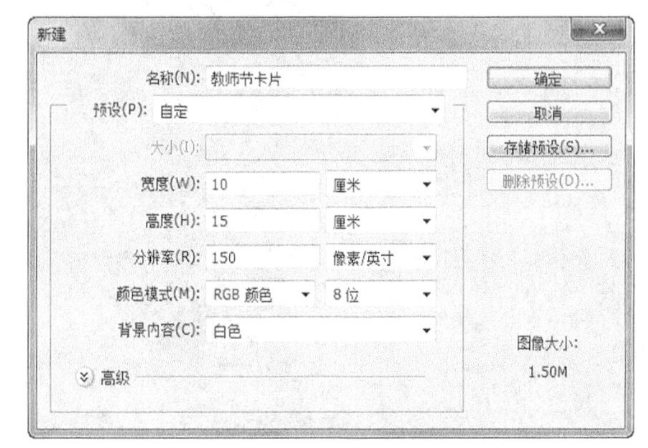

图3-129

02 选择“渐变工具”，设置前景色为绿色（R：0，G：156，B：113），背景色为白色，然后为图像应用线性渐变填充，效果如图3-130所示。

图3-130

03 打开本书配套资源中的“素材文件>CH03>教师节卡片>大树.jpg”文件，使用“移动工具”将图像移动到当前图像中，放到画面下方，如图3-131所示。

图3-131

04 这时“图层”面板中将自动生成“图层1”，如图3-132所示，选择“套索工具”在图像中绘制选区，将蓝色天空图像框选，如图3-133所示。

图3-132

图3-133

05 执行“选择>反向”菜单命令，单击“图层”面板底部的“添加图层蒙版”按钮，隐藏选区中的图像，如图3-134所示，此时“图层”面板中将添加蒙版效果，如图3-135所示。

图3-134

图3-135

3.5.2 制作文字效果

01 选择“横排文字工具”在图像中输入文字，设置字体为“方正综艺简体”，如图3-136所示。

图3-136

02 按住Ctrl键单击文字图层，载入文字选区，然后执行“窗口>路径”菜单命令，打开“路径”面板，单击面板底部“从选区生成工作路径”按钮，得到路径，如图3-137所示。

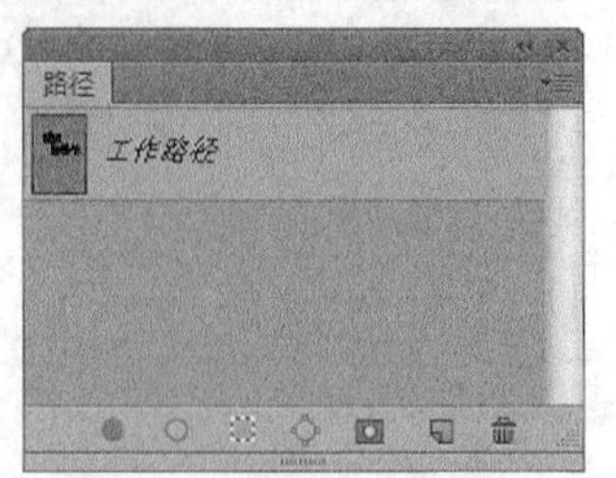

图3-137

03 隐藏文字图层，选择钢笔工具组中的工具对路径进行编辑，得到文字的变形效果，如图3-138所示。

图3-138

04 按Ctrl+ Enter组合键将路径转换为选区，新建一个图层，将选区填充为任意颜色，如灰色，效果如图3-139所示。

图3-139

05 执行“图层>图层样式>投影”菜单命令，打开“图层样式”对话框，设置投影颜色为黑色，其他参数设置如图3-140所示。

06 选中“描边”复选框，设置描边颜色为白色，其他参数设置如图3-141所示。

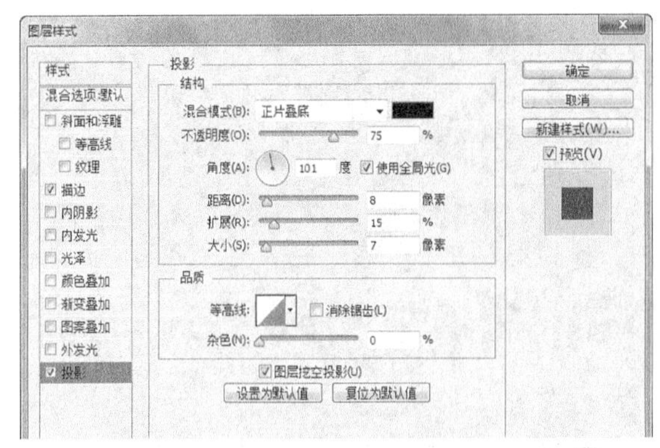

图3-140

图3-141

07 选中对话框右侧的“预览”复选框，可以在图像中预览到文字效果，如图3-142所示。

图3-142

08 保持选区状态，执行“图层>新建填充图层>渐变”菜单命令，打开“新建图层”对话框，如图3-143所示。

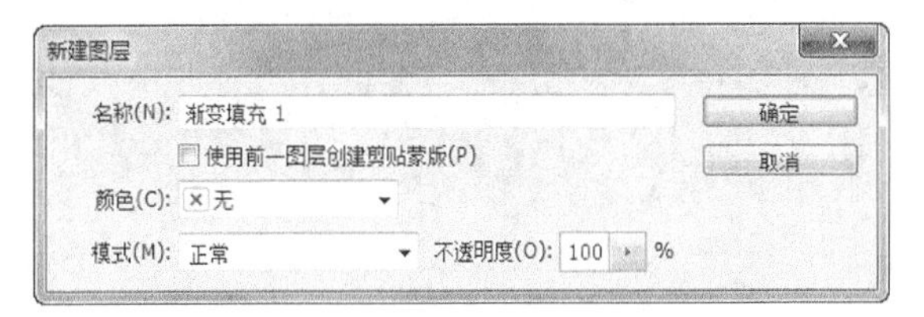

图3-143

09 单击“确定”按钮，打开“渐变填充”对话框，先设置各项参数，如图3-144所示，再单击渐变编辑条，打开“渐变编辑器”对话框，设置“渐变类型”为“杂色”，再单击“随机化”按钮，直至得到一种合适的颜色，如图3-145所示。

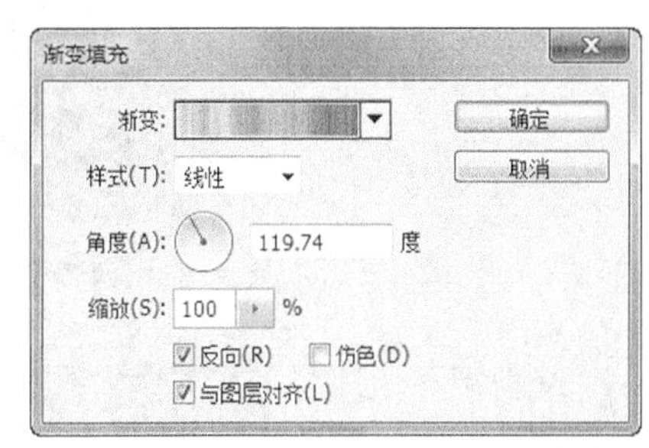

图3-144

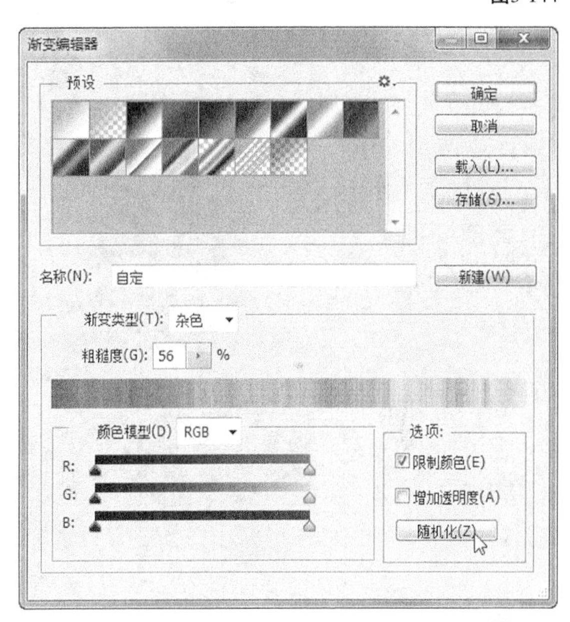

图3-145

10 依次单击“确定”按钮回到画面中，得到的文字效果如图3-146所示。

图3-146

11 新建一个图层，使用“钢笔工具” 在文字左上方绘制几条曲线路径，如图3-147所示。

图3-147

12 设置前景色为白色，选择“画笔工具” ，设置“画笔样式”为“柔角”，“大小”为10，单击“路径”面板底部的“用画笔描边路径”按钮 ，得到的图像效果如图3-148所示。

图3-148

13 在“图层”面板中设置该图层的混合模式为“柔光”，效果如图3-149所示。

图3-149

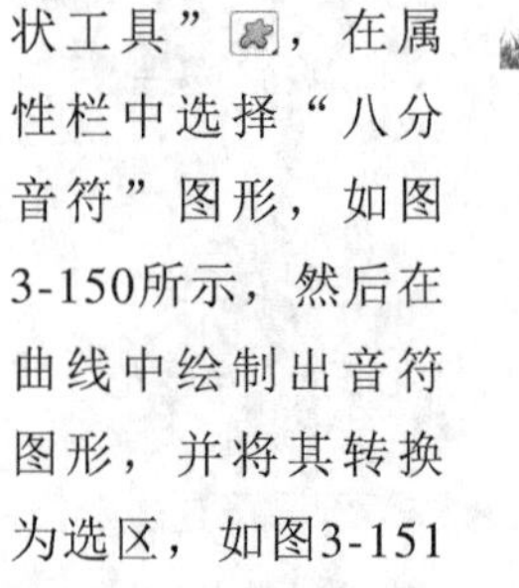

14 选择“自定形状工具” ，在属性栏中选择“八分音符”图形，如图3-150所示，然后在曲线中绘制出音符图形，并将其转换为选区，如图3-151所示。

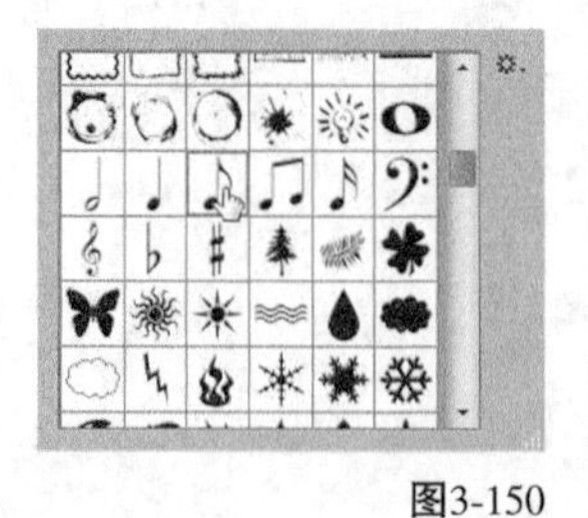
图3-150

图3-151

15 新建一个图层，选择“画笔工具” ，在属性栏中设置“画笔样式”为“柔角”，然后在选区周围做涂抹，得到如图3-152所示的效果。

图3-152

16 使用相同的方法，在“形状”面板中选择其他音符图形，在曲线图像中绘制路径，转换为选区后对边缘做涂抹，如图3-153所示。

图3-153

⑰ 选择“钢笔工具” 在画面右上方绘制花瓣图形，按Ctrl+Enter组合键将路径转换为选区，如图3-154所示。

图3-154

⑱ 设置前景色为白色，使用“画笔工具” 对选区边缘做涂抹，得到透明花瓣图像，如图3-155所示。

图3-155

⑲ 按Ctrl+J组合键复制两个花瓣图像，并调整其图层不透明度，参照如图3-156所示的位置排放。

⑳ 使用“横排文字工具” 在画面上方输入一行英文文字，填充颜色为暗红色（R：170，G：45，B：104），如图3-157所示。

图3-156　图3-157

㉑ 使用“钢笔工具” 在“节”图像中绘制一个曲线路径，如图3-158所示，单击“路径”面板底部的“将路径作为选区载入”按钮，再填充选区为白色，设置图层“不透明度”为58%，效果如图3-159所示。

图3-158

图3-159

㉒ 新建一个图层，选择“画笔工具” ，在图像中绘制多个白色圆点，完成本实例的制作，最终效果如图3-160所示。

图3-160

3.6 本章小结

通过本章的学习，应该掌握Photoshop CS6中经常用于卡片设计的相关工具，应该对各种卡片设计的相关知识、关键步骤、创意思想有一个整体的概念，熟悉卡片设计的相关流程。当然，更希望读者在学习的过程中发挥自己的想象，不断拓展思维，创作出更多优秀的卡片设计作品。

3.7 课后习题

鉴于卡片设计的重要性，在本章将有针对性的安排3个卡片设计案例，作为课后习题供读者练习，以强化前面所学知识，不断提升自己的设计能力。

3.7.1 课后习题1——个人名片

案例位置 案例文件>CH03>个人名片.psd
视频位置 多媒体教学>CH03>个人名片.flv
难易指数 ★★☆☆☆
学习目标 练习“钢笔工具”“渐变工具”“横排文字工具”的用法

个人名片的最终效果如图3-161所示。

图3-161

步骤分解如图3-162所示。

图3-162

3.7.2　课后习题2——优惠卡

案例位置　案例文件>CH03>优惠卡.psd
视频位置　多媒体教学>CH03>优惠卡.flv
难易指数　★★☆☆☆
学习目标　练习"钢笔工具""渐变工具"、滤镜"光照效果"的用法

优惠卡最终效果如图3-163所示。

图3-163

步骤分解如图3-164所示。

图3-164

3.7.3　课后习题3——门票

案例位置　案例文件>CH03>优惠卡.psd
视频位置　多媒体教学>CH03>优惠卡.flv
难易指数　★★☆☆☆
学习目标　练习添加不同效果的蒙版技巧运用和使用"画笔工具"描边路径的技巧运用

门票的最终效果如图3-165所示。

图3-165

步骤分解如图3-166所示。

图3-166

第4章

DM单设计

DM是英文Direct Mail 的缩写，意思是“快讯商品广告”。DM广告主要包括信件、海报 、图表、产品目录、折页、名片、订货单、挂历、明信片、宣传册、折价券、家庭杂志、传单、请柬、销售手册、公司指南、立体卡片和小包装实物等。在设计时，需要考虑两点：一是出血量，一般情况下4条边各设置3mm的出血量，如果有特殊要求，可以在整个DM版面向外延伸5mm；二是要突出主题。

课堂学习目标

三折页广告的设计方法
单页广告的设计方法
直邮广告的设计方法
房地产DM单的设计方法
食物广告的设计方法
化妆品广告的设计方法

4.1 DM单设计相关知识

DM单是商业贸易活动中的重要媒介体，俗称小广告。它通过邮寄的方式向消费者传达商业信息，国外称“邮件广告”“直邮广告”等。DM单广告设计具有针对性、独立性和整体性的特点，被商业广告广泛应用。

DM除了邮寄以外，还可以借助其他媒介，如传真、杂志、电视、电话、电子邮件、直销网络、柜台散发、专人送达、来函索取或随商品包装发出等。

4.1.1 DM单与其他媒介的区别

DM单与其他媒介的最大区别在于：DM单可以直接将广告信息传达给真正的受众；而其他广告媒体形式只能将广告信息笼统地传递给所有受众，而不管是否是广告信息的真正受众。

图4-1所示为单页DM单广告的正反两面图像设计，图4-2所示为折页DM单广告设计。

图4-1

图4-2

4.1.2 DM单中的版式构成原则

思想性与单一性、艺术性与装饰性、趣味性与独创性、整体性与协调性是DM单版面构成的四大原则。

1. 思想性与单一性

版面设计的目的是更好地传播客户信息。设计师自我陶醉于个人风格以及与主题不相符的字体和图形中，这往往是造成设计平庸和失败的主要原因。一个成功的版面构成，首先必须明确客户的目的，再深入去了解、观察、研究与设计有关的方方面面。简要的咨询则是设计良好的开端。版面离不开内容，更要体现内容的主题思想，只有做到主题鲜明突出，一目了然，才能达到版面设计吸引观众的最终目标。主题鲜明突出是设计思想的最佳体现。

平面艺术只能在有限的篇幅内与读者接触，这就要求版面表现必须单纯、简洁。过去那种填鸭式、含意复杂的版面形式，人们早已不屑一顾了。实际上强调单纯、简洁，并不是单调、简单，而是信息的浓缩处理，内容的精炼表达，这是建立于新颖独特的艺术构思上的。因此，版面的单纯化，既包括诉求内容的规划与提炼，又涉及版面形式的构成技巧。

图4-3所示的图像以产品本身作诉求重点，充斥整个版面，显得突出醒目。

图4-3

图4-4所示的版面构成简洁、主体诉求单一，使观众过目不忘，达到产品宣传的目的。

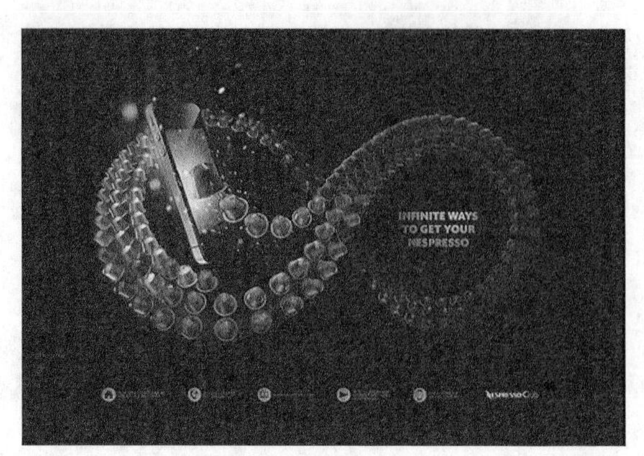

图4-4

2. 艺术性与装饰性

为了使版面构成更好地为版面内容服务，寻求合乎情理的版面视觉语言则显得非常重要，也是达到最佳诉求的体现。构思立意是设计的第一步，也是作品设计中进行的思维活动。主题明确后，版面布局和表现形式则成为版面设计艺术的核心，便可以开始艰辛的创作过程了。怎样才能做到意新、形美、变化而又统一，并具有审美情趣呢？这就取决于设计者文化的涵养。所以说，版面构成是对设计者的思想境界、艺术修养、技术知识的全面检验。

版面的装饰元素是文字、图形、色彩等通过点、线、面的组合与排列构成的，并采用夸张、比喻、象征的手法体现视觉效果，既美化了版面，又强化了传达信息的功能。装饰是运用审美特征构造出来的。不同类型的版面信息，具有不同方式的装饰形式。它不仅起着突出版面信息的作用，还能使读者从中获得美的享受，如图4-5所示。

图4-5

3. 趣味性与独创性

版面构成中的趣味性主要是指形式美的情境，是一种活泼的版面视觉语言。如果版面没有精彩的内容，就要靠趣味取胜，这也是在构思中调动艺术手段所起的作用。版面充满趣味性，使传媒信息如虎添翼，起到了画龙点睛的传神功力，从而更吸引人、打动人。趣味性可采用寓言、幽默和抒情等表现手法来获得。

独创性原则的实质是突出个性化特征的原则。鲜明的个性是版面构成的创意灵魂。试想，一个版面多是单一化与概念化的大同小异，可想而知，它很难被记住，更谈不上出奇制胜。因此，要敢于思考，敢于别出心裁，敢于独树一帜，在版面构成中多一点个性而少一些共性，多一点独创性而少一点一般性，才能赢得消费者的青睐。

4. 整体性与协调性

版面构成是传播信息的桥梁，追求的完美形式必须符合主题的思想内容，这是版面构成的根基。只讲表现形式而忽略内容，或只求内容而缺乏艺术表现的版面都是不成功的。只有把形式与内容合理地统一，强化整体布局，才能取得版面构成中独特的社会价值和艺术价值，解决设计应说什么，对谁说和怎么说的问题。

强调版面的协调性原则也就是强化版面各种编排要素在版面中的结构以及色彩上的关联性。整体组织与协调编排版面的文字与图片，可以使版面具有秩序美、条例美，从而获得良好的视觉效果。

4.2 课堂案例——三折页广告

案例位置　案例文件>CH04>三折页广告.psd
视频位置　多媒体教学>CH04>三折页广告.flv
难易指数　★★☆☆☆
学习目标　学习“钢笔工具”“椭圆工具”的使用

无论是三折页设计还是其他广告设计，背景制作都是很重要的。本案例是一款“月饼”三折页广告，整体颜色采用米黄色，框架采用弧形设计主要是为了使整个界面更加轻松活跃，同时设计元素简练突出。三折页广告的最终效果如图4-6所示。

图 4-6

相关知识

三折页的意思是可以折叠三次，这种形式的DM单便于携带。三折页广告的设计主要掌握以下6点。

第1点：活动主题、产品宣传主题和服务主题

第2点：活动广告语

第3点：设计主图

第4点：Logo

第5点：活动内容、产品介绍、服务介绍等

第6点：联系方式

主要步骤

① 使用“钢笔工具”绘制出三折页的整体轮廓，再利用颜色渐变达到最佳效果。

② 利用“椭圆工具”绘制出月饼背景高光部分的轮廓，再通过多次羽化达到最佳效果。

③ 添加右页的文字内容，再将导入的矢量图转换为位图，完成右页设计。

④ 复制图案，添加企业Logo和企业信息，完成中页设计。

⑤ 排列左页文字，然后添加图案，完成左页设计。

4.2.1　绘制折页背景

01 启动Photoshop CS6，执行“文件>新建”菜单命令或按Ctrl+N组合键新建一个文件，设置“宽度”为23.7厘米、“高度”为17厘米、“分辨率”为“160像素/英寸”、“颜色模式”为“RGB颜色”，如图4-7所示。

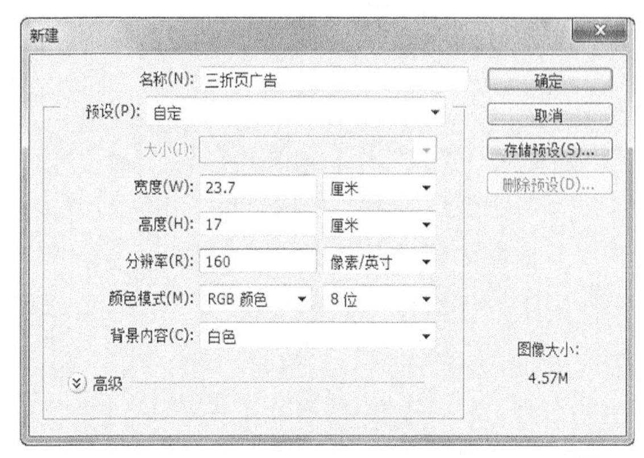

图 4-7

知识点

设置为RGB格式是为了更好地使用Photoshop中RGB模式下的一些功能。在CMYK模式下的有些功能是受到限制的，在印刷之前才调整为CMYK模式。另外，在设置“宽度”和“高度”的时候，没有加上出血量的尺寸，主要是因为不同的纸张、设计类型和印刷机有不同的出血量尺寸，但是总体来说，一般是3mm～5mm。

02 执行“视图>新建参考线”菜单命令，然后在弹出的“新建参考线”对话框中，设置“位置”为7.7厘米，接着重复执行该命令，设置“位置”为15.7厘米，得到的参考线效果如图4-8所示。

图4-8

技巧与提示

参考线可以准确地将整个界面分成3个部分，其中最左边是三折页的内翻页，所以尺寸比中间和右边的尺寸稍微小一些，左边的宽度为7.7厘米，中间（封底）和右边（封面）两个宽度都是8厘米。

03 选择“工具箱”中的“钢笔工具”，单击属性栏中的“路径”按钮，在图像中绘制一个如图4-9所示的路径。

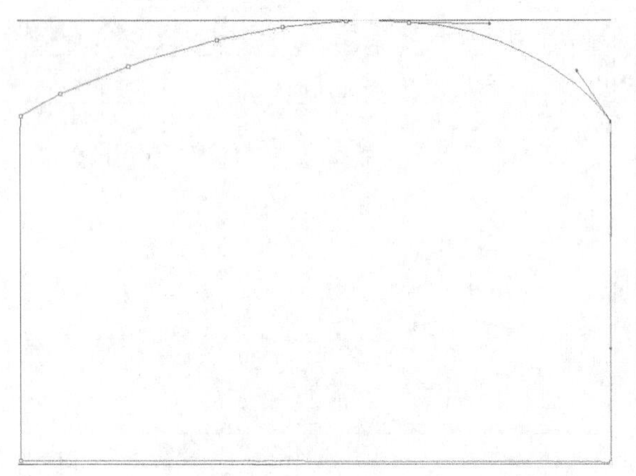

图4-9

04 将背景填充为黑色，然后单击“图层”面板下方的“创建新图层”按钮，创建“图层1”，接着按Ctrl＋Enter组合键将路径转换为选区，并填充选区为白色，效果如图4-10所示。

图4-10

05 保持选区状态，新建“图层2”，选择“矩形选框工具”，按住Alt键以右下角为起点向左上角拖动，以第一条参考线的上端点为终点拉出一个矩形选框，即可通过减选，得到左侧的选区效果，如图4-11所示。

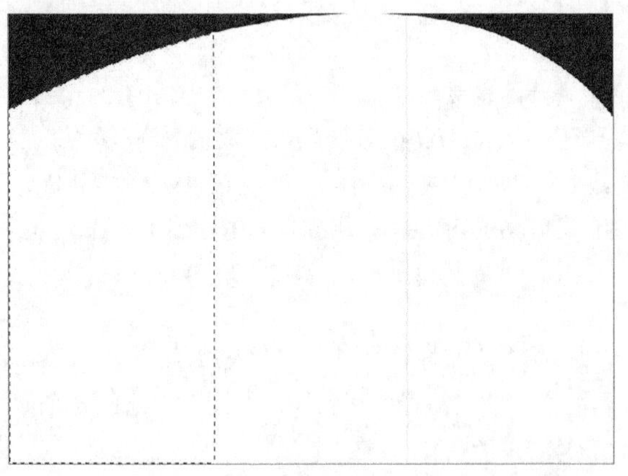

图4-11

06 选择“渐变工具”，接着单击属性栏左边的“编辑渐变框”按钮，设置颜色从淡黄色（R：255，G：253，B：214）到深黄色（R：158，G：156，B：133），如图4-12所示。

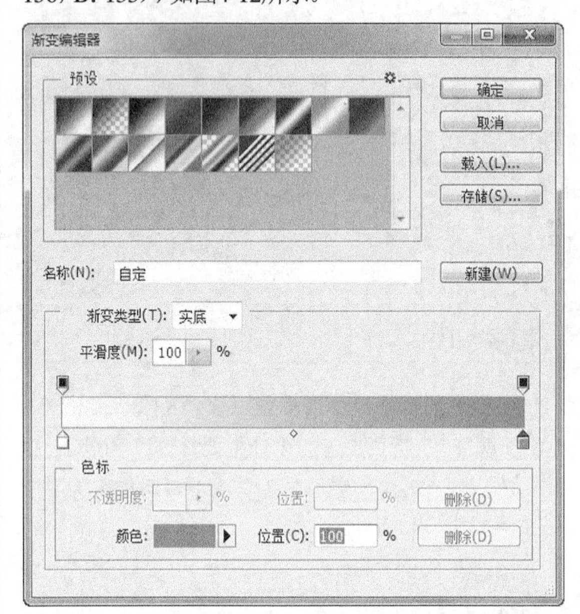

图4-12

07 按住Shift键的同时在选区内从左到右水平拖动鼠标，得到渐变填充效果，如图4-13所示。

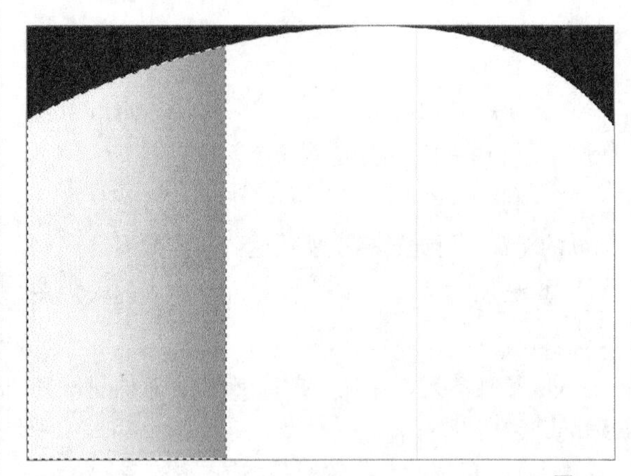

图4-13

08 新建“图层3”，然后载入“图层1”选区，使用“矩形选框工具”，通过参考线的辅助，利用减选的方式得到中间的选区，效果如图4-14所示。

09 设置前景色为黄色（R：255，G：253，B：214），按Alt＋Delete组合键填充选区，效果如图4-15所示。

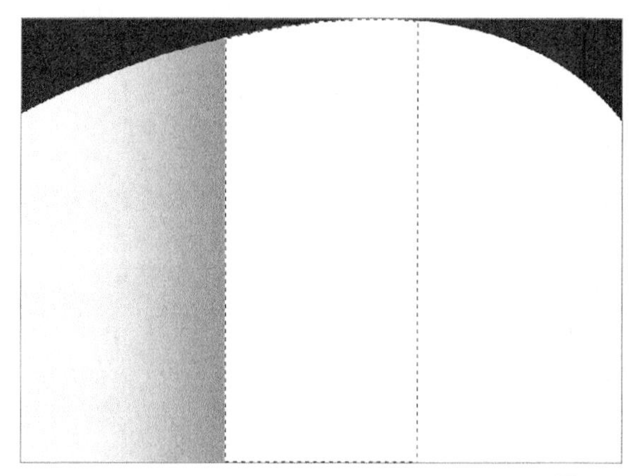

图4-14

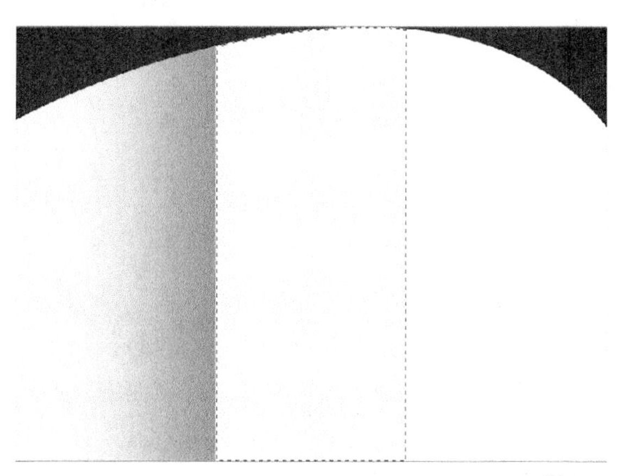

图4-15

10 选择“钢笔工具”绘制如图4-16所示的路径，按Ctrl＋Enter组合键将其转换为选区后，使用“渐变工具”为其应用“线性渐变”填充，设置渐变颜色从深黄色（R：219，G：197，B：109）到黄色（R：255，G：253，B：214），效果如图4-17所示。

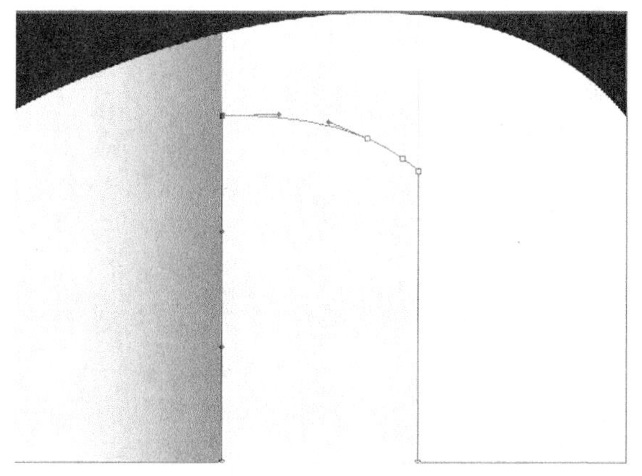

图4-16

图4-17

11 新建“图层4”，使用与前两个步骤相同的操作方法，得到右侧的折页，并填充与中间页相同的颜色，效果如图4-18所示。

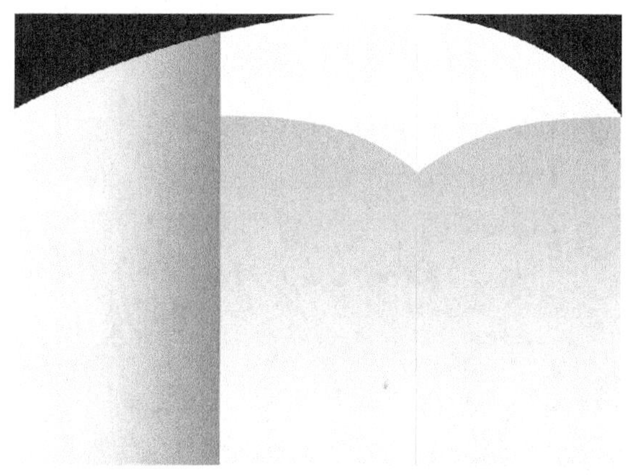

图4-18

12 按住Ctrl键的同时单击“图层4”缩略图，载入图层选区，然后选择“加深工具”，在选区中图像左侧上下拖动进行涂抹，加深图像颜色，效果如图4-19所示。

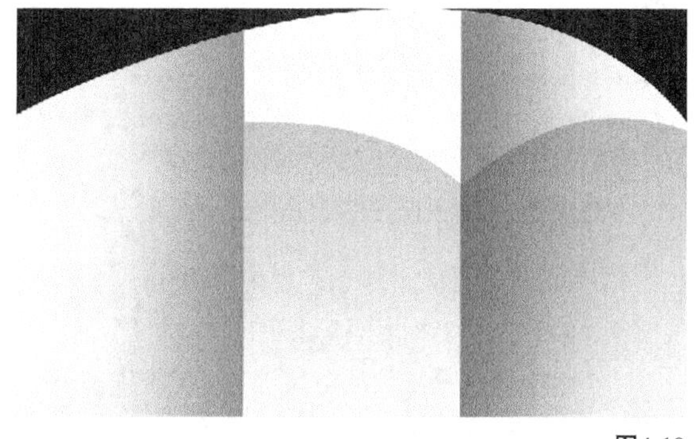

图4-19

4.2.2 制作右侧页内容

01 创建一个新图层，并将其名称更改为“亮光效果”，选择“工具箱”中的“椭圆选框工具”，在属性栏中设置羽化参数为10，然后按住Shift+Alt组合键在左侧绘制一个如图4-20所示的圆形选区。

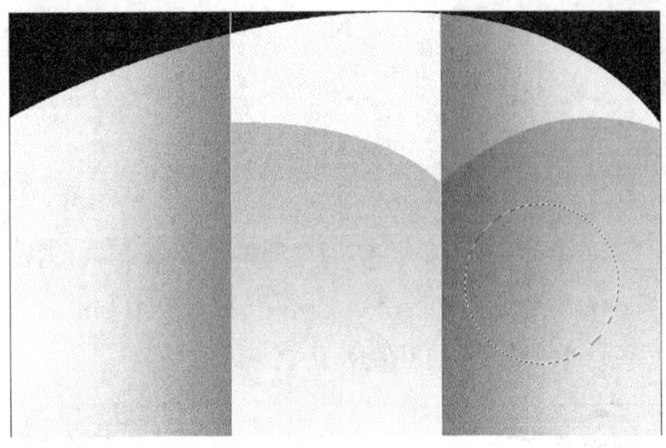

图4-20

02 按住Alt键从选区右侧向左侧拖动鼠标，对选区进行减选，如图4-21所示。

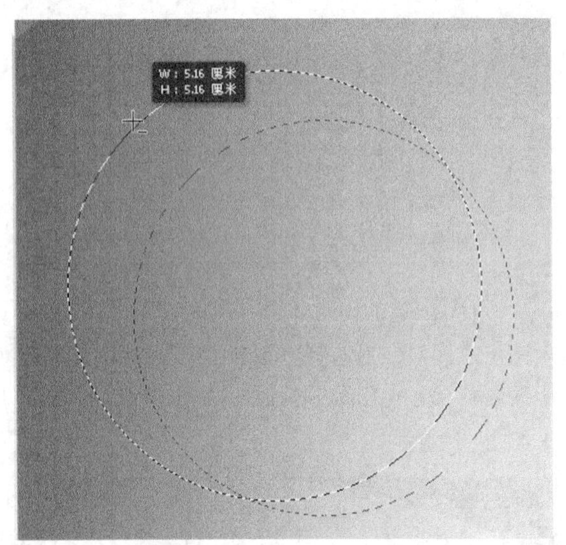

图4-21

知识点

选区的编辑方法主要包括以下几种。

① 新选区

该选项是选择工具的默认选项，在该状态下，可以创建一个新的选区，若在同一图像中创建第二个选区，则第一个选区将被第二个选区替代，如图4-22所示。

② 添加到选区

如果当前文件中已存在选区，单击该按钮可进入“添加到选区”工作模式，也就是在原有选区的基础上添加当前所创建的新选区，从而得到两个或两个以上选区的集合，如图4-23所示。

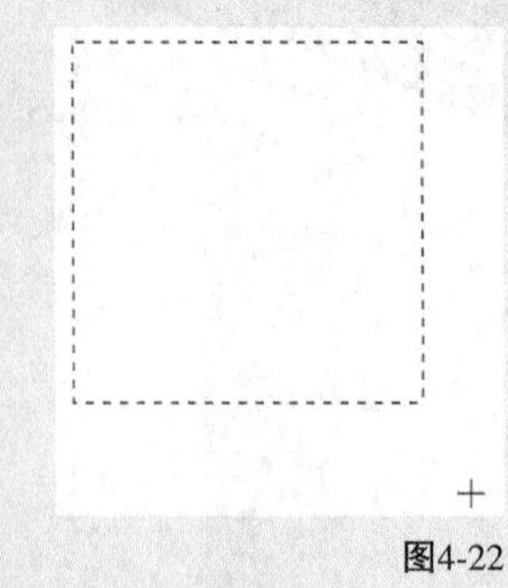

图4-22

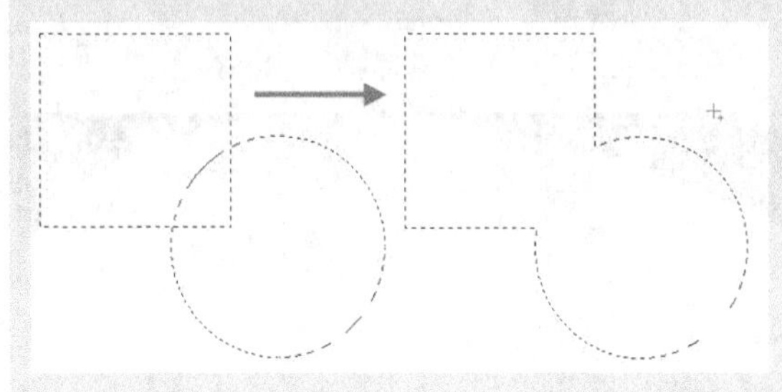

图4-23

③ 从选区减去

如果当前文件已存在选区，单击该按钮可进入“从选区减去”工作模式，也就是在原有选区的基础上减去当前所创建的新选区，从而得到选区的差集，如图4-24所示。

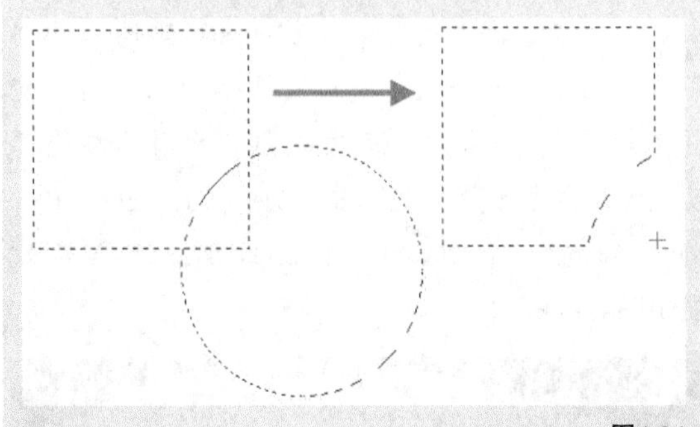

图4-24

④ 与选区交叉

如果当前文件中已存在选区，单击该按钮可以进入“与选区交叉”工作模式，也就是在原有选区的基础上只保留两个选区相交的部分，从而得到两个或两个以上选区的交集，如图4-25所示。

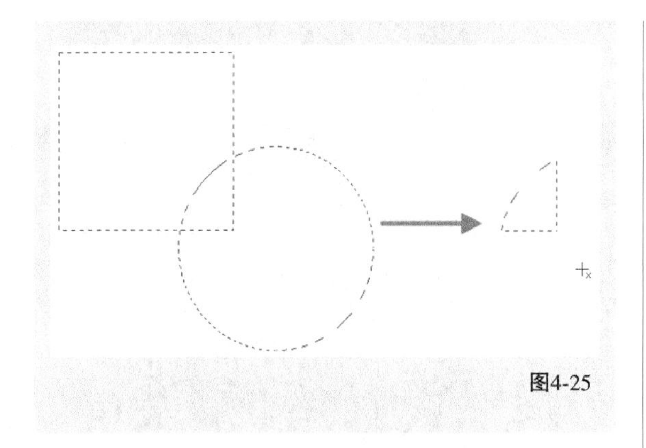
图4-25

03 设置前景色为白色，按Alt＋Delete组合键填充选区，效果如图4-26所示。

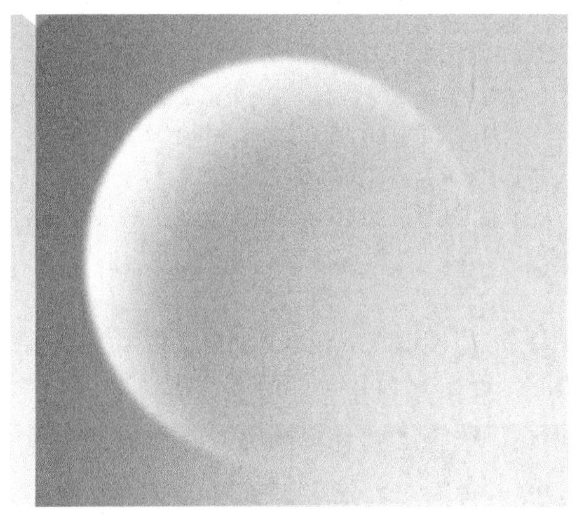
图4-26

04 打开本书配套资源中的“CH04>素材>素材01.psd”文件，然后将“红色图腾”拖曳到当前文件中，此时系统会自动生成新的图层，并将其更名为“红色图腾”，先按Ctrl+T组合键，再按住Shift键将图形等比例缩放到和亮光背景一样大小，效果如图4-27所示，最后设置该图层 “不透明度”为15%，效果如图4-28所示。

技巧与提示

“红色图腾”是用CorelDRAW绘制成的，也可以在Photoshop中先用“钢笔工具”绘制出一组基本线条，然后移动复制出整个背景线条，再用一个红色渐变制作遮罩，最后用“光照效果”滤镜制作高光。

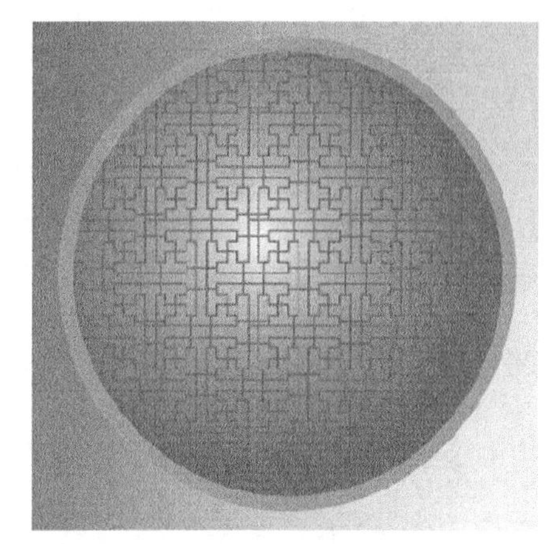
图4-27

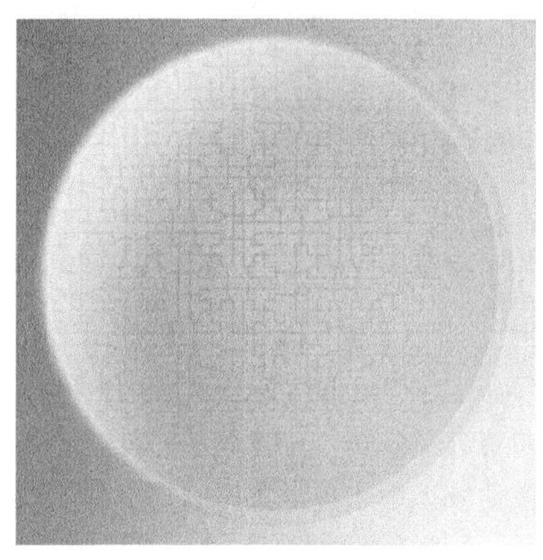
图4-28

05 再次导入“图腾”图像，按Ctrl+T组合键，再按住Shift键将图形等比例缩小，放到如图4-29所示的位置，再复制一个新“图腾”，效果如图4-30所示。

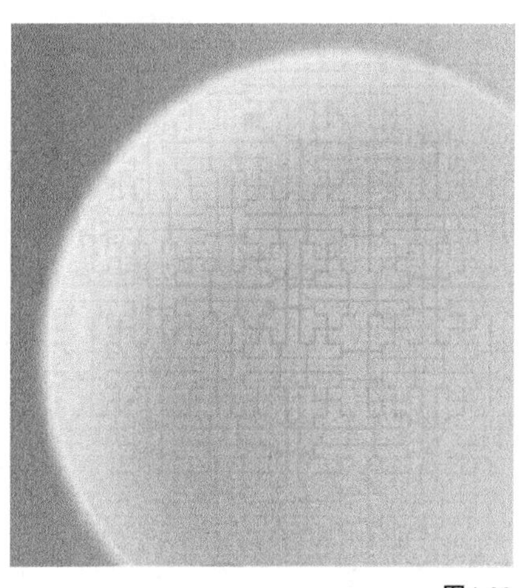
图4-29

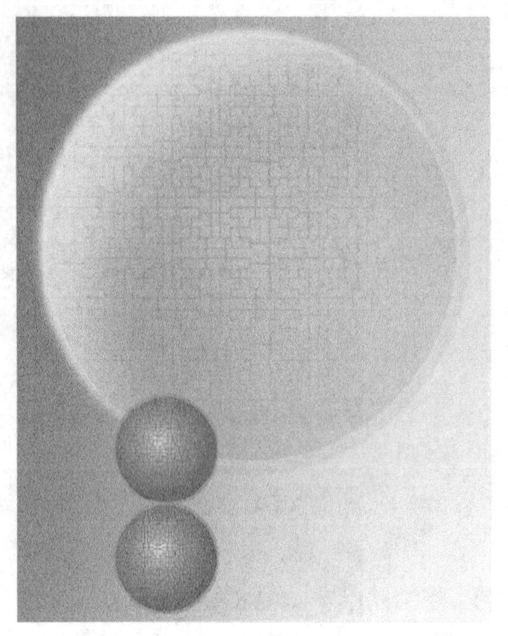

图4-30

06 打开本书配套资源中的“素材文件>CH04>三折页广告>素材02.psd”文件，将“月饼”拖曳到当前文件中，此时系统会自动生成一个新图层，并将其更名为“月饼”，先按Ctrl+T组合键，再按住Shift键将图形等比例缩小到如图4-31所示尺寸，然后设置该图层的“不透明度”为45%，再适当调整“月饼”图层的图层顺序，效果如图4-32所示。

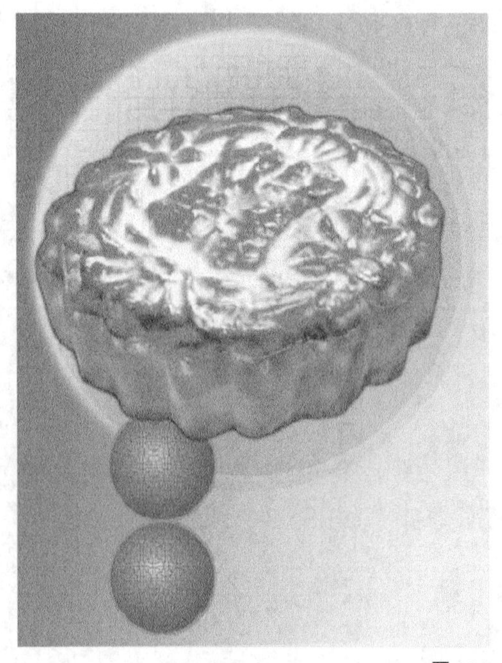

图4-31

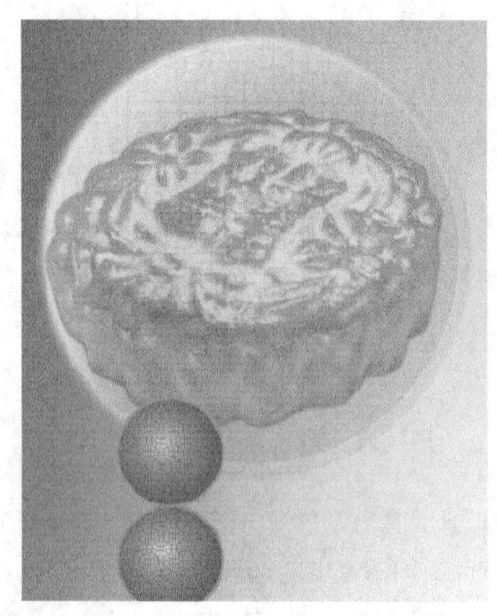

图4-32

技巧与提示

“月饼”是用3ds Max 绘制的，由此可见一款好的设计作品往往需要几款软件来绘制不同的部分，很多初级用户可能还没有掌握多款软件的应用，但是可以多准备一些素材，这样也可以做出优秀的设计作品。

07 新建一个图层，选择“钢笔工具”，在绘图区域绘制一个如图4-33所示的路径。

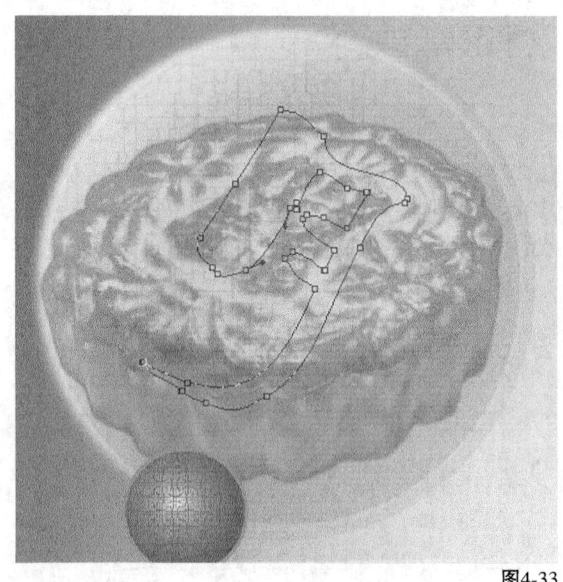

图4-33

08 设置前景色为橘红色（R：251，G：143，B：0），切换到“路径”面板，然后单击该面板下面的“用前景色填充路径”按钮，再按Delete键删除路径，效果如图4-34所示。

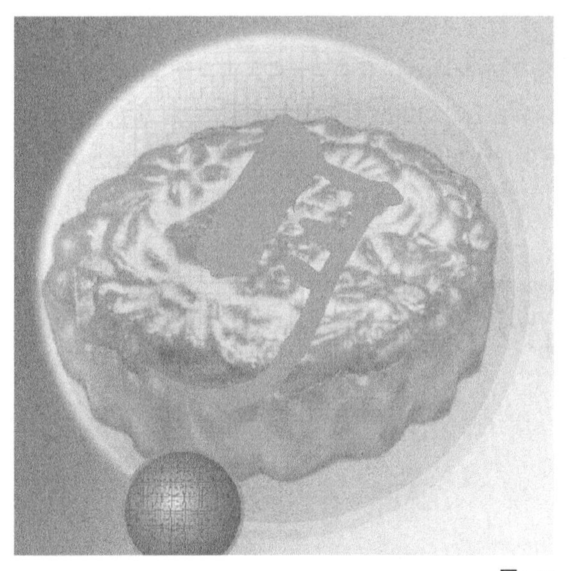

图4-34

技巧与提示

“钢笔工具”是一个比较难掌握的工具，但是这又是一个绘制图形必用的工具，只有多加练习，掌握使用技巧后，才能运用自如。

09 单击“图层”面板下的“添加图层样式”按钮 fx.，在弹出的菜单中选择“外发光”命令，打开“图层样式”对话框，设置外发光颜色为黄色（R：255，G：255，B：190），其余参数设置如图4-35所示，完成后单击“确定”按钮 确定 ，效果如图4-36所示。

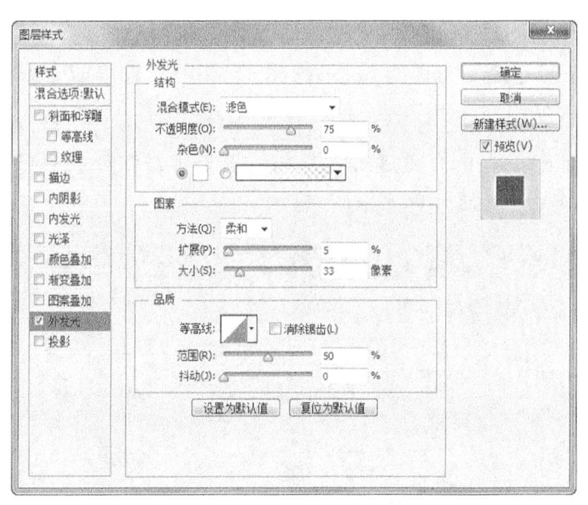

图4-35

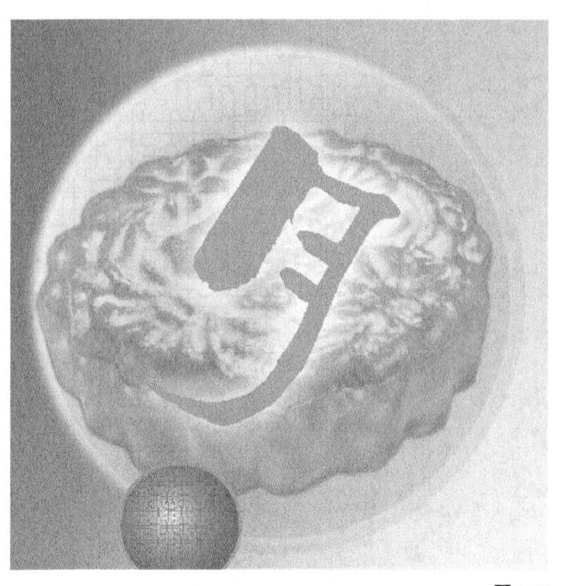

图4-36

10 按D键还原默认的前景色和背景色，选择“横排文字工具”T，在属性栏中设置字体为“经典长宋繁”，字号为40，如图4-37所示，然后在操作绘图区域的适当位置输入文字“韵”，效果如图4-38所示。

图4-37

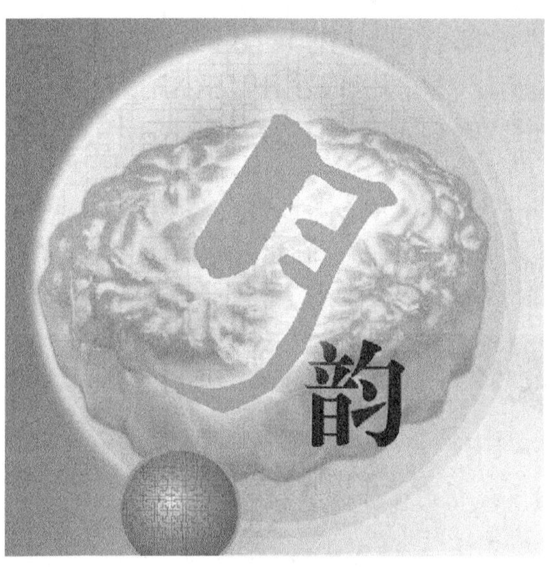

图4-38

11 再在“图腾”图像中输入文字“月饼”，然后选择文字，在属性栏中设置字体为“方正粗倩简体”，并适当调整文字间距和大小，效果如图4-39所示。

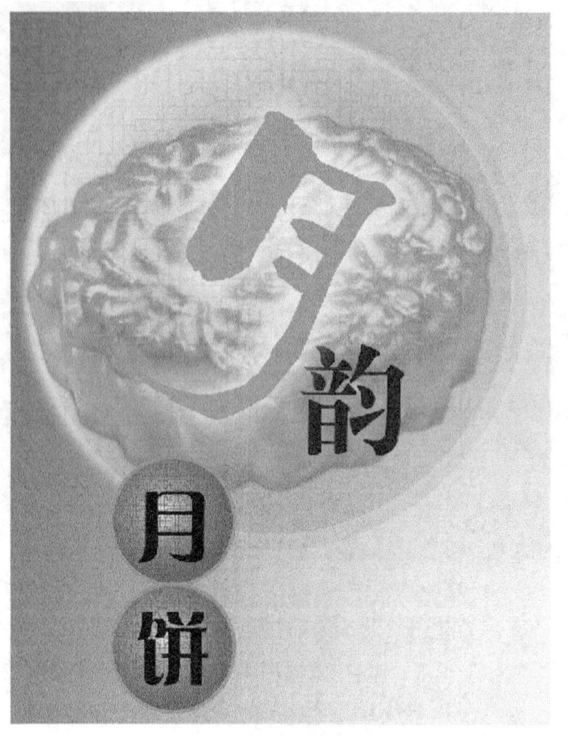

图4-39

12 选择“直排文字工具”，在月饼图像右侧输入一行文字和符号，并单击属性栏中的按钮，打开“字符”面板，设置字体和各项参数如图4-40所示。

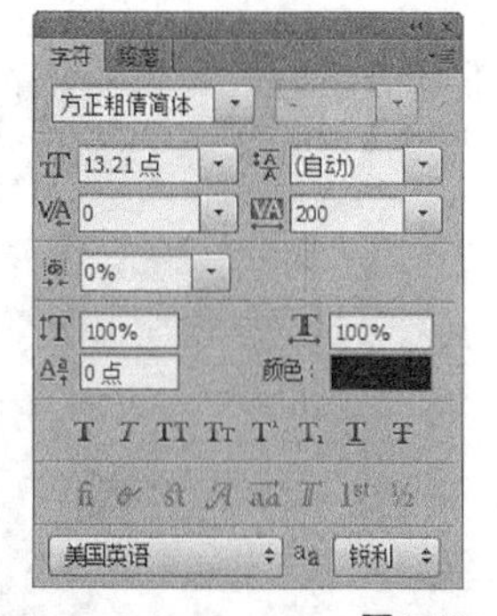

图4-40

13 在图形操作界面的相应位置输入文字“【月是故乡明 饼是月韵亲】”，效果如图4-41所示。

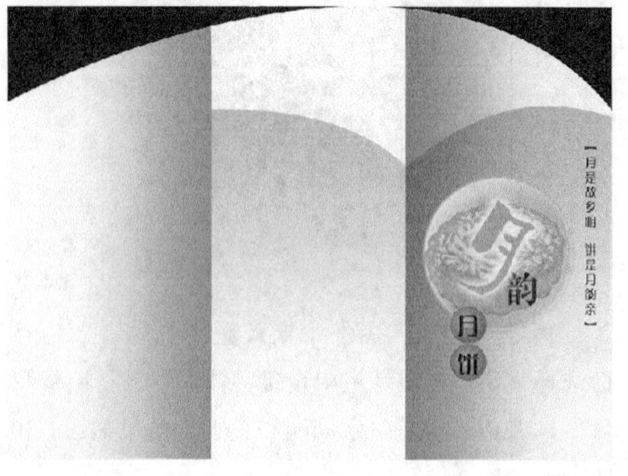

图4-41

14 打开本书配套资源中的“素材文件>CH04>三折页广告>素材03.psd”文件，将其拖曳到当前文件中，此时系统会自动生成一个新的图层，并将其更名为“荷花”，按Ctrl+T组合键将图形缩小到如图4-42所示的大小，然后在该图层缩略图右侧的空白区域单击鼠标右键，在弹出的菜单中选择“栅格化图层”命令。

图4-42

技巧与提示

“荷花”是用Adobe Illustrator CS绘制的矢量图，制作完毕后，选中所有图形，按Ctrl+C组合键复制，然后在Photoshop中新建一个文件，这个文件的大小就是在Illustrator中复制的图形大小，按Ctrl+V组合键粘贴到图形操作绘图区域中，图形会变成“智能矢量图形”，这样就可以任意将其放大缩小，且图形边缘不会出现锯齿，对图形进行“栅格化”处理是因为要更改图像的颜色，所以必须把矢量图变成位图。

15 执行“图像>调整>色相>饱和度”菜单命令或者按Ctrl+U组合键打开“色相/饱和度”对话框，选中“着色”复选框，然后设置各项参数如图4-43所示，效果如图4-44所示。

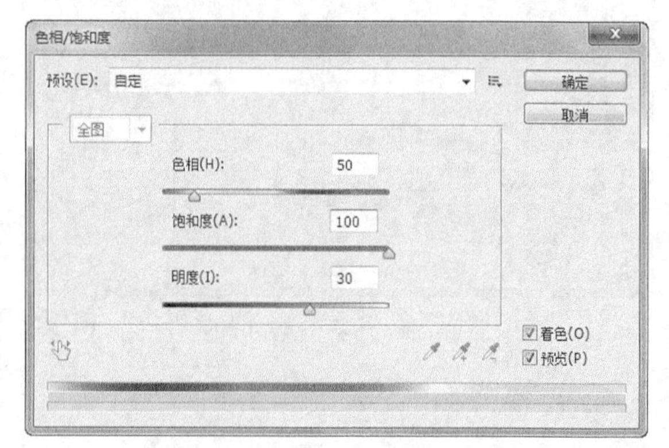

图4-43

图4-44

知识点

按Ctrl+U组合键可以重新调整“色相>饱和度”；按Ctrl+Alt+U组合键是可以继续使用之前设置的“色相>饱和度”参数。

4.2.3　制作中间页内容

01 按住Ctrl键在“图层”面板中同时选择在右侧折页中所制作的对象图层，然后按Ctrl+J组合键复制图层，再按Ctrl+E组合键合并图层，将得到的图像移动到中间的折页中，并适当缩小对象，效果如图4-45所示。

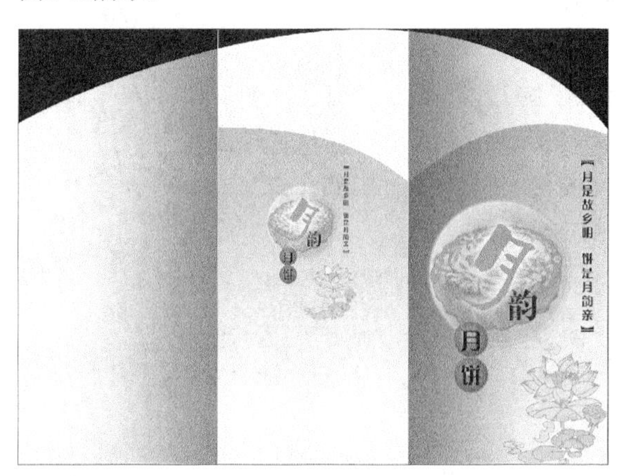

图4-45

02 打开本书配套资源中的“素材文件>CH04>三折页广告>素材04.psd”文件，然后将其拖曳到当前文件中，此时系统会自动生成一个新的图层，并将其更名为“Logo”，再按Ctrl+T组合键将图形等比例缩小到如图4-46所示的大小。

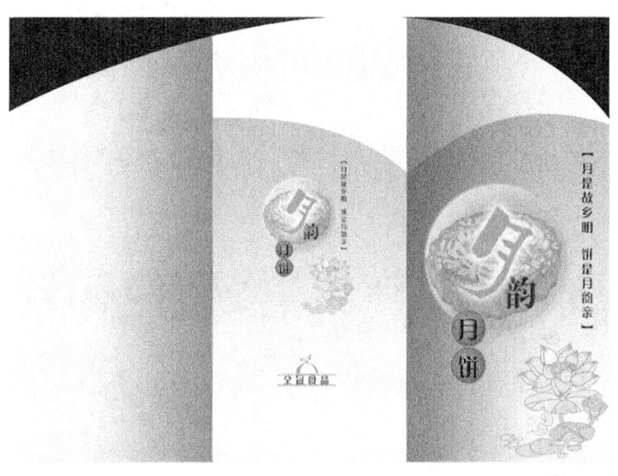

图4-46

技巧与提示

Logo是用Photoshop绘制的，企业Logo设计不是本案例的重点，在第8章的VI设计中将作详细的介绍。

03 使用“横排文本工具”在Logo下面输入公司地址、电话等信息，效果如图4-47所示。

图4-47

4.2.4　绘制左侧页内容

01 打开本书配套资源中的“CH04>素材>素材05.psd”文件，将其拖曳到当前文件中，按Ctrl+T组合键自由变换图形，放到折页左侧页，如图4-48所示。

图4-48

02 选择“直排文字工具”，在属性栏单击“切换字符和段落面板”按钮，在弹出的对话框设置字体为“华文行楷”，其他参数设置如图4-49所示，然后在左页中输入相应的文字，输入文字后效果如图4-50所示。

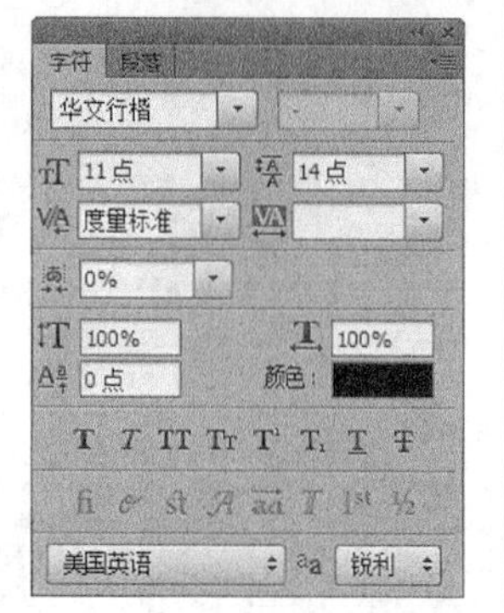

图4-49

图4-50

知识点

无论是广告设计还是网页设计，文字排列都是一个很重要的环节，文字排列的协调与否直接影响到整个界面的美观。由于标点符号的使用，许多地方会出现不能对齐的现象，如文字结尾处，按照正常的输入是肯定不会对齐的，选中部分文字或者空格部分，按Alt+方向键组合键，就可以对文字进行微调。

03 按住Ctrl键的同时在“图层”面板中单击“月”“韵”“红色图腾”“花朵”和“月饼”等图像所在图层，同时选中这些图层按Ctrl＋Alt组合键复制移动图层，放到左页图中，并适当调整大小和位置，完成本实例的制作，最终效果如图4-51所示。

图4-51

4.3 课堂案例——单页广告

案例位置　案例文件>CH04>单页广告.psd

视频位置　多媒体教学>CH04>单页广告.flv

难易指数　★★★☆☆

学习目标　学习“工笔工具”“羽化”功能的使用，以及怎样使用文字工具添加文字

本案例是为城市宣传设计的单页广告，整个基调为土黄色，符合城市宣传的主题，同时搭配鲜花素材显得大方喜庆，特别是在整个构图中，时尚美女处于最显眼的位置，恰到好处地体现了这座城市的时尚与活力，最终效果如图4-52所示。

图4-52

相关知识

单页广告是一种成本较低的推销方式，适用于中小企业的宣传。单页广告的设计主要掌握以下5点。

第1点：设计DM单时要透彻了解商品，熟知消费者的心理习性和规律。

第2点：设计思路要新颖，印刷要精致美观，以吸引更多的眼球。

第3点：DM单的设计形式是无规则的，可根据具体情况灵活掌握。

第4点：DM单设计要充分考虑其折叠方式、尺寸大小和实际重量。

第5点：DM单设计强调多选择性与所传递信息有强烈关联的图案，以刺激记忆。

主要步骤

① 使用“钢笔工具”、复制和自由变换功能制作花纹。

② 利用选区和自由变换功能制作横条。

③ 利用外部笔刷添加背景花纹。

④ 利用“钢笔工具”和“羽化”功能处理人物素材。

⑤ 使用“横排文字工具”和“直排文字工具”添加文字信息。

4.3.1　制作花纹

01 启动Photoshop CS6，按Ctrl+N组合键新建一个“单页广告”文件，设置“宽度”为25厘米、“高度”为42厘米、“分辨率”为100像素/英寸、“颜色模式”为“RGB颜色”，如图4-53所示。

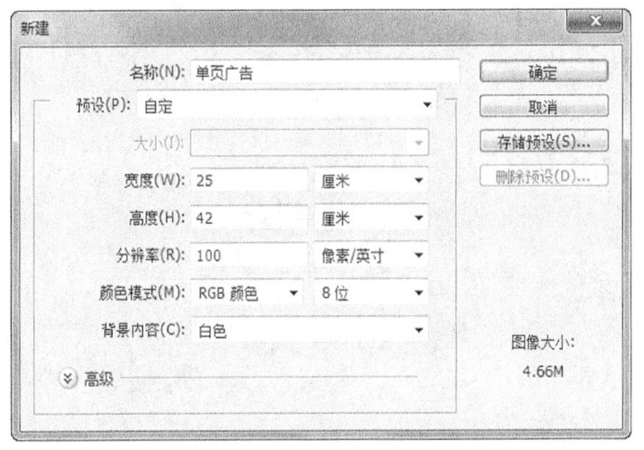

图4-53

02 打开本书配套资源中的“素材文件>CH04>单页广告>素材01.jpg”文件，然后将其拖曳到当前操作界面中的合适位置，并适当调整大小，如图4-54所示。

图4-54

03 新建一个图层，使用“钢笔工具”绘制如图4-55所示的路径，并按Ctrl+Enter组合键载入路径选区，设置前景色为土黄色（R：190，G：160，B：95），再按Alt+Delete组合键用前景色填充选区，效果如图4-56所示。

图4-55

图4-56

技巧与提示

若图形的位置不合理，可使用“多边形套索工具”勾选出该图像选区，然后使用“移动工具”将选区内的像素放置到合适的区域即可，如图4-57和图4-58所示。

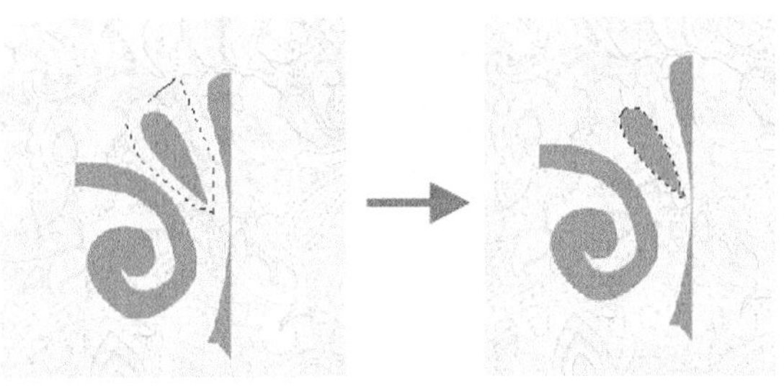

图4-57

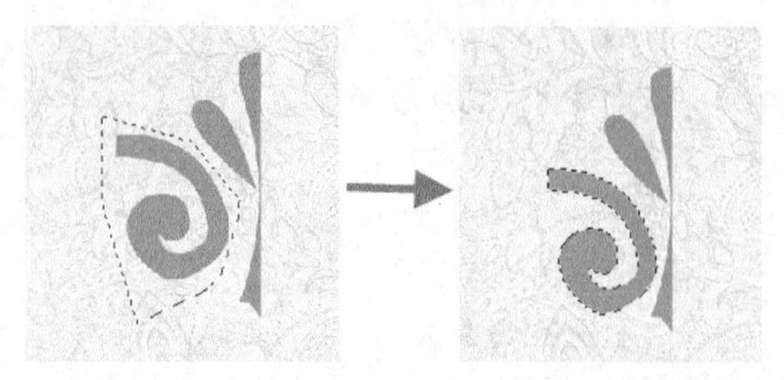

图4-58

04 按Ctrl+J组合键复制一次该图层，得到执行“编辑>变换>水平翻转”命令，然后将水平翻转后的图像向右移动，效果如图4-59所示。

05 按Ctrl+E组合键向下合并边框所在图层，然后按Ctrl＋T组合键适当旋转该图像，并移动画面左上角，效果如图4-60所示。

图4-59

图4-60

06 适当缩小花纹图像，并复制出3个副本图层，通过执行“编辑>变换”菜单中的“水平翻转”和“垂直翻转”命令，分别调整花纹图像的方向，然后将其放置在其他三个角，如图4-61所示。

图4-61

07 新建一个图层，选择“矩形选框工具”，在左侧上下两个角的花纹之间绘制出两个矩形选区，填充选区颜色为土黄色（R：190，G：160，B：95），如图4-62所示的位置。

08 多次按Ctrl＋Alt组合键移动复制矩形，然后适当调整其长度和方向，分别放到画面其他三边，如图4-63所示。

图4-62　　图4-63

4.3.2 添加背景花纹

01 选择“画笔工具”，在属性栏上单击“画笔”预设，再单击面板右侧的三角形按钮，并在弹出的菜单中选择“载入画笔”命令，如图4-64所示，这时系统会弹出“载入”对话框，然后打开本书配套资源中的“素材文件>CH04>单页广告>素材02.abr”文件，这样即可将外部的画笔载入Photoshop中。

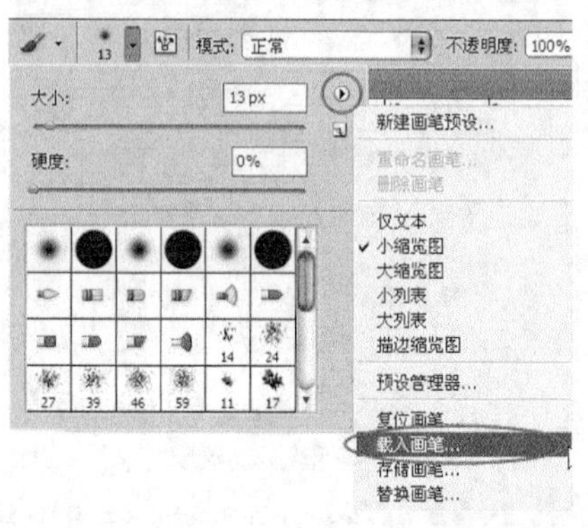

图4-64

02 打开本书配套资源中的“素材文件>CH04>单页广告>素材03.jpg”文件，然后将其拖曳到当前操作界面中如图4-65所示的位置。

图4-65

03 选择“橡皮擦工具”，并在属性栏中设置画笔“大小”为600，选择“模式”为“画笔”，如图4-66所示，然后再擦除背景图像的边缘，完成后的效果如图4-67所示。

图4-66

04 保持对“橡皮擦工具”的选择，在“画笔预设”面板中选择刚才载入的画笔，如图4-68所示，在如图4-69所示的位置单击鼠标左键，效果如图4-70所示。

图4-67

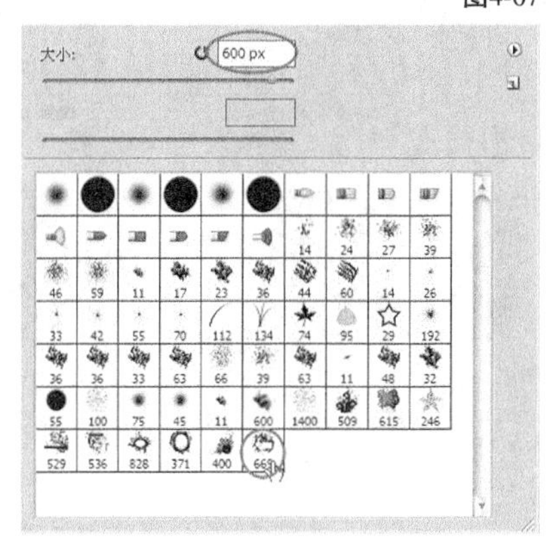

图4-68

图4-69

图4-70

技巧与提示

花纹笔刷效果已经制作出来了，这里是利用了“橡皮擦工具”与笔刷结合的方式来制作花纹的，当然还可以通过调整“橡皮擦工具”的透明度来实现一些若隐若现的效果。

05 调整画笔大小，再使用与上两个步骤相同的方法绘制出其他的花纹效果，如图4-71所示。

图4-71

技巧与提示

在调整画面时，要随时调整“橡皮擦工具”的“不透明度”参数，这样可以使整个背景画面更有层次感。

4.3.3　人物处理

01 打开本书配套资源中的“素材文件>CH04>单页广告>素材04.jpg”文件，使用“移动工具”将其拖曳到当前操作界面中如图4-72所示的位置，并将新生成的图层更名为“人物”。

图4-72

02 使用“钢笔工具”将人物及阴影区域勾选出来，然后按Ctrl+Enter组合键载入该路径的选区，如图4-73所示，再按Ctrl+Shift+I组合键反选选区，并按Delete键删除选区内的像素，效果如图4-74所示。

技巧与提示

这一步涉及“钢笔工具”的抠图技术，使用“钢笔工具”来抠图其实没有什么难的，平时多做一些抠图方面的练习，自然就能很快地抠出图像了。

图4-73

图4-74

03 按住Ctrl键单击人物图像所在图层，载入该图像选区选区，然后按Shift+F6组合键打开“羽化选区”对话框，设置在“半径”为2像素，如图4-75所示。

04 按Ctrl+Shift+I组合键反选选区，最后按Delete键删除选区内的像素，使图像边缘得到柔化效果，如图4-76所示。

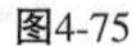

图4-75

图4-76

05 选择“橡皮擦工具”，并在属性栏中设置画笔“大小”为100，“不透明度”为40%，然后对投影图像进行涂抹，使其与背景图像融合在一起，显得更加真实，效果如图4-77所示。

图4-77

06 打开本书配套资源中的“CH04> 素材>素材05.psd”文件，然后将其拖曳到当前操作界面中如图4-78所示的位置，并将新生成的图层更名为“花”，再执行“编辑>自由变换”菜单命令，并将其等比例缩小到如图4-79所示的大小。

图4-78

图4-79

技巧与提示

因为背景图的色调是暖色的，所以在调整色调时应对红色和黄色进行调整。

4.3.4　添加文字信息

01 设置前景色为土黄色（R：153，G：120，B：76），选择“横排文字工具”，并在属性栏中设置字体和字号大小等，如图4-80所示，然后输入相应的文字信息，如图4-81所示。

图4-80

图4-81

02 在文字下方再输入一行大写英文文字，然后设置字体为Elephant，如图4-82所示。

图4-82

03 新建一个图层，使用“矩形选框工具”在绘图区域中绘制一个如图4-83所示的选区，设置前景色为（R：153，G：120，B：76），然后用前景色填充选区，效果如图4-84所示。

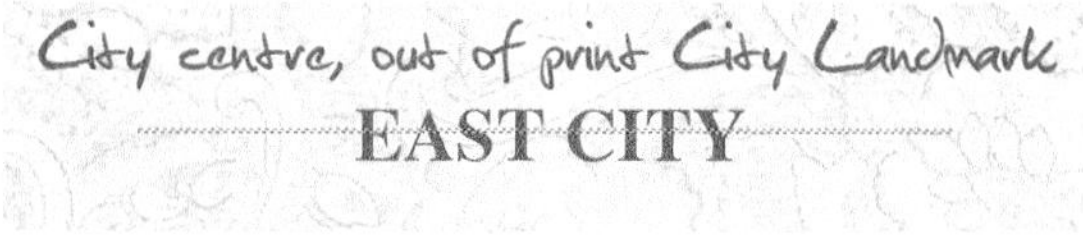

图4-83

图4-84

04 下面再输入其他文字信息，并在属性栏中设置适合的字体，效果如图4-85所示。

图4-85

05 选择最下一行英文信息所在的图层，单击鼠标右键，在弹出的菜单中选择“栅格化文字”命令，然后使用“多边形套索工具”将Y字母勾选出来，如图4-86所示，执行“编辑>自由变换”菜单命令，再将其等比例放大到如图4-87所示的大小。

图4-86

图4-87

06 双击工具箱中的“抓手工具”显示全部图像，可以看到实例的最终效果，如图4-88所示。

图4-88

4.4 课堂案例——直邮广告

案例位置　案例文件>CH03>直邮广告.psd
视频位置　多媒体教学>CH03>直邮广告.flv
难易指数　★★★☆☆
学习目标　学习“渐变工具”“渐变工具”“加深工具”和“减淡工具”的使用

本案例是为索爱W910i手机做的直邮广告，针对这款红色音乐手机，主要采用的是一些亮丽的色彩和清晰的画面来突出这款手机的音乐功能，而用冷调色来衬托暖调的红色背景更是锦上添花。直邮广告的最终效果如图4-89所示。

图 4-89

相关知识

直邮广告是通过邮寄，直投等方式发布的广告，具有以下4个特点。

第1点：很强的针对性，同时成本低廉。

第2点：一定的灵活性。

第3点：准确的信息表达。

第4点：直接邮递各种形式的印刷品。

主要步骤

① 使用“渐变工具”绘制灰色背景。

② 使用单色填充背景的上面部分，然后绘制出3种不同颜色的小面积背景，再通过“高斯模糊”制作出特效。

③ 使用“钢笔工具”绘制音符。

④ 使用“矩形工具”、“钢笔工具”和“椭圆选框工具”等制作MP3的基本形状，然后使用“渐变工具”、“加深工具”和“减淡工具”制作出MP3的立体效果。

⑤ 输入相关文字信息。

4.4.1 绘制音符背景

01 启动Photoshop CS6，执行“文件>新建”菜单命令或按Ctrl+N组合键新建一个文件“直邮广告”，具体参数设置“宽度”为24厘米、“高度”为16厘米、“分辨率”为150像素/英寸、“颜色模式”为“RGB颜色”，如图4-90所示。

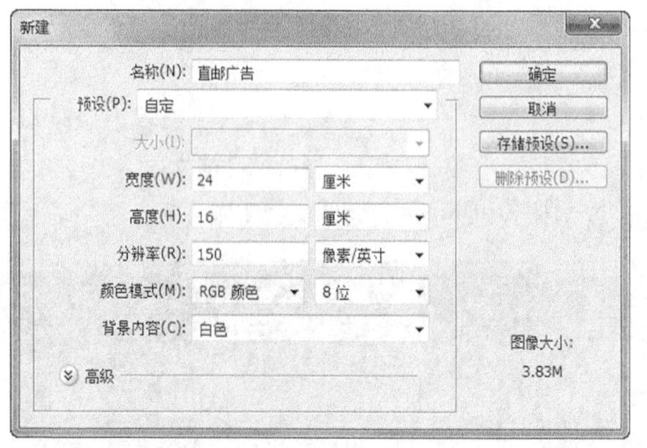

图4-90

02 单击“图层”面板下方的“创建新图层”按钮，创建一个新图层“图层1”，然后选择“矩形选框工具”，在绘图区域中绘制一个如图4-91所示的矩形选框。

03 设置前景色为灰色、背景色为白色，然后选择“渐变工具”，在属性栏单击左边的“编辑渐变框”按钮，选择“前景到背景”渐变，按住Shift键的同时在选框中从上往下垂直拉出渐变，效果如图4-92所示。

图4-91

图4-92

04 创建一个新图层“图层2”，然后单击“工具箱”中的“矩形选框工具”，再在绘图区域中绘制一个如图4-93所示的矩形选框。

图4-93

05 单击“工具箱”中的前景色，设置颜色为洋红色（R：237，G：29，B：140），然后按Alt+Delete组合键用前景色填充选区，再按Ctrl+D组合键取消选区，效果如图4-94所示。

06 创建一个新图层“图层3”，然后单击“工具箱”中的“多边形套索工具”，在绘图区域绘制一个如图4-95所示的选区。

图4-94

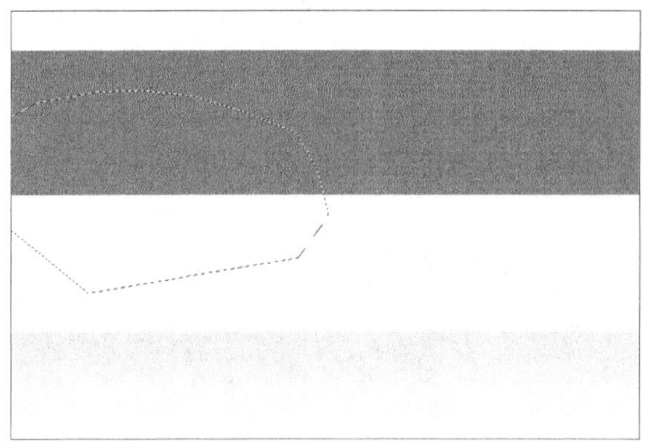
图4-95

07 单击“工具箱”中的前景色，设置颜色为（R：244，G：125，B：71），然后按Alt+Delete组合键用前景色填充选区，再按Ctrl+D组合键取消选区，效果如图4-96所示。

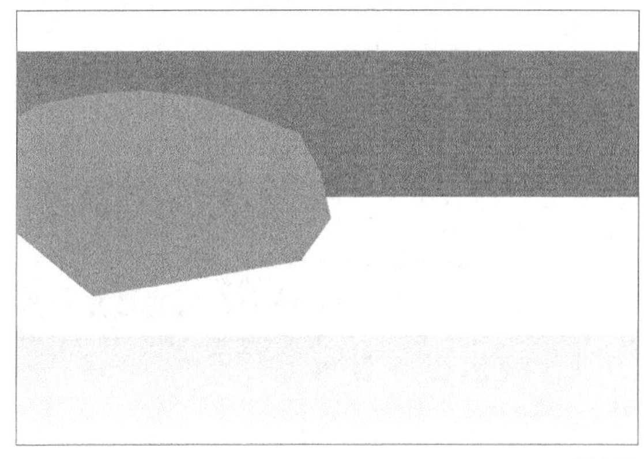
图4-96

08 执行“滤镜>模糊>高斯模糊”菜单命令，在弹出的“高斯模糊”对话框中设置“半径”为80像素，然后单击“工具箱”中的“移动工具”，将图形适当往下移动，效果如图4-97所示。

图4-97

09 确定“图层3”为当前图层，按住Ctrl键并单击“图层2”缩略图，载入图像选区，再按Ctrl+Shift+I组合键反选选区，按Delete键删除选区中的图像，得到的图像效果如图4-98所示。

图4-98

10 创建一个新图层“图层4”，然后单击“工具箱”中的“椭圆选框工具”，在绘图区域绘制一个如图4-99所示的椭圆形选区。

图4-99

11 设置前景色为紫色（R：187，G：27，B：141），然后按Alt+Delete组合键用前景色填充选区，再按Ctrl+D组合键取消选区，效果如图4-100所示。

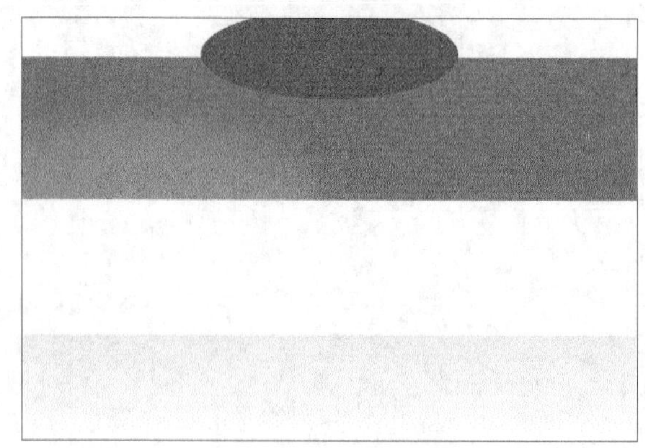

图4-100

12 按Ctrl+F组合键重复使用“高斯模糊”效果，然后单击“工具箱”中的“移动工具”，将图形往下移动一些像素，效果如图4-101所示。

图4-101

13 确定“图层4”为当前图层，按住Ctrl键并单击“图层2”缩略图，载入图层选区，按Ctrl+Shift+I组合键反选选区，然后删除选区中的图像，并设置“图层4”的“不透明度”为80%，效果如图4-102所示。

图4-102

⑭ 创建一个新图层"图层5"，单击"工具箱"中的"多边形套索工具"，然后在绘图区域绘制一个如图4-103所示的选区。

图4-103

⑮ 设置前景色和背景色为粉红色（R: 237, G: 91, B: 148）和紫红色（R: 248, G: 135, B: 123），再单击"工具箱"中的"渐变工具"按钮，在属性栏单击"编辑渐变框"按钮，选择"前景到背景"渐变，然后在选区从左往右拉出渐变，效果如图4-104所示。

图4-104

⑯ 完成渐变填充后，按Ctrl+F组合键重复使用"高斯模糊"滤镜，得到模糊图像效果，如图4-105所示。

图4-105

⑰ 确定"图层5"为当前层，载入"图层2"的选区，再按Ctrl+Shift+I组合键反选选区，然后删除选区中的图像，并设置该图层的"不透明度"为90%，效果如图4-106所示。

图4-106

⑱ 创建一个新图层"图层6"，单击"工具箱"中的"多边形套索工具"，然后在绘图区域绘制如图4-107所示的选区。

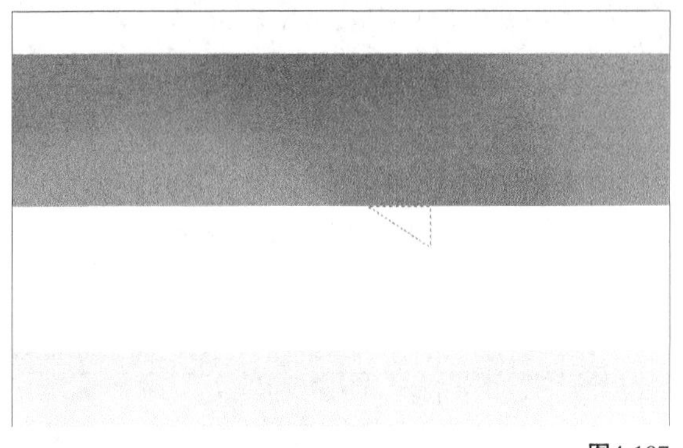

图4-107

⑲ 设置前景色为（R：234，G：27，B：142），然后按Alt+Delete组合键用前景色填充选区，再按Ctrl+D组合键取消选区，并将图像向上移动到如图4-108所示的位置。

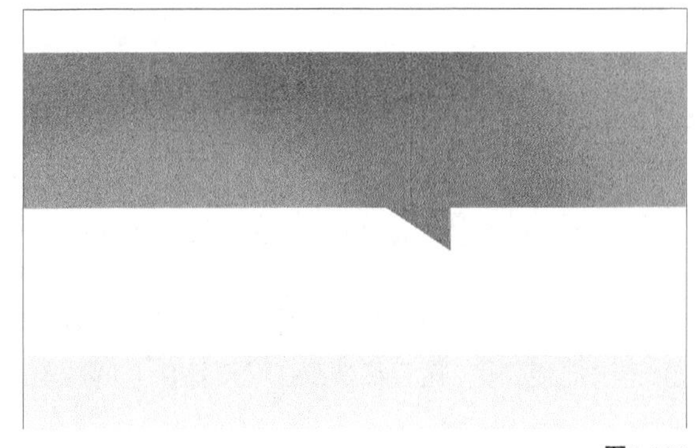

图4-108

技巧与提示

使用“多边形套索工具”的时候，按住Shift键可以按照一定的角度以直线方式勾出选区。

20 创建一个新图层“图层7”，单击“工具箱”中的“钢笔工具”，然后单击属性栏中的选择“形状”命令，在绘图区域绘制一个如图4-109所示的路径。

图4-109

21 设置前景色为白色，切换到“路径”面板，然后单击该面板下面的“用前景色填充路径”按钮填充路径，效果如图4-110所示。

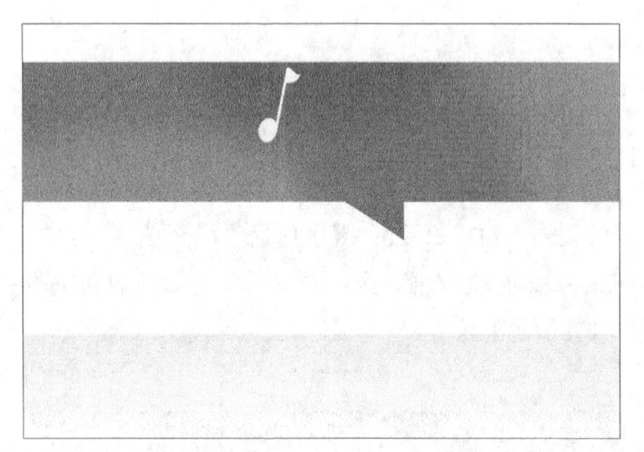

图4-110

技巧与提示

先不删除掉该路径，在后面的步骤中会再次使用到。

22 按住Ctrl+Alt组合键拖曳图形，即可移动复制出一个新的图形，然后按Ctrl+T组合键将其等比例缩小到如图4-111所示大小。

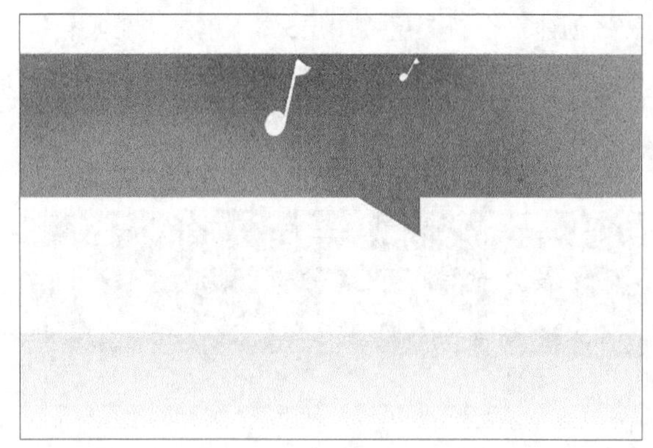

图4-111

23 执行“编辑>变换>垂直翻转”菜单命令，然后执行“编辑>变换>水平翻转”菜单命令，将新图形进行变换，效果如图4-112所示。

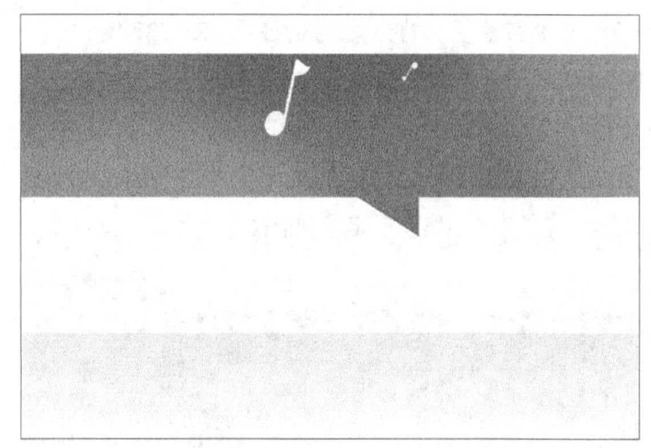

图4-112

24 选择“模糊工具”对较小的音符图像进行涂抹，得到模糊效果，如图4-113所示。

图4-113

25 切换到“路径”面板，单击路径缩略图，即可把之前绘制的路径显示出来，然后单击“工具箱”中的“直接选择工具”调整路径，如图4-114所示。

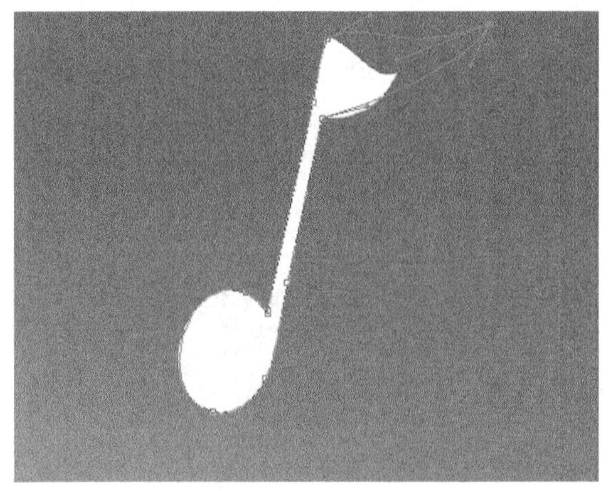

图4-114

26 创建一个新图层“图层8”，切换到“路径”面板，单击面板下面的“用前景色填充路径” 按钮填充路径，然后按Ctrl+T组合键将图形变大并移动到如图4-115所示的位置，再设置该图层的“不透明度”为60%，效果如图4-116所示。

图4-115

图4-116

27 按住Alt键的同时移动图形复制出一个新图形，然后按Ctrl+T自由变换图形，将图形缩小，再设置该图层的“不透明度”为30%，效果如图4-117所示。

图4-117

28 重复上一步骤再复制出5个副本，复制出的每个副本图形的大小均不相同，效果如图4-118所示。

图4-118

29 单击“工具箱”中的“自定形状工具” ，在属性栏单击“形状图层”按钮 ，再单击“形状”右侧的“点按可打开自定形状拾色器”按钮 ，在打开的面板中选择“双八分音符”图形，如图4-119所示，在绘图区域绘制出如图4-120所示的图形，此时系统会自动生成一个新图层“形状1”。

30 单击“工具箱”中的“直接选择工具” 调整路径，得到的图像效果如图4-121所示。

31 按住Alt键，拖曳图形复制出一个形状副本，放到画面右侧，然后按Ctrl+T组合键将图形等比例缩小，再设置图层的“不透明度”为50%，效果如图4-122所示。

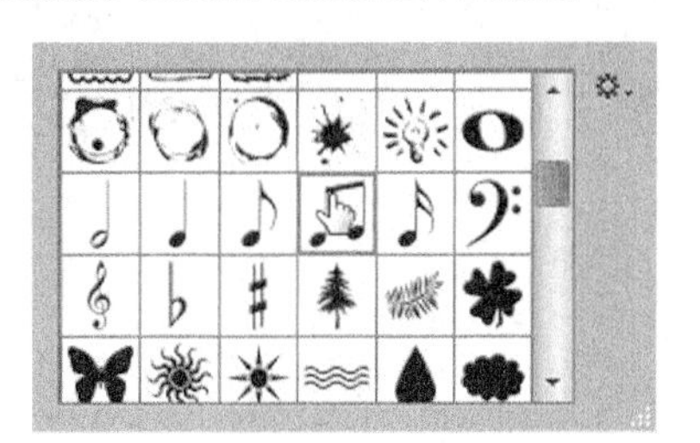

图4-119

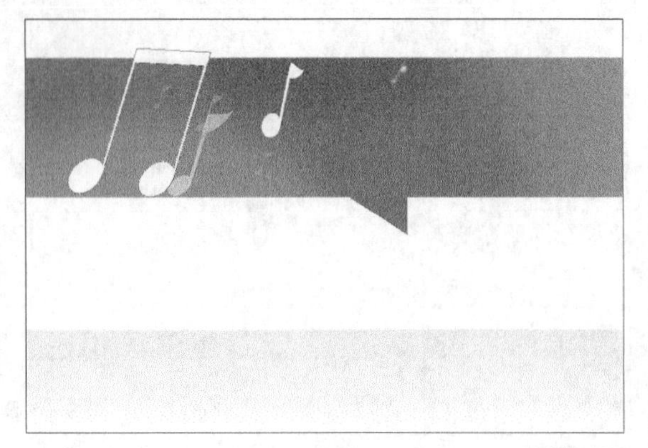

图4-120

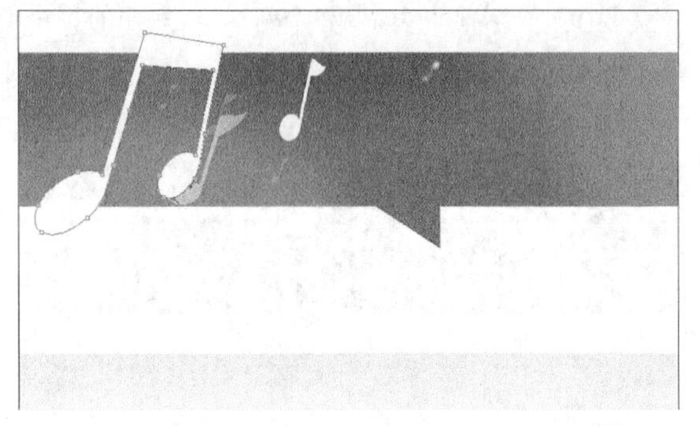

图4-121

图4-122

32 复制多个八分音符图像，并调整大小和位置，参照如图4-123所示的方式排列。

图4-123

33 选择“自定形状工具”，继续选择“双八分音符”图形，在绘图区域绘制一个如图4-124所示的图形，此时系统会自动生成新的图层“形状2”，设置该图层的“不透明度”为60%，效果如图4-125所示。

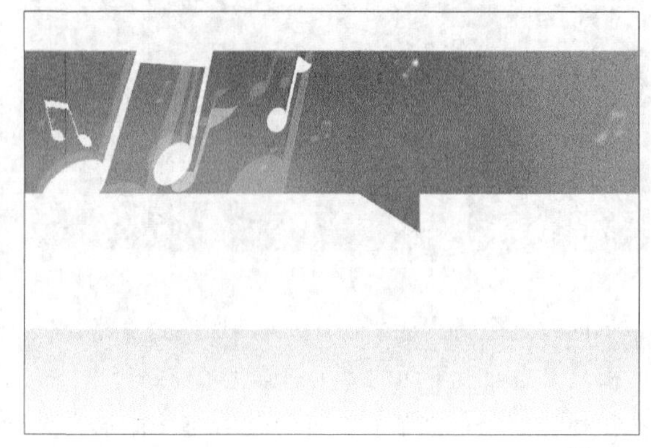

图4-124

图4-125

34 复制4个图层“形状2”的副本，分别调整图像的大小和位置，效果如图4-126所示。

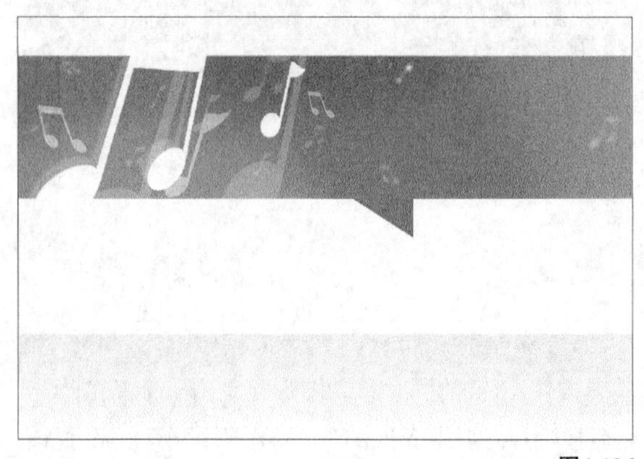

图4-126

技巧与提示

复制出的几个副本大小最好不要相同，图层的“不透明度”可不变，小一点的图形可使用“高斯模糊”效果，主要目的是为了让整个画面更有层次感；自由变换这些副本的时候也可以根据自己的想象来变换。

35 单击“工具箱”中的“钢笔工具”，然后在属性栏中选择“路径”命令，在绘图区域绘制一个如图4-127所示的路径。

图4-127

36 设置“前景色”为白色，创建一个新图层“一条线段”，然后选择“画笔工具”，在属性栏中设置画笔的“大小”为2，接着切换到“路径”面板，单击“用画笔描边路径”按钮即可，效果如图4-128所示。

图4-128

技巧与提示

由于是制作线条，所以绘制单线条的路径就行了，不需要绘制封闭路径，绘制完毕，可以用“直接选择工具”对线条进行调整。

37 选择“移动工具”，然后按住Alt+Shift组合键同时按两次键盘上的“向右方向键”→，这样就可以水平向右复制出一根新的线条，再采用相同的方法复制出7根线条，效果如图4-129所示。

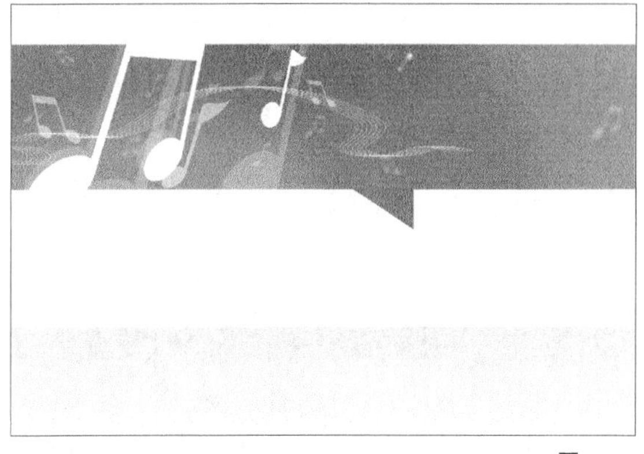

图4-129

38 按Ctrl+E组合键合并7根线条所在的图层，然后单击“工具箱”中的“模糊工具”，拖曳光标在飘带尾部来回涂抹，使其产生模糊效果，如图4-130所示。

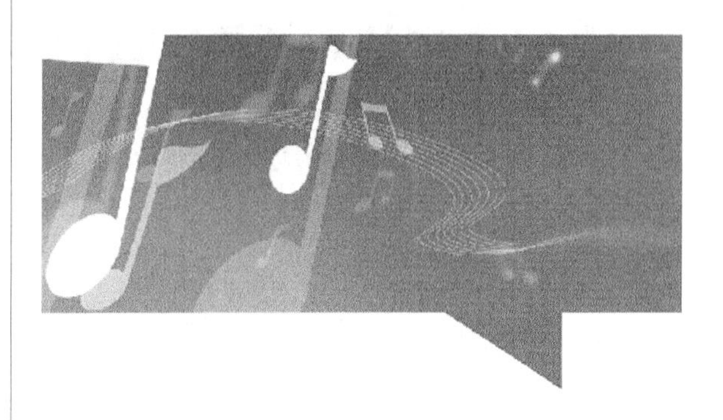

图4-130

技巧与提示

同时按住Alt键和Shift键是因为这样可使图形向右以每单位10像素移动，按两次向右方向键，图形也就向右移动了20像素。

39 选择“移动工具”按钮，按住Alt+Ctrl组合键向上移动光标复制出一个图形副本，效果如图4-131所示，然后执行“编辑>变换>水平翻转”菜单命令，变换新图形，效果如图4-132所示。

40 选择“模糊工具”对图像进行涂抹，得到模糊效果，如图4-133所示。

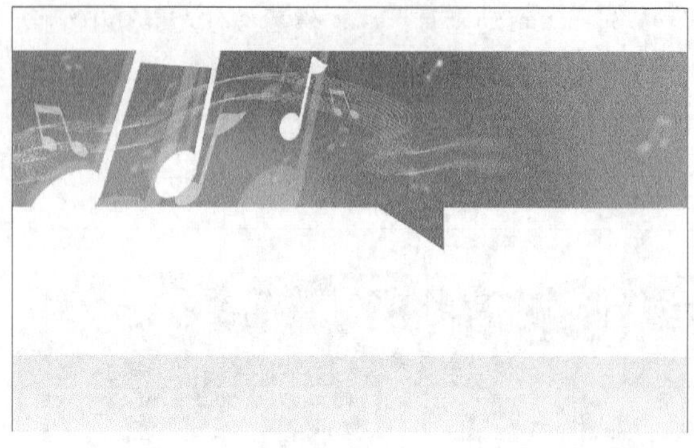

图4-131

图4-132

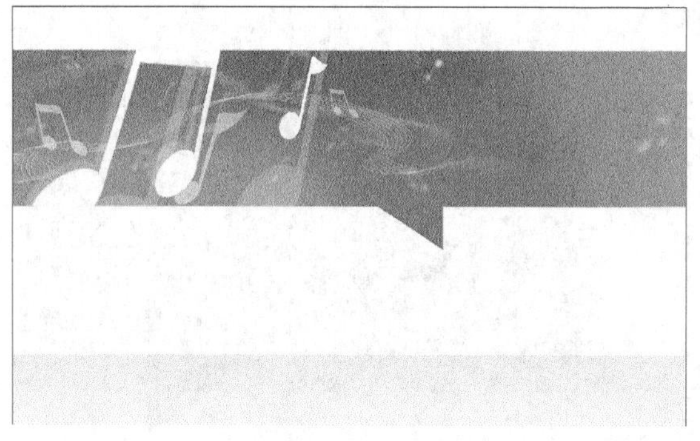

图4-133

41 单击“飘带”图层，再复制一个副本，效果如图4-134所示。

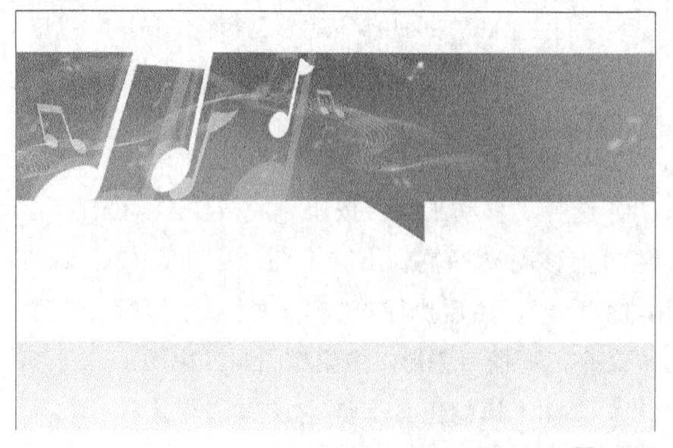

图4-134

4.4.2 绘制MP3

01 首先确定前景色为白色，单击“工具箱”中的“圆角矩形工具”按钮，在属性栏单击“形状”命令，并在属性栏设置“半径”为40像素，然后在绘图区域绘制一个如图4-135所示的圆角矩形，此时系统会自动生成一个新的图层，将图层更名为“MP3正面”。

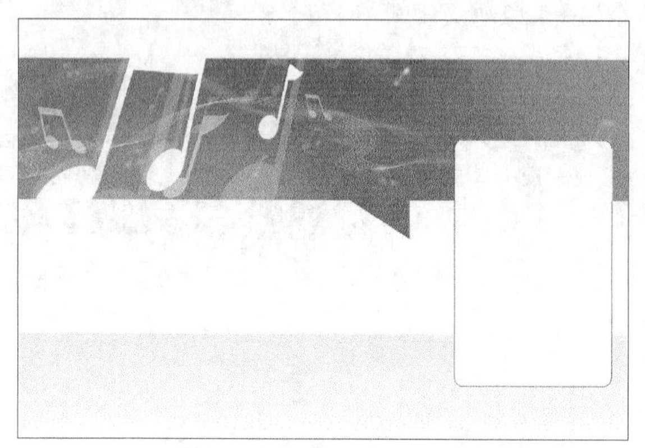

图4-135

02 再按Ctrl+T组合键，然后按住Ctrl键对图形四个角进行拖动，得到如图4-136所示的变形效果。

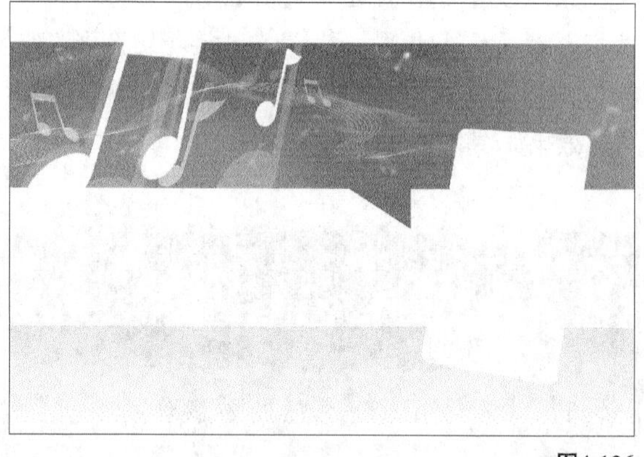

图4-136

技巧与提示

在自由变形图形的时候，先按住Ctrl键，然后拖曳某个控制点可将图形做自由变形。

03 载入图层“MP3正面”的选区，再单击“工具箱”中的“多边形套索工具”，然后按住Alt键，绘制一个如图4-137所示的新选区，此时系统会自动将这个选区从原来的选区中减去，如图4-138所示。

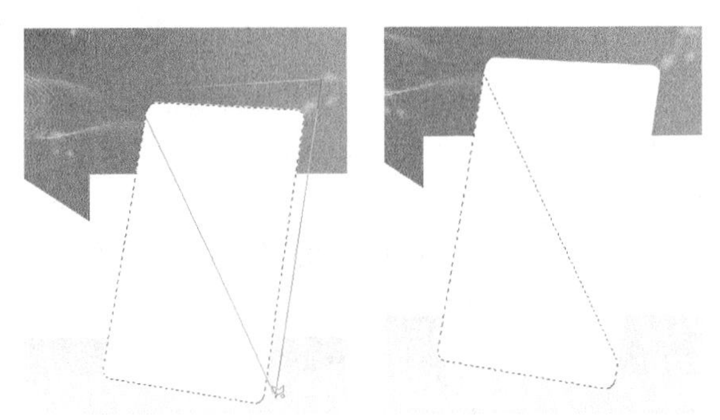

图4-137　　图4-138

04 设置背景色为灰色（R: 224，G: 224，B: 224），选择“渐变工具”，再单击属性栏左边的“编辑渐变框”按钮，选择“前景到背景”渐变，按照如图4-139所示的方向拉出渐变，效果如图4-140所示。

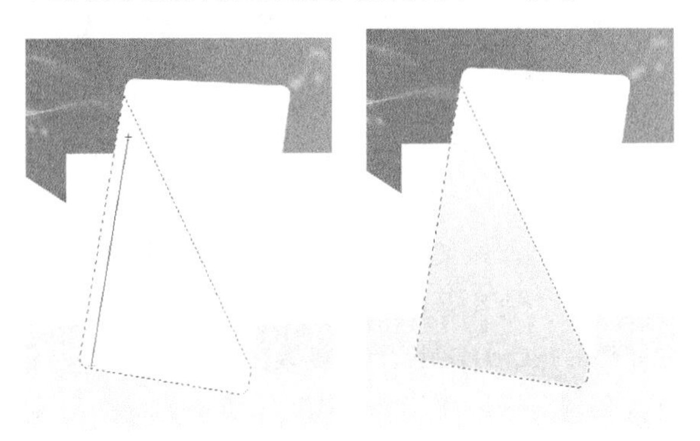

图4-139　　图4-140

05 单击“工具箱”中的“加深工具”按钮，在属性栏设置画笔的“主直径”为80像素，“曝光度”为20%，然后在选区下部来回涂抹，以增强MP3的立体效果，效果如图4-141所示。

06 按下D键还原默认的前景色和背景色，单击“工具箱”中的“圆角矩形工具”，在属性栏设置“半径”为30像素，然后在绘图区域绘制一个如图4-142所示的圆角矩形，此时系统会自动生成一个新的图层，并更改其名称为“屏幕”。

图4-141　　图4-142

07 按Ctrl+T组合键，再按住Ctrl键拖动黑色矩形的4个角，将图形做如图4-143所示的变形。

图4-143

08 载入选区，然后执行“选择>变换选区”菜单命令，在属性栏将宽和高都设置为90%，效果如图4-144所示。

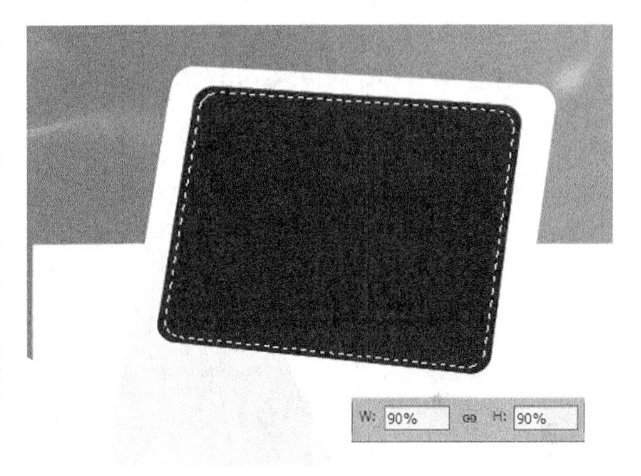

图4-144

09 设置前景色和背景色为灰色（R: 241，G: 241，B: 241）和浅灰色（R: 222，G: 223，B: 224），选择“渐变工具”，继续使用“前景到背景”渐变方式，在绘图区域从左到右应用线性渐变填充，如图4-145所示。

图4-145

⑩ 创建一个新图层“按钮”，然后单击“工具箱”中的“椭圆选框工具”，在绘图区域绘制一个如图4-146所示的椭圆形选区。

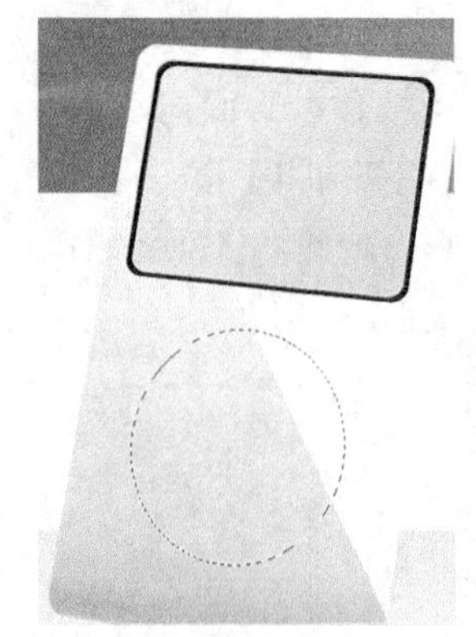
图4-146

⑪ 设置前景色和背景色为橘黄色（R：249，G：133，B：110）和橘红色（R：241，G：87，B：70），然后选择“渐变工具”，在属性栏单击“径向渐变”按钮，使用“前景到背景”渐变方式，从选区的中心点向边缘拉出渐变，效果如图4-147所示。

⑫ 执行“选择>变换选区”菜单命令，在属性栏将宽和高都设置为35%，然后按Delete键删除选区中的图像，再按Ctrl+D组合键取消选区，效果如图4-148所示。

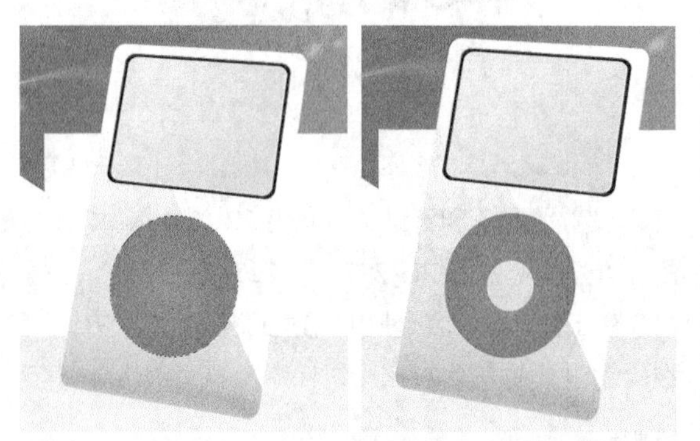
图4-147　图4-148

⑬ 按Ctrl+Shift+N组合键创建一个新图层“侧面”，单击“钢笔工具”，在属性栏单击“路径”按钮，在绘图区域绘制一个如图4-149所示的路径。

图4-149

⑭ 将图层“侧面”拖曳到图层“MP3正面”的下面一层，切换到“路径”面板，单击该面板下面的“将路径作为选区载入”按钮，效果如图4-150所示。

⑮ 设置前景色为灰色（R：107，G：108，B：111），然后按Alt+Delete组合键用前景色填充选区，效果如图4-151所示。

图4-150　图4-151

⑯ 使用“加深工具”和“减淡工具”处理边缘部分，使其更具有立体感，效果如图4-152所示，然后按Ctrl+D组合键取消选区。

⑰ 创建一个新图层“白线”，然后单击“工具箱”中的“多边形套索工具”，在绘图区域绘制一个如图4-153所示的矩形选区。

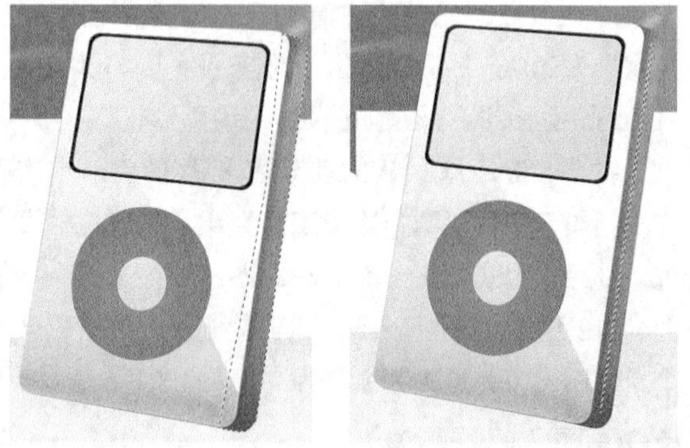
图4-152　图4-153

⑱ 设置前景色为白色，按Alt+Delete组合键用前景色填充选区，然后按Ctrl+D组合键取消选区，最后设置该图层的“不透明度”为40%，效果如图4-154所示。

⑲ 选择“横排文字工具”在MP3的屏幕中输入相关文字，并参照如图4-155所示的方式设置字体、颜色和大小。

图4-154　　图4-155

20 选择“多边形套索工具”在MP3图像的橘黄色圆环图像中绘制三角形选区，填充为白色，效果如图4-156所示。

图4-156

21 按住Ctrl键选择所有MP3图像所在图层，然后按Ctrl+E组合键合并图层，再按Ctrl+J组合键复制一个副本图层。执行“编辑>变换>垂直翻转”菜单命令，再执行“编辑>变换>水平翻转”菜单命令，将其放到如图4-157所示的位置。

图4-157

22 确定图层“MP3副本”为当前图层，单击“图层”面板下面的“添加图层蒙版”按钮，然后选择“渐变工具”，单击属性栏中的“线性渐变”按钮，按照如图4-158所示的方向拉出渐变，再设置该图层的“不透明度”为20%，效果如图4-159所示。

图4-158　　图4-159

23 选择“横排文字工具”在“直邮广告”中输入相关文字信息，并在属性栏设置字体大小和颜色，如图4-160所示。

图4-160

4.5　课堂案例——房地产DM单

案例位置	案例文件>CH04>房地产DM单.psd
视频位置	多媒体教学>CH04>房地产DM单.flv
难易指数	★★★☆☆
学习目标	学习“渐变工具”“矩形选框工具”“图层”面板的使用

本案例将制作一个房地产DM单广告，制作过程很简单，主要通过几种素材图像的巧妙排列，使画面充满雅致的感觉。广告的最终效果如图4-161所示。

图 4-161

相关知识

房地产DM单主要为了宣传某一个楼盘而专门设计的广告，在设计时有以下两个特点。

第1点：在画面上首先要布局合理，素材图像和文字都要搭配恰当。

第2点：文案内容在广告设计中有非常重要的作用。

主要步骤

① 使用标尺功能得到参考线。

② 使用“渐变工具” 为图像应用渐变填充。

③ 添加素材图像，并为该图像应用蒙版和图层混合模式效果。

4.5.1 制作背景图像

01 执行“文件>新建”菜单命令，打开“新建”对话框新建一个文件，设置“名称”为“房地产DM单”，“宽度”为18厘米，“高度”为16.8厘米，“分辨率”为150像素/英寸，其余设置如图4-162所示。

02 为新建文件填充黑色背景，然后按Ctrl＋R组合键显示标尺，将鼠标放到左方标尺中按住鼠标左键向右拖动，将拖出的参考线放到8.4厘米位置，如图4-163所示。

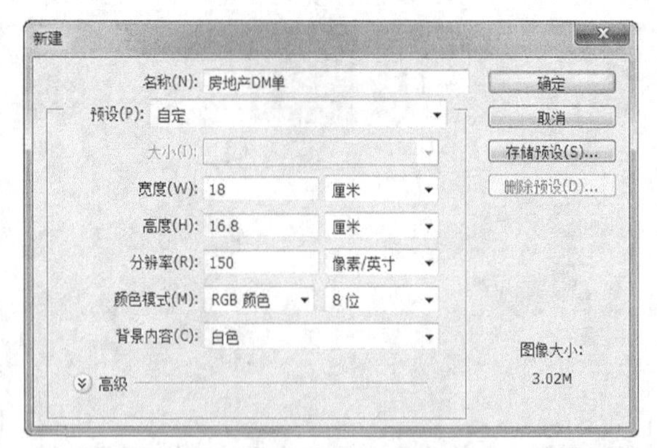

图4-162

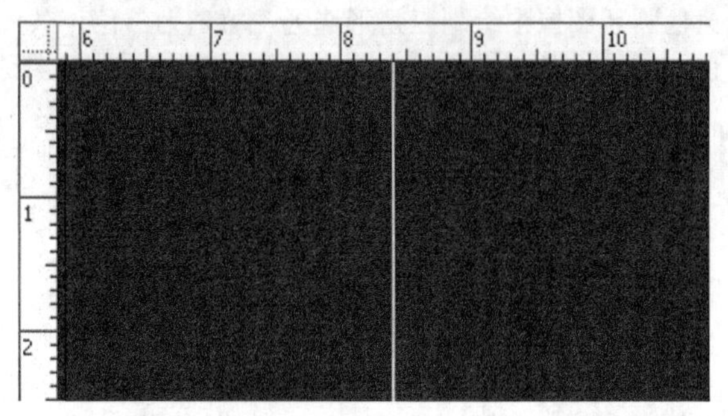

图4-163

技巧与提示

当按Ctrl＋R组合键显示标尺后，可以通过再次按Ctrl＋R组合键将显示的标尺隐藏。

03 新建图层1，使用“矩形选框工具” 在图像参考线右侧绘制一个选区，然后选择“渐变工具” 为其应用“径向渐变”填充，设置颜色从淡紫色（R：169，G：67，B：153）到白色，如图4-164所示，然后从选区中间向外拖动，进行渐变填充，如图4-165所示。

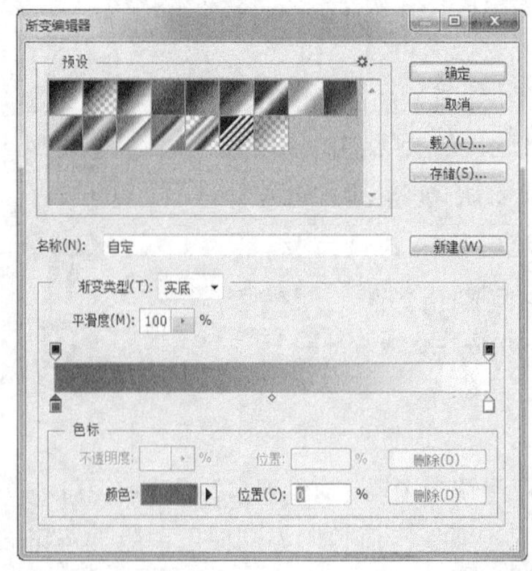

图4-164

图4-165

04 执行“文件>打开”菜单命令，打开本书配套资源中的“素材文件>CH04>房地产DM单>门框.jpg”文件，如图4-166所示。使用“移动工具”将该图像直接拖动到当前文件中，按Ctrl＋T组合键适当调整大小后放到如图4-167所示位置。

图4-166

图4-167

05 打开本书配套资源中的“素材文件>CH04>房地产DM单>美图.jpg”文件，使用“移动工具”将该图像直接拖动到当前文件中，并且放到如图4-168所示位置。

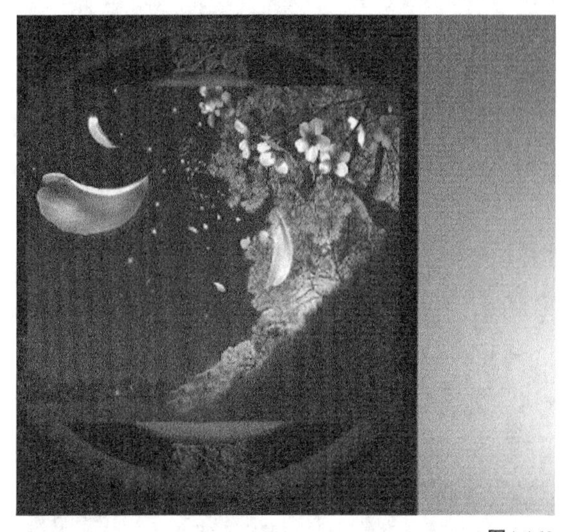

图4-168

06 执行“图层>图层蒙版>显示全部”菜单命令，为该图层添加图层蒙版，确认前景色为黑色、背景色为白色后，使用“画笔工具”在图像中涂抹，参照如图4-169所示的效果将部分图像进行隐藏。

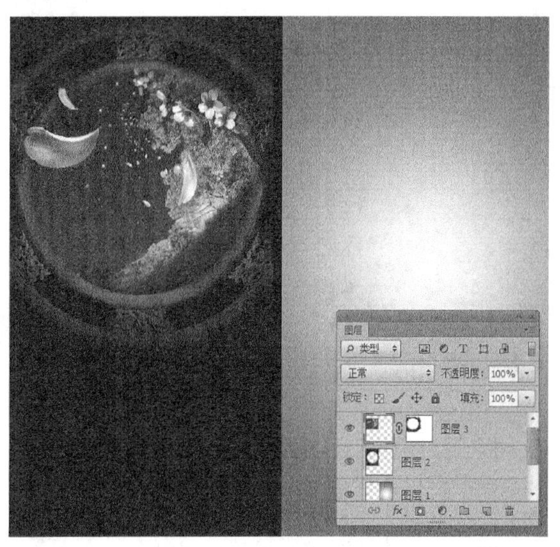

图4-169

07 新建一个图层，使用“椭圆选框工具”绘制一个选区，如图4-170所示，并填充为白色，放到刚刚添加图层蒙版图像的位置，如图4-171所示。

图4-170

图4-171

08 执行“图层>图层样式>内发光”菜单命令，打开“图层样式”对话框，设置内发光颜色为白色，其余设置如图4-172所示。

09 再选择“混合选项：自定”选项，设置“填充不透明度”参数为0%，如图4-173所示。

10 单击“确定”按钮［确定］，回到画面中，得到的内发光图像效果如图4-174所示。

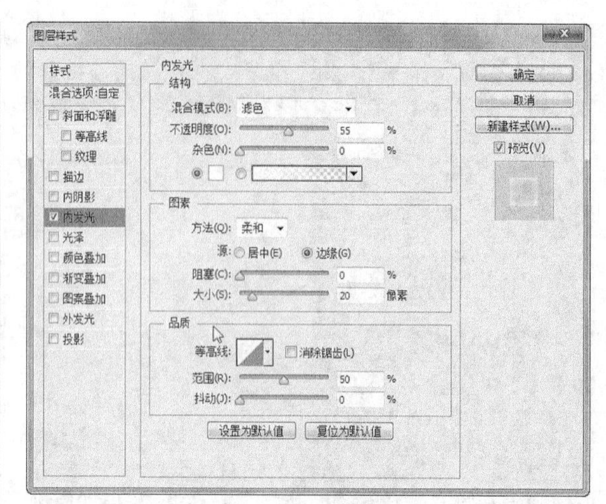

图4-172

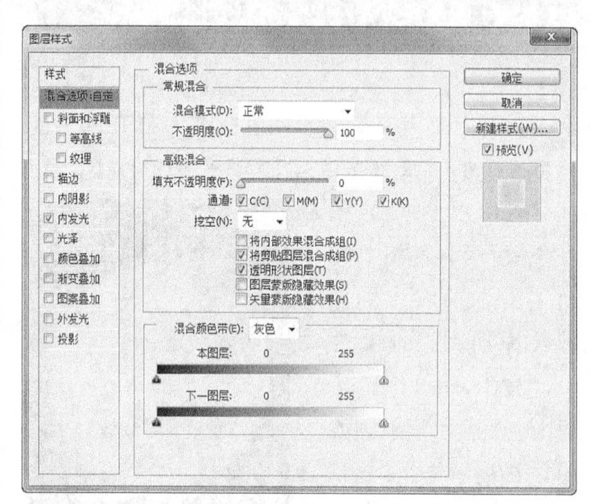

图4-173

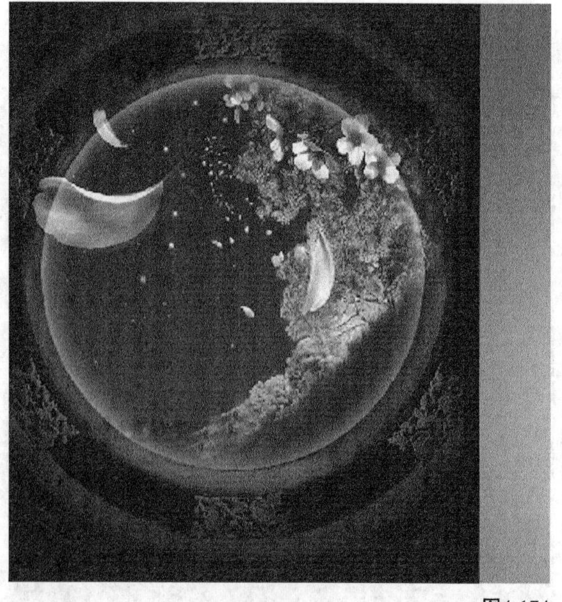

图4-174

⑪ 打开本书配套资源中的“素材文件>CH04>房地产DM单>花瓣.psd”文件，将该图像移动到当前文件中，得到“图层5”。适当调整图像大小，放到黑色背景图像中，如图4-175所示。

图4-175

⑫ 按Ctrl＋J组合键复制图层，得到一个复制的花瓣图像，选择图层5，选择“滤镜>模糊>动感模糊”命令，在弹出的对话框中设置模糊参数，如图4-176所示。

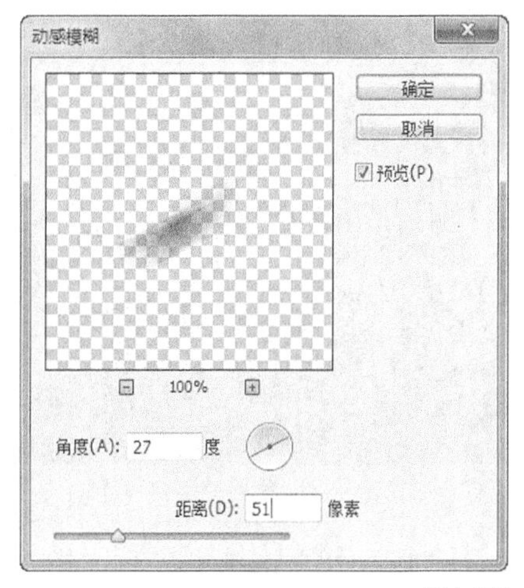

图4-176

⑬ 单击“确定”按钮确定回到画面中，得到的图像效果如图4-177所示。

⑭ 打开本书配套资源中的“素材文件>CH04>房地产DM单>玫瑰花.jpg”文件，选择“移动工具”将其拖曳到当前编辑的图像中，并放到画面右侧，如图4-178所示。

图4-177

图4-178

⑮ 这时“图层”面板中将自动生成“图层6”，设置图层混合模式为“柔光”，如图4-179所示。

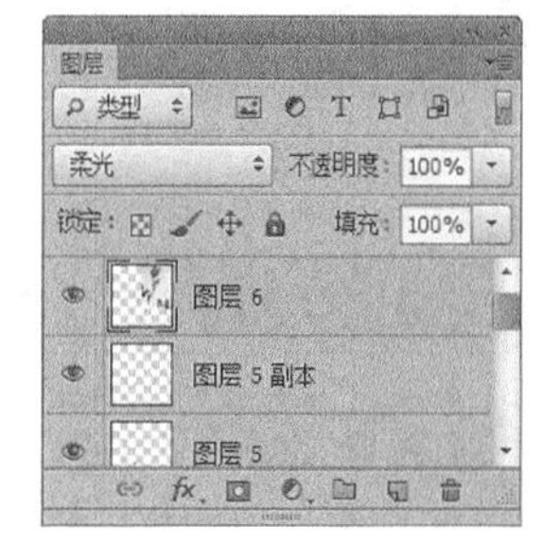

图4-179

⑯ 设置好图层混合模式后，得到的图像效果如图4-180所示。

⑰ 单击“图层”面板底部的“添加图层蒙版”按钮，再使用“画笔工具”对图像底部进行涂抹，隐藏部分图像，效果如图4-181所示。

图4-180

图4-181

4.5.2 添加文字

01 完成背景图像的制作后，下面来添加一些文字。选择“横排文字工具” T 在画面左下角输入一些文字，并在“字符”面板中设置字体为“汉仪大宋简”，颜色为白色，如图4-182所示。得到的文字排列效果如图4-183所示。

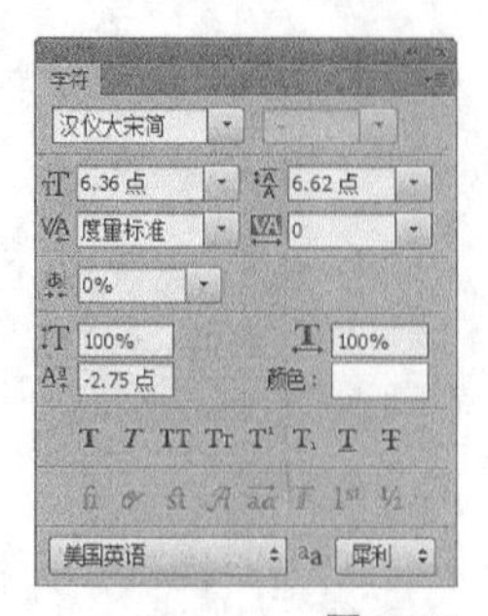

图4-182

图4-183

02 选择“直排文字工具” IT，在画面右下方输入一行文字“O生活可以更写意/”，然后在属性栏设置文字颜色为黑色，字体为“宋体”，如图4-184所示，得到的文字效果如图4-185所示。

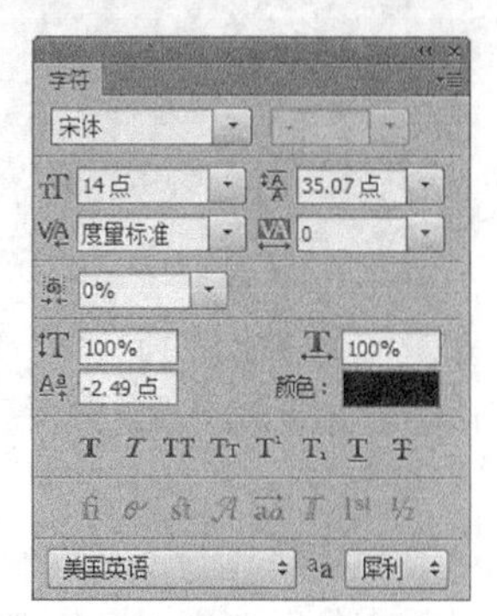

图4-184

图4-185

03 在画面右侧的直排文字旁边在输入一段文字，填充颜色为深紫色（R：62，G：34，B：102），如图4-186所示。

04 打开本书配套资源中的“素材文件>CH04>房地产DM单>文字.psd”文件，选择“移动工具” 将其拖曳到当前编辑的图像中，放到直排文字的右侧，如图4-187所示，完成本实例的制作。

图4-186

图4-187

4.6 课堂案例——美味轩食物广告

案例位置	案例文件>CH04>美味轩食物广告.psd
视频位置	多媒体教学>CH04>美味轩食物广告.flv
难易指数	★★★☆☆
学习目标	学习“钢笔工具”“文字工具”“图层”面板的使用

本案例将制作一个美味轩食物广告，制作过程很简单，主要通过几种素材图像的巧妙排列，让画面有清新、干净的感觉，并体现出食物的新鲜感。广告的最终效果如图4-188所示。

图4-188

相关知识

食物广告的内容多种多样，但有一点很重要，都要体现出干净、新鲜的感觉，所以在设计时要注意以下两个特点。

第1点：画面颜色的选择上要清爽，不要使用太多颜色，显得复杂。

第2点：文案内容和素材图像在广告设计中有非常重要的作用。

主要步骤

① 为素材图像应用图层样式，并设置图层混合模式。

② 使用“钢笔工具”绘制曲线图形，并为其填充颜色。

③ 使用文字工具添加文案内容，并设置文字特殊效果。

4.6.1 制作背景图像

01 执行“文件>新建”菜单命令，打开“新建”对话框新建一个文件，设置“名称”为“美味轩食物广告”，“宽度”为25厘米，“高度”为16厘米，“分辨率”为200像素/英寸，其余设置如图4-189所示。

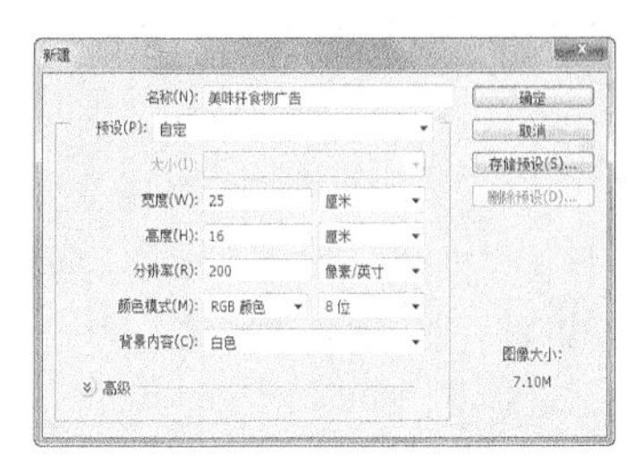

图4-189

02 选择“渐变工具”，在属性栏单击“线性渐变”按钮，再单击渐变编辑色条，打开“渐变编辑”对话框，设置渐变颜色从绿色（R：112，G：185，B：26）到白色，如图4-190所示。

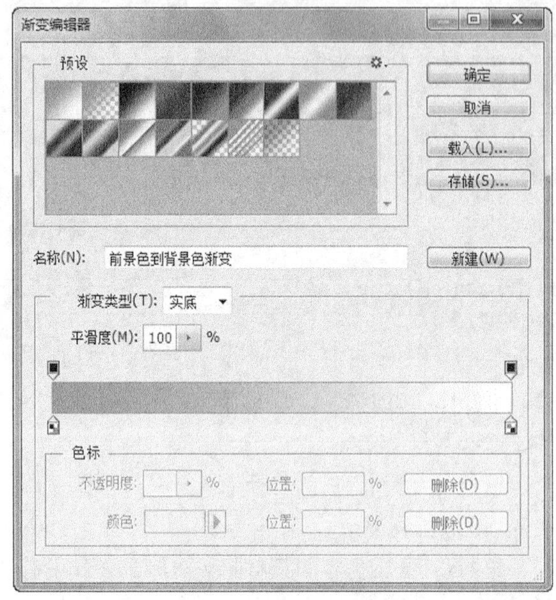

图4-190

03 设置好渐变颜色后，回到画面中，按住Shift键从上到下拖动鼠标，当鼠标到达图像底端后，松开鼠标，得到直线渐变填充效果，如图4-191所示。

图4-191

04 选择“文件>打开”菜单命令，打开本书配套资源中的“素材文件>CH04>美味轩食物广告>鲜花.jpg”文件。使用“移动工具”将该图像直接拖动到当前编辑的图像文件中，布满整个画面，如图4-192所示。这时“图层”面板中将新增图层1，设置其“图层混合模式”为“滤色”命令，如图4-193所示。

图4-192

图4-193

05 设置图层混合模式后，将得到滤色模式的图像效果，如图4-194所示。按Ctrl+J组合键复制一次图层1，得到图层1副本，如图4-195所示。

图4-194

图4-195

06 选择“套索工具”，在属性栏设置“羽化”参数为20，然后对图像中的花朵图像进行框选，得到的选区效果如图4-196所示。

图4-196

07 执行“选择>反向”菜单命令，反选选区后，按Delete键删除选区中的图像，得到的图像效果如图4-197所示。

图4-197

08 在“图层”面板中设置图层1副本的图层混合模式为“柔光”，如图4-198所示，得到如图4-199所示的画面效果，花朵图像的颜色比图层1有一些加深。

图4-198

图4-199

09 打开本书配套资源中的“素材文件>CH04>美味轩食物广告>飘带.psd”文件，如图4-200所示。

图4-200

10 使用“移动工具”将该图像直接拖动到当前编辑的图像文件中。按Ctrl+T组合键适当缩小图像，然后放到画面左上方，这时“图层”面板得到图层2，设置图层2的图层混合模式为“柔光”，如图4-201所示，将飘带图像与背景融合在一起，如图4-202所示。

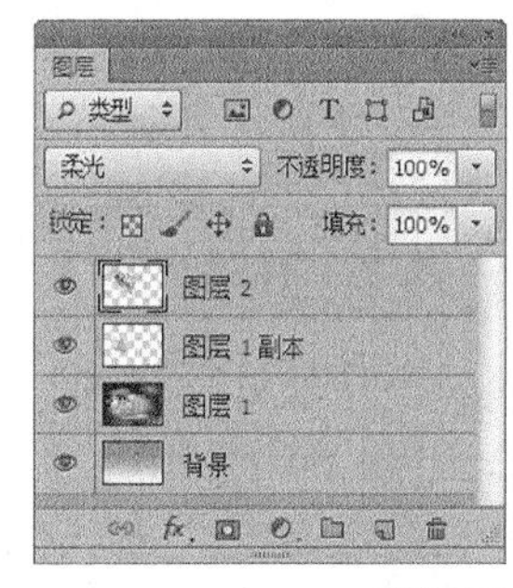

图4-201

图4-202

⑪ 新建“图层3”，选择“画笔工具”，单击属性栏中“画笔”旁边的三角形按钮，打开“画笔预设”面板，单击右上方的三角形按钮，选择“混合画笔”选项，如图4-203所示。

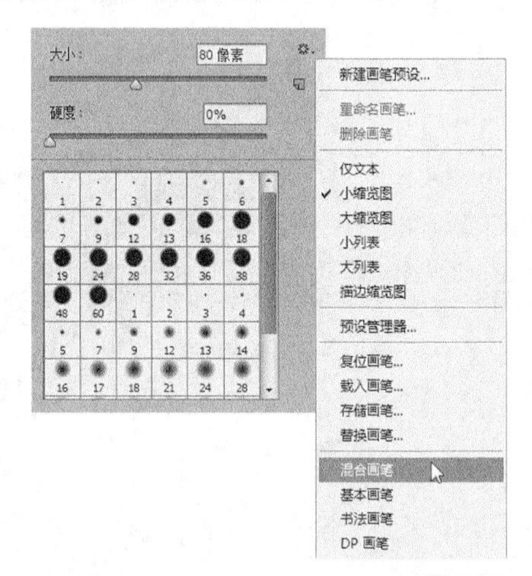

图4-203

⑫ 选择画笔样式后，将弹出一个提示对话框，单击“确定”按钮，如图4-204所示，得到混合画笔。

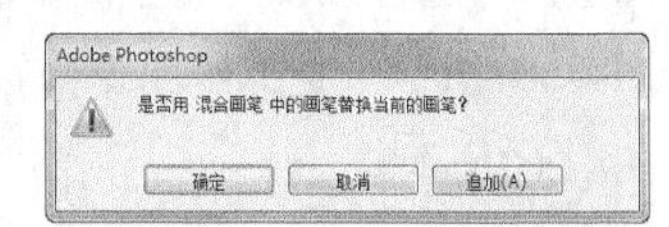

图4-204

⑬ 在属性栏打开“画笔预设”选择器，选择“星爆-小”画笔，然后设置画笔“大小”为50，如图4-205所示。

⑭ 设置前景色为白色，使用设置好的画笔在图层3中绘制星光图像，在绘制过程中可以按{键和}键适当调整画笔大小，在画面中绘制出不同大小的星光图像，如图4-206所示。

图4-205

图4-206

⑮ 执行“图层>图层样式>外发光”菜单命令，打开“图层样式”对话框，设置外发光颜色为白色，“不透明度”为71%，“大小”为72，如图4-207所示。设置好外发光后，单击“确定”按钮，得到星光的发光效果，如图4-208所示。

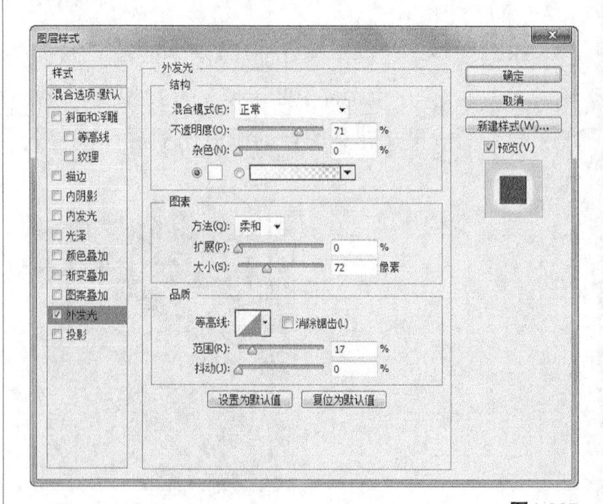

图4-207

图4-208

4.6.2　添加食物素材

01 打开本书配套资源中的“素材文件>CH04>美味轩食物广告>食物.psd”文件，使用“移动工具”将该文件直接拖到当前文件中，适当调整图像大小，放到画面右上方，如图4-209所示。

图4-209

02 执行“图层>图层样式>投影”菜单命令，打开“图层样式”对话框，设置投影颜色为黑色，其他参数设置如图4-210所示。

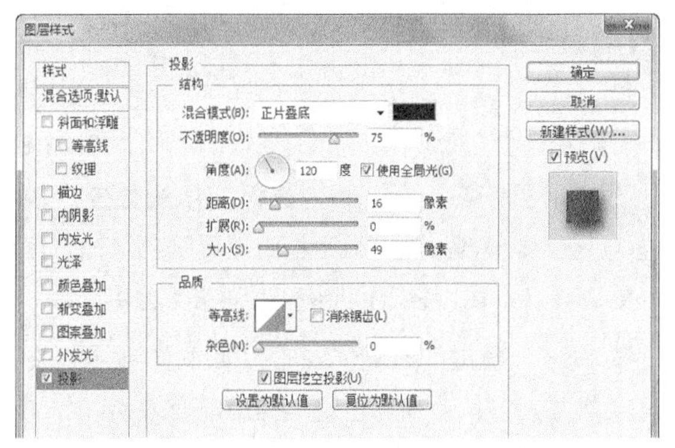

图4-210

03 单击“确定”按钮，得到图像的投影效果如图4-211所示。

图4-211

04 新建一个图层，单击“工具箱”中的“钢笔工具”，在画面底部绘制一个曲线图形，如图4-212所示。

图4-212

05 按Ctrl+Enter组合键将路径转换为选区，单击前景色色块，在打开的对话框中设置前景色为绿色（R：112，G：158，B：26），然后按Alt+Delete组合键为选区做颜色填充，效果如图4-213所示。

图4-213

06 新建一个图层，执行“选择>变换选区”菜单命令，对变换框适当旋转，并向下移动，然后在变换框中双击鼠标左键，完成变换，效果如图4-214所示。

图4-214

07 选择“渐变工具”，在属性栏单击渐变色条，打开“渐变编辑器”对话框，设置渐变颜色从左到右为从绿色（R：112，G：158，B：26）到白色，如图4-215所示。

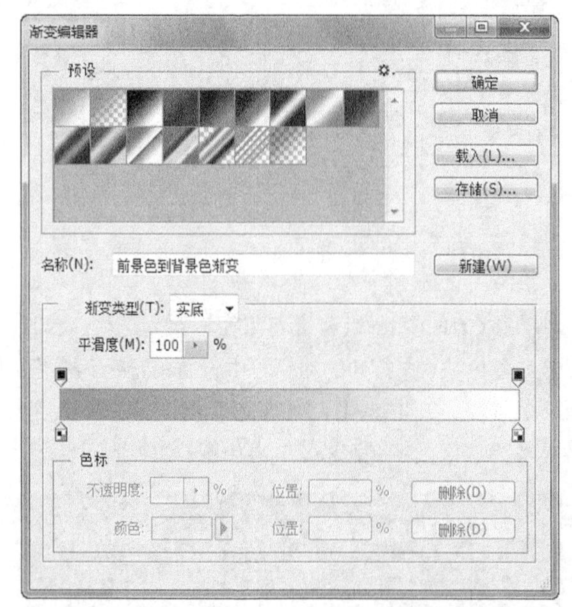

图4-215

08 单击“确定”按钮，然后再单击属性栏的“线性渐变”按钮，在选区中从左到右进行填充，填充后的图像效果如图4-216所示。

09 在“图层”面板中设置该图层的“不透明度”为60%，得到图像透明效果，如图4-217所示。

图4-216

图4-217

10 再次执行“变换>选区”菜单命令，将选区向下翻转，并调整位置到画面底部，如图4-218所示。

图4-218

11 使用“渐变工具”为选区应用线性渐变填充，并在“渐变编辑器”对话框中设置颜色从橘黄色（R：247，G：161，B：11）到透明，如图4-219所示。

12 单击“确定”按钮回到图像中，对选区从左到右拉动鼠标左键，应用渐变效果，如图4-220所示。

图4-219

图4-220

13 打开本书配套资源中的“素材文件>CH04>美味轩食物广告>手.psd”文件，使用“移动工具”将这该图像拖到当前文件中，按Ctrl+T组合键，然后按住Shift键等比例调整大小后，放到画面的左下方，如图4-221所示。

图4-221

14 打开本书配套资源中的“素材文件>CH04>美味轩食物广告>心.psd”文件，使用“移动工具”将该图像拖到当前文件中，适当调整图像大小后，放到画面的左下方，如图4-222所示。

图4-222

15 单击“图层”面板底部的“创建新图层”按钮新建一个图层，设置前景色为淡绿色（R：159，G：192，B：77），选择“画笔工具”，在属性栏设置画笔为“柔角”，“大小”为100，在画面中的“心”图像内进行涂抹，如图4-223所示。

图4-223

16 绘制好绿色图像后，在“图层”面板中设置该图层混合模式为“饱和度”，单击“钢笔工具”，在手部上方绘制一条曲线路径，得到如图4-224所示的图像效果。

17 设置前景色为绿色（R：67，G：100，B：5），单击“横排文字工具”，在路径左侧端点处单击插入光标，在光标插入处输入文字，并在属性栏中设置字体为“方正粗圆简体”，如图4-225所示。

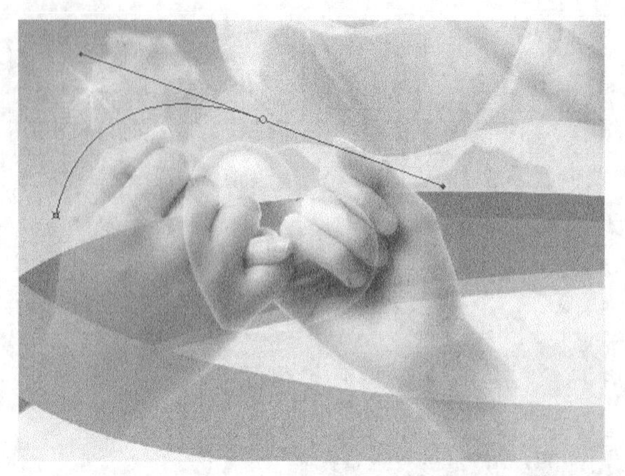

图4-224

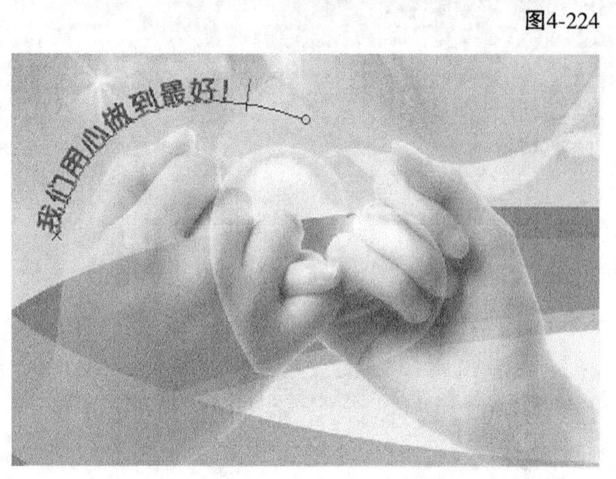

图4-225

18 再使用“钢笔工具” 在图像左上方绘制一条弧线路径，如图4-226所示。

图4-226

19 设置前景色为土红色（R：180，G：90，B：10），单击“横排文字工具” T，在路径左端单击鼠标右键，插入光标后输入文字，并在属性栏中设置字体为“方正黄草简体”，如图4-227所示。

20 执行“图层>图层样式>外发光”菜单命令，打开“图层样式”对话框，设置外发光颜色为白色，然后再设置其他参数，如图4-228所示。

图4-227

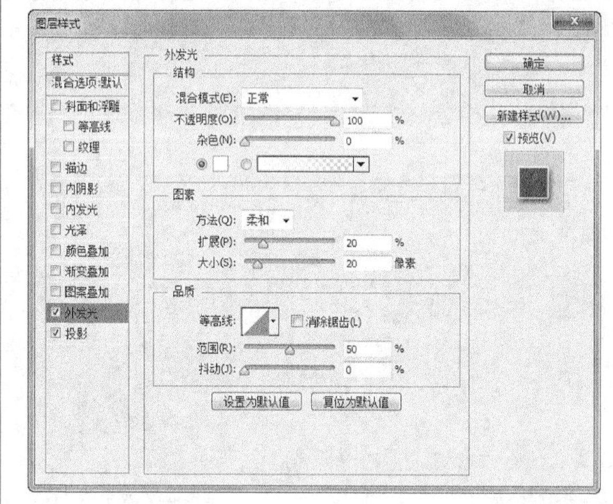

图4-228

21 接着选择“投影”选项，设置投影颜色为黑色，再设置其他参数，如图4-229所示，设置好后单击“确定”按钮 确定 得到图像效果，如图4-230所示。

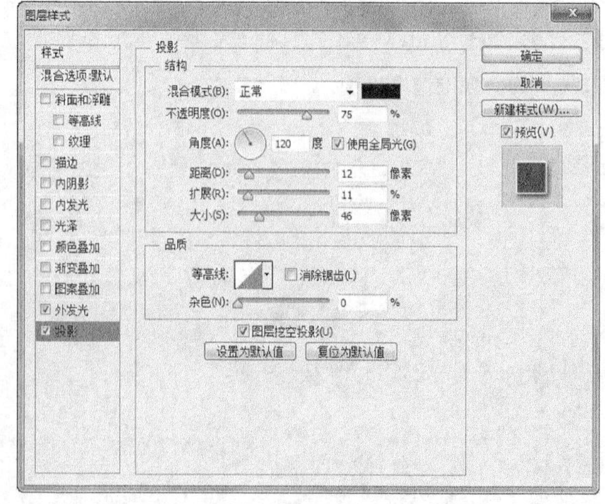

图4-229

图4-230

22 再次使用“横排文本工具” 在画面底部输入一行文字，填充文字颜色为翠绿色（R：112，G：158，B：26），在属性栏设置字体为“方正琥珀简体”，并适当将前两个字调整得大一些，如图4-231所示。

图4-231

23 执行“图层>图层样式>投影”菜单命令，在打开的对话框中设置投影颜色为黑色，再设置其他参数，如图4-232所示。

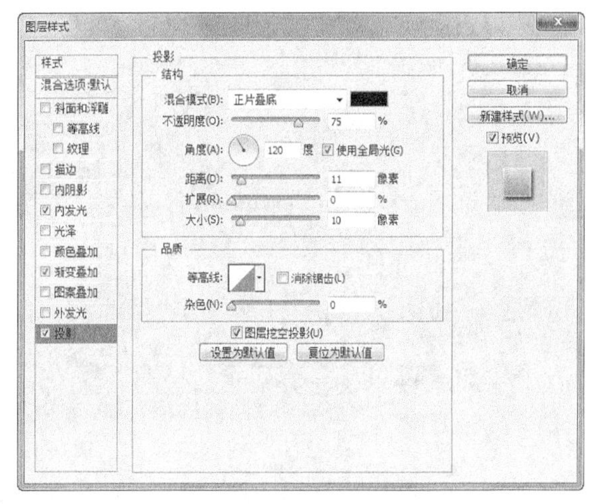

图4-232

24 选择“内发光”选项，设置内发光颜色为淡黄色（R：255，G：255，B：190），然后设置其他参数，如图4-233所示。

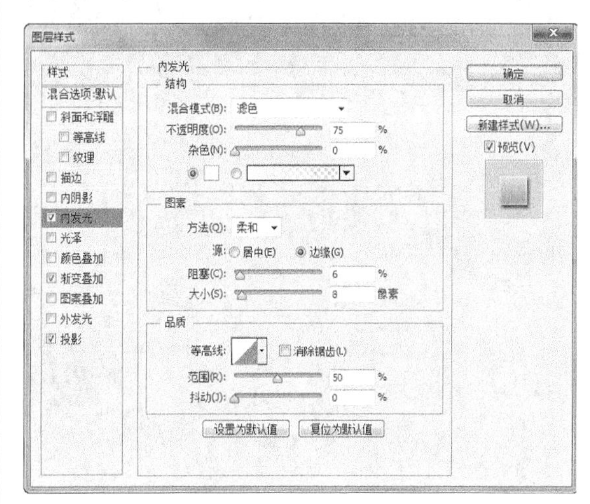

图4-233

25 选择“渐变叠加”选项，单击其中的渐变色条，设置渐变色从黄色（R：255，G：255，B：0）到橘黄色（R：246，G：171，B：36），如图4-234所示，设置好后单击“确定”按钮 确定 ，得到的图像效果如图4-235所示。

26 在“美味轩私房菜”上方输入一行英文，设置文字颜色为深绿色（R：53，G：79，B：4），适当调整文字大小，放到“私房菜”文字上方，如图4-236所示。

27 新建一个图层，单击“矩形选框工具” ，在画面右下方绘制一个矩形选区，填充为翠绿色（R：112，G：158，B：26），在“图层”面板中设置图层“不透明度”为25%，得到透明矩形，如图4-237所示。

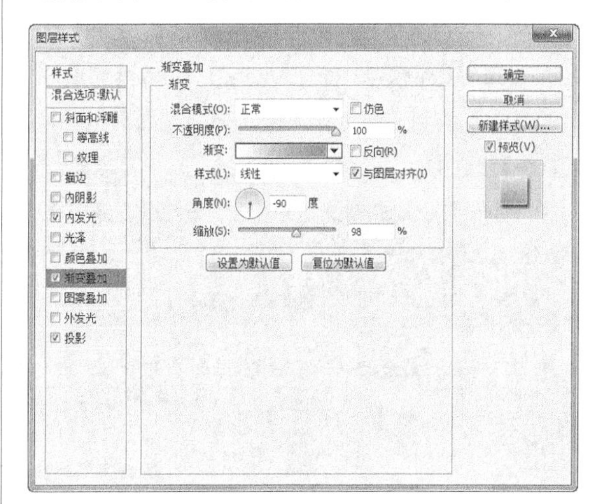

图4-234

图4-235

图4-236

图4-237

28 在透明绿色矩形中输入文字，然后再绘制一个长条矩形放到透明矩形左侧，并填充为深绿色，如图4-238所示。

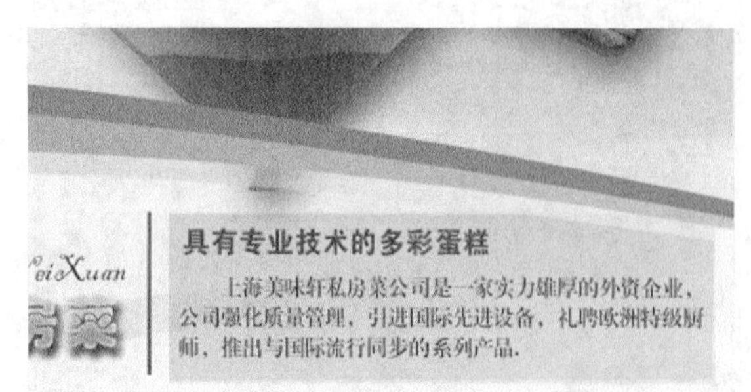

图4-238

29 设置前景色为黑色，选择“圆角矩形工具”，在画面左下方绘制一个黑色圆角矩形，如图4-239所示。

图4-239

30 使用“横排文字工具”在圆角矩形中输入网址，填充为白色，如图4-240所示。

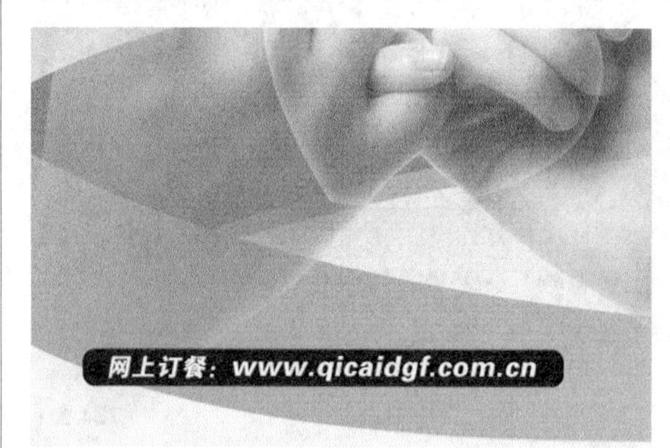

图4-240

31 在圆角矩形上方输入两行文字，填充为黑色，在属性栏适当调整文字的大小和倾斜度，如图4-241所示。

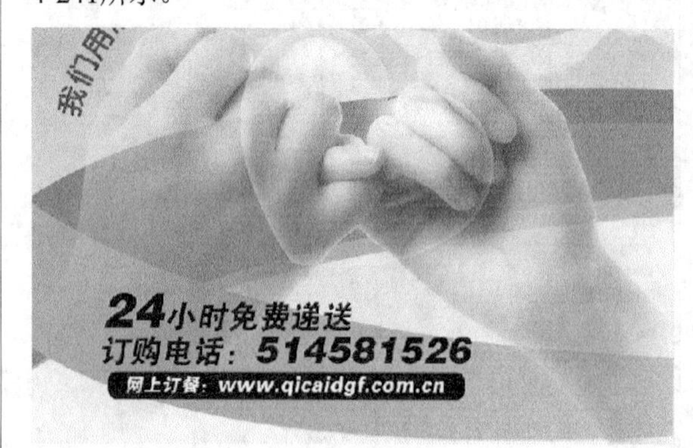

图4-241

32 新建一个图层，按Ctrl+A组合键得到整个画面选区，执行“编辑>描边”菜单命令，打开“描边”对话框，设置描边“宽度”为8，颜色为绿色，选择“位置”为“内部”，如图4-242所示，单击“确定”按钮 确定 得到描边效果，完成本实例的制作，如图4-243所示。

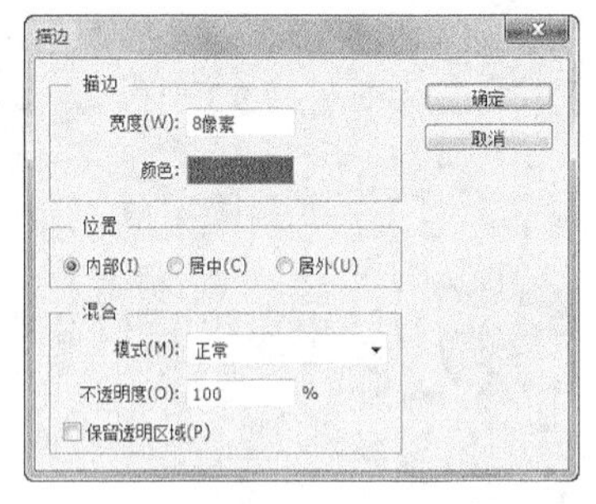

图4-242

图4-243

4.7　课堂案例——化妆品广告

案例位置　案例文件>CH04>化妆品广告.psd
视频位置　多媒体教学>CH04>化妆品广告.flv
难易指数　★★★☆☆
学习目标　学习“渐变工具”“矩形选框工具”“移动工具”的使用

本案例将制作一个化妆品广告，整个画面颜色神秘、高贵，并且添加了多个素材图像，丰富了整个设计。广告的最终效果如图4-244所示。

图 4-244

相关知识

化妆品广告在市场上是很常见的广告，平面广告多数出现在杂志中，所以在设计时有以下两个特点。

第1点：画面效果要精致、素材图像像素要高，务必让印刷效果达到最好。

第2点：画面色调和产品色调相一致。

主要步骤

① 添加素材图像，并调整素材图像的不透明度、位置和大小等。

② 使用“渐变工具” 为图像应用渐变填充。

③ 使用“画笔工具” 绘制星光图像效果。

4.7.1　添加素材得到背景

01 执行“文件>新建”菜单命令，打开“新建”对话框，设置广告名称为“化妆品广告”，设置“宽度”为20厘米、“高度”为14.5厘米、“分辨率”为120像素/英寸，如图4-245所示。

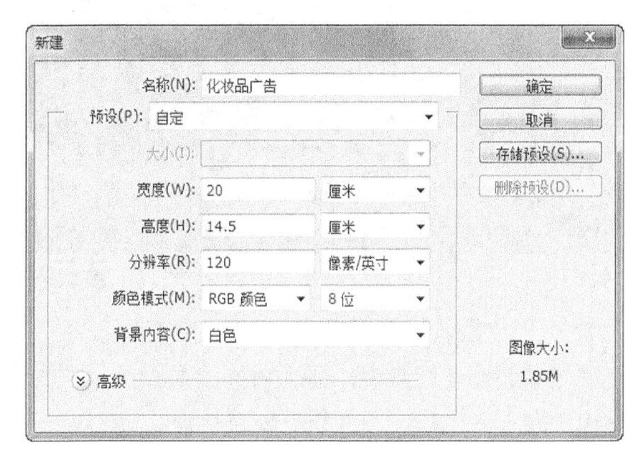

图4-245

02 选择“渐变工具”，单击属性栏左侧的渐变色条，打开“渐变编辑器”对话框，分别设置颜色从左到右为淡紫色（R：231，G：147，B：191）、紫红色（R：191，G：49，B：146）、紫色（R：159，G：35，B：143）和深紫色（R：110，G：31，B：101），如图4-246所示。

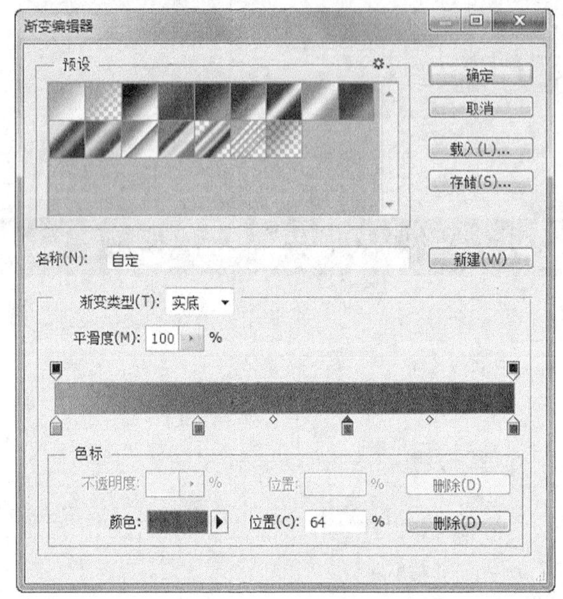

图4-246

03 单击属性栏中的“径向渐变”按钮，在画面中下方按住鼠标左键向右下角拖动，为图像填充渐变颜色，如图4-247所示。

图4-247

04 打开“花纹”素材图像，使用“移动工具”将其拖动到渐变背景中，适当调整图像大小，放到画面的左上角，这时“图层”面板中将自动得到图层1，如图4-248所示。

图4-248

05 在“图层”面板中设置图层1的“填充”为18%，如图4-249所示，得到的图像效果如图4-250所示。

图4-249

06 打开本书配套资源中的“素材文件>CH04>美味轩食物广告>花朵.psd”文件，使用“移动工具”将该文件直接拖到当前文件中，适当调整图像大小，放到画面左上角，如图4-251所示。

07 在“图层”面板中设置该图层的“不透明度”为70%，得到的图像效果如图4-252所示。

图4-250

图4-251

图4-252

08 打开本书配套资源中的“素材文件>CH04>化妆品广告>底花.psd”文件，将图像移动到当前编辑的画面中，放到画面底部，如图4-253所示。

图4-253

09 在“图层”面板中设置底花的图层“不透明度”为60%，得到的图像效果如图4-254所示。

图4-254

10 新建一个图层，设置前景色为白色，选择“画笔工具”，在属性栏中设置画笔样式为“柔角”，画笔“大小”为100，如图4-255所示，在画面中绘制几条白色曲线，如图4-256所示。

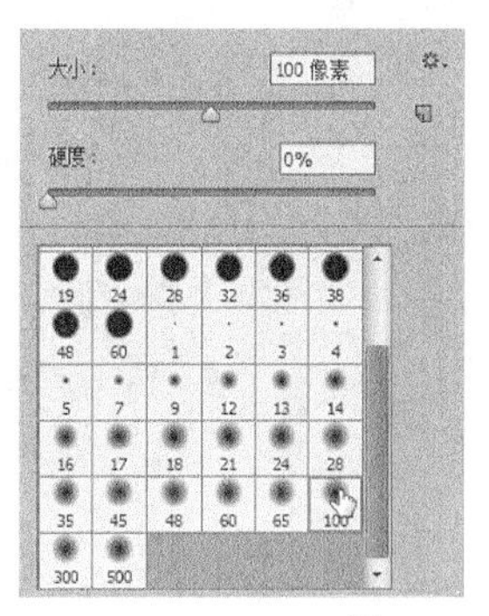

图4-255

图4-256

11 执行“滤镜>模糊>动感模糊”菜单命令，打开“动感模糊”对话框，设置动感模糊“角度”和“距离”参数，如图4-257所示，单击“确定”按钮，得到图像动感模糊效果，如图4-258所示。

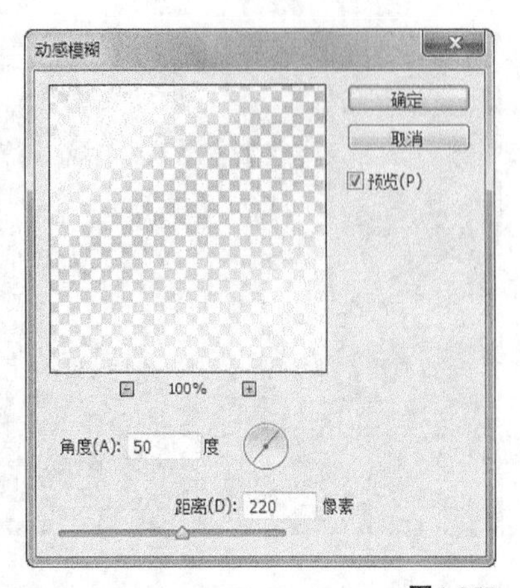

图4-257

图4-258

12 在“图层”面板中设置白色线条图像图层的“填充”为32%，如图4-259所示，得到较为透明的图像效果，如图4-260所示。

图4-259

图4-260

13 设置前景色为白色，选择“画笔工具”，单击工具属性栏中的按钮，打开“画笔”面板，先选择“柔角”画笔，在画面中单击鼠标绘制白色圆点；再选择“混合画笔”组中的“交叉排线”画笔，在白色圆点中绘制星光效果，如图4-261和图4-262所示。

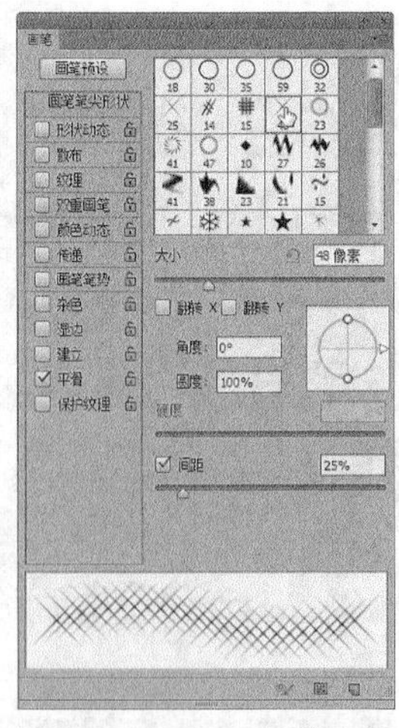

图4-261

图4-262

技巧与提示

使用“画笔工具”可以绘制出预设的画笔效果。选择“画笔工具”，将前景色设置为所需颜色，单击属性栏中的按钮，在弹出的“画笔”面板中选择需要的画笔样式，如具有形状动态、散布、颜色动态等属性，也可对这些属性进行更改或添加新的属性。

4.7.2 添加主要元素

01 打开本书配套资源中的“素材文件>CH04>化妆品广告>化妆品.psd”文件，使用“移动工具”将其拖动到当前编辑的图像中，放到画面中间，如图4-263所示。

02 新建一个图层，设置前景色为白色，然后选择“画笔工具”，在属性栏中设置画笔样式为“柔角”，然后在化妆品图像中单击多次鼠标左键，绘制出白色光点图像，如图4-264所示。

图4-263

图4-264

03 打开本书配套资源中的“素材文件>CH04>化妆品广告>蝴蝶.psd”文件，使用“移动工具”将其拖动到当前编辑的图像中，放到画面中间，然后适当调整蝴蝶图像的大小和位置，如图4-265所示。

图4-265

04 新建一个图层，选择“矩形选框工具”，在画面右上角绘制一个矩形选区，如图4-266所示。

图4-266

05 选择“渐变工具”，打开“渐变编辑器”对话框，设置渐变颜色从白色到透明，如图4-267所示，设置好后对选区从上到下应用线性渐变填充，得到的填充效果如图4-268所示。

06 选择“移动工具”，再按住Alt+Shift组合键向左移动复制图像，然后按Ctrl+Enter组合键适当缩小渐变矩形的宽度，如图4-269所示。

07 选择“直排文字工具”在图像右上角输入一列文字，并填充为白色，在属性栏设置字体为“粗圆简体”，如图4-270所示。

图4-267

图4-268

图4-269

图4-270

08 单击“图层”面板底部的“添加图层样式”按钮fx，选择“投影”命令，在打开的“图层样式”对话框中设置投影颜色为黑色，其余参数设置如图4-271所示。

09 选择“渐变叠加”选项，设置渐变颜色从淡黄色到白色，其他参数设置如图4-272所示。

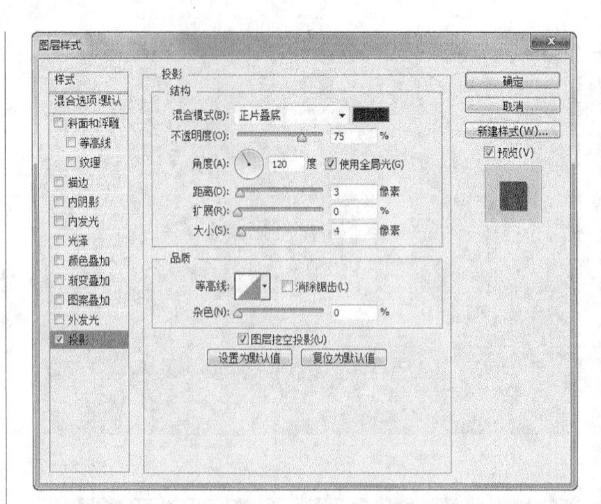

图4-271

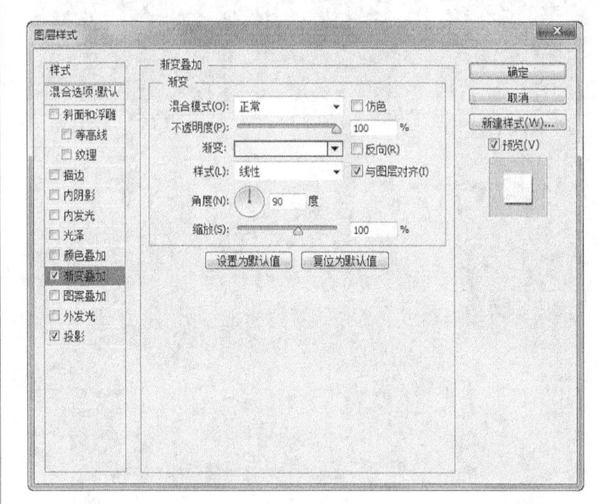

图4-272

10 在“图层样式”对话框中单击“确定”按钮 确定 ，得到添加效果后的文字效果，如图4-273所示。

图4-273

11 使用“直排文字工具”IT在文字两侧输入两

列文字，并在属性栏设置合适的字体，填充为淡黄色（R：249，G：249，B：197），如图4-274所示。

图4-274

⑫ 执行“图层>图层样式>投影”菜单命令，打开“图层样式”对话框，设置投影颜色为黑色，其他参数设置如图4-275所示。

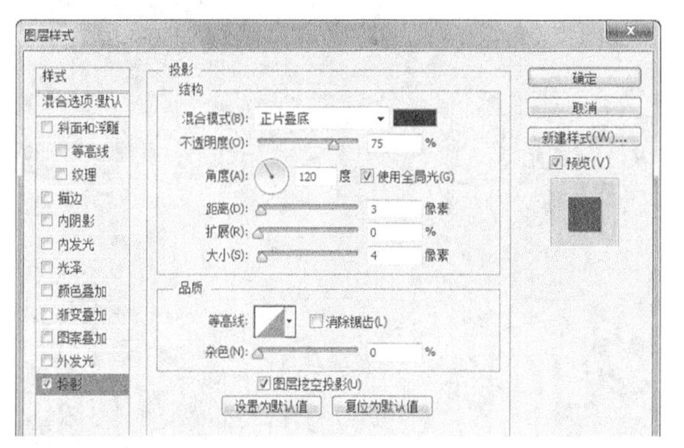

图4-275

⑬ 单击“图层样式”对话框中的“确定”按钮 确定 ，得到文字效果，完成本实例的制作，如图4-276所示。

图4-276

4.8 本章小结

本章主要学习了常用DM单的制作方法。DM单作为最常用的宣传广告方式，以其独特的优势长盛不衰，受到广大中小企业以及私营单位的喜爱。通过本章的学习，应该完全掌握DM单的整个设计流程以及制作方法，加强自身的设计素养，在实践中检验自己的设计水平。

4.9 课后习题

在本章将安排3个课后习题供读者练习，以此来提高自己的设计水平，强化自身的设计能力。

4.9.1 课后习题1——单面DM单

案例位置　案例文件>CH04>单面DM单.psd
视频位置　多媒体教学>CH04>单面DM单.flv
难易指数　★★☆☆☆
学习目标　学习“加深工具”“魔棒工具”“图层样式”的使用

本案例是一款香水产品设计的单页广告，消费人群主要针对性感成熟的女性，所以主调色采用橙灰色，再以黑色作为辅助色彩使整个界面更具有支撑力和深度，选择此基调色也是为了和产品的颜色相统一。其中使用两块隔板作为框架，既突出了界面的两个核心部分，又起到了结合背景的效果，最终效果如图4-277所示。

图4-277

步骤分解如图4-278所示。

图4-278

4.9.2 课后习题2——双面DM单

案例位置 案例文件>CH04>双面DM单.psd
视频位置 多媒体教学>CH04>双面DM单.flv
难易指数 ★★☆☆☆
学习目标 学习选区功能、“图层样式”和“橡皮擦工具”的使用

本案例作为房产形象宣传的DM单，画面要简洁华丽，并且需要将楼盘信息体现出来，为消费者提供最精确的信息。双面DM单的最终效果如图4-279所示。

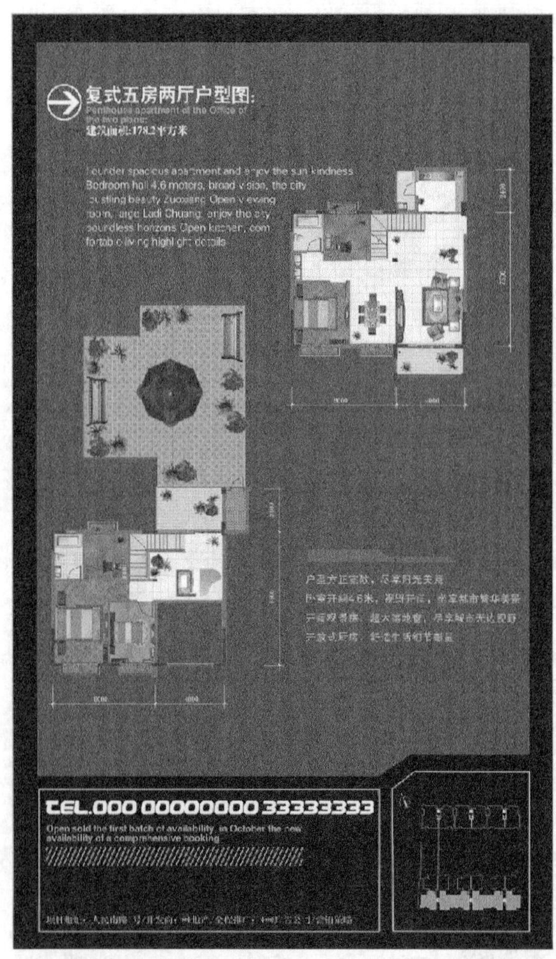

图4-279

步骤分解如图4-280所示。

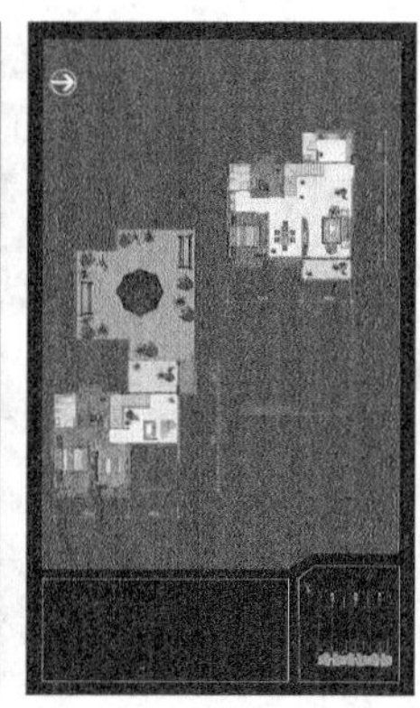

图4-280

4.9.3　课后习题3——三折页DM单

案例位置　案例文件>CH04>三折页DM单.psd
视频位置　多媒体教学>CH04>三折页DM单.flv
难易指数　★★★★☆
学习目标　学习"曲线"调整功能和"蒙版"功能的使用

本案例是为一场音乐演唱会设计的宣传单，整个设计选用金黄色作为整体基调，显示出这场音乐会的高贵与奢华，完美地展现出设计的主题思想，三折页DM单的最终效果如图4-281所示。

图4-281

步骤分解如图4-282所示。

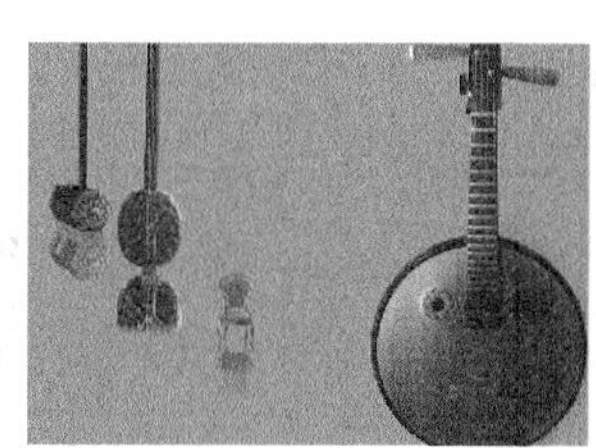

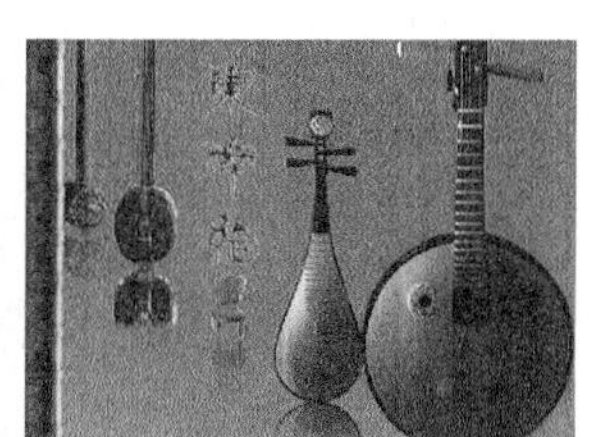

图4-282

第5章

报纸杂志广告设计

本章将讲解报纸杂志广告的设计方法，以及整体的设计思路。广告根据其内容简介、费用及媒介许可的不同，可以有不同的版面空间，如整版广告、半版广告、半版以内（1/4、2/3版）广告和小广告等。报纸是应用最广的宣传媒介，设计新颖的广告必然会引起读者的关注，在报纸上刊登广告是非常直接、非常实用的一种宣传途径。

本章学习要点

单色报纸广告的设计方法
旅游宣传广告的设计方法
汽车广告的设计方法
报版的设计方法
手表广告的设计方法

5.1　报刊广告设计相关知识

报刊广告是报纸和刊物媒介进行广告宣传的广告形式。之所以称为报刊广告，是因为报纸和刊物很多是融合在一起的，报纸和杂志尚未严密区分开，报刊广告是报纸和初期杂志刊物广告的笼统称谓。图5-1所示为报纸广告，图5-2所示为杂志内页广告。

图5-1

图5-2

近几年报纸的普及率越来越高，成为对一般大众的商品诉求不可缺少的媒介。不论地域、阶层，报纸丰富的种类及其广大的读者，都是其他媒介所不及的，尤其在唤起潜在消费者的购买动机，以及扩大产品影响力方面，报纸成为最适当的媒介。报纸的更新速度快，且大多数是日报，这就要求报纸广告的设计必须高效率，电脑辅助报纸广告设计为此提供了很好的解决方法。值得注意的是，目前各报纸都向彩版发展，且纸张和印刷质量都不断提高。

杂志也称期刊，其种类繁多，从内容上分，可分为文学、艺术、教育、政治、经济、科技、青年、儿童、妇女等类别，这其中有高层次学术刊物与普及刊物之分；从形式上分，可分为画册型、文学型、综合型等；从发行时间上分，可分为月刊、半月刊、双月刊、季刊、年刊等；从作为广告媒介的属性上看，杂志具备较高的文化性，适于读者传阅，保存期较长，因此杂志广告的内涵更为丰富，效果更为持久。与报纸广告相比，杂志广告的设计要求更精美，制作更优良，而且杂志广告通常是彩色印刷的。

报纸和杂志合称报刊，是主要的印刷类广告媒体，报刊广告也就是报纸和杂志广告。

5.1.1　报纸广告设计

报纸广告以文字和图画为主要元素，不像其他广告媒介如电视广告等受到时间的限制，而且可以反复阅读，便于保存。鉴于报纸纸质及印制工艺的原因，报纸广告的版面很小，形式特殊，内容一般采用陈述性的表述方式。

1. 报纸广告的特征

报纸广告具有以下几个特征。

（1）报导性

报纸所刊载的信息，具有说服性和记录性。一般而言，电子媒介具有娱乐性，报纸媒介具有报导性。且不说对新产品发售广告的详细说明功能，如宣传一般大众生活必需品的广告，报纸是最适当的媒介；而市场调查、购买动机调查或对购买最后决定权问题等诸如此类的调研式广告，几乎都以报纸广告作为调查的媒介。

（2）信赖性

报纸有其独立的立场，以及独特的色彩和背景。对其社会的信赖程度，可从读者层的支持与否而定。报纸广告之所以获得高度的信赖，与报纸媒介本身的受信赖程度有关。所以设计人员也要重视广告道德，在制作态度上，更应特别慎重。

报纸的信赖性和劝服性是一个很大的原动力。在实际设计报纸广告时，需要创意和耐心。对标题及内文的处理，在报纸广告表现上是一个有效的武器，这会影响“告知”或“劝服”效果，而且文案内容和字体处理的最终效果会直接影响关注广告的人群，如图5-3所示。

图5-3

（3）即时性

在印刷媒介功能中，报纸与其他媒介根本上的不同是具有即时性，特别是日报，它能及时传递最新的广告信息。

（4）计划性

在策划报纸广告时，媒介价值是按着计划性而评定的。换言之，即按着发行份数或分布状况决定诉求地区和诉求对象的。此外，一些企业产品的系列广告随着产品的市场周期变化，须经过周详的策划随时间推移而逐渐推进，这时广告的分期推出又不失连续性、计划性，选用报纸媒介再适合不过了。一些企业整体广告营销策划中的媒介组合，一般也都离不开报纸广告。

2. 报纸广告的表现形式

（1）广告效果

报纸广告有无效果，很难预期。就设计者而言，所谓有效的广告是有一定标准的，设计师本身必须具有独特的方法。其标准尺度，可以把它放在“消费者的反应”上，这是比较正确的方法。用什么样的广告表现才能发挥最大效果呢？实际上，重视消费者的存在意义相当重大。也就是说，商品（企业）经常与消费者同在，每位广告设计人员，负有为消费者服务的职能。站在消费者的立场，细致入微地替消费者着想，提高消费水平及为社会做贡献，这既是商品生产企业的职责也是广告设计师的职责。

人们看到设计精良的报纸广告，其反应应该是这样的：注意到它；感到它有吸引力，于是看完它的内容；对其涌起了占有的欲求；相当一部分潜在消费者因为它而决定了购买意志，最终购买商品。

要达到好的广告效果，报纸广告设计必须重视广告设计表现的两方面——形式和内容。前者是属于广告的篇幅、字体、文案多少、图文排版、刊载位置等形态上能够处理的问题；而后者是广告的情感表现——即气氛、印象程度、插图的视觉语义、文字内涵等。其实一般广告设计着重考虑的，也是这两方面的问题，如图5-4所示。

图5-4

（2）引人注目的广告表现

想提高广告效果，首先在于能使人看到。对报纸广告而言，是否看到的一瞬间决定了成败。那么，如何使读者注意，激起兴趣，从而看完整幅广告呢？

在报纸各个版面上，各种广告琳琅满目，要能使其中一个商品广告引起读者的注意，是一件不容易的事。何况，读者不仅没有看广告的义务，而在一般情形下，都对广告有抗拒感。所以，报纸广告的设计必须要有很强的视觉传达力度，既引人注目又富有美感，让读者在阅读报纸大量文章信息的闲暇中赏心悦目，轻松接受。

在此，报纸广告设计表现的基本条件可归纳成下列5点。

单纯：将广告内容整理得单纯明了。

注目：一瞬间的接触，就能直接发挥魅力。

焦点：把诉求重点凝结在一点。

循序：使视线移动，能循序地达到诉求点。

关联：在表现上要有统一性。

（3）重视广告表现的整体性、连续性

为了使企业及其产品从同类中脱颖而出，强化社会公众对企业及其产品的直观感知、联想记忆、识别判定， 报纸广告传播系列的整体策划至关重要，应注重广告传播形象的连续性、贯穿性、统一性，要做到万变不离其宗。

为了体现广告策划的时间周期性和广告深入的渐进性，报纸广告可以以系列广告的形式按一定时间间隔循序发布，以获得最佳的效果。图5-5所示为一组房地产报纸广告，分期投放到报纸版面中。这种系列广告通常采取统一的版式设计，在广告版面固定的位置突出企业及商品的标志和企业标准字，以传达企业及商品的统一形象，树立品牌形象。

图5-5

3. 报纸广告的版面编排要点

报纸广告在版面设计中也有要点需要掌握，下面分别详细介绍这3个编排要点。

（1）版面编排的模式

报纸广告的版面编排设计不仅是广告设计者要解决的形式美感问题，有时，企业的形象理念、生产状态和经营宗旨，以及商品的品牌形象在通过报纸媒介传达给大众时，它最具体的表现方式也是版面的编排设计。从整体上讲，由于报纸广告是整个企业广告宣传的组成元素，它的所有编排都必须在长期出现的、多种产品或企业自身形象的信息传达上，塑造出统一的、风格化的设计模式，以便大众辨识和记忆。所以，在设计企业报纸广告特别是报纸的系列广告时，首先要了解该企业形象视觉识别的基本要素及其组合规范，做出富有延伸性的、系统化的编排模式，便于在不同报纸媒介、不同版面、不同场合和活动的应用时，能够根据各种标准模式，灵活地配置具体的标题、图片及文案，方便该企业一定时期内报纸广告的设计、发布，传达统一的企业及商品形象，增强广告效果。

具体来说，在报纸广告的版面编排中，必须制作几种不同的模式，以备实际需要，如整版、半版、通栏（横式、竖式）、中缝、刊头等不同的编排模式。

（2）版面编排正确引导读者的视线

如何进行具体的版式编排呢？如何在二维画面上，牢牢抓住读者的注意力？又如何能巧妙地引导读者的视线在“有效空间”上流动呢？广告的版面应该是有秩序地先后被传达给读者的。

根据阅读习惯，视线的转移一般是自上而下、自左而右进行的。人在版面上最先注意到的区域称为最佳视点，它往往在版面的中上部，人的视线就是沿着最佳视点自上而下、自左而右移动的。视觉流程就是利用人的这种自然阅读习惯，有意识地引导视线按所安排的顺序接受信息。在流程上的空间称为“有效空间”，在设计中要注意尽量突出，并牢牢把握住；不在流程上的空间称为“无用空间”，要放松，不要让它干扰视线流动。而编排就是在视觉流程中有意识地把主要的信息强化并加以发展，利用图形、文字、色彩等基本要素使广告所要表达的信息主次分明，一目了然。图5-6和图5-7所示为两则报纸广告，其中可以看到图像中的文字、配图等信息都编排的非常合适。

图5-6

图5-7

（3）报纸广告编排体现企业（品牌）统一形象

报纸广告编排就是利用上述编排的规律对版面进行系统的规范。众所周知，企业标志是企业形象最直观的代表，是企业符号化的象征。在报纸广告中，企业自身形象往往是一个宣传的重点，有时为了突出企业形象，常常把它的标志、图形放在最佳视点，使人产生深刻印象。此外，还能将一个企业用不同的产品广告联系起来，以加深读者对企业的印象，提升企业知名度。对于具体的产品广告，尤其是同一商标的系列产品广告，则必须在报纸广告编排中固定的位置突出商标图形和字体，以加深品牌的印象，树立名牌效应，提升商品价值。

5.1.2 杂志广告设计

杂志广告是刊登在杂志上的广告。杂志可分为专业性杂志、行业性杂志、消费者杂志等。由于各类杂志读者比较明确，是各类专业商品广告的良好媒介。刊登在封二、封三、封四和中间双面的杂志广告一般用彩色印刷，纸质也较好，因此表现力较强，是报纸广告难以比拟的。杂志广告还可以用较多的篇幅传递关于商品的详尽信息，既利于消费者理解和记忆，也有更高的保存价值，如图5-8所示。

杂志广告的缺点是影响范围较窄，因为杂志出版周期长，经济信息不易及时传递。杂志和报纸相同，也是一种传播媒体，它是以印刷符号传递信息的连续性出版物。

图5-8

1. 杂志广告的设计表现形式

考察一下杂志广告设计的实际情景，可以发现广告文案与摄影构成的广告形式占绝大多数。其中又可分为三种最流行的广告形式：第一种是产品直接展示型，即所谓 “硬推销型”，这类广告的成功往往依赖于工作室摄影师的精湛技术和细腻精致的摄影表现；第二种是产品形象与场景、氛围相结合型，即所谓杂志广告的“保险模式”；第三种广告进一步柔化广告的商品性，将产品信息压缩到最低限度，而着重表现生活情趣、生活方式、情感和期望等，力求以情动人，在产品和目标消费者之间建立情感联系，即“软推销型”。有的广告还带有某种戏剧性情节，以加深记忆，如图5-9所示。

图5-9

2. 杂志广告的版面编排特点

杂志与报纸统称报刊，其版面编排原理是一致的，但有以下几点不同。

第一，杂志广告绝大多数是彩版，报纸广告到目前为止仍以黑白版占多数。杂志的彩版用纸讲究，一般为铜版纸，色彩表现能力强，印刷精美；而报纸彩版用纸较次，一般仍用新闻纸，色彩再现能力差，印刷较粗糙。所以，杂志广告比报纸广告更注重色彩的运用，特别是彩色图片的运用。以彩色摄影构图为主的杂志广告的版面编排模式占了绝大多数。

第二，报纸广告有多种分栏模式。杂志由于幅面相对较小，很少有广告分栏，一般都以半版、整版或对页两版连通的形式为主。所以，杂志广告通常没有限定的外轮廓线，也不像报纸广告那样容易受到周围版面的视觉干扰，在编排设计上更具灵活性，为设计师提供了更大的创作空间。

第三，由于很多杂志有其统一的版面编排设计风格要求，以体现独特的思想内涵和文化韵味，所以有时需要广告的编排设计与之协调统一，如图5-10所示。

图5-10

5.2 课堂案例——单色报纸广告

案例位置	案例文件>CH05>单色报纸广告.psd
视频位置	多媒体教学>CH05>单色报纸广告.flv
难易指数	★★☆☆☆
学习目标	学习立体文字效果的绘制，以及钢笔工具的使用

本案例采用1/2黑白横版，是关于楼盘开盘典礼宣传的报版，其意重在宣传，所以不需要过多的文字信息，能够达到视觉冲击力就可以了。单色报版最终效果如图5-11所示。

图 5-11

相关知识

完整的报纸广告设计主要掌握以下6点。

第1点：大标题、辅助大标题和副标题。

第2点：正文—广告的中心部分。

第3点：图形说明要简洁概括。

第4点：商品名称要放在突出、显要位置上。

第5点：品牌、商标图形一般与商品名称放在一个位置。

第6点：广告主题的名称和联系方式。

主要步骤

① 利用“矩形选框工具”绘制出整体轮廓，通过“描边”制作边框。

② 利用“横排文字工具”输入文字和“渐变工具”改变文字颜色，再用“加深工具”制作细节。

③ 利用“多边形套索工具”制作出立体文字侧面轮廓，然后通过渐变和“加深工具”制作特效。

④ 利用“钢笔工具”绘制路径，绘制出Logo的基本形状，然后通过“图层样式”制作出特效。

⑤ 输入文字信息。

5.2.1 设置描边效果

01 启动Photoshop CS6，执行“文件>新建”菜单命令或按Ctrl+N组合键新建一个“单色报纸广告”文件，具体参数设置“宽度”为25厘米、“高度”为34厘米、“分辨率”为150像素/英寸、“颜色模式”为“灰度”，如图5-12所示。

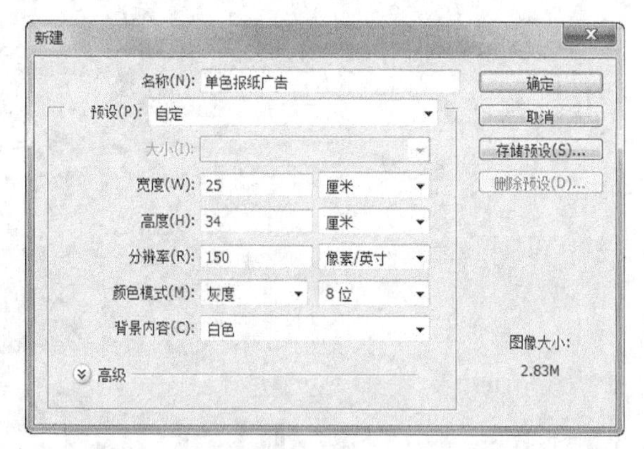

图 5-12

02 新建图层1，选择“矩形选框工具”，在绘图区域中绘制一个矩形选区，如图5-13所示。

技巧与提示

不同类型报版的版面尺寸是不同的，在设计的时候一定要先了解清楚尺寸、出血量。有些报版是不需要考虑的，如果需要考虑的话，也要了解清楚。单色报版设计首先要设置“颜色模式”为“灰度”，这样可以直接在设计中使用图片素材去色，会节省很多操作步骤。

图5-13

03 执行“编辑>描边”菜单命令，打开“描边”对话框，单击“颜色”右侧的颜色按钮，在打开的对话框中设置颜色为黑色，再设置“宽度”为40，“位置”为“内部”，如图5-14所示，单击“确定”按钮 确定 后，得到的描边效果如图5-15所示。

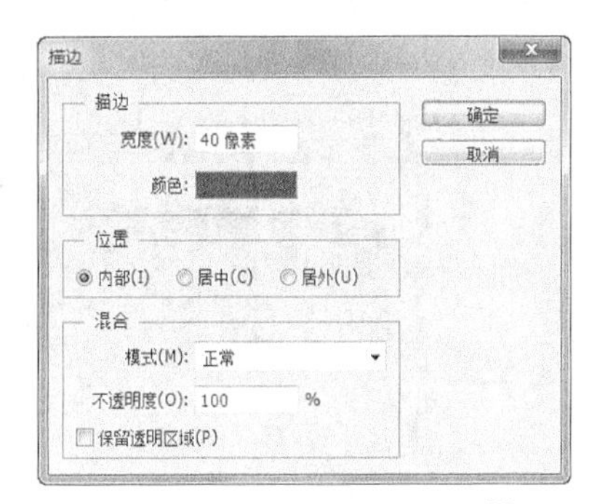

图5-14

图5-15

04 保持选区状态，执行“编辑>描边”菜单命令，打开“描边”对话框，单击“颜色”右侧的颜色按钮，设置颜色为黑色，具体参数设置如图5-16所示，描边后效果如图5-17所示。

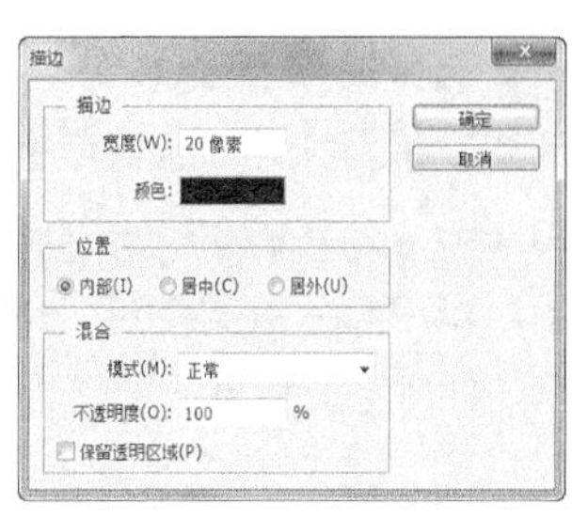

图5-16

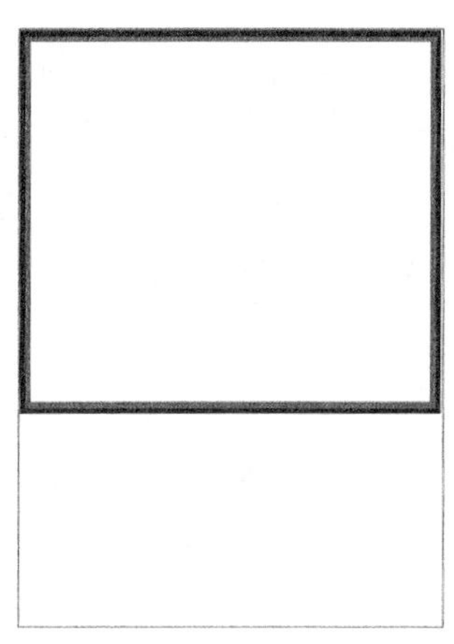

图5-17

5.2.2　制作文字特效

01 打开本书配套资源中的“素材文件>CH05>单色报纸广告>素材01.jpg”文件，使用“移动工具”将其拖曳到当前文件中，此时系统会自动生成一个图层2，按Ctrl+T组合键，再按住Shift键将图形等比例扩大，将图形往上移动到合适位置，效果如图5-18所示，再将图层2放到图层1下方，如图5-19所示。

图5-18

图5-19

02 选择“横排文字工具”，单击属性栏中的按钮，打开“字符”面板，设置字体为Arial Black，字号为200点，如图5-20所示，然后在绘图区域中输入英文字母“NO”，效果如图5-21所示，此时系统将自动生成一个新图层NO。

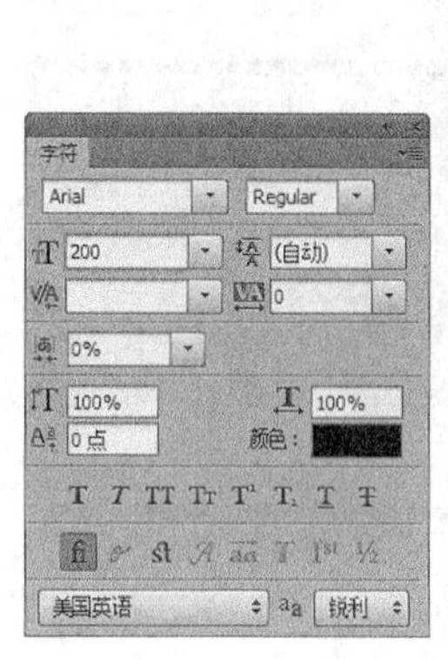

图5-20

图5-21

03 在图层“NO”右侧的空白处单击右键，在弹出的菜单中选择“栅格化文字”命令，即可栅格化文字图层，将其转换为普通图层，如图5-22所示。

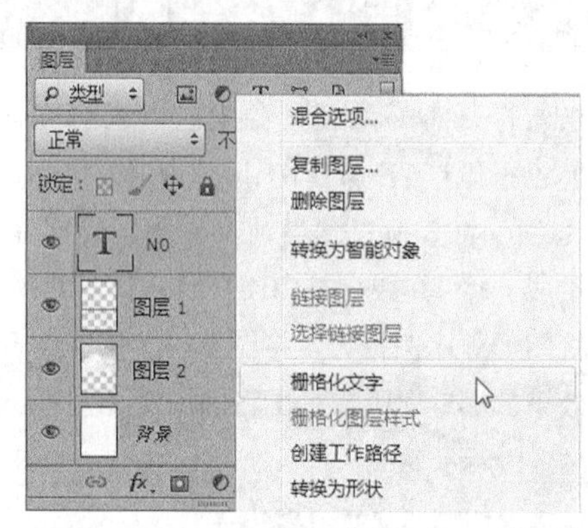

图5-22

技巧与提示

将文字图层栅格化的目的是后面要对文字进行自由变形。如果没有栅格化，虽然也能够自由变形，但是很多变形无法实现，这样就很难达到预期的效果；将字母N和O分到两个图层的目的是要将两个字母渐变成不同的效果。

04 选择“矩形工具”，将字母“O”框选上，然后在选区中单击右键，在弹出的菜单中选择“通过剪切的图层”命令，即可将“N”和“O”分到两个图层，如图5-23所示。

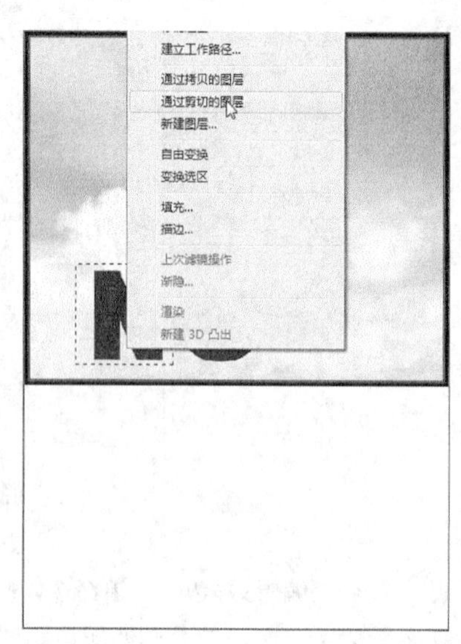

图5-23

05 按住Ctrl键单击“O”字所在图层，载入该图像选区，选择“渐变工具”，并在属性栏中单击渐变色条，在弹出的“渐变编辑器”对话框中设置渐变颜色从灰色到白色到灰色，如图5-24所示。

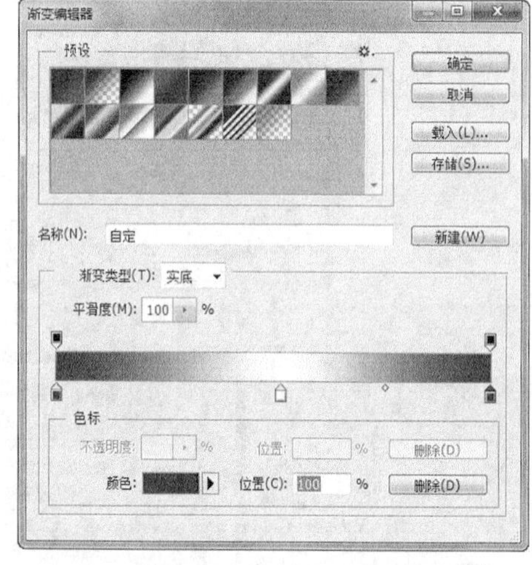

图5-24

06 设置完成后单击“确定”按钮，然后在选区中应用“线性渐变”填充，效果如图5-25所示。

图5-25

07 选择“N”字图层，载入该图像选区，然后使用与上一步骤相同的方法，使用“渐变工具”为其应用“线性渐变”填充，如图5-26所示。

图5-26

08 按Ctrl+E组合键合并图层“N”和图层“O”，并更名为“立体文字”。选择“移动工具”，按Ctrl+T组合键，再按住Ctrl键，分别调整右侧上下两个端点，将图形做如图5-27所示的变形处理。

图5-27

09 选择“多边形套索工具”，在“N”字左侧绘制一个梯形选区，如图5-28所示。再选择“渐变工具”，按住Shift键的同时从上往下垂直拉出渐变，按Ctrl+D组合键取消选区，效果如图5-29所示。

图5-28

图5-29

技巧与提示

在使用“多边形套索工具”的时候，按住Shift键可按照一定的角度以直线的方式勾选出选区。

10 新建一个图层，将其放到“N”字图层下方，使用“多边形套索工具”在绘图区域绘制一个如图5-30所示的选区，然后设置前景色为深灰色（R：134，G：134，B：134），按Alt+Delete组合键用前景色填充选区，效果如图5-31所示。

图5-30

图5-31

11 选择“加深工具”，在属性栏设置画笔为

“柔边”，“大小”为100，然后对灰色图像右下角进行涂抹，加深该图像颜色，效果如图5-32所示。

图5-32

12 新建一个图层，并放到“O”字图层下方，使用“多边形套索工具”在“O”字绘图区域绘制一个选区，如图5-33所示。

图5-33

13 按Alt+Delete组合键用前景色填充选区，然后单击“工具箱”中的“加深工具”加深左下角的颜色，效果如图5-34所示。

图5-34

14 按Ctrl+E组合键合并制作特效文字的所有图层，然后将其移动到如图5-35所示的位置。

图5-35

5.2.3 制作Logo

01 打开本书配套资源中的“素材文件>CH05>单色报纸广告>素材02.psd”文件，将其拖曳到当前文件中，适当调整大小，放到画面右上方，效果如图5-36所示。

图5-36

02 打开本书配套资源中的“CH05>素材>素材03.psd”文件，将其拖曳到当前文件中，放到“O”字右侧，按Ctrl+T组合键，再按住Shift键的同时将图片等比例缩小到如图5-37所示的大小。

图5-37

03 创建一个新图层，选择“钢笔工具”，并在属性栏单击“路径”按钮，在单色报版下面的白色背景部分绘制一个如图5-38所示的路径。

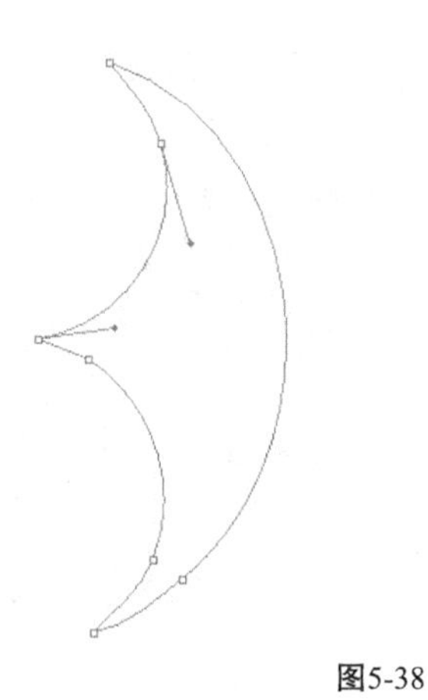

图5-38

04 设置前景色为灰色（R：155，G：155，B：155），然后切换到“路径”面板，单击该面板下方的“用前景色填充路径”按钮，填充后的效果如图5-39所示。

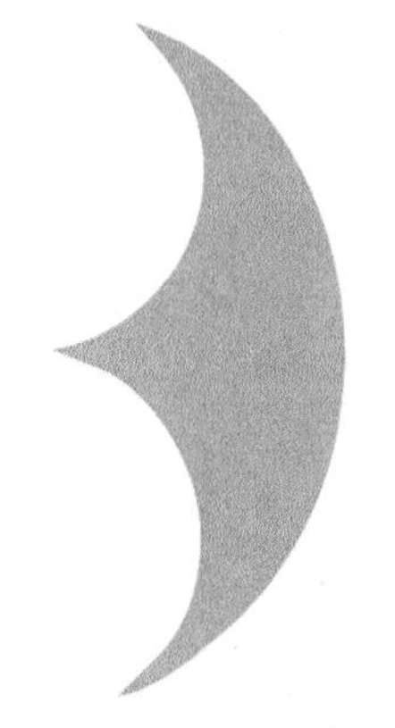

图5-39

知识点

在实际的广告设计中，Logo设计几乎是不可避免的，主要原因是客户一般不会提供Logo的矢量图，所以需要设计师利用“钢笔工具”绘制一个合适的Logo。在使用“钢笔工具”绘制路径的时候，如果无法一步到位，在绘制出大体轮廓后，可单击“工具箱”中的“直接选择工具”按钮，然后配合相应的快捷键来调整各个点的位置。

05 继续使用“钢笔工具”在Logo 的右侧绘制路径，然后设置前景色为深灰色（R：110，G：110，B：110），切换到“路径”面板，再单击面板下面的“用前景色填充路径”按钮，效果如图5-40所示。

图5-40

06 按Ctrl+J组合键复制该Logo图层，执行“编辑>变换>水平翻转”菜单命令，然后将翻转后的对象向右移动，效果如图5-41所示。

图5-41

07 按Ctrl+E组合键合并绘制Logo的所有图层，然后单击“图层”面板下面的“添加图层样式”按钮，在弹出的菜单中选择“投影”命令，打开“图层样式”对话框，设置投影颜色为黑色，其他参数设置如图5-42所示。

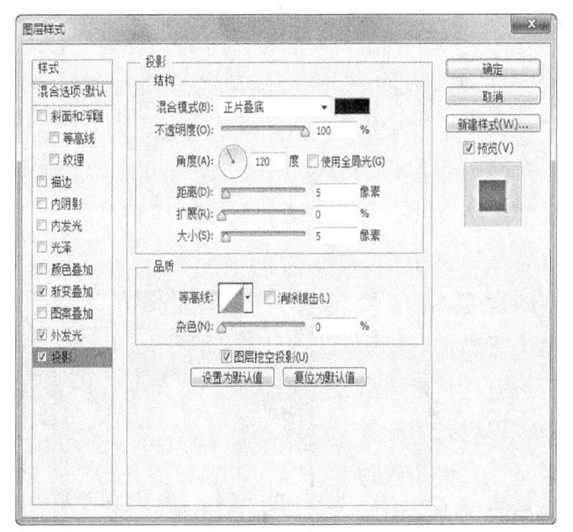

图5-42

08 在“图层样式”对话框中选择“外发光”选项，设置外发光颜色为白色，其余参数设置如图5-43所示。

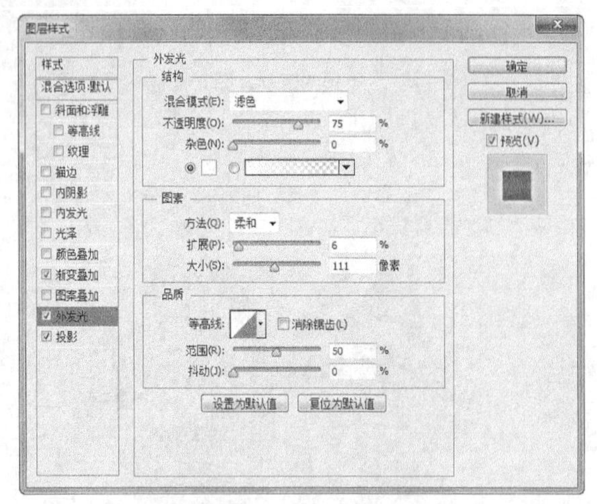

图5-43

09 在“图层样式”对话框中选择“渐变叠加”选项，设置渐变颜色从白色到黑色，其余参数设置如图5-44所示。

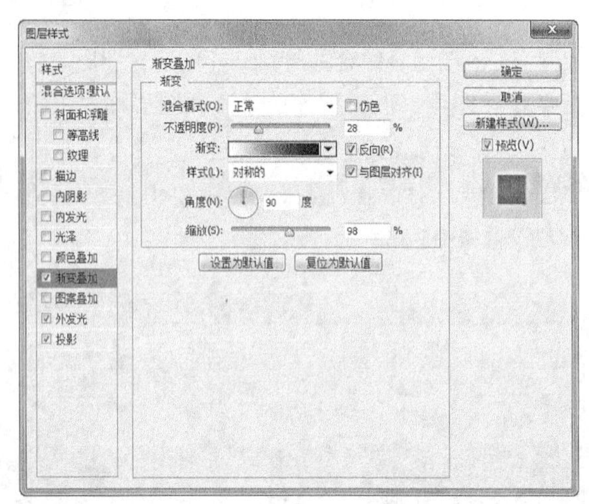

图5-44

10 设置完成后单击“确定”按钮［确定］，得到添加图层样式后的效果，并且将其放到画面右上方，如图5-45所示。

图5-45

11 选择“横排文字工具”［T］，在Logo下面输入相应的文字信息，如图5-46所示。

图5-46

技巧与提示

广告设计中的中、英文名字也是独创设计的字体，需要使用“钢笔工具”［钢笔］绘制出相应的字体。

12 选择“矩形选框工具”［矩形］，在绘图区域绘制一个如图5-47所示的矩形选框，再按Alt+Delete组合键将其填充为黑色，效果如图5-48所示。

图5-47

图5-48

13 继续使用“矩形选框工具”⬚，在绘图区域绘制一个较小的矩形选框，并填充为白色，效果如图5-49所示。

图5-49

5.2.4 输入文字

01 在画面左上方输入一行文字，并在属性栏设置字体为“黑体”，颜色为灰色，适当调整大小后，效果如图5-50所示。

图5-50

02 在中文文字下方再输入一行英文文字，并使用“矩形选区工具”⬚绘制一个相同长度的矩形，填充为黑色，如图5-51所示。

图5-51

03 使用“横排文字工具”T在黑色矩形中输入文字，并在“字符”面板中设置字体、字号和间距等，如图5-52所示，文字排列效果如图5-53所示。

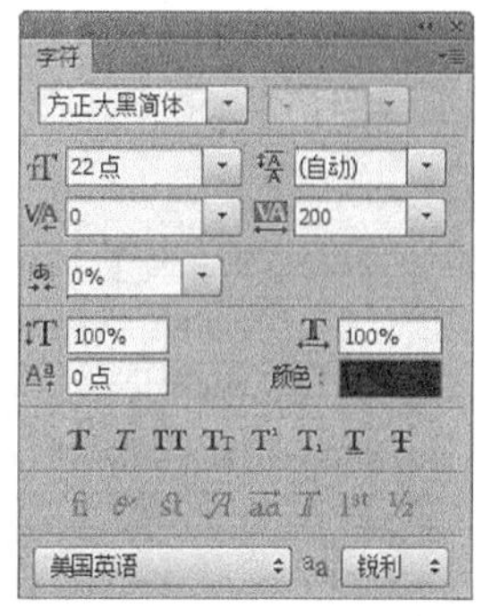

图5-52

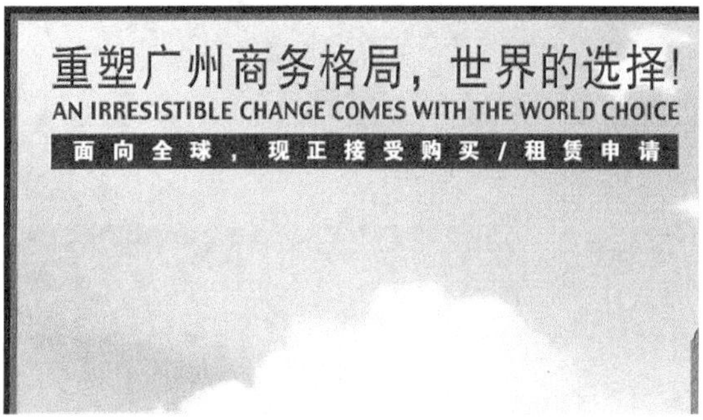

图5-53

04 在文字下方再输入一些文字信息，并在属性栏设置字体和字号等，如图5-54所示，再选择“矩形选框工具”⬚，在文字前方绘制多个相同大小的矩形，并填充为黑色，如图5-55所示。

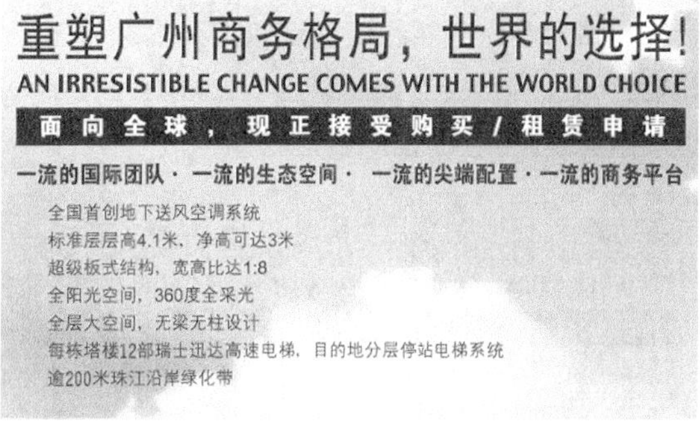

图5-54

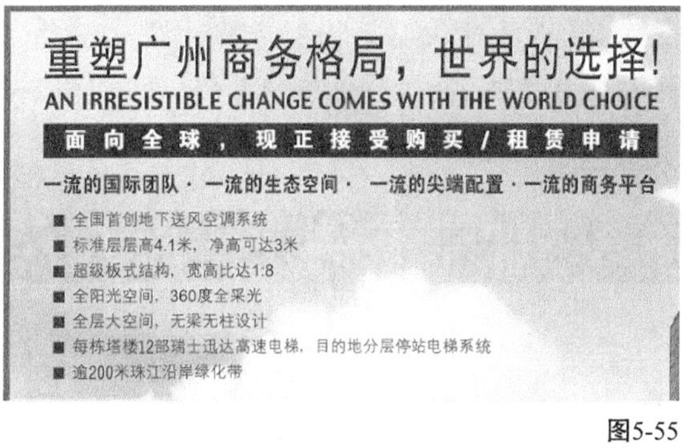

图5-55

05 在文字周围绘制一个矩形选区，如图5-56所示。执行“编辑>描边”菜单命令，打开“描边”对话框，设置描边颜色为黑色，宽度为2像素，其余设置如图5-57所示。

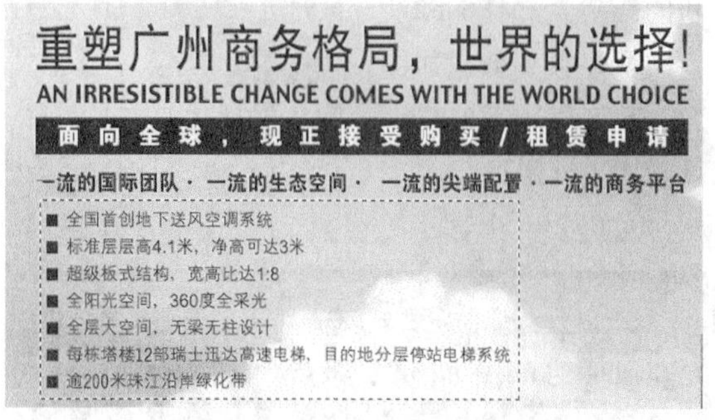

图5-56

描边
描边
宽度(W): 2 像素
颜色:
确定
取消
位置
内部(I) 居中(C) 居外(U)
混合
模式(M): 正常
不透明度(O): 100 %
保留透明区域(P)

图5-57

06 单击“确定”按钮 确定 得到描边效果，如图5-58所示。接下来在画面下方再输入文字信息，排版方式参照如图5-59所示。

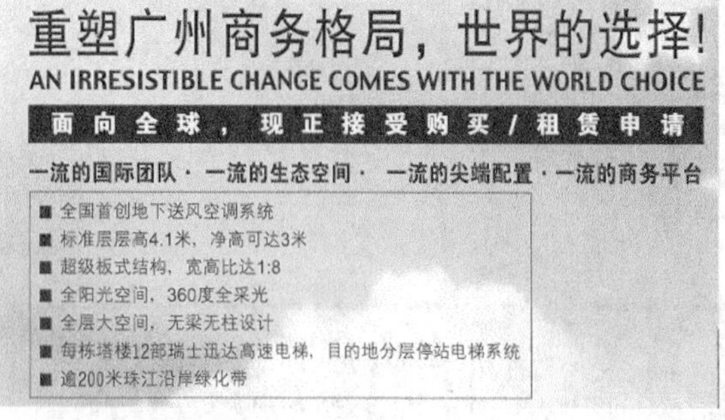

图5-58

图5-59

07 打开本书配套资源中的“素材文件>CH05>单色报纸广告>素材04.jpg”文件，使用“移动工具”将其拖动到当前文件中，适当调整大小后，放到画面右下方，如图5-60所示，完成本实例的制作。

图5-60

5.3 课堂案例——旅游宣传广告设计

案例位置 案例文件>CH05>旅游宣传广告设计.psd
视频位置 多媒体教学>CH05>旅游宣传广告设计.flv
难易指数 ★★☆☆☆
学习目标 学习“移动工具”、图层混合模式的使用本案例采用水墨淡彩作为整个设计的基调，给人悠然、宁静的感觉，完全体现出江南水乡的优美和清秀，犹如一个世外桃源，广告的最终效果如图5-61所示。

图5-61

相关知识

旅游宣传广告其实是一种形象设计广告，重点在于使用一种意境来突出当地旅游特色和人文环境等。旅游宣传广告设计主要掌握以下3点。

第1点：通常使用一幅较符合当地特色的图片作为背景。

第2点：文字简洁，但要有重点，可以适当添加一些旅游宣传口号。

第3点：设计上要简洁大方，色调要符合当地特色。

主要步骤

① 填充背景颜色，导入素材，调整其图层混合模式。

② 使用“画笔工具”绘制出水墨山水图像效果。

③ 垂直翻转图像，制作投影效果。

5.3.1　制作广告背景

01 执行“文件>新建”菜单命令，新建一个“旅游宣传广告设计”文件，具体参数设置“宽度”为30厘米、“高度”为20厘米、“分辨率”为100像素/英寸、“颜色模式”为“RGB颜色”，如图5-62所示。

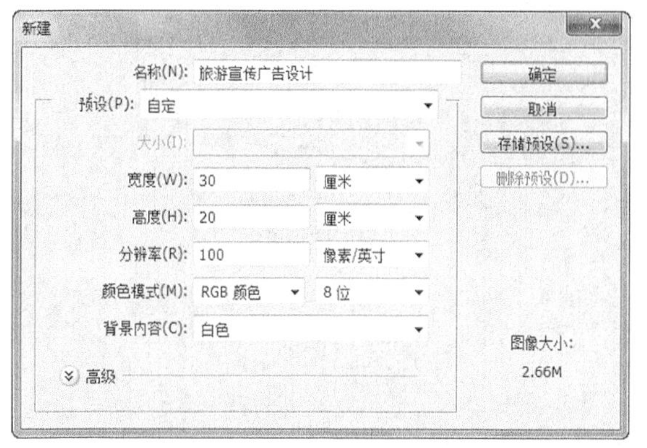

图5-62

02 设置前景色为淡黄色（R：236，G：221，B：197），按Alt+Delete组合键填充背景，如图5-63所示。

图5-63

03 打开本书配套资源中的“素材文件>CH05>旅游宣传广告设计>麻布背景.jpg”文件，使用“移动工具”将其拖曳到背景图像中，并调整该图层混合模式为“明度”，如图5-64所示。

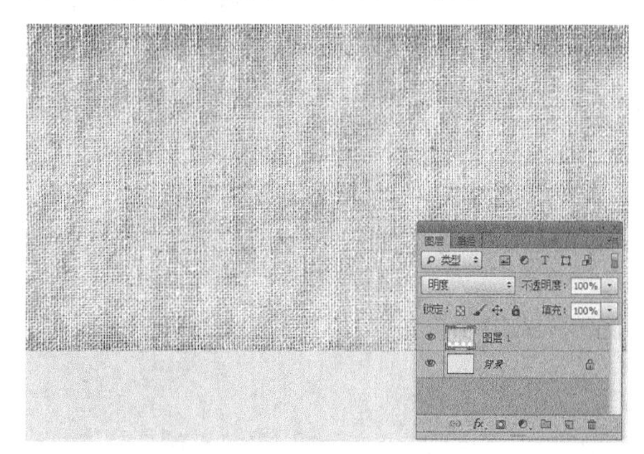

图5-64

04 选择“直排文本工具”在画面左上方输入文字信息，在属性栏设置字体为“黑体”，颜色为黑色，如图5-65所示。

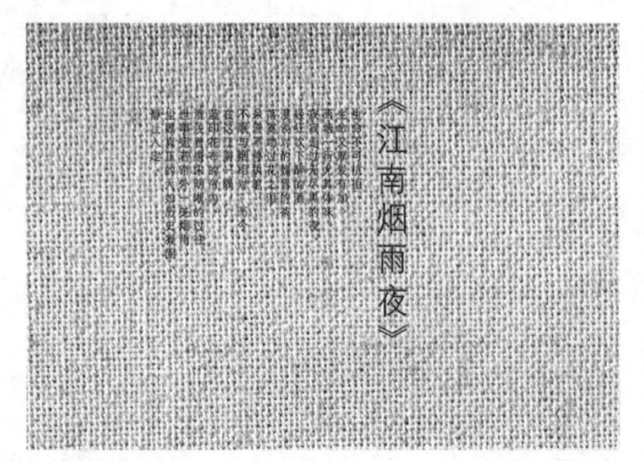

图5-65

05 打开本书配套资源中的“素材文件>CH05>旅游宣传广告设计>湖面背景.jpg”文件，使用“移动工具”将图像拖曳到背景图像中，放到画面中下方，如图5-66所示。

图5-66

06 单击“图层”面板底部的“添加图层蒙版”按钮，然后使用“铅笔工具”在图像湖面背景图像下方进行涂抹，隐藏部分图像，效果如图5-67所示。

图5-67

07 新建一个图层，设置前景色为黑色，选择“画笔工具”，在属性栏设置画笔样式为“粗糙油墨笔”，“大小”为40，再设置“不透明度”为75%，然后在画面中绘制出水墨森林效果，如图5-68所示。

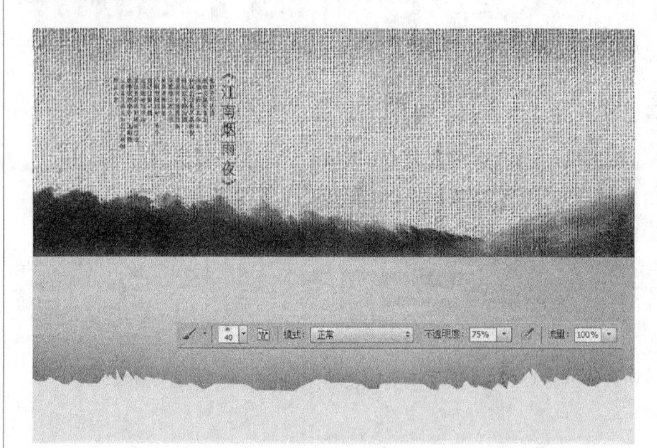

图5-68

08 按Ctrl+J组合键复制一次图层，执行“编辑>变换>垂直翻转”菜单命令，再调整其图层“不透明度”为30%，得到投影效果，如图5-69所示。

图5-69

5.3.2 制作素材图像效果

01 打开本书配套资源中的“素材文件>CH05>旅游宣传广告设计>别墅.psd”文件，使用“移动工具”将其拖曳到当前操作的画面中，并放到水墨森林的中间，调整图层混合模式为“变暗”，效果如图5-70所示。

02 按Ctrl+J组合键复制该图层，执行“编辑>变换>垂直翻转”菜单命令，将翻转后的图像向下移动，并在“图层”面板中设置其“不透明度”为30%，效果如图5-71所示。

图5-70

图5-71

03 打开本书配套资源中的“素材文件>CH05>旅游宣传广告设计>树.jpg”文件，使用“移动工具”将其拖曳到当前操作画面中，放到图像的右上角，并在“图层”面板中设置图层混合模式为“正片叠底”，如图5-72所示。

图5-72

04 打开本书配套资源中的“素材文件>CH05>旅游宣传广告设计>鱼.psd”文件，使用“移动工具”分别将鱼和文字图像拖曳到当前图像中，适当调整其大小，放到如图5-73所示的位置，完成本实例的操作。

图5-73

5.4　课堂案例——汽车广告设计

案例位置　案例文件>CH05>汽车广告设计.psd
视频位置　多媒体教学>CH05>汽车广告设计.flv
难易指数　★★★☆☆
学习目标　学习“钢笔工具”“仿制图章工具”的使用

本案例是为法拉利新推出的一款跑车设计的宣传海报，采用了撕裂旧车呈现新车的独特创意，恰到好处地展现了新款跑车的速度与全新的驾驶体验，本实例的最终效果如图5-74所示。

图5-74

相关知识

宣传海报是应用最早和最广泛的宣传品，它展示面积大，视觉冲击力强，最能突出企业的口号和用意。宣传海报的设计主要掌握以下7点。

第1点：使用的色纸色彩不要太杂，要能够突出字体效果。

第2点：使用容易看明白的字体，避免出现龙飞凤舞，不易看懂的文字。

第3点：尽量以既定的视觉效果图案色彩与文体为制作题材。

第4点：价格数字要使用令顾客感到高雅悦目的字体。

第5点：以诉求产品名称、价格、风味、组合内容及活动期限为主。

第6点：海报内容最好采用通俗易懂的文字与图案来表现。

第7点：采取大范围的制作方法，以响应本地区大型项目活动。

主要步骤

① 导入背景素材，然后使用“仿制图章工具”制作出抽象背景。

② 导入相关素材，然后使用“钢笔工具”和调色功能制作出撕边特效。

③ 导入相关素材，然后使用滤镜功能制作动感特效，接着使用“钢笔工具”和调色功能制作撕边特效。

④ 导入汽车素材，然后删除重叠部分，接着使用“画笔工具”绘制出汽车的阴影。

5.4.1 制作海报背景

01 启动Photoshop CS6，按Ctrl+N组合键新建一个“汽车广告设计”文件，具体参数设置“宽度”为10厘米、“高度”为15厘米、“分辨率”为200像素/英寸、“颜色模式”为“RGB颜色”，如图5-75所示。

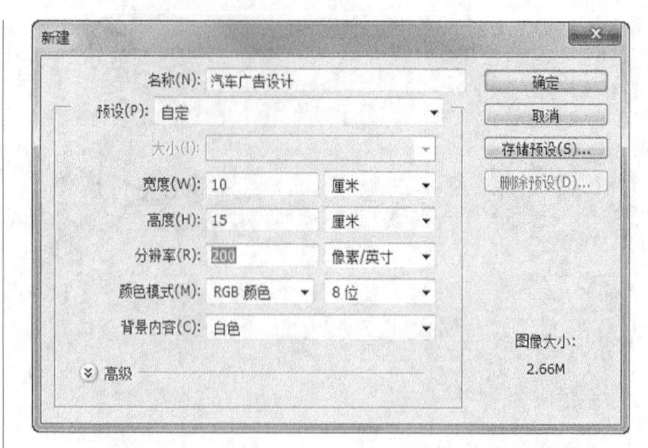

图 5-75

02 打开本书配套资源中的“素材文件>CH05>汽车广告设计>素材01.jpg”文件，使用“移动工具”将其拖曳到“汽车广告设计”图像文件中，如图5-76所示，接着将新生成的图层更名为“蓝天草地”图层。

图5-76

> **技巧与提示**
>
> 该海报界面通过两个撕边效果将其分为3部分，并且每部分体现的主题思想有所不同，中间部分是整个界面的视觉中心，也是界面的视觉延伸，所以选择的素材颜色要鲜艳，并且具有视觉距离感。

03 选择“仿制图章工具”，并在属性栏设置画笔“大小”为50，“不透明度”为100%，然后按住Alt键的同时单击图像下部分的草地，获取仿制图像，如图5-77所示，接着松开Alt键，在图像下部空白处从左到右来回涂抹，完成后的效果如图5-78所示。

图5-77

图5-78

知识点

按理说步骤03中仿制的图像应该布满整个草地界面，但是下面的草地部分要作为海报的信息栏，因此需要将图像进行抽象化处理，这样才能和界面的上部分形成不同的视觉效果。

“仿制图章工具”的使用方法比较简单，只需要按住Alt键的同时使用鼠标左键吸取需要仿制的源图像，然后在需要仿制的区域涂抹即可。需要说明的是“仿制图章工具”可以吸取多个仿制源，可以对多个点和面进行仿制，这个方法将在后面的案例中进行详细讲解。

04 确定“蓝天草地”图层为当前图层，使用“矩形选框工具”绘制一个如图5-79所示的矩形选区，接着按Ctrl+Shift+I组合键反选选区，再按Delete键删除选区中的图像，效果如图5-80所示。

图5-79

图5 -80

5.4.2　制作撕边特效

01 打开本书配套资源中的“素材>CH05>汽车广告设计>素材02.jpg”文件，使用“移动工具”将其拖曳到“宣传海报设计”操作界面中，并将新生成的图层更名为“城市街道”图层，接着适当调整图片大小和位置，效果如图5-81所示。

图5-81

02 新建一个图层，命名为“左边撕边”图层，使用“套索工具”绘制一条不规则曲线路径，并填充为白色，效果如图5-82所示。

图5-82

技巧与提示

在使用“钢笔工具”绘制路径时，只要绘制的路径能表现出纸张的撕裂效果即可。

03 确定“城市街道”图层为当前图层，然后使用“仿制图章工具”仿制出左下部分的街道图像，完成后的效果如图5-83所示。

图5-83

04 使用“套索工具”将撕边图像右侧的图像框选出来，如图5-84所示，再按Delete键删除选区中的图像，效果如图5-85所示。

图5-84

图5-85

05 确定“城市街道”图层为当前图层，选择“减淡工具”，并在属性栏设置“主直径”为65，“曝光度”为50%，然后在图像右侧的撕裂边缘部分来回涂抹，完成后的效果如图5-86所示。

图5-86

06 执行“图像>调整>亮度>对比度”菜单命令，在弹出的“亮度/对比度”对话框中设置“亮度”为60、“对比度”为-15，如图5-87所示，单击“确定”按钮，得到的图像效果如图5-88所示。

07 选择“加深工具”，对城市街道图像上方进行涂抹，得到加深后的图像，效果如图5-89所示。

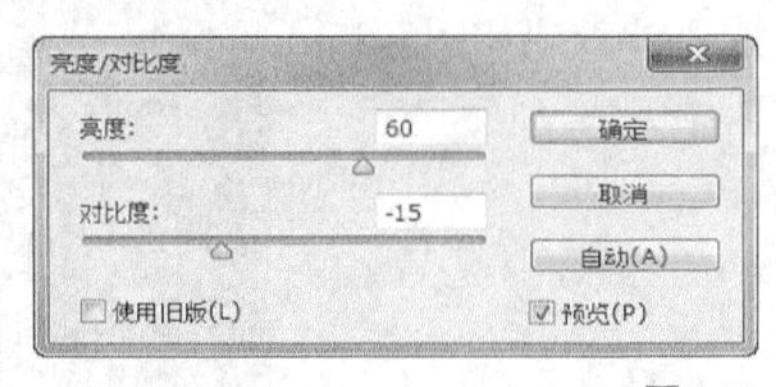

图5-87

图5-88

图5-89

08 执行“图层>图层样式>投影”菜单命令，打开“图层样式”对话框，设置投影颜色为黑色，其他参数设置如图5-90所示，单击“确定”按钮，图像效果如图5-91所示。

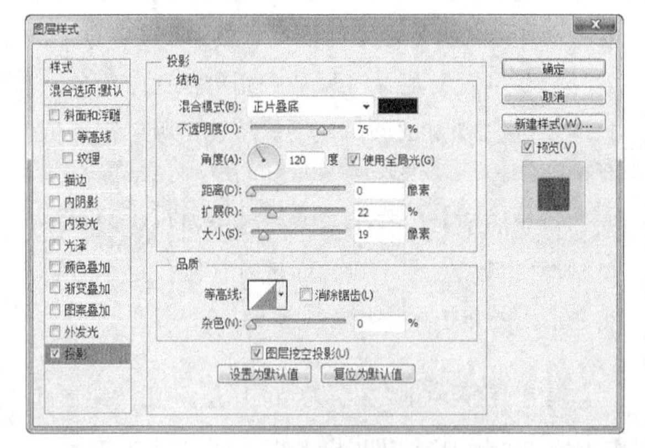

图5-90

图5-91

5.4.3 制作动感特效

01 下面制作右侧的背景图像。打开本书配套资源中的“素材文件>CH05>汽车广告设计>素材03.jpg”文件，使用“移动工具”将其拖曳到“宣传海报设计”操作界面中，并将新生成的图层更名为“海”图层，适当调整大小，放到如图5-92所示的位置。

图5-92

02 使用“矩形选框工具”绘制一个如图5-93所示的矩形选区，执行“滤镜>杂色>添加杂色”菜单命令，打开“添加杂色”对话框，设置“数量”为10，再选中“平均分布”单选项和“单色”复选框，如图5-94所示。

图5-93

图5-94

03 单击“确定”按钮，得到添加杂色后的图像效果，如图5-95所示。

图5-95

04 执行“滤镜>模糊>动感模糊”菜单命令，打开“动感模糊”对话框，设置各项参数，如图5-96所示，单击“确定”按钮，得到的图像效果如图5-97所示。

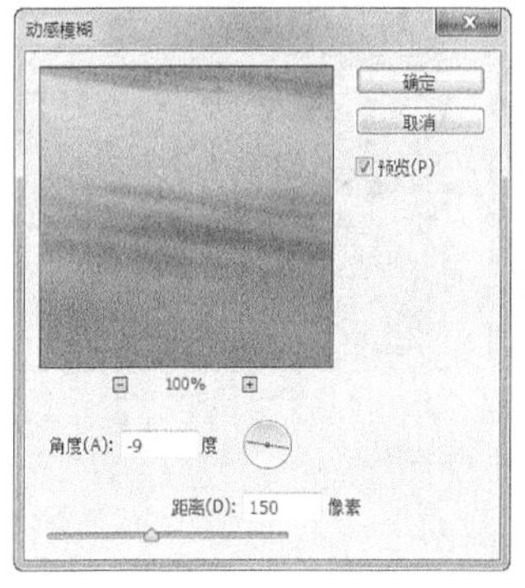

图5-96

图5-97

05 选择“仿制图章工具”，按住Alt键对制作动感效果后的图像进行取样复制，然后在画面下方进行涂抹，复制得到的图像效果如图5-98所示。

图5-98

06 新建一个图层，命名为“右边撕边”，使用“套索工具”绘制一条不规则曲线路径，填充为白色，效果如图5-99所示。

图5-99

07 使用“套索工具”勾选出海夜景左侧的图像区域，如图5-100所示，然后按Delete键删除选区中的图像，效果如图5-101所示。

图5-100

图5-101

知识点

Photoshop CS6提供了一些浏览图像和控制界面的方法，灵活运用这些方法可以节省大量的操作时间。

缩放界面：按Ctrl++组合键可放大界面，按Ctrl+-组合键可缩小界面，也可以单击“工具箱”中的“缩放工具”按钮或按Z键进行缩放，系统默认的是放大工具，按住Alt键可切换到缩小工具。

快速查看某个区域的放大图像：当多次放大一个图像时，如果要从一个区域移动到另外一个区域查看放大后的图像，这时可单击“工具箱”中的“抓手工具”按钮或按住H键，然后拖曳光标到需要查看的区域即可。

08 选择“城市街道”图层，并在该图层中单击鼠标右键，在弹出的菜单中选择“拷贝图层样式”命令，然后选择“海夜景”图层，单击鼠标右键，在弹出的菜单中选择“粘贴图层样式”命令，如图5-102所示，得到的图像效果如图5-103所示。

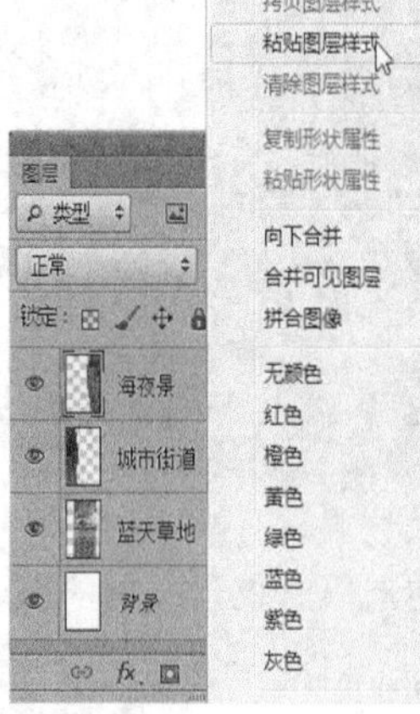

图5-102

图5-103

09 选择“城市街道”图层，按Ctrl+U组合键打开“色相/饱和度”对话框，然后选中“着色”复选框，再设置各项参数，如图5-104所示，单击“确定”按钮，得到的图像效果如图5-105所示。

图5-104

图5-105

技巧与提示

在使用“色相/饱和度”后，如果下次要使用同样的设置，可直接按Ctrl+Alt+U组合键，这个方法同样适用于“曲线”（Ctrl+Alt+M组合键）功能、“色阶”（Ctrl+Alt+L组合键）功能和“色彩平衡”（Ctrl+Alt+B组合键）功能。

5.4.4 汽车合成

01 打开本书配套资源中的“素材文件>CH05>汽车广告设计>素材04.psd”文件，然后将其拖曳到“宣传海报设计”操作界面中，并将新生成的图层更名为“车中”图层，接着执行“编辑>变换>水平翻转”菜单命令，适当调整大小后，放到画面中间，如图5-106所示。

图5-106

02 打开本书配套资源中的“素材文件>CH05>汽车广告设计>素材05.psd”文件，将其拖曳到“汽车广告设计”操作界面中，并将新生成的图层更名为“车右”图层，在“图层”面板中调整该图层顺序，放置在“右边撕边”的下一层，如图5-107所示，图像效果如图5-108所示。

图5-107

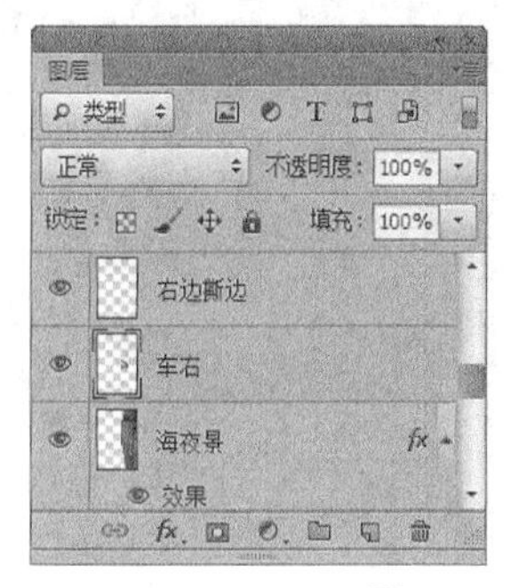

图5-108

03 确定“车右”图层为当前图层，使用“套索工具”绘制如图5-109所示的选区，然后按Delete键删除选区中的图像，效果如图5-110所示。

图5-109

图5-110

04 设置前景色为黑色，然后选择“画笔工具”在汽车底部绘制出如图5-111所示的阴影。

图5-111

05 选择“套索工具”框选“车右”图像超出撕边图像的部分，按Delete键删除该图像，效果如图5-112所示。

图5-112

技巧与提示

在绘制该部分阴影时，可适当调整“画笔工具”的“不透明度”和“主直径”大小，以绘制出真实的阴影效果。

06 确定“车中”图层为当前图层，使用“多边形套索工具”将玻璃图像勾选出来，如图5-113所示。

图5-113

07 按Shift+Ctrl+J组合键将选区中的图像剪切到一个新的图层中，然后设置该图层的“不透明度”为70%，效果如图5-114所示。

图5-114

技巧与提示

步骤08中的方法很适合于选取局部图像，对于分布比较均匀的色块，也可以使用“快速选择工具”和“魔棒工具”来选取。

08 打开本书配套资源中的“素材文件>CH05>汽车广告设计>素材06.psd”文件，然后将其拖曳到“汽车广告设计”操作界面中，并将新生成的图层更名为“车左”图层，接着将图层拖曳到“左边撕边”图层的下一层，效果如图5-115所示。

图5-115

09 使用“套索工具”勾选车身左侧超出撕边图像的部分，如图5-116所示，然后按Delete键删除图像，效果如图5-117所示。

图5-116

图5-117

10 设置前景色为黑色，然后使用“画笔工具” 在左侧汽车的底部绘制出如图5-118所示的阴影。

图5-118

11 使用“横排文字工具” 在画面中输入相关文字说明，并在属性栏设置字体与字号，最终效果如图5-119所示。

图5-119

12 打开本书配套资源中的“素材文件>CH05>汽车广告设计>素材07.psd”文件，使用“移动工具” 分别将标志和汽车图像拖曳到当前图像中，放到画面的下方，如图5-120所示，完成本实例的制作。

图5-120

5.5 课堂案例——报版设计

案例位置　案例文件>CH05>报版设计.psd
视频位置　多媒体教学>CH05>报版设计.flv
难易指数　★★★★☆
学习目标　学习滤镜功能、调色功能的使用以及对“图层样式”和“画笔工具”的使用

本案例同样采用黑白两色作为整个设计的主色调，完美的呈现了金属的质感和轿车的优雅与时尚，是平面设计中的精品。报版设计的最终效果如图5-121所示。

图5-121

相关知识

单色报板主要用在广告专刊中，比起新闻专刊，它更多地顾及广告客户的利益，并且很注重版面的利用率及收益。由此可见，单色报版的版面设计限制和要求比其他报版更加苛刻，版面设计师可发挥的空间也十分有限。总之，在设计单色报版时主要掌握以下7点。

第1点：风格——结合载体，保持一致。

第2点：设计——熟悉印刷，科学设计。

第3点：架构——方便阅读，合理布局。

第4点：字体——避繁就简，易读易懂。

第5点：图片——注重质量，精挑细选。

第6点：色彩——以墨为主，惜色如金。

第7点：装饰——衬托主体，宜少而精。

主要步骤

① 使用滤镜功能、调色功能和自由变换功能制作金属拉丝背景。

② 使用“图层样式”功能制作太空舱，然后导入相关素材，接着制作出太空行走效果。

③ 导入汽车素材，然后使用“画笔工具”绘制出阴影，接着使用“横排文字工具”输入相关文字说明。

5.5.1 制作金属拉丝背景

01 执行“文件>新建”菜单命令或按Ctrl+N组合键新建一个“报版设计”文件，具体参数设置“宽度”为11厘米、“高度”为7.8厘米、“分辨率”为300像素/英寸、“颜色模式”为“灰度”，如图5-122所示。

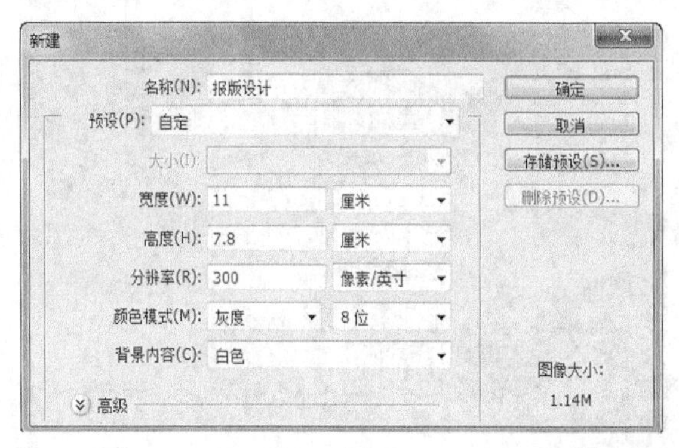

图 5-122

02 新建“图层1”，设置前景色为灰色，然后按Alt+Delete组合键填充背景，效果如图5-123所示。

图5-123

03 执行“滤镜>杂色>添加杂色”菜单命令，打开“添加杂色”对话框，设置“数量”为20，再选中“平均分布”单选项，如图5-124所示，单击“确定”按钮，得到的图像效果如图5-125所示。

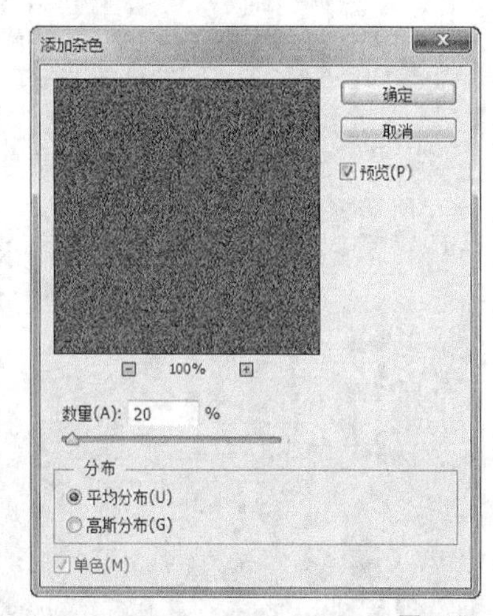

图5-124

图5-125

04 执行“滤镜>滤镜库”菜单命令，打开“滤镜库”对话框，在其中选择“画笔描边>成角的线条”命令，设置各项参数，效果如图5-126所示。

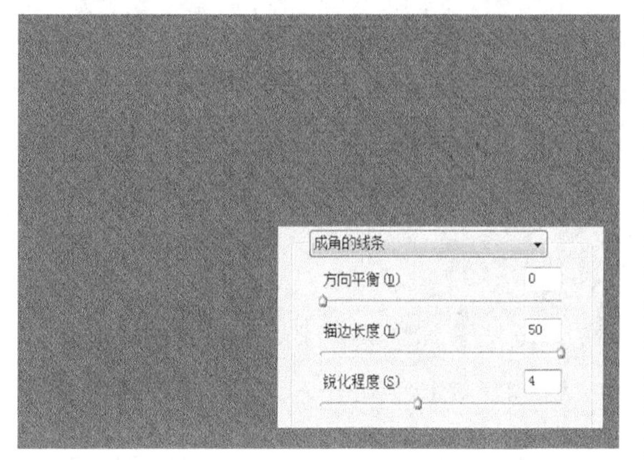

图5-126

技巧与提示

使用“成角的线条”滤镜后，拉丝初步效果的方向是-45°，因此使用“动感模糊”滤镜时也要设置“角度”为-45°。

05 执行“滤镜>模糊>动感模糊”菜单命令，打开“动感模糊”对话框，设置各项参数，如图5-127所示。

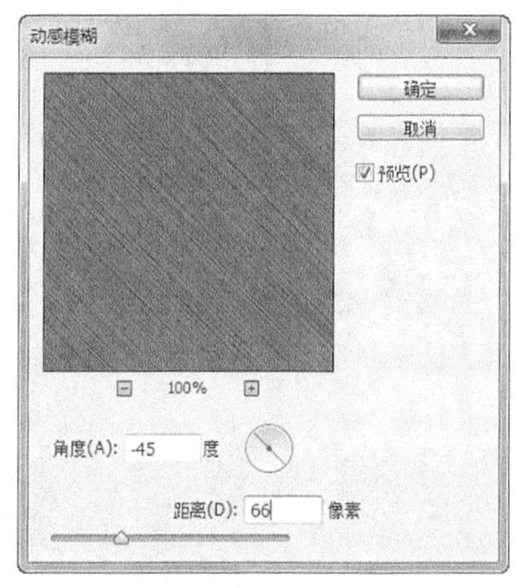

图5-127

06 单击“确定”按钮 确定 后，连续按4次Ctrl+F组合键使用上一步骤中的“动感模糊”滤镜，效果如图5-128所示。

07 执行“图像>调整>亮度/对比度”菜单命令，打开“亮度/对比度”对话框，设置参数，如图5-129所示。

图5-128

图5-129

08 按Ctrl+J组合键复制得到“图层1副本”，并隐藏图层1，执行“编辑>变换>水平翻转”菜单命令，如图5-130所示。

图5-130

09 按Ctrl+T组合键进入自由变换状态，然后单击属性栏的“在自由变换和变形模式之间切换”按钮，接着将图像进行如图5-131所示的变形，效果如图5-132所示。

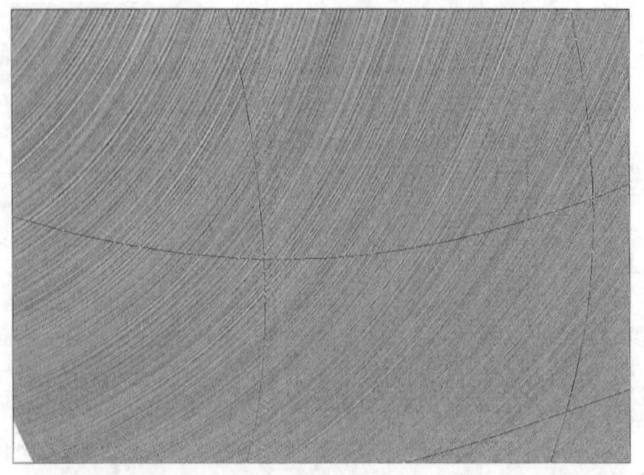

图5-131

图5-132

⑩ 使用“多边形套索工具” 勾选图像下部分区域，然后按Delete键删除选区中的图像，选择“减淡工具” ，在属性栏设置“主直径”为250，“曝光度”为50%，然后在图像底端进行涂抹，减淡该部分图像，完成后的效果如图5-133所示。

图5-133

⑪ 在“图层”面板中选择并显示“图层1”，按Ctrl+T组合键适当调整其位置，并在属性栏输入角度为35度，如图5-134所示。

图5-134

技巧与提示

从图5-134中可以观察到调整“亮度/对比度”后的对比效果仍然不明显，因此下面制作一个分隔线来增强对比效果。

⑫ 新建“图层2”，然后使用“多边形套索工具” 绘制如图5-135所示的选区，接着按Shift+F6组合键打开“羽化选区”对话框，设置“羽化半径”为10像素，再设置前景色为白色，最后按Alt+Delete组合键用前景色填充选区，效果如图5-136所示。

图5-135

图5-136

技巧与提示

下面将制作一个太空舱来表现驾驶汽车的轻巧与舒适感，这部分版面的寓意很特别，可以用“醉翁之意不在酒”来形容，即用太空行走的感觉来形容汽车的性能。

5.5.2　制作太空舱

01 新建一个“底纹”图层，然后分别选择“工具箱”中的“圆角矩形工具”和“椭圆工具”，在图像中绘制出如图5-137所示的路径。

图5-137

02 按Ctrl+Enter组合键载入路径的选区，执行“编辑>描边”菜单命令，打开“描边”对话框，设置描边“宽度”为8，“颜色”为灰色，其余设置如图5-138所示，单击“确定”按钮对图像进行描边，效果如图5-139所示。

03 按Ctrl+T组合键进入自由变换状态，适当旋转图像角度，再调整其大小，放到如图5-140所示的位置。

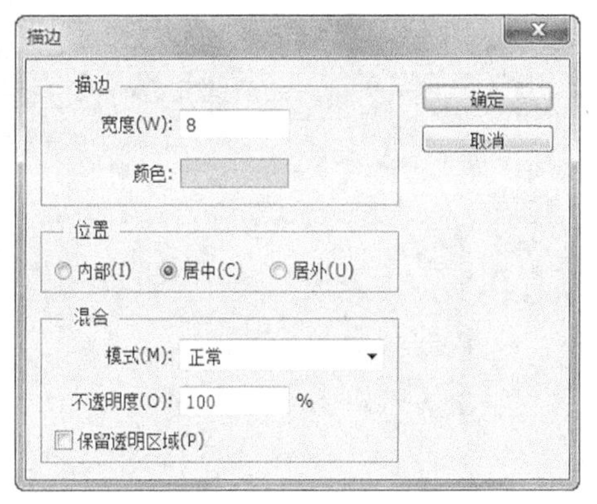

图5-138

图5-139

图5-140

04 执行“图层>图层样式>斜面和浮雕”菜单命令，打开“图层样式”对话框，设置“样式”为内斜面，再设置各项参数，单击“光泽等高线”右侧的下拉按钮，在打开的面板中选择“环形”等高线样式，如图5-141所示。

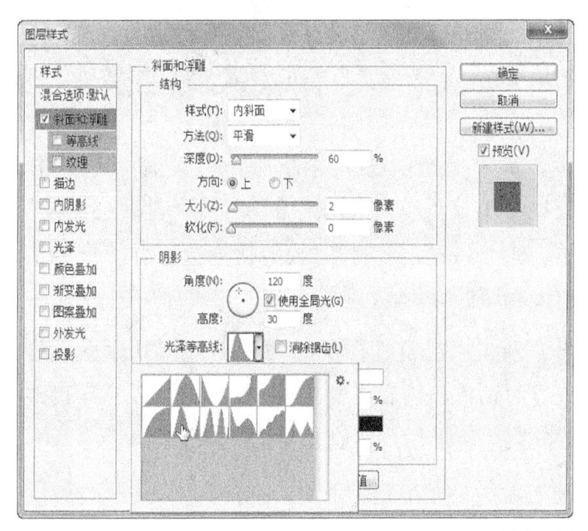

图5-141

05 单击“确定”按钮，得到添加浮雕样式的图像，再设置“线条底纹”图层的混合模式为“颜色加深”，效果如图5-142所示。

图5-142

06 单击“图层”面板底部的“添加图层蒙版”按钮，为“线条底纹”图层添加一个“图层蒙版”，设置前景色为黑色，然后使用“画笔工具”在分隔线下面的边框上涂抹，完成后的效果如图5-143所示。

图5-143

07 新建一个图层，并命名为“船窗”，选择“钢笔工具”在图像中绘制一个椭圆形路径，按Ctrl+Enter组合键将路径转换为选区并填充为黑色，如图5-144所示。

08 双击“船窗”图层的缩览图，打开“图层样式”对话框，然后单击“投影”样式，设置等高线样式为“环形”，其他选项设置如图5-145所示。

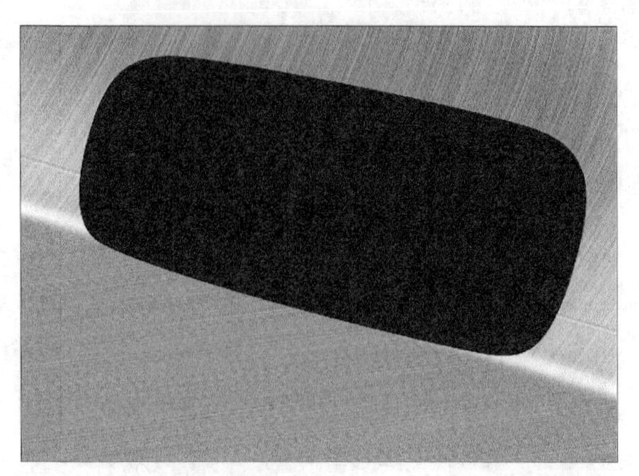

图5-144

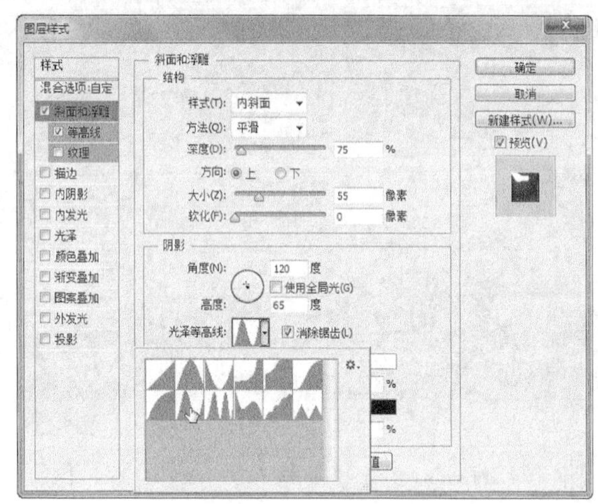

图5-145

09 选择左侧的“等高线”复选框，单击“等高线”右侧的等高线预览框，打开“等高线编辑器”对话框，对等高线进行编辑，再设置“范围”为22%，如图5-146所示。

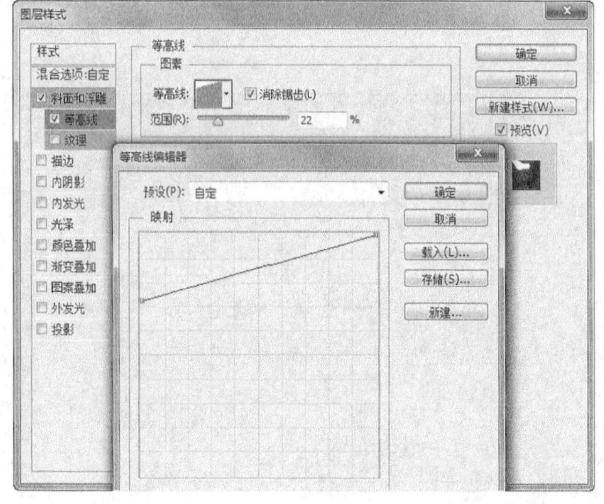

图5-146

⑩ 选择“光泽”复选框，设置光泽颜色为白色，其余参数设置如图5-147所示。再单击其下方的等高线右侧的图标，打开“等高线编辑器”对话框，对等高线进行编辑，如图5-148所示。

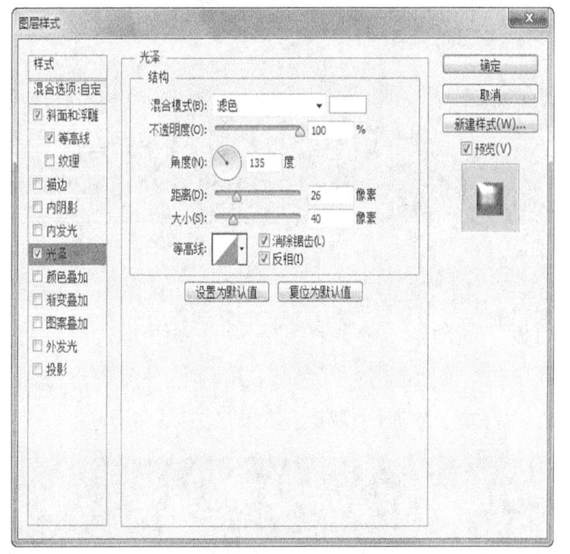

图5-147

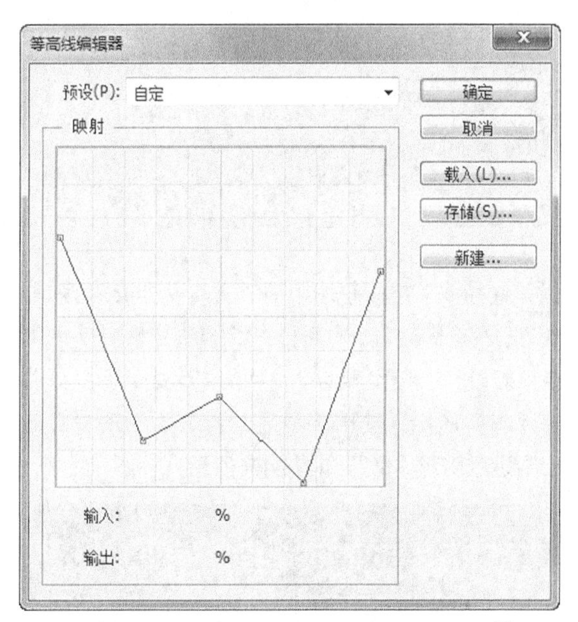

图5-148

⑪ 选择“投影”复选框，设置投影颜色为黑色，然后设置其他各项参数，再单击其下方的等高线右侧的下拉按钮，在打开的面板中选择“高斯”等高线，如图5-149所示。

⑫ 单击“确定”按钮 确定 ，得到添加图层样式后的图像效果，如图5-150所示。

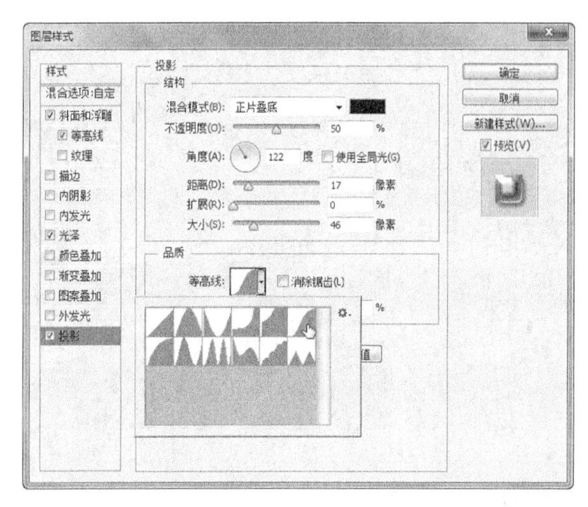

图5-149

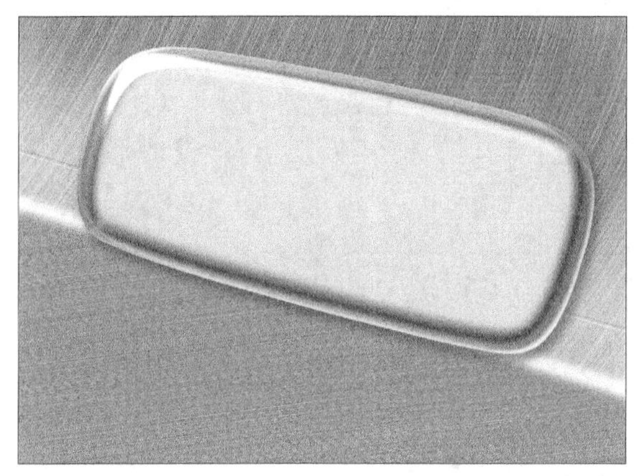

图5-150

技巧与提示

该金属框效果完全通过“图层样式”制作而成，没有使用任何滤镜，整个“图层样式”属于高级控制，如果要一次性达到最佳效果不太现实，因此用户可反复调整“图层样式”中各个样式参数，直到达到最佳效果为止。

⑬ 按Ctrl+J组合键复制“船舱副本”图层，然后按Ctrl+T组合键进入自由变换状态，接着按住Shift+Alt组合键的同时将图像等比例缩小，并在图层面板中隐藏“投影”样式，如图5-151所示。

⑭ 按住Ctrl键的同时选中“船舱”图层和“船舱副本”图层，然后将其拖曳到如图5-152所示的位置。

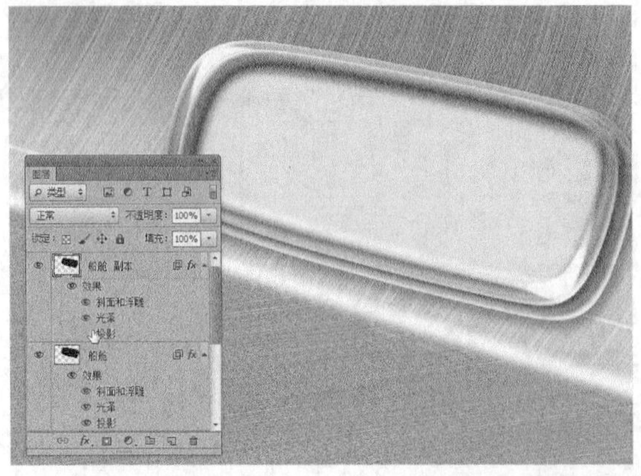

图5-151

图5-152

15 打开本书配套资源中的“素材文件>CH05>报版设计>素材01.jpg”文件，然后将其拖曳到“单色报版设计”操作界面中，并将新生成的图层更名为“太空”图层，效果如图5-153所示。

图5-153

16 按住Ctrl键的同时单击“船舱副本”图层的缩览图，载入该图层的选区，然后执行“选择>修改>收缩”菜单命令，并在弹出的“收缩选区”对话框中设置“收缩量”为30，如图5-154所示。

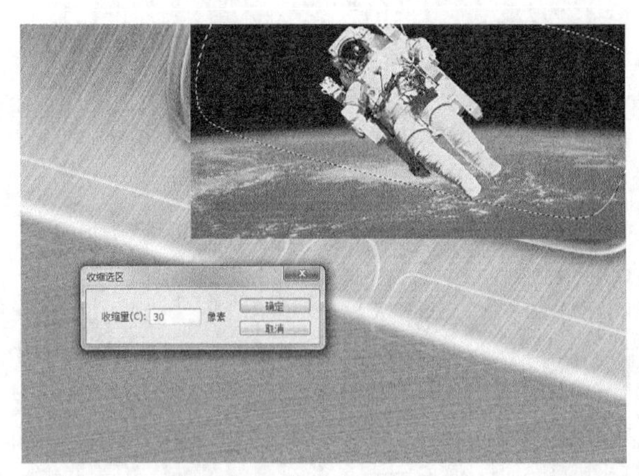

图5-154

17 单击“确定”按钮，再单击“图层面板”底部的“添加图层蒙版”按钮，隐藏背景图像，然后选择“减淡工具”对图像上方适当做涂抹，减淡图像颜色效果如图5-155所示。

图5-155

18 打开本书配套资源中的“素材文件>CH05>报版设计>素材02.psd”文件，然后将其拖曳到“单色报版设计”操作界面中，并将新生成的图层更名为“车”图层，使用“画笔工具”在汽车底部绘制黑色阴影，效果如图5-156所示。

图5-156

(19) 选择“矩形选框工具”在画面底部绘制一个矩形选区，并填充为黑色，如图5-157所示。

图5-157

(20) 使用“横排文字工具”在画面中添加相关文字说明，并在属性栏设置字体和字号，最终效果如图5-158所示。

图5-158

5.6　课堂案例——手表广告设计

案例位置　案例文件>CH05>手表广告设计.psd
视频位置　多媒体教学>CH05>手表广告设计.flv
难易指数　★★☆☆☆
学习目标　学习颜色的搭配、光影效果和金属光泽文字的制作方法

本案例是为“Jelry手表”在TOM杂志上做的杂志广告设计，因为该杂志的主要读者是美国人，所以文字采用的是英文。在设计风格上要求尊贵典雅，而整体黑色，局部白色以及金黄色的搭配，显得大方时尚。杂志广告的最终效果如图5-159所示。

图 5-159

相关知识

杂志广告作为信息传播的媒体，以特定对象（目标市场）为目标，以专见长，主要掌握以下两点。

第1点：选择性强，易取得理想宣传对象。

第2点：阅读期限长，有较长的保存阅读期。

主要步骤

① 使用“渐变工具”将背景分割成为左右两部分。

② 使用“钢笔工具”绘制出青梨的基本形状，然后使用“纹理化”滤镜制作出斑点效果，再通过“光照效果”制作出亮光部分。

③ 通过添加“图层样式”使手表与梨相融合。

④ 使用“加深工具”、“减淡工具”、“模糊工具”和“画笔工具”对梨进行后期处理。

⑤ 使用“椭圆选框工具”绘制出水珠的基本轮廓后，然后通过添加“图层样式”制作特效。

⑥ 使用“高斯模糊”制作梨左边的光影效果，然后使用渐变制作梨下面部分的光影效果。

⑦ 使用选区的添加、减去功能制作分割背景的边框，然后添加“图层样式”并对其进行“描边”处理。

⑧ 制作标志和文字，然后使用“图层样式”制作出金属质感。

⑨ 使用“径向渐变”制作产品图片的发光背景，再添加相关文字信息和图片。

5.6.1 制作外光影和投影效果

01 启动Photoshop CS3，单击“文件>新建”菜单命令或按Ctrl+N组合键新建一个“手表广告设计”文件，具体参数设置“宽度”为21厘米、“高度”为30厘米、“分辨率”为72像素/英寸、“颜色模式”为“RGB颜色”，如图5-160所示。

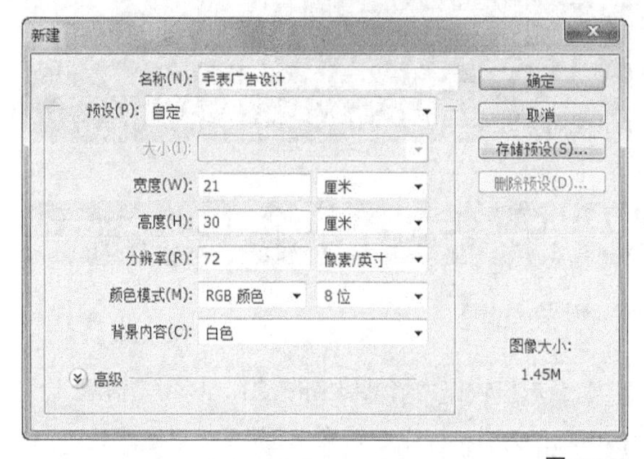

图 5-160

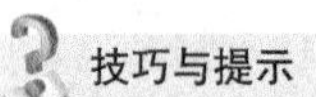

技巧与提示

设置72像素/英寸的分辨率，主要是为了加快系统的运行速度，如果需要印刷生产的话，分辨率必须设置在300像素/英寸以上，“颜色模式”最终也要调整为CMYK模式。

02 将背景填充为黑色，然后创建一个新图层“图层1”，选择“矩形选框工具”，在绘图区域绘制一个如图5-161所示的矩形选框。

图5-161

03 设置前景色为深红色（R：31，G：3，B：0），选择“渐变工具”，在属性栏单击“线性渐变”按钮，再打开“渐变编辑器”对话框，选择“前景色到透明渐变”，然后按住Shift键的同时在矩形选框中从右往左水平拉出渐变，效果如图5-162所示。

图5-162

04 打开本书配套资源中的“素材文件>CH05>杂志广告设计>青梨.psd”文件，选择“移动工具”将图像移动到黑色背景中，适当调整大小后，放到如图5-163所示的位置。

图5-163

05 创建一个新图层，命名为“外光影”，并在“图层”面板中将其调整到“青梨”图层的下方，如图5-164所示。

图5-164

06 设置前景色为（R：50，G：59，B：26），然后选择画笔工具，在属性栏设置画笔“大小”为100，“不透明度”为88%，在青梨图像左上方绘制投影图像，效果如图5-165所示。

07 选择“青梨”图层，按Ctrl+J组合键复制图层，执行“编辑>变换>垂直翻转”菜单命令，再执行“编辑>变换>水平翻转”菜单命令，接着将翻转后的图像向下移动，放到如图5-166所示的位置。

图5-165

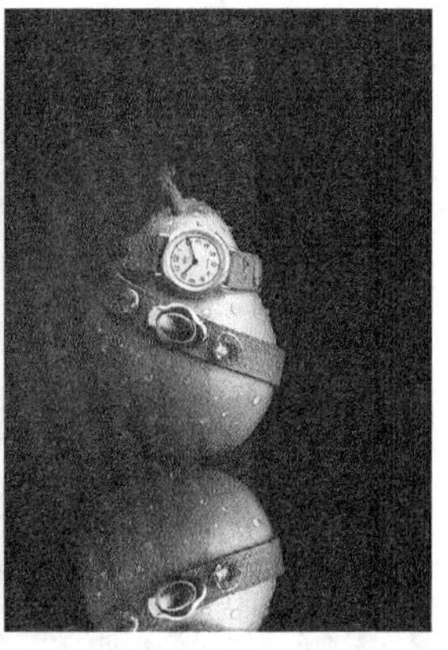

图5-166

08 单击“图层”面板下面的“添加图层蒙版”按钮，选择“渐变工具”，设置渐变颜色从黑色到白色，然后对图像从上到下应用“线性渐变”填充，效果如图5-167所示，再设置该图层的“不透明度”为45%，效果如图5-168所示。

图5-167

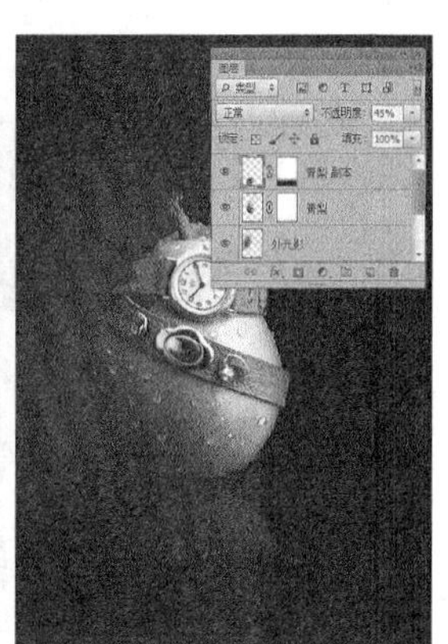

图5-168

5.6.2　制作分割效果

01 创建一个新图层“分割背景”，并确定该图层为当前最上层，选择“矩形选框工具”按钮，在画面右侧绘制一个矩形选框，再选择“椭圆选框工具”按钮，按住Alt键的同时从矩形选区外向内绘制一个椭圆形选区，此时这个椭圆形选区将从矩形选区中减去，效果如图5-169所示。

02 继续使用“椭圆选框工具”，按住Shift键的同时从矩形选区内向外绘制一个椭圆形选区，增加后的选区效果如图5-170所示。

图5-169

图5-170

03 选择“矩形选框工具”，按住Shift键的同时在选区的下部向外绘制一个新矩形选区，得到的选区效果如图5-171所示。

图5-171

技巧与提示

在绘制新椭圆形选区时，一定要保证其边缘与上面椭圆形选区的边缘呈流线型结合，如果不能一次性绘好，可按Ctrl+Shift+Z组合键返回上一步操作。

04 在选区中单击鼠标右键，在弹出的菜单中选择“羽化”命令，设置“羽化半径”为6，单击“确定”按钮后填充选区为黑色，效果如图5-172所示。

05 创建一个新图层，命名为“分割线条”，设置前景色为淡黄色（R:74，G:74，B:0），然后选择“钢笔工具”绘制一条曲线路径，并单击“路径”面板底部的“用画笔描边路径”按钮，得到曲线图像，如图5-173所示。

图5-172

图5-173

5.6.3　绘制右页部分

01 创建一个新图层“Logo”，在绘图区域绘制一个表盘；再选择“横排文字工具”输入文字Watches，然后按Ctrl+E组合键合并图层，将合并后的图层更名为“文字”，效果如图5-174所示。

图5-174

02 执行“图层>图层样式>渐变叠加”菜单命令，打开“图层样式”对话框，设置渐变颜色从淡黄色（R: 207, G: 193, B: 96）到白色，其他参数设置如图5-175所示。

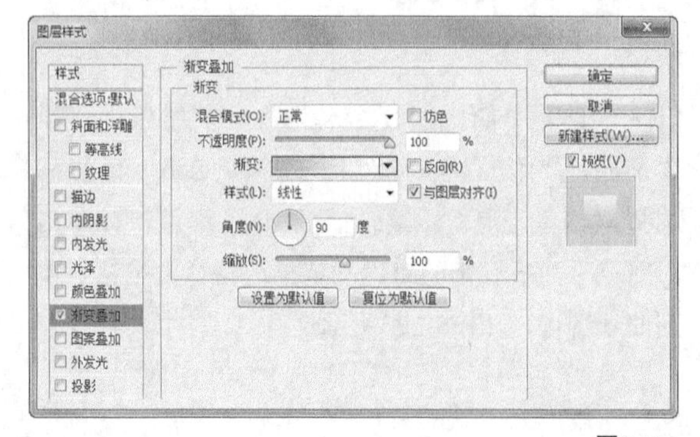

图5-175

技巧与提示

可使用“钢笔工具”绘制表盘，由于操作比较简单，就没必要细述了。文字的颜色可以随意使用，因为要对其添加“渐变叠加”图层样式。

03 单击“确定”按钮，得到添加图层样式后的文字效果，再在Watches前面输入一个英文单词，并填充为白色，效果如图5-176所示。

图5-176

04 设置前景色为白色，选择“画笔工具”，在画笔面板中选择“星爆-小”样式，如图5-177所示，然后在文字中单击鼠标左键，添加星光效果，如图5-178所示。

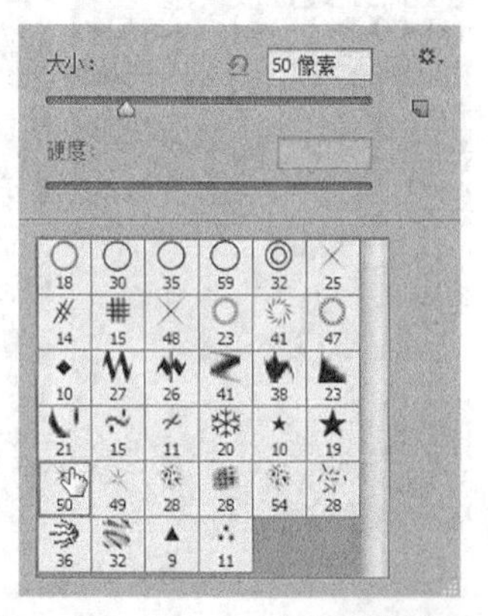

图5-177

图5-178

05 选择“横排文字工具”，在画面右下方输入说明性文字，并在属性栏设置合适的字体和字号等，如图5-179所示。

06 打开本书配套资源中的“素材文件>CH05>杂志广告设计>手表.psd”文件，选择“移动工具”将图像移动到黑色背景中，适当调整大小后，放到如图5-180所示的位置。

图5-179

图5-180

07 新建一个图层，并将其放到“手表”图层的下方，设置前景色为白色，选择“画笔工具”，在属性栏设置画笔样式为“柔边”，“大小”为65，“不透明度”为70%，分别在每一个手表图像中进行单击，添加白色外发光效果，如图5-181所示。

08 最后为“杂志广告”添加手表相关文字信息，最终完成效果如图5-182所示。

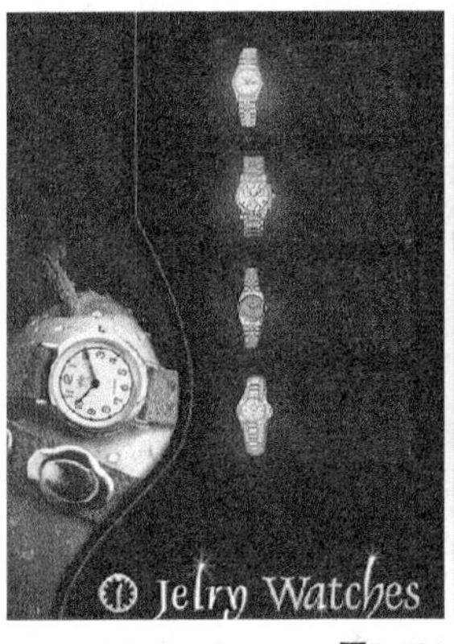

图5-181

图5-182

5.7　课堂案例——音乐手机广告设计

案例位置　案例文件>CH05>音乐手机广告设计.psd
视频位置　多媒体教学>CH05>音乐手机广告设计.flv
难易指数　★★☆☆☆
学习目标　学习“钢笔工具”和“图层”面板使用方法

本案例制作的是一款音乐手机的杂志广告，由于杂志的纸质是比较光滑的，所以在画面效果上要设计得很精美、颜色要很亮丽。杂志广告的最终效果如图5-183所示。

图 5-183

相关知识

在设计杂志上的广告是能长期保存下来的，所以在设计画面时也需要做到以下两点。

第1点：画面设计精美，有较强的视觉冲击力。

第2点：主题突出，不受版面影响。

主要步骤

① 使用“渐变工具”为选区填充颜色，制作出背景图像。

② 添加各种素材图像，并通过设置图层蒙版和图层混合模式隐藏部分图像。

③ 使用“自定形状工具”绘制音符图像，并对其应用图层样式。

5.7.1　制作外光影和投影效果

01 执行“文件>打开”菜单命令，打开“新建”对话框，设置文件名称为“音乐手机广告设计”，“宽度”为20厘米，“高度”为14厘米，其余设置如图5-184所示。

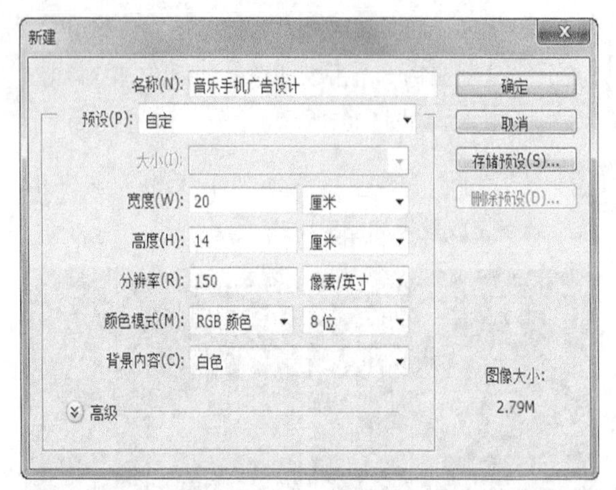

图5-184

02 选择“矩形选框工具”在图像中绘制一个矩形选区，填充颜色为深蓝色（R：138，G：205，B：230），如图5-185所示。

图5-185

03 选择“椭圆选框工具”，在属性栏中设置“羽化”值为20，然后在图像中绘制一个圆形选区，如图5-186所示。

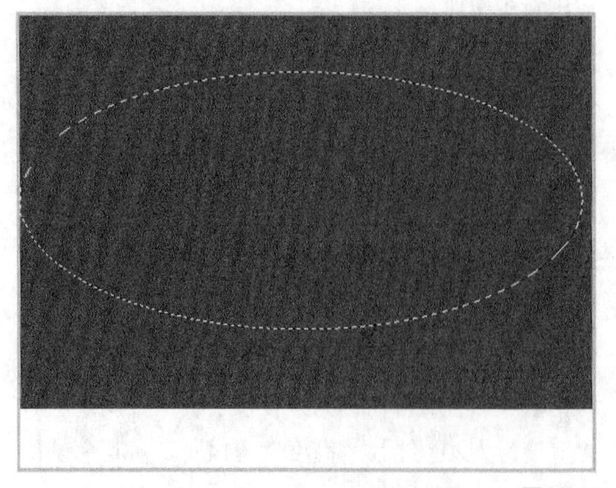

图5-186

04 选择“渐变工具”，在属性栏单击“径向渐变”按钮，然后设置渐变颜色为从浅蓝色（R：202，G：232，B：240）到蓝色（R：85，G：172，B：208），在选区中间按住鼠标向外拖动填充选区，如图5-187所示。

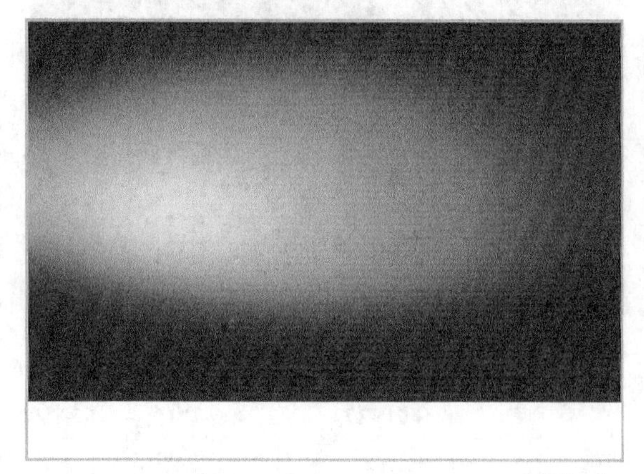

图5-187

05 执行“文件>打开”菜单命令，打开本书配套资源中的“素材文件>CH05>音乐手机广告设计>山水.psd”文件，如图5-188所示，使用“移动工具”将图层1中的图像拖动到当前文件中，适当调整大小后放到画面下方，如图5-189所示。

图5-188

图5-189

06 打开本书配套资源中的“素材文件>CH05>音乐手机广告设计>桥.jpg”文件，如图5-190所示。使用“移动工具”将图像拖动到当前文件中，适当调整大小后放到画面的右下方，如图5-191所示。

图5-190

图5-191

07 在“图层”面板中该图层自动命名为“图层2”，选择“图层2”为当前编辑图层，如图5-192所示。单击“图层”面板底部的“添加图层蒙版”按钮，使用“画笔工具”涂抹桥周围的背景图像，将其隐藏，效果如图5-193所示。

图5-192

图5-193

08 打开本书配套资源中的“素材文件>CH05>音乐手机广告设计>彩条.psd”文件，如图5-194所示。将“图层”面板中链接的两个图层拖动到当前文件中，并设置这两个图层的混合模式为“柔光”，再适当调整它们的图层不透明度，放到画面的上方，如图5-195所示。

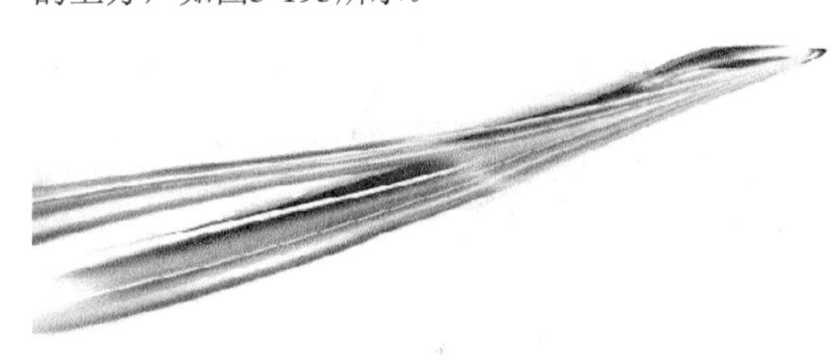

图5-194

图5-195

09 打开本书配套资源中的“素材文件>CH05>音乐手机广告设计>花纹.psd”文件，如图5-196所示。使用“移动工具”将花纹图像直接拖动到当前文件中，放到图像中心位置，如图5-197所示。

图5-196

图5-197

10 执行“图层>图层样式>外发光”菜单命令，打开“图层样式”对话框，设置外发光颜色为白色，其余设置如图5-198所示。

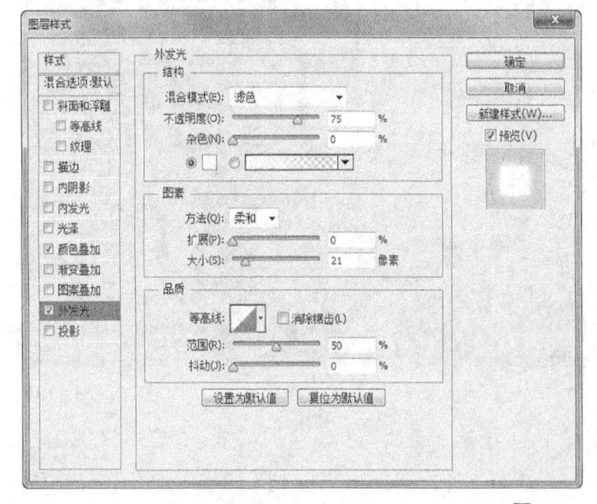

图5-198

11 勾选“颜色叠加”选项，设置叠加颜色为白色，“混合模式”为正常，“不透明度”为100%，如图5-199所示。

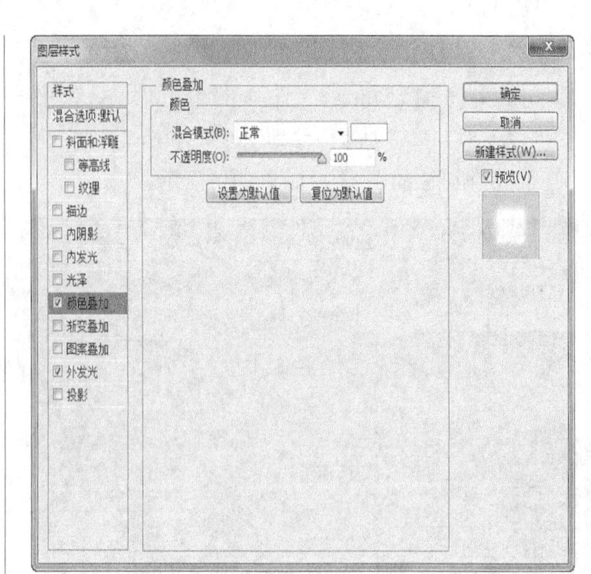

图5-199

12 单击“确定”按钮 确定 回到画面中，得到的图像效果如图5-200所示。

图5-200

5.7.2 添加素材图像

01 选择“文件>打开”命令打开本书配套资源中的“素材文件>CH05>音乐手机广告设计>手机1.psd”文件，如图5-201所示。使用“移动工具”将图层1中的图像拖动到当前文件中，适当调整大小后放到画面下方，如图5-202所示。

图5-201

图5-202

02 执行“图层>复制图层”菜单命令，在打开的对话框中保持默认状态，单击“确定”按钮 确定 后得到复制的手机图层。执行“编辑>变换>垂直翻转”菜单命令翻转图像，然后放到如图5-203所示的位置。

图5-203

03 单击“图层”面板底部的“添加图层蒙版”按钮 ，选择“渐变工具” ，单击属性栏中的“线性渐变”按钮 ，按住鼠标左键在垂直翻转的手机图像中从上到下进行拖动，如图5-204所示。

图5-204

04 选择“自定形状工具” ，单击属性栏中“形状”右侧的三角形按钮，在弹出的面板中选择“八分音符”图形，如图5-205所示。

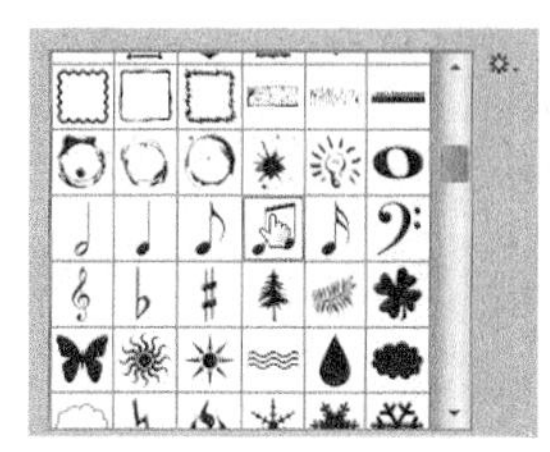

图5-205

05 在属性栏选择“形状图层”命令，再设置前景色为蓝色（R：22，G：173，B：225），在手机图像右侧绘制一个音符图形，如图5-206所示。

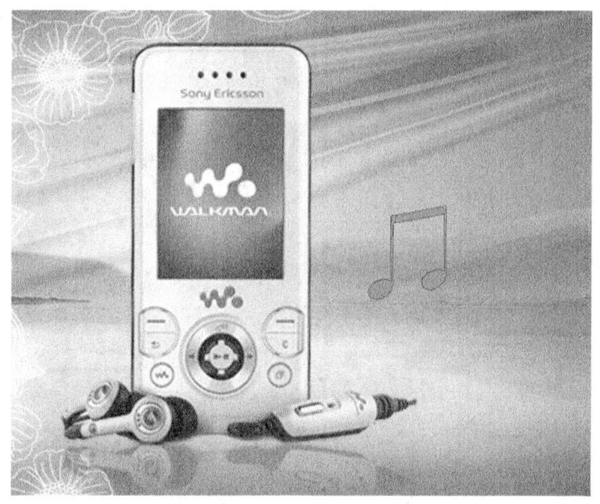

图5-206

06 执行“图层>图层样式>斜面和浮雕”菜单命令，打开“图层样式”对话框，设置图像的浮雕效果，如图5-207所示。

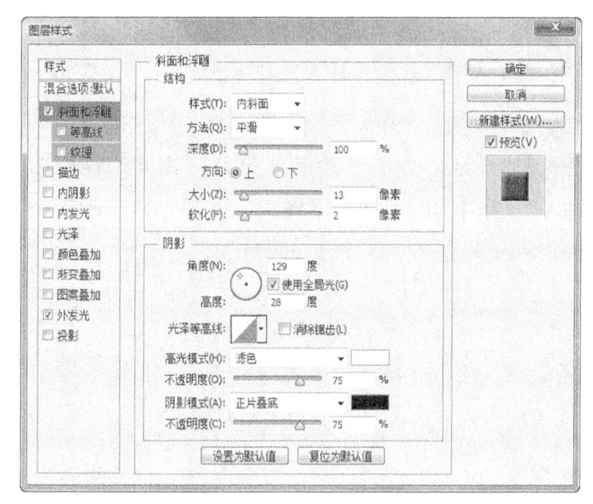

图5-207

07 选择“外发光”选项，设置图像外发光颜色为淡黄色（R：255，G：255，B：190），其余参数设置如图5-208所示。

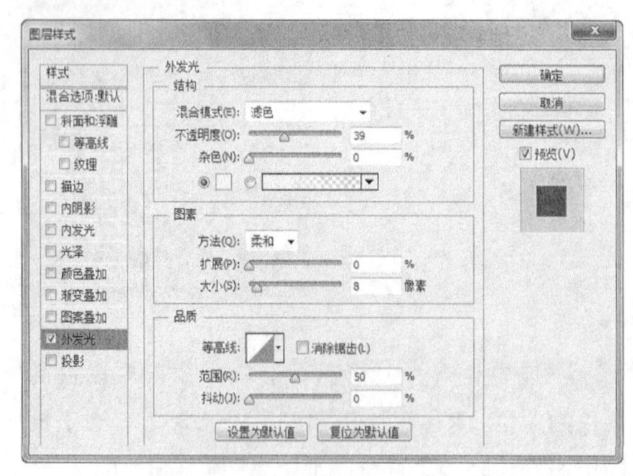

图5-208

08 单击“确定”按钮 确定 后回到画面中，得到的音符浮雕效果如图5-209所示。

图5-209

09 按Ctrl＋T组合键对音符图像进行旋转、缩小等操作，放到如图5-210所示的位置。

10 在“形状”面板中找到其他几个音符图形，如图5-211所示。使用与绘制八分音符相同的操作方法，绘制图形后添加图层样式，并适当旋转和缩放图形，参照如图5-212所示的方式排列图像。

图5-210

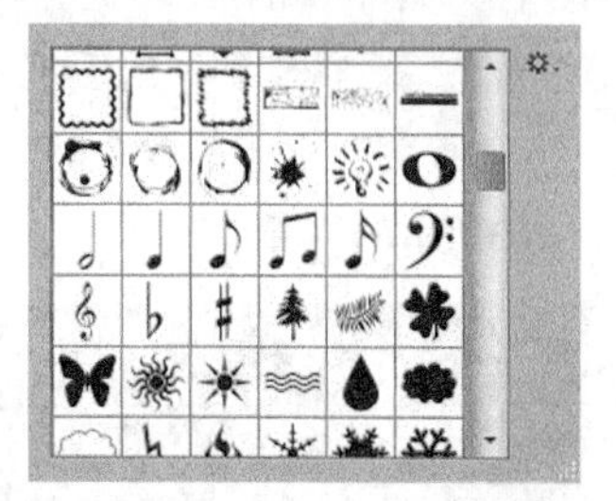

图5-211

图5-212

11 现在绘制一个水泡图像。新建一个图层，选择“椭圆选框工具” 绘制一个正圆形选区，并填充白色，如图5-213所示。

12 按Ctrl＋D组合键取消选区，然后单击“图层”面板底部的“添加图层样式” fx 按钮，在弹出的菜单中选择“混合选项”命令，打开“图层样式”对话框，设置“填充不透明度”为0%，其余设置保持默认状态，如图5-214所示。

图5-213

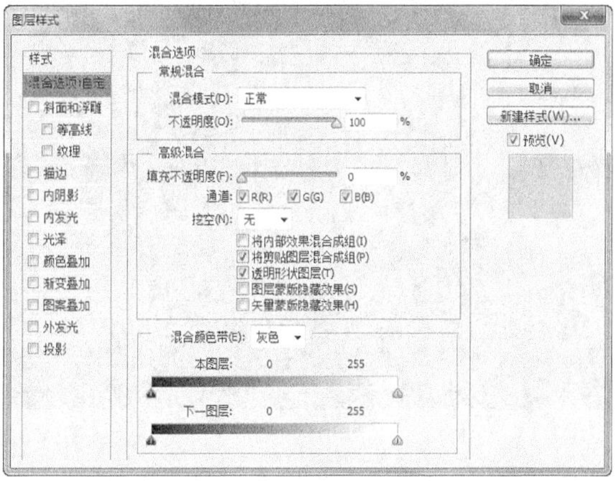

图5-214

13 勾选“内发光”选项，设置内发光颜色为白色，其余参数设置如图5-215所示，单击“确定”按钮 确定 后，得到的图像效果如图5-216所示。

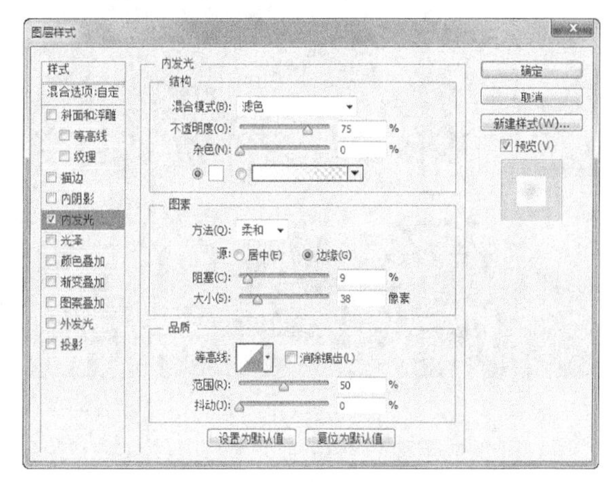

图5-215

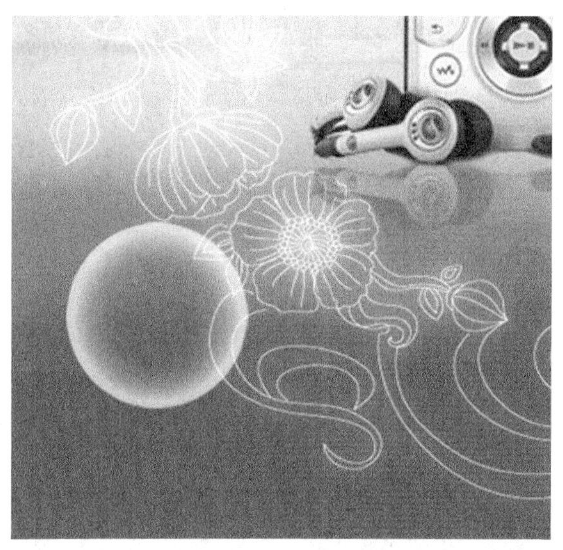

图5-216

14 新建一个图层，在内发光圆形图像中再绘制一个椭圆形选区，然后执行“选择>变换选区”菜单命令，将选区进行旋转，如图5-217所示。

图5-217

15 按Enter键确定选区的变换，将鼠标放到选区中，单击鼠标右键，在弹出的菜单中选择“羽化”命令，设置“羽化半径”为5，如图5-218所示。

图5-218

16 为选区填充白色，再在“图层”面板中设置该图层的“不透明度”为80%，效果如图5-219所示。

图5-219

17 复制羽化后的椭圆形图像，适当缩小图像，并改变其图层“不透明度”为100%，得到的图像效果如图5-220所示。

图5-220

18 使用相同的方法，在透明圆形的下方再绘制一个高光图像，并且适当调整其透明度和大小，如图5-221所示。

19 按住Ctrl键的同时选择所有水泡图像图层，执行“图层>向下合并”菜单命令，将其合并为一个图层。选择“移动工具”，按住Alt键移动复制水泡图像，放到如图5-222所示的位置。

图5-221

图5-222

20 按Ctrl＋T组合键将图像适当旋转和缩小，并设置该图层的“不透明度”为80%，效果如图5-223所示。

图5-223

21 打开本书配套资源中的“素材文件>CH05>音乐手机广告设计>手机2.psd”文件。如图5-224所示。使用“移动工具”分别将这两个手机图像拖动到当前文件中，参照如图5-225所示的方式放到两个水泡图像中。

图5-224

图5-225

22 选择“横排文字工具”T在图像左下角输入一行文字，并在“字符”面板中设置文字颜色为白色，字体为“方正准圆简体”，如图5-226所示，得到的文字如图5-227所示。

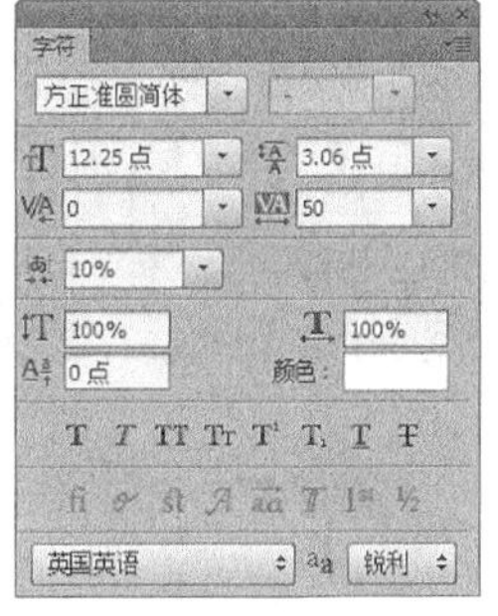

图5-226

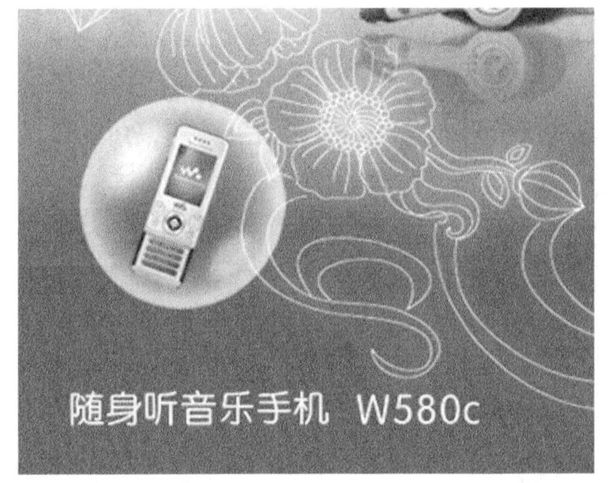

图5-227

23 执行“图层>图层样式>投影”菜单命令，打开“图层样式”对话框，设置投影颜色为黑色，其余设置如图5-228所示，得到的投影效果如图5-229所示。

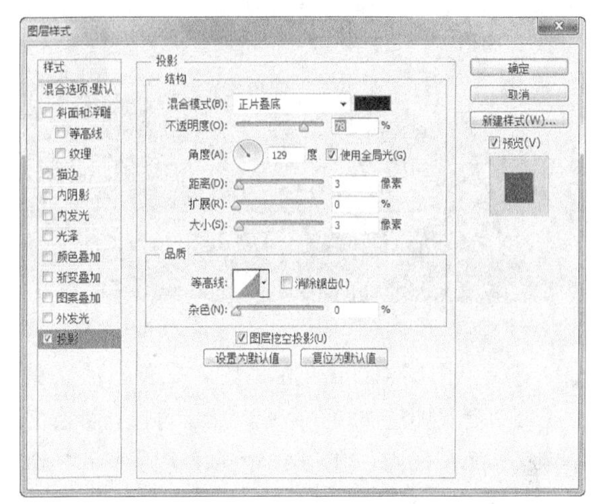

图5-228

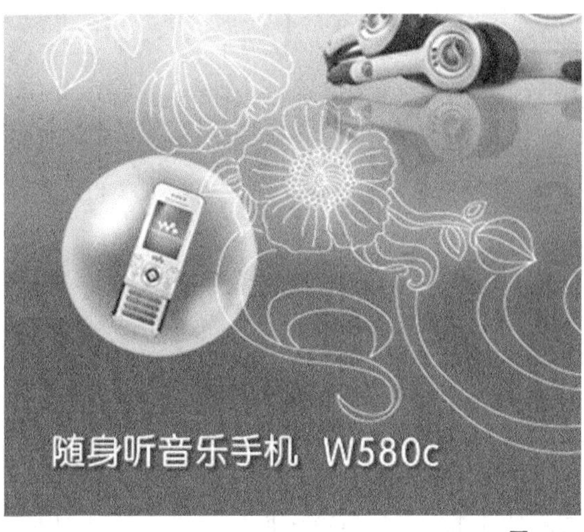

图5-229

24 打开本书配套资源中的“素材文件>CH05>音乐手机广告设计>标志文字.psd”文件，如图5-230所示。将该图像直接拖动到当前文件中，并放到画面左下角文字的上方，如图5-231所示。

图5-230

图5-231

25 在文字图层中单击鼠标右键，在弹出的菜单中选择“拷贝图层样式”命令，然后再选择标志文字图层，单击鼠标右键，选择“粘贴图层样式”命令，即可让图像得到投影效果，如图5-232所示。

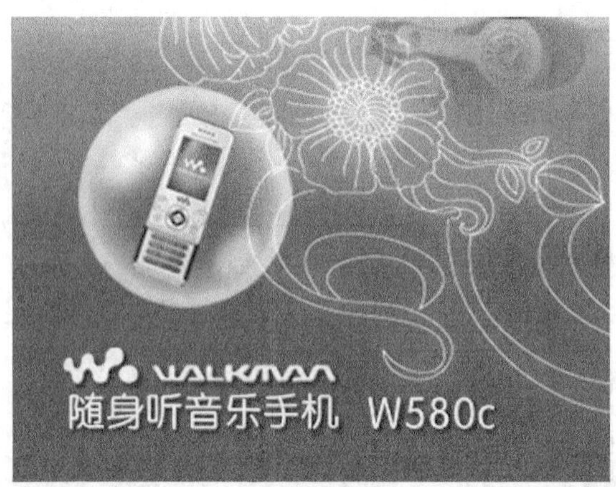

图5-232

26 打开本书配套资源中的“素材文件>CH05>音乐手机广告设计>标志.psd”文件，如图5-233所示。将该图像拖动到当前文件中，放到画面的右上方，如图5-234所示。

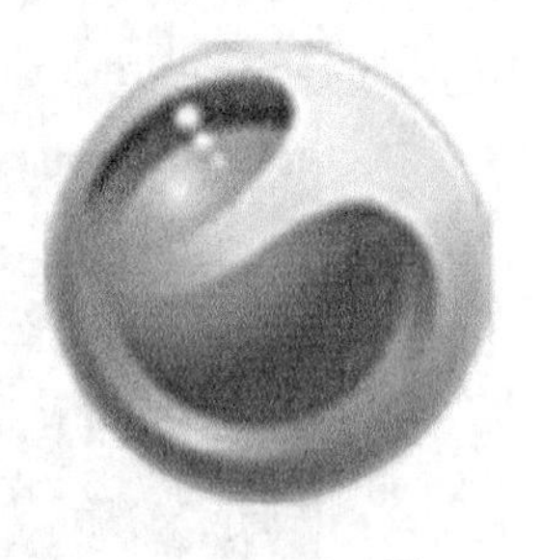
图5-233

图5-234

27 使用“横排文字工具”T在画面右上方输入一行文字，并在属性栏设置文字颜色为白色，字体为“方正准圆简体”，然后再按Ctrl＋T组合键对图像做适当的倾斜，如图5-235所示。

图5-235

28 参照第25步的操作方式，对文字和标志图像粘贴图层样式，得到图像的投影效果，如图5-236所示。

图5-236

29 打开本书配套资源中的“素材文件>CH05>音乐手机广告设计>人物.psd”文件，如图5-237所示。将该图像拖动到当前文件中，并适当调整图像大小，如图5-238所示。

图5-237

图5-238

30 新建一个图层，并将其放到背景图层的上方。选择“画笔工具”，在属性栏选择“柔角”样式，设置前景色为白色，在画面中绘制出大小不一的星光白点效果，如图5-239所示，完成本实例的制作。

图5-239

5.8 本章小结

通过本章的学习，应该对报纸杂志广告以及海报设计有一个完整的概念，在设计中要求画面和文字传达的宣传信息要清晰、突出、有力。报纸杂志广告以及海报中的插图本身具有生动的直观形象，能加深消费者对产品的印象，起到良好的宣传效果，对扩大销售、树立名牌、刺激购买欲与增强竞争力有很大的作用，但是如何更加生动形象地表现出设计的主题，是设计的重点。

5.9 课后习题

报纸、杂志、海报所包含的范围非常广泛，在本章我们所学的只是其中的一部分，还有更多的知识需要我们在实践中锻炼，不断的通过练习以及时间来积累经验。我们在本章将安排5个课后习题供读者练习。

5.9.1 课后习题1——彩色报版设计

案例位置 案例文件>CH05>彩色报版设计.psd
视频位置 多媒体教学>CH05>彩色报版设计.flv
难易指数 ★★☆☆☆
学习目标 学习“加深工具”“减淡工具”以及羽化选区功能的使用

本案例是为“雁栖湖”设计的地产宣传报纸，主体人物选用正在静心养神的少女作为主体，搭配云端的群山和飞翔的大雁，给人一种超脱尘世的感觉，完美地体现了舒适的居住环境。彩色报版的最终效果如图5-240所示。

图5-240

步骤分解如图5-241所示。

图5-241

5.9.2 课后习题2——红酒广告

案例位置 案例文件>CH05>红酒广告.psd
视频位置 多媒体教学>CH05>红酒广告.flv
难易指数 ★★★☆☆
学习目标 学习“钢笔工具”与路径变形功能的使用

本案例是为“葡萄园红酒”设计的一个宣传广告，在设计上以红酒的颜色作为整个设计的主色调，在素材上选用新鲜的葡萄，体现了葡萄酒的健康与原生态，与产品所要表达的意思交相呼应。红酒广告的最终效果如图5-242所示。

图5-242

步骤分解如图5-243所示。

图5-243

5.9.3　课后习题3——化妆品广告

案例位置　案例文件>CH05>化妆品广告.psd
视频位置　多媒体教学>CH05>化妆品广告.flv
难易指数　★★★☆☆
学习目标　学习"钢笔工具""魔棒工具"的使用

本案例是为国外Foyce化妆品牌设计的广告，颜色艳丽，主体人物时尚高贵，整个广告给人一种时尚华丽的气质，彰显出此产品的高档豪华。化妆品广告的最终效果如图5-244所示。

图5-244

步骤分解如图5-245所示。

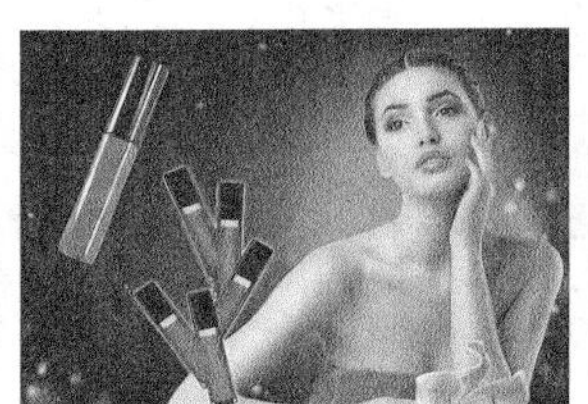

图5-245

5.9.4　课后习题4——时尚音乐手机广告

案例位置　案例文件>CH05>时尚音乐手机广告.psd
视频位置　多媒体教学>CH05>时尚音乐手机广告.flv
难易指数　★★★☆☆
学习目标　学习使用自由变换功能变形文字和使用图层样式制作文字特效

本案例是为手机品牌设计的宣传广告，整个设计让观众轻松自然，宛如美妙的音乐萦绕耳旁，让人产生无限的遐想，完美地体现了这款手机所特有的功能。时尚音乐手机的最终效果如图5-246所示。

图5-246

步骤分解如图5-247所示。

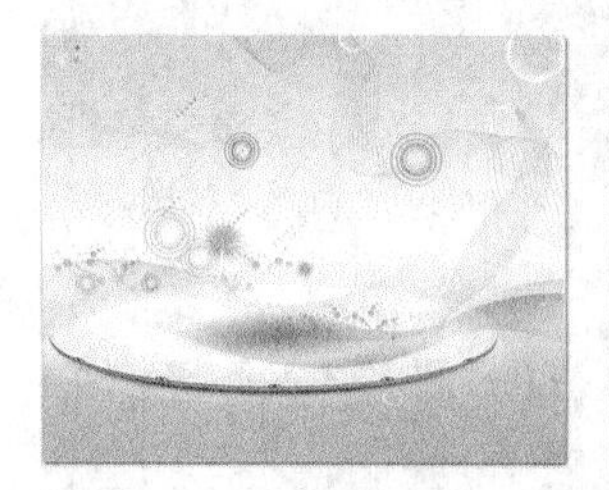

图5-247

第6章 户外广告设计

在本章我们将介绍户外广告的设计。户外广告是指利用公共或自由场地的建筑物、空间和交通工具等以悬挂或张贴的形式作为宣传的广告。户外广告最大的特点是界面非常大，注重设计尺寸的把握使其在较大的视线范围内能看清楚。

本章学习要点

广告牌的制作方法
户外海报的制作方法
户外灯箱的制作方法
公交广告制作方法
霓虹灯广告牌的制作方法

6.1 户外广告设计相关知识

户外广告是现存最早的广告形式之一，它可以以多种形式表现，以更具想象力的创意传达产品信息。户外广告作为继电视之后的第二个最佳媒体，为大众传递着信息。

6.1.1 户外广告的概念

凡是能在露天或公共场合通过广告设计表现形式向消费者进行诉求，达到推销商品目的的事物都可称为户外广告。

户外广告设计可分为平面和立体两大类：平面的有路牌广告设计、招贴广告设计、壁墙广告设计、海报、条幅等，图6-1所示为电影海报，图6-2所示为百货公司橱窗广告；立体广告设计分为霓虹灯广告设计、广告设计柱、广告设计塔、灯箱广告设计，以及车身广告设计等，图6-3所示为车身广告，图6-4所示为户外广告架广告。

图6-1

图6-2

图6-3

图6-4

6.1.2 户外广告设计的特征

户外广告是一种典型的城市广告形式，随着社会经济的发展，户外广告已不仅是广告业发展的一种传播媒介形式，而且成为了现代化城市环境建设布局和城市景观的一个重要组成部分。图6-5所示为商场户外广告，该广告能起到一定的美化城市环境的作用。

图6-5

1. 印象深刻

户外广告设计可以较好地利用消费者在公共场合经常产生的空白心理，具有一定的强迫诉求性质。即使匆匆赶路的消费者也可能因为对广告设计的随意一瞥而留下一定的印象，并通过反复对某些商品留下较深刻的印象。图6-6所示为一幅电影海报，其中悬浮的木屋给人留下了深刻的印象。

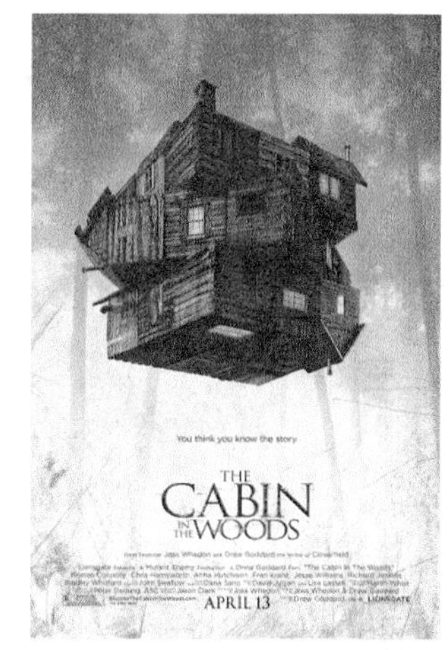

图6-6

2. 形式丰富

户外广告设计表现形式丰富多彩，如路牌广告设计、灯箱广告设计、霓虹灯广告设计、高空气球广告设计等，往往与市容浑然一体，使消费者非常自然地接受到广告设计信息，如图6-7所示。

图6-7

3. 内容单纯

户外广告设计内容单纯，能避免其他内容及竞争广告设计的干扰。图6-8所示为一则房地产广告，画面中的内容就符合单纯的原则。

图6-8

4. 覆盖面小

大多数户外广告位置固定不动，一般设立在人口密度大、流动性强的地方，其广告设计效率很难评估。

6.1.3 户外广告设计的要点

户外广告在设计时需要掌握以下几个要点。

1. 注重整体策略

成功的户外广告设计必须同其他广告设计一样，有严密的广告设计策略作为指导。要进行市场调查、分析、预测等活动，在此基础上确定广告设计的诉求点和主题，并具体到图形、文字、色彩等方面。

2. 考虑距离、视角、环境等因素

在设计时要根据具体环境而定，使户外广告设计外形、大小与环境及背景相协调。要充分考虑受众流动观看的特点，考察受众经过的位置、时间，以简洁的画面和揭示性的形式引起行人注意，吸引受众观看广告。图6-9所示为Adobe公司产品宣传海报。

图6-9

3. 高度简洁

简洁性是户外广告设计的一个重要原则。整个画面乃至整个设施都应尽可能简洁。设计时要独具匠心，始终坚持在少而精的原则下快速、准确地传递信息，以图像为主导，文字为辅助。使用文字要简单明快，切忌冗长。图6-10所示为Adobe公司展厅广告设计。

图6-10

6.1.4　户外广告设计的四大原则

大多数户外广告被阅读的时间只有几秒，简单明了是户外广告设计的基本要求，下面介绍户外广告设计的四大原则。

1. 使用最少的文字

由于户外广告是向流动的人群做推销宣传，受众阅读信息的时间极短，任何过多的信息都会破坏户外广告的传播效果，大多数有效的户外广告，设计的主要文字最多不超过10个，以便于受众记忆。

2. 插图大

人们一般都是远距离观看户外广告，因此，广告上的插图要大，并且有清晰的轮廓，以便于受众理解广告的含义，如图6-11所示。

图6-11

3. 醒目、清晰地展现产品和品牌

户外广告的对象是动态的行人，行人通过可视的广告形象接受商品信息，在空旷的广场和马路的人行道上，通常受众在10米以外的距离，看高于头部5米的物体比较方便。常见的户外广告一般为长方形、方形等，也可根据具体环境而定，使户外广告与背景协调，产生视觉美感，如图6-12所示。

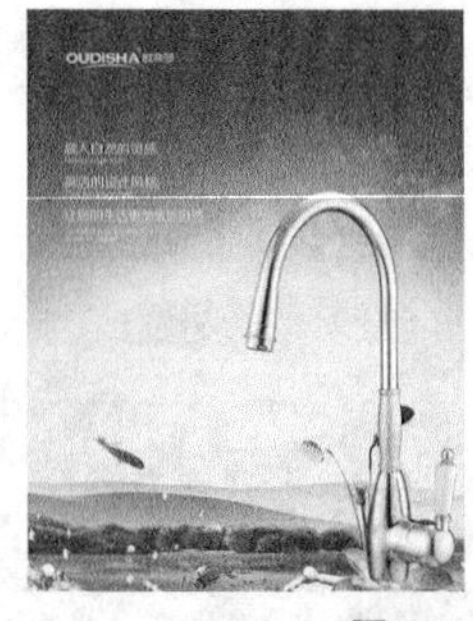

图6-12

4. 字体简洁明了

在进行户外广告设计时，应注意文字的间距，若文字间距太小，从远处看文字会连在一起，不易识别。尽量避免使用过粗或过细的字体，在远处看时，过粗的字体容易变得模糊并连成一团，而过细的字体又可能看不清楚，连笔或粗细不均的字体都会影响阅读。尽量使用简单的字体，如图6-13所示。

图6-13

6.2　课堂案例——广告牌设计

案例位置　案例文件>CH06>广告牌设计.psd
视频位置　多媒体教学>CH06>广告牌设计.flv
难易指数　★★☆☆☆
学习目标　学习"椭圆选框工具""画笔工具"的使用以及"图层混合模式"的调节

本案例制作的是一个公益性质的户外广告牌，画面气势要求宏大，因此选择了"草地"和"天空"作为背景；由于要突出公益环保的主题，所以在颜色上采用了蓝色和绿色作为主色调。广告牌的最终效果如图6-14所示。

图 6-14

相关知识

广告牌是利用艺术为载体推销商品的一种手段，是品牌或商品与消费者之间沟通的界面，它以形象、图案、色彩等视觉元素传递商品的信息和商家的诉求，其最主要的目的就是推广、促进销售或消费。广告牌的设计主要掌握以下4点。

第1点：广告牌分为多面自动翻转广告牌、射灯广告牌、霓虹灯广告牌和单立柱广告牌等。

第2点：广告牌内容必须符合广告法和地方行政法规的要求。

第3点：广告牌要考虑画面、文字和联系信息的辨识度和可视性。

第4点：广告牌的制作要根据广告牌的尺寸、媒体位置（室内、户外）、是否打光（内打光、外打光）和画面精细度来选择合理的材质和工艺。

主要步骤

① 首先使用"渐变工具"绘制蓝色背景图像，然后再添加白云素材图像，使其自然地融合在一起。

② 结合"椭圆选框工具"和"画笔工具"的使用绘制透明圆形链接图。

③ 添加其他素材图像，并适当使用图层样式和图层混合模式，让画面更加自然。

6.2.1　制作透明圆球

01 启动Photoshop CS6，执行"文件>新建"菜单命令或按Ctrl+N组合键新建一个"广告牌设计"文件，设置"宽度"为21厘米、"高度"为28厘米、"分辨率"为100像素/英寸、"颜色模式"为"RGB颜色"，如图6-15所示。

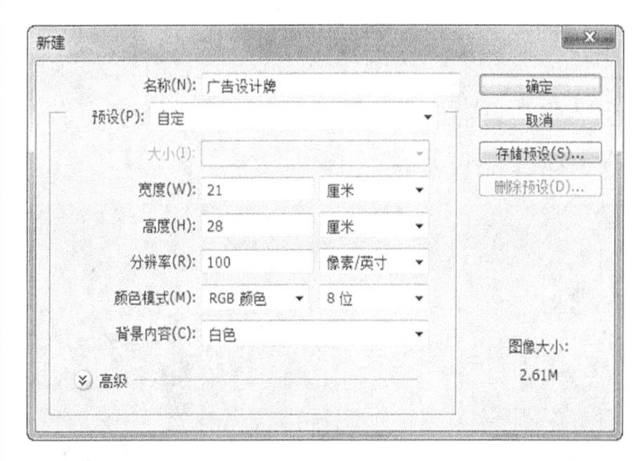

图 6-15

02 选择"渐变工具"，在属性栏设置渐变颜色从蓝色（R：18，G：84，B：153）到白色，然后对图像从上到下应用"线性渐变"填充，效果如图6-16所示。

03 打开本书配套资源中的"素材文件>CH06>广告牌设计>白云.psd"文件，使用"移动工具"将图像移动到当前图像中，放到画面下方，如图6-17所示。

图 6-16　　图 6-17

04 新建一个图层，选择“椭圆选框工具”绘制一个圆形选区，填充为黄色（R：219，G：188，B：45），然后再绘制多个圆形选区，分别填充为蓝色（R：43，G：221，B：244）、红色（R：141，G：76，B：116）和绿色（R：28，G：133，B：135），如图6-18所示。

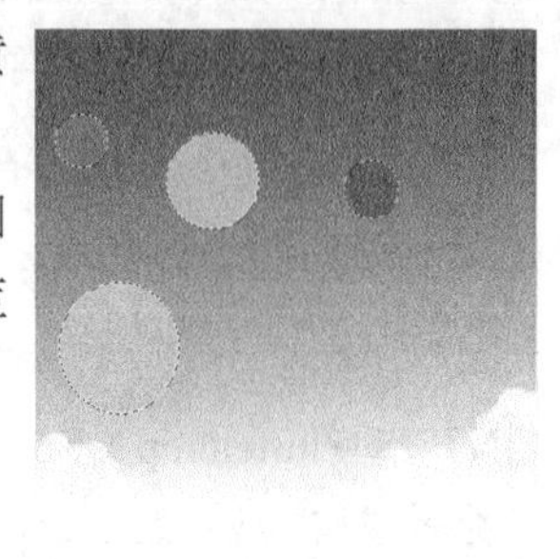

图 6-18

05 新建一个图层，选择“多边形套索工具”，在黄色圆球右下方绘制一个选区，设置前景色为白色，使用“画笔工具”对选区边缘进行涂抹，得到的效果如图6-19所示。

图 6-19

06 选择“椭圆选框工具”，在画面中再绘制一个圆形选区，同样使用“画笔工具”在选区进行涂抹，得到透明白色全球，效果如图6-20所示。

图 6-20

07 按Ctrl+J组合键复制一次图层，然后再按Ctrl+T组合键将图像适当旋转，并调整合适的大小，放到如图6-21所示的位置。

图 6-21

08 使用同样的方法复制多个圆球图像，并调整不同的方向和大小，放到如图6-22所示的位置。

图 6-22

6.2.2 添加其他素材图像

01 打开本书配套资源中的“素材文件>CH06>广告牌设计>地球.psd”文件，使用“移动工具”将图像移动到当前图像中，放到如图6-23所示位置。

02 打开本书配套资源中的“素材文件>CH06>广告牌设计>草坪.psd、花朵.psd”文件，使用“移动工具”将图像移动到当前图像中，放到画面下方，如图6-24所示。

图 6-23 图 6-24

03 新建一个图层，设置前景色为淡绿色（R：71，G：135，B：92），使用“画笔工具”在草地中绘制一块绿色图像，并设置该图层混合模式为“叠加”，如图6-25所示，图像效果如图6-26所示。

图 6-25 图 6-26

04 打开本书配套资源中的“素材文件>CH06>广告牌设计>天空.psd”文件，使用“移动工具”将图像移动到当前图像中，放到画面上方，如图6-27所示。

05 选择“画笔工具”，在属性栏选择“柔边”画笔，设置画笔“大小”为80，并单击“启用喷枪样式的建立效果”按钮，在图像右上方使用鼠标绘制一个光照图像，如图6-28所示。

图 6-27 图 6-28

06 打开本书配套资源中的“素材文件>CH06>广告牌设计>纸飞机和路.psd”文件，使用“移动工具”将图像拖曳到画面中，放到如图6-29所示位置。

07 选择“横排文字工具”在地球图像上方输入文字，并在属性栏设置中文字体为“方正综艺简体”，英文字体为“Blackadder ITC”，如图6-30所示。

图 6-29 图 6-30

08 执行“图层>图层样式>外发光”菜单命令，打开“图层样式”对话框，设置外发光颜色为白色，其他参数设置如图6-31所示。

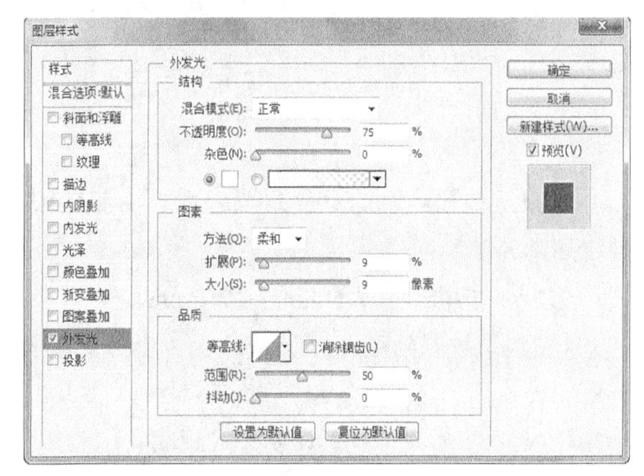

图 6-31

09 单击“确定”按钮 确定 ，得到文字的外发光效果，如图6-32所示。

图 6-32

6.3 课堂案例——户外海报设计

案例位置 案例文件>CH06>户外海报设计.psd
视频位置 多媒体教学>CH06>户外海报设计.flv
难易指数 ★★★☆☆
学习目标 学习“加深工具”和“减淡工具”的使用

本案例最大的特点是界面清晰大气、对比鲜明，在制作上突出了浪漫的氛围，尤其是玫瑰花瓣的采用，同时使用了各种飘带来突出葡萄酒的纯正，整体界面采用深红色和亮红色为主色调以衬托葡萄酒的酒色和酒瓶颜色。户外海报的最终效果如图6-33所示。

图 6-33

相关知识

海报是传播信息的一种重要手段，海报的设计主要掌握以下4点。

第1点：标准尺寸为508mm×762mm。

第2点：按照纸张开度又可分为：全开、4开和8开3种。

第3点：多数是以制版印刷方式制成的。

第4点：传播信息快，成本费用低，制作简便。

主要步骤

① 使用“钢笔工具”绘制第1个背景飘带的基本形状，再根据形状制作出两个有像素位差的飘带。

② 使用“钢笔工具”绘制第2个飘带的基本形状，再使用“加深工具”制作深色部分。

③ 使用“钢笔工具”绘制第3个亮光飘带的基本形状，再根据形状制作两个有像素位差的亮光飘带。

④ 使用“钢笔工具”和“加深工具”制作“葡萄酒”特效。

⑤ 使用“钢笔工具”绘制“玫瑰花瓣”的基本形状，然后使用“加深工具”、“减淡工具”、“画笔工具”、“模糊工具”和“高斯模糊”滤镜制作不同效果的“玫瑰花瓣”。

⑥ 添加相关的文字信息和标志。

6.3.1 制作暗调飘带

01 启动Photoshop CS6，执行“文件>新建”菜单命令或按Ctrl+N组合键新建一个“户外海报设计”文件，设置“宽度”为21厘米、“高度”为12厘米、“分辨率”为200像素/英寸、“颜色模式”为“RGB颜色”，如图6-34所示。

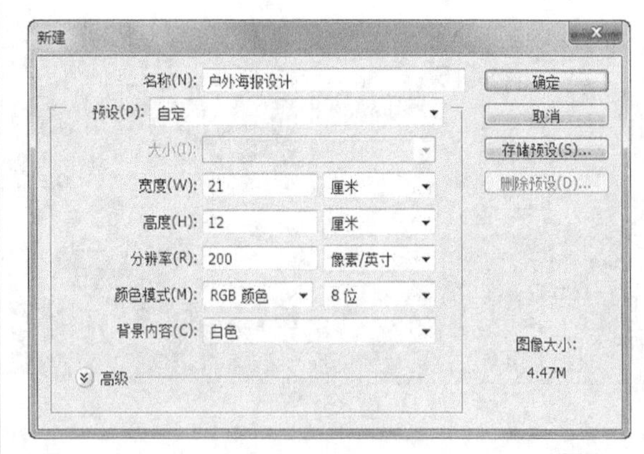

图 6-34

02 设置前景色为深红色（R：90，G：0，B：0），再按Alt+Delete组合键用前景色填充背景图层，效果如图6-35所示。

03 创建一个新的图层，单击“工具箱”中的“钢笔工具”，在属性栏单击“路径”按钮，然后在绘图区域绘制一个如图6-36所示的路径。

图6-35

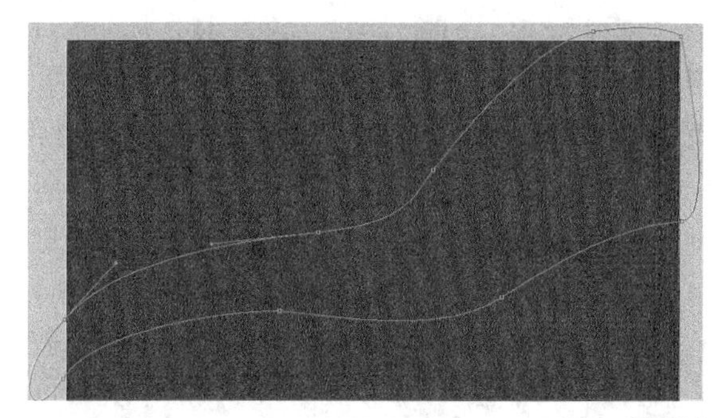

图6-36

技巧与提示

本案例将详细讲述“飘带”和“玫瑰花瓣”的制作方法，这两个在酒类广告设计和房地产广告设计中都比较流行，能够很好地衬托元素。

04 设置前景色为红色（R：174，G：16，B：22），切换到“路径”面板，单击面板下方的“用前景色填充路径”按钮，效果如图6-37所示。

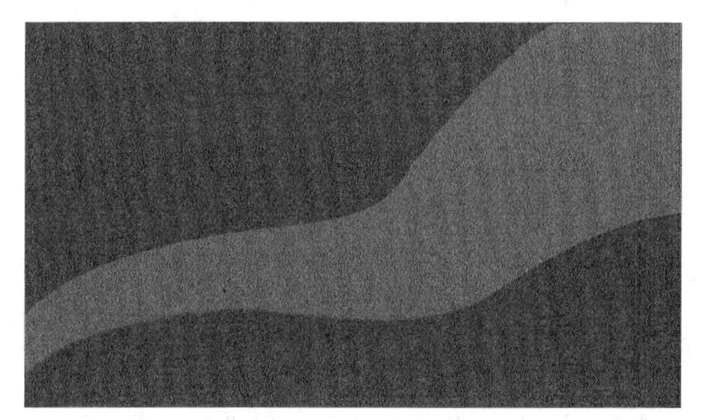

图6-37

05 选择“滤镜>模糊>高斯模糊” 菜单命令，打开“高斯模糊”对话框，设置“半径”参数为9，效果如图6-38所示。

06 设置前景色为红色（R：174，G：16，B：22），切换到“路径”面板，单击面板下方的“用前景色填充路径”按钮，效果如图6-39所示。

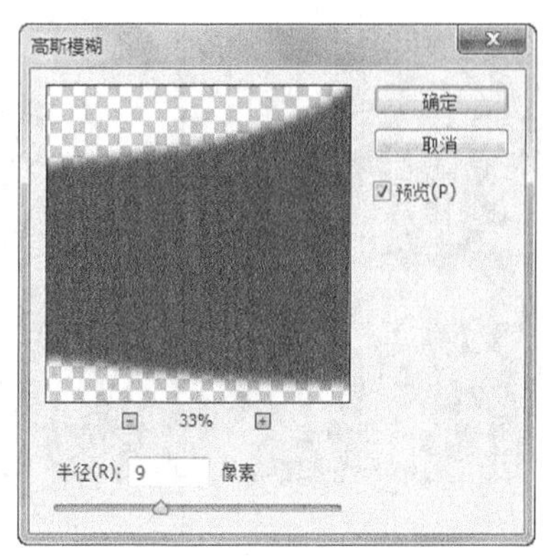

图6-38

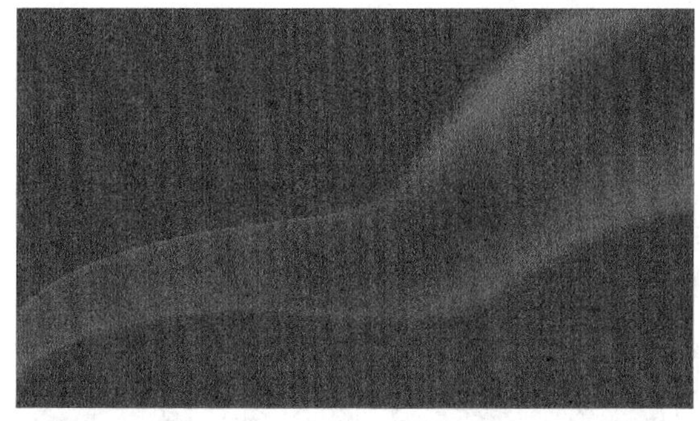

图6-39

技巧与提示

在制作完暗调“飘带”后，如果效果还不明显，可以使用“模糊工具”在“图层1”和“图层2”的下面边框部分来回涂抹使其更加模糊。

07 创建一个新图层，选择“画笔工具”，在图像中使用不同深浅的红色绘制其他飘带图像，效果如图6-40所示。

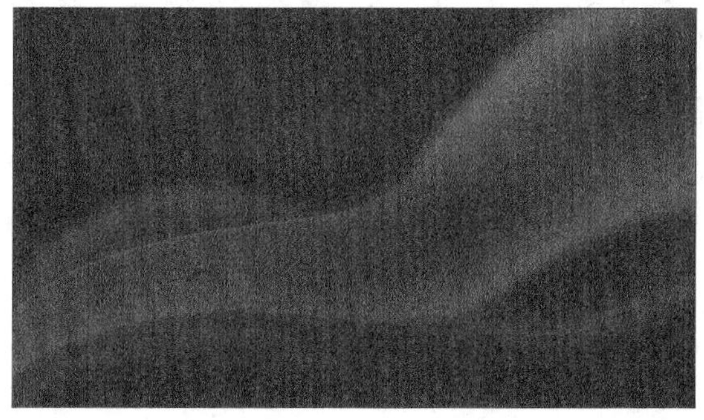

图6-40

08 创建一个新图层“图层4”，并将其拖曳到最上层，单击“工具箱”中的“钢笔工具”按钮，然后在属性栏单击“路径”按钮，在绘图区域绘制一个如图6-41所示的路径。

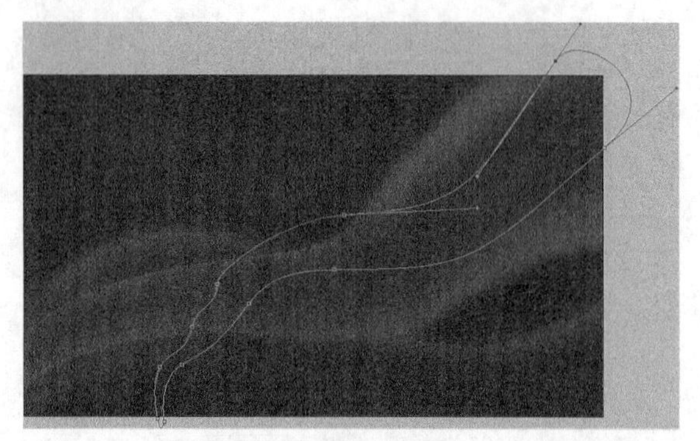

图6-41

09 设置前景色为红色（R：240，G：71，B：35），切换到“路径”面板，单击该面板下面的“用前景色填充路径”按钮，效果如图6-42所示。

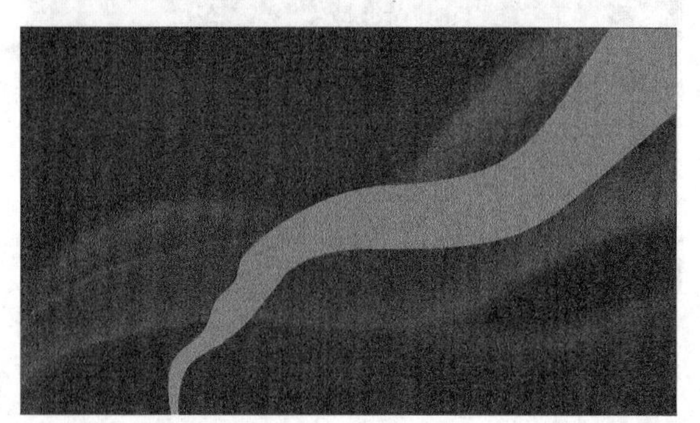

图6-42

10 分别使用“加深工具”和“减淡工具”在飘带的左下部分来回涂抹，效果如图6-43所示。

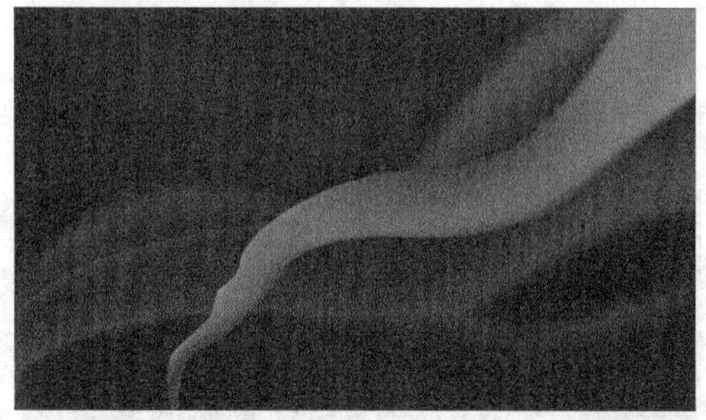

图6-43

6.3.2 制作亮光飘带

01 打开本书配套资源中的“素材文件>CH06>户外海报设计>素材01.psd”文件，将其拖曳到背景图像中，此时系统会自动生成一个新图层，将其更名为“葡萄酒”，再适当调整该图像图层顺序，如图6-44所示。

图6-44

02 创建一个新图层，单击“工具箱”中的“钢笔工具”按钮，再单击属性栏中的“路径”按钮，然后在绘图区域绘制一个曲线路径，设置前景色为红色（R：237，G：28，B：36），切换到“路径”面板，单击该面板下面的“用前景色填充路径”按钮，效果如图6-45所示。

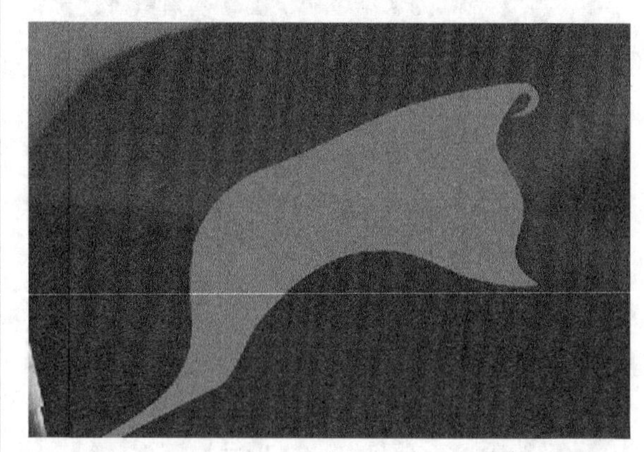

图6-45

技巧与提示

由于后面许多图像的绘制都要根据界面的核心部分—“葡萄酒”来制作，所以提前将“葡萄酒”图片添加到当前文件中。此“葡萄酒”是对原始图片进行高光处理后得到的，主要是利用“钢笔工具”勾选出需要制作高光的地方，然后填充颜色并使用“高斯模糊”滤镜，再更改图层的“不透明度”即可。

03 选择“加深工具”，在属性栏设置“曝光度”为20%，画笔“主直径”为100，然后在该图层下边缘的弯曲部分来回涂抹，效果如图6-46所示，再绘制飘带的里面一层图像，效果如图6-47所示。

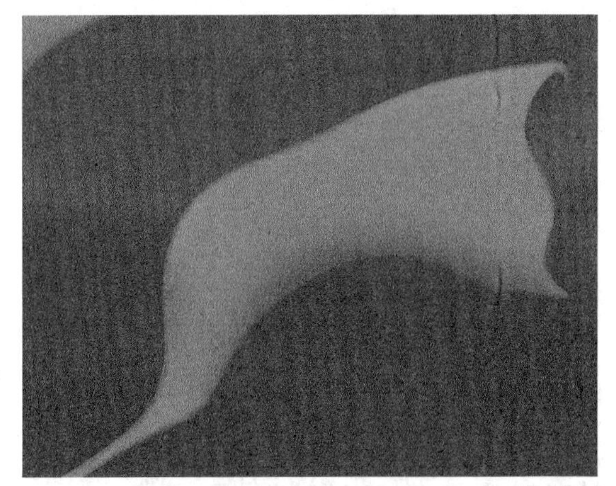

图6-46

图6-47

6.3.3　制作发光球

01 创建一个新图层，在“图层”面板中放到酒瓶图像图层的下方，然后使用“椭圆选框工具”在绘图区域绘制一个如图6-48所示的椭圆选框。

图6-48

02 设置前景色为淡黄色（R：241，G：231，B：200），使用“画笔工具”在酒瓶瓶颈处进行涂抹，制作亮光效果，如图6-49所示。

图6-49

03 创建一个新图层“飘带投影”，将该图层拖曳到“葡萄酒”图层的上面一层，然后选择“多边形套索工具”按钮，在绘图区域勾选一个如图6-50所示的选区。

图6-50

04 设置前景色为（R：164，G：86，B：48），按Alt+Delete组合键用前景色填充选区，再使用“加深工具”在该选区的左下部分来回涂抹，效果如图6-51所示。

图6-51

6.3.4 制作玫瑰花瓣

01 下面开始绘制花瓣图像。创建一个新图层，使用“钢笔工具”在绘图区域绘制一个如图6-52所示的路径。

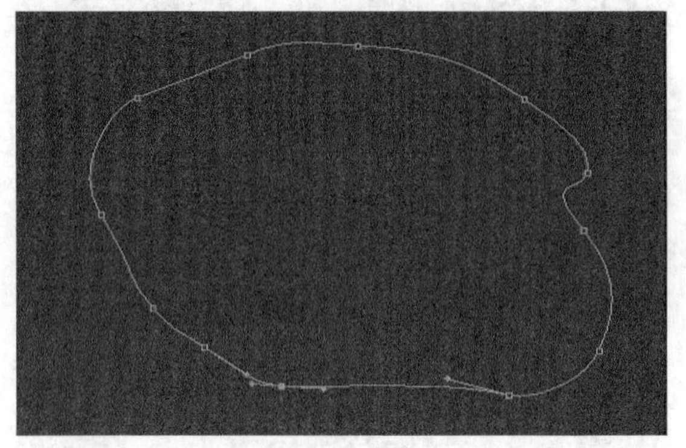

图6-52

02 设置前景色为红色（R：175，G：20，B：25），切换到“路径”面板，单击该面板下面的“用前景色填充路径”按钮，效果如图6-53所示。

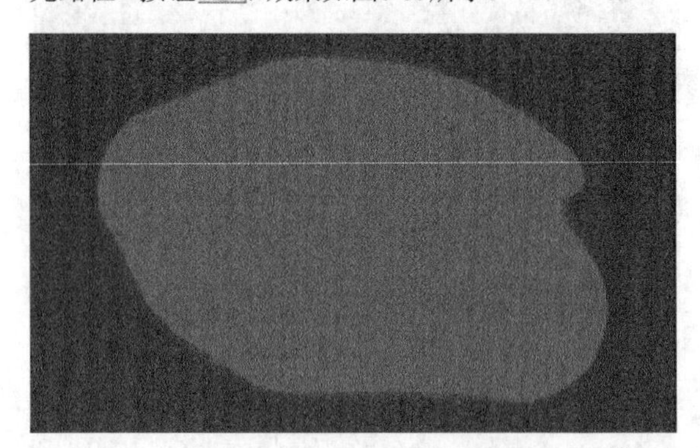

图6-53

03 使用“加深工具”对花瓣的弯曲部分进行涂抹，再使用“减淡工具”在花瓣中间进行涂抹，制作出轮廓线，效果如图6-54所示。

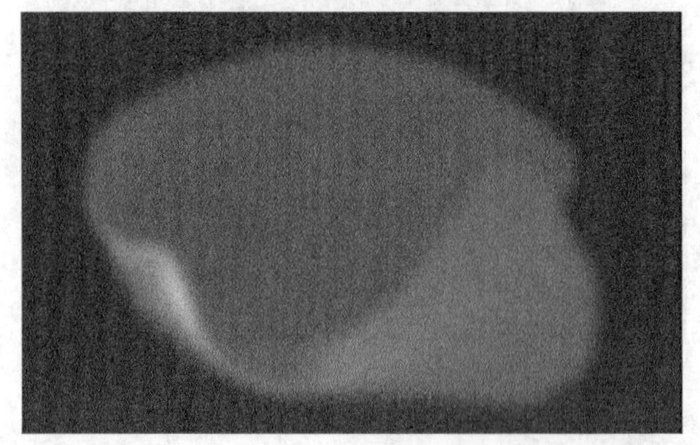

图6-54

04 参考前两个步骤的方法，绘制其他花瓣图像，并调整不同的大小和方向，得到的图像效果如图6-55所示。

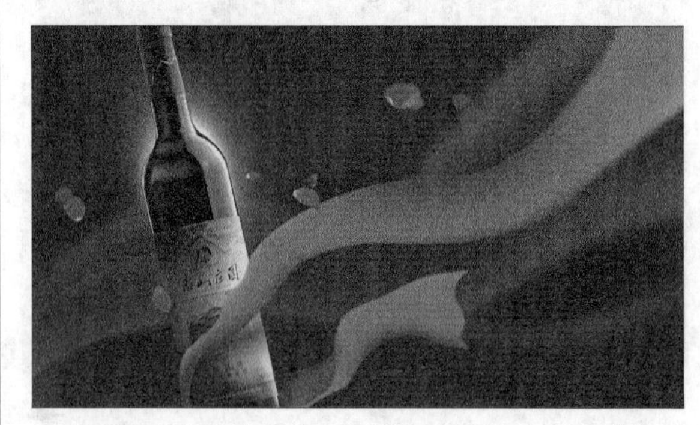

图6-55

技巧与提示

在绘制其他“花瓣”需要注意3点：使用“钢笔工具”绘制的基本形状一定要圆滑；使用“加深工具”和“减淡工具”时要注意“曝光度”和画笔“主直径”的调节，涂抹时尽量保证均匀；如果对于花瓣的形体把握不准，可参照现实中一些花瓣的形体，要尽量保证每个花瓣形体不相同。

05 按Ctrl+E组合键合并除了“葡萄酒”“亮光飘带”和“玫瑰花瓣”以外的所有图层，将合并后的图层更名为“背景”，再使用“加深工具”在“葡萄酒”周围部分、亮光飘带周围部分和无图像处来回涂抹，效果如图6-56所示。

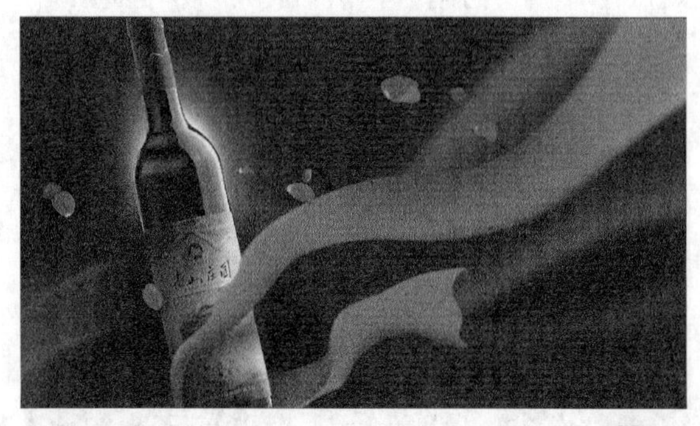

图6-56

06 选择“横排文字工具”，添加相关的文字信息，在属性栏设置文字颜色为黄色（R：252，G：188，B：117），字体为“楷体”，如图6-57所示。

07 打开本书配套资源中的“素材文件>CH06>户外海报设计>LOGO.psd”文件，使用“移动工具”将其移动到当前图像中，放到文字上方，如图6-58所示。

图6-57

图6-58

6.4 课堂案例——户外灯箱设计

案例位置 案例文件>CH06>户外灯箱设计.psd
视频位置 多媒体教学>CH06>户外灯箱设计.flv
难易指数 ★★★☆☆
学习目标 学习“钢笔工具”“椭圆工具”的使用

灯箱广告应用场所分布在道路、街道两旁、影剧院、展览（销）会、商业闹市区、车站、机场、码头和公园等公共场所。户外灯箱设计的最终效果如图6-59所示。

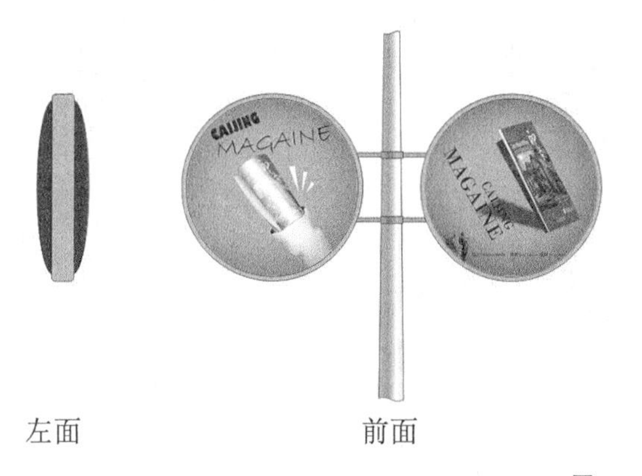

图6-59

相关知识

灯箱广告又名“灯箱海报”或“夜明宣传画”，国外称之为“半永久”街头艺术。户外灯箱广告的设计主要掌握以下5点。

第1点：画面大。众多的平面广告媒体都供室内或小范围传达，幅面较小，而户外灯箱广告通过门头、布告（宣传）栏和立杆灯箱画的形式展示广告内容，比其他平面广告插图大，字体也大，十分引人注目。

第2点：远视强。户外灯箱广告通过自然光（白天）和辅助光（夜晚）两种形式向远距离的人们传达信息。

第3点：内容广。户外灯箱广告不仅可以用在公共场所，还可以用在商业和文教场所。

第4点：兼具性。户外灯箱广告的展示形式有很多种，具有文字和色彩兼备功能，从产品商标、品名、实物照片、色彩、企业意图到文化、经济、风俗、信仰、观念无所不包含。

第5点：固定性和复杂性。户外灯箱广告无论采用何种形式，都有固定的要求。由于作为半永久展示装置，其基本结构较其他广告形式复杂，包括框架、复面材料、图案印刷层、防风和防雨雪构造，以及夜晚作为照明的发光设施，使得其单件制作成本高于其他类型广告。

主要步骤

① 使用“椭圆选框工具”和滤镜制作背景。

② 使用“钢笔工具”和滤镜绘制卷筒模型，然后导入素材，接着将其调整成卷筒报。

③ 导入素材，然后将其调整成立体效果，再使用选区填充功能制作阴影。

6.4.1 左平面设计

01 启动Photoshop CS6，按Ctrl+N组合键新建一个“户外灯箱左设计”文件，具体参数设置“宽度”为18厘米、“高度”为18厘米、“分辨率”为150像素/英寸、“颜色模式”为“RGB颜色”，如图6-60所示。

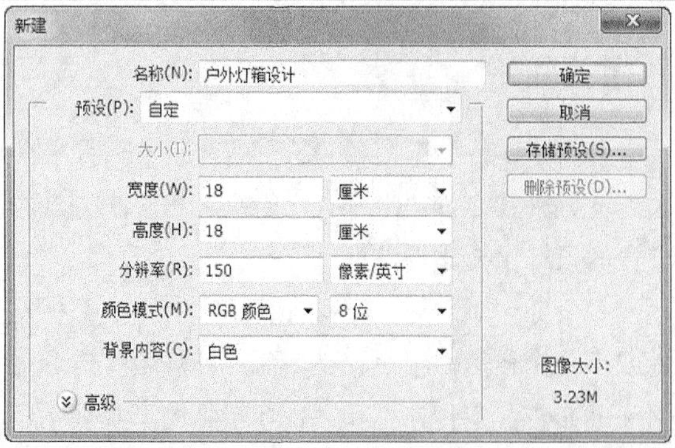

图6-60

02 新建“图层1”，然后使用“椭圆选框工具”绘制一个圆形选区，设置前景色为黄色（R：245，G：167，B：0），接着按Alt+Delete组合键用前景色填充选区，效果如图6-61所示。

图6-61

03 执行“滤镜>杂色>添加杂色”菜单命令，打开“添加杂色”对话框，设置各项参数如图6-62所示，单击“确定”按钮，得到的图像效果如图6-63所示。

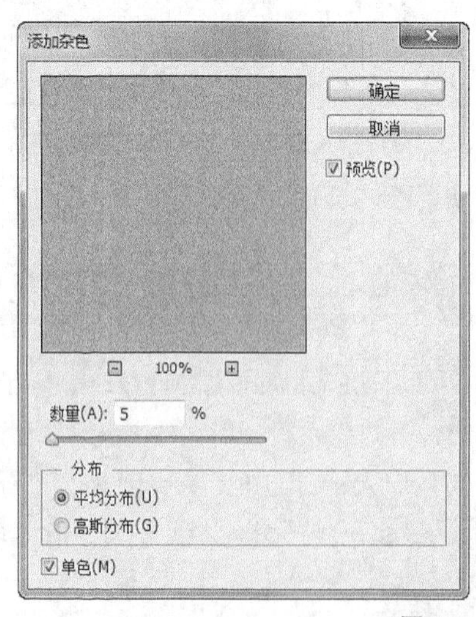

图6-62

图6-63

04 新建一个“卷筒”图层，然后使用“钢笔工具”在黄色圆形中绘制如图6-64所示的路径，接着用白色填充该路径，效果如图6-65所示。

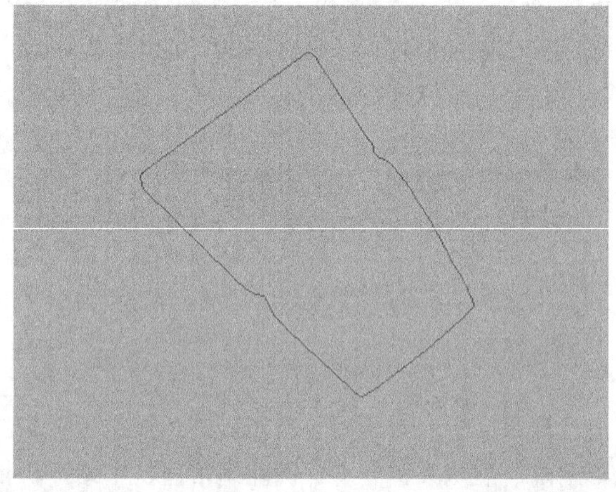

图6-64

图6-65

05 执行“滤镜>杂色>添加杂色”菜单命令，然后在弹出的“添加杂色”对话框中进行如图6-66所示的设置，最后单击“确定”按钮。

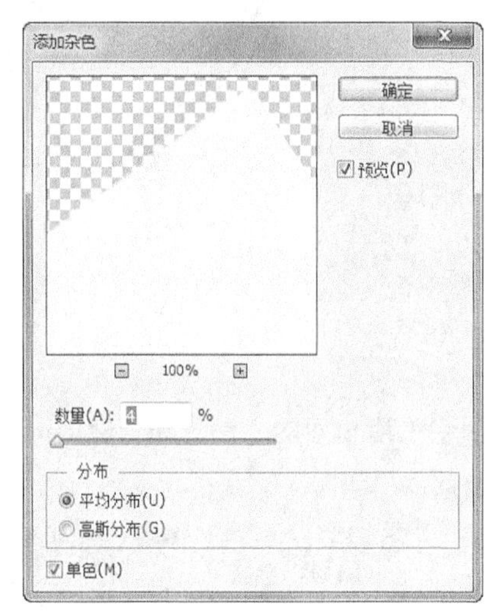

图6-66

06 使用“加深工具”对图像边缘进行涂抹，然后将图像放到圆形右下方，效果如图6-67所示。

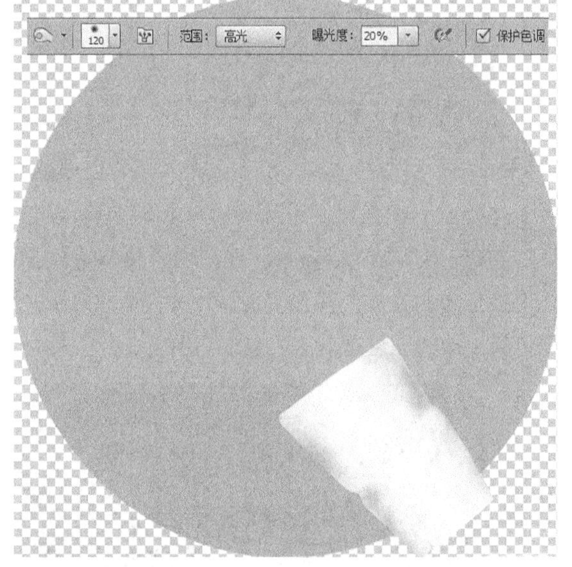

图6-67

技巧与提示

在涂抹暗部时，需要随时调整“画笔工具”的“主直径”和“曝光度”。

07 执行“图层>创建剪贴蒙版”菜单命令，将该图层创建为下一个图层的剪贴图层，效果如图6-68所示。

图6-68

08 新建一个“卷口”图层，然后使用“套索工具”在卷筒口处绘制一个卷口图像，填充为黑色，效果如图6-69所示。

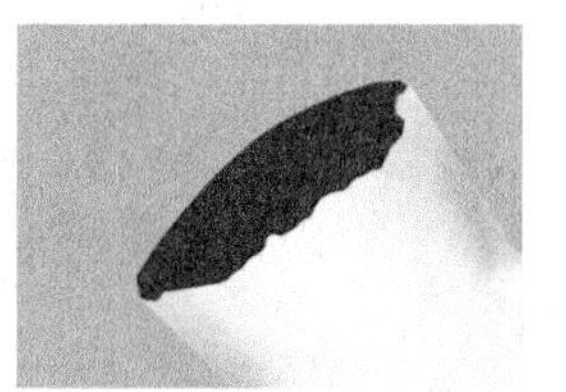

图6-69

09 打开本书配套资源中的“素材文件>CH06>户外灯箱设计>素材01.psd”文件，然后将其拖曳到“户外灯箱设计”操作界面中，接着将新生成的图层更名为“书模”图层，效果如图6-70所示。

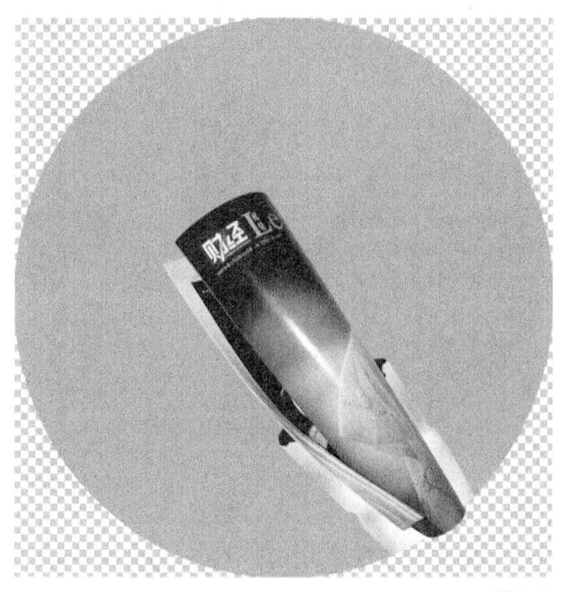

图6-70

⑩ 按住Ctrl键载入“卷筒”图层的选区，然后按Delete键删除图像，如图6-71所示。

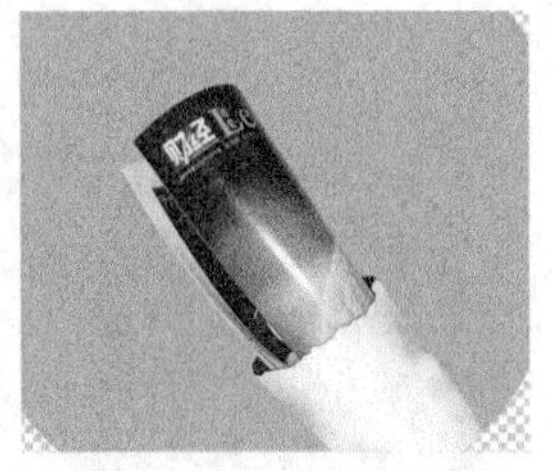

图6-71

⑪ 新建一个“正面”图层，然后使用“钢笔工具”绘制如图6-72所示的路径，接着用白色填充该路径，效果如图6-73所示。

图6-72

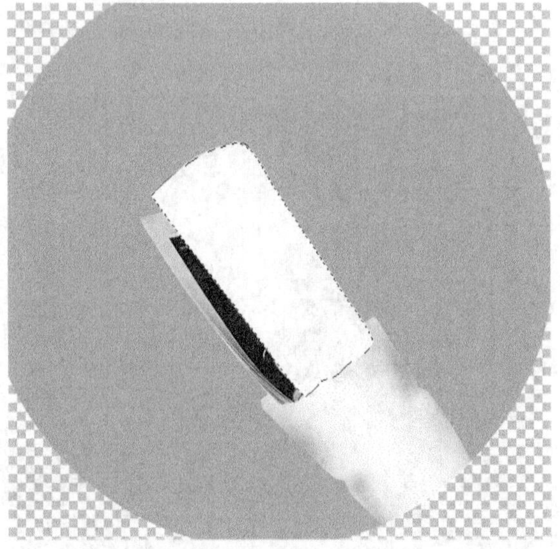

图6-73

⑫ 设置前景色为淡灰色，然后选择“画笔工具”在选择边缘绘制阴影图像，得到立体图像效果，如图6-74所示。

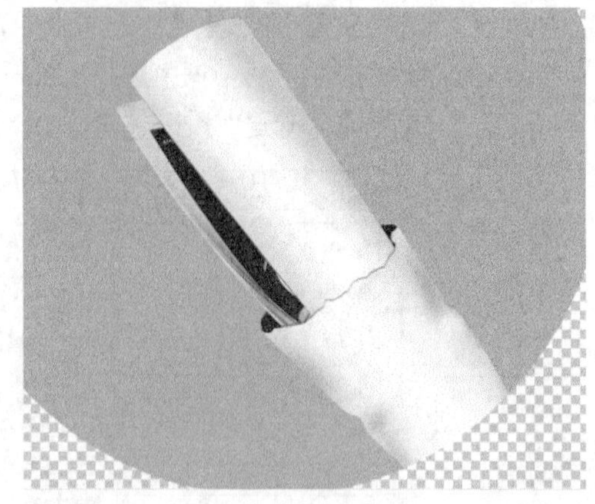

图6-74

⑬ 采用相同的方法制作“背面bg”图层，完成后的效果如图6-75所示。

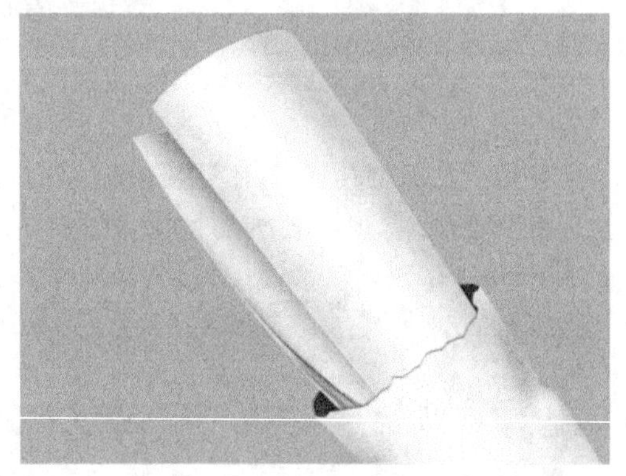

图6-75

⑭ 打开本书配套资源中的“素材文件>CH06>户外灯箱设计>素材02.jpg”文件，然后将其拖曳到“户外灯箱左设计”操作界面中，如图6-76所示，并将新生成的图层更名为“封面”图层。

图6-76

15 确定“封面”图层为当前图层，按Ctrl+T组合键进入自由变换状态，然后单击属性栏的“在自由变换和变形模式之间切换”按钮，再将图像调整成如图6-77所示的效果。

图6-77

16 载入“正面”图层选区，按Ctrl+Shift+I组合键反选选区，再按Delete键删除图像，然后设置该图层的混合模式为“颜色加深”，效果如图6-78所示。

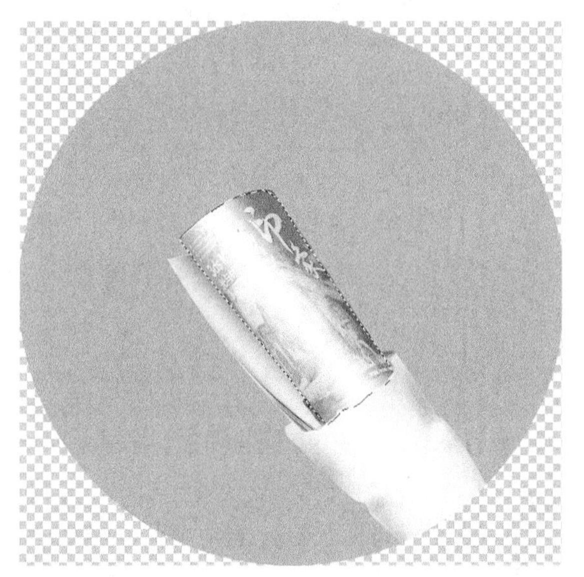

图6-78

17 使用“横排文字工具”在画面中输入相关文字信息，再适当对文字旋转，并在属性栏设置合适的字体，然后制作一些装饰元素来衬托画面，最终效果如图6-79所示。

图6-79

6.4.2 右平面设计

01 下面制作右平面图，新建一个图层，然后使用“椭圆选框工具”绘制一个圆形选区，接着设置前景色为灰色（R：185，G：185，B：195），按Alt+Delete组合键用前景色填充选区，效果如图6-80所示。

图6-80

02 打开本书配套资源中的“CH06>素材>素材03.psd”文件，然后将其拖曳到“户外灯箱设计”操作界面中，并将其放置在如图6-81所示的位置，接着将新生成的图层更名为“书模”图层。

图6-81

03 打开本书配套资源中的“素材文件>CH06>户外灯箱设计>素材04.psd”文件，使用“移动工具”将其拖曳到“户外灯箱设计”操作界面中，并将新生成的图层更名为“封面”图层，接着按Ctrl+T组合键进入自由变换状态，将图像调整成如图6-82所示的效果。

图6-82

04 设置该图层的混合模式为“明度”，效果如图6-83所示。

图6-83

05 按Ctrl+J组合键复制封面图层，然后将其拖曳到“户外灯箱设计”操作界面中，接着将该图层放置在“封面”图层的下一层，将其调整成如图6-84所示的效果。

图6-84

06 确定“封底”图层为当前图层，使用“多边形套索工具”勾选如图6-85所示的选区，然后按Ctrl+Shift+I组合键反选选区，接着单击“图层”面板底部的“添加图层蒙版”按钮，最后设置该图层的混合模式为“明度”，效果如图6-86所示。

图6-85

图6-86

技巧与提示

为了更方便、准确地勾选选区，可暂时隐藏“封底”图层。

07 执行“图像>调整>亮度/对比度”菜单命令，设置亮度参数为25，如图6-87所示，单击“确定”按钮 确定 得到的图像效果如图6-88所示。

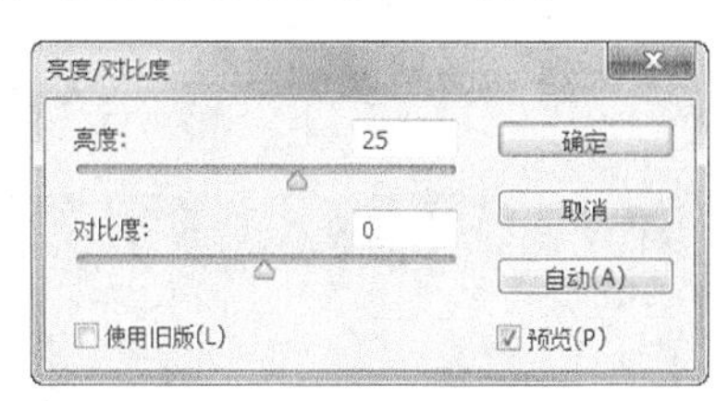

图6-87

图6-88

08 新建一个图层，选择“多边形套索工具”，在属性栏设置“羽化”参数为20，然后绘制一个选区，如图6-89所示，用灰色填充选区，效果如图6-90所示。

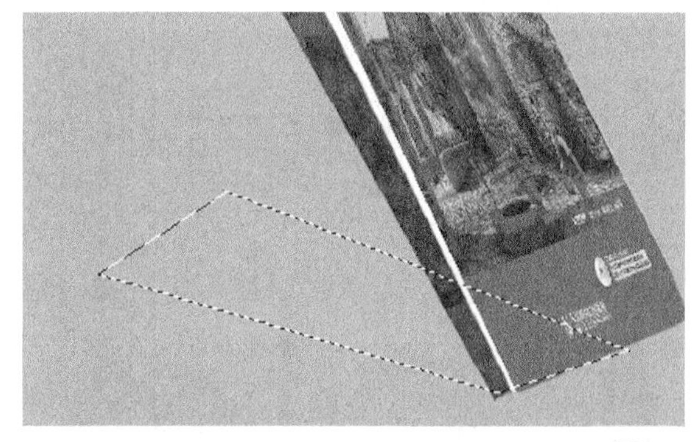

图6-89

图6-90

09 使用“横排文字工具”在画面中输入相关文字信息，然后制作一些装饰元素来衬托画面，最终效果如图6-91所示。

图6-91

10 结合“钢笔工具”和“渐变工具”的使用，绘制灯箱的杆子图像，如图6-92所示，完成本实例的操作。

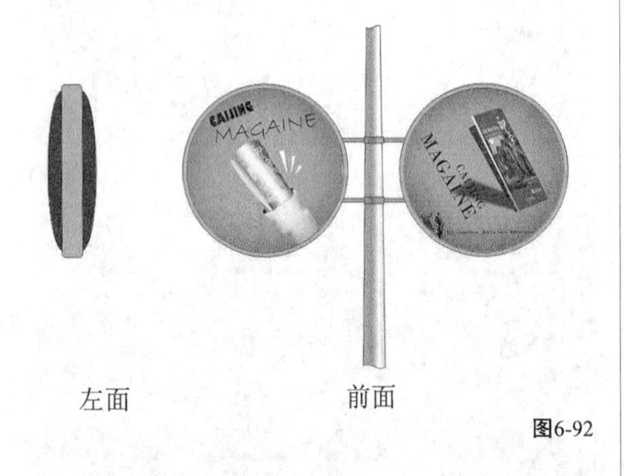

图6-92

6.5 课堂案例——公交广告

案例位置 案例文件>CH06>公交广告.psd
视频位置 多媒体教学>CH06>公交广告.flv
难易指数 ★★☆☆☆
学习目标 学习“钢笔工具”“渐变工具”的使用

公交车作为最主要的交通工具，整日穿梭在城市的各个角落，无疑成了很好的移动广告牌，但由于车体广告在设计上有很大的局限性，如在不规则的形状中设计图案等。“公交广告”效果如图6-93和图6-94所示。

图6-93

图6-94

相关知识

公交广告的设计主要掌握以下两点。

第1点：由于车身是不断移动的，所以画面上的图案要简洁大气。

第2点：公交广告上的字体要醒目，颜色要突出。

主要步骤

① 使用“渐变工具”和素材制作车体广告。

② 使用素材合成站台广告。

6.5.1 车体广告设计

01 打开本书配套资源中的“素材文件>CH06>公交广告>素材01.psd”文件，新建一个图层，选择“钢笔工具”，在车身绘制一个路径，如图6-95所示。

图6-95

02 按Ctrl+Enter组合键将路径转换为选区，选择"渐变工具"，打开"渐变编辑器"对话框，设置颜色从黑色到蓝色（R：61，G：103，B：129）到黑色，如图6-96所示，然后应用"径向渐变"填充选区，效果如图6-97所示。

图6-96

图6-97

03 打开本书配套资源中的"素材文件>CH06>公交广告>素材02.psd"文件，使用"移动工具"将其拖曳到当前操作界面中，适当调整其位置和大小，放到公交车身后方，如图6-98所示。

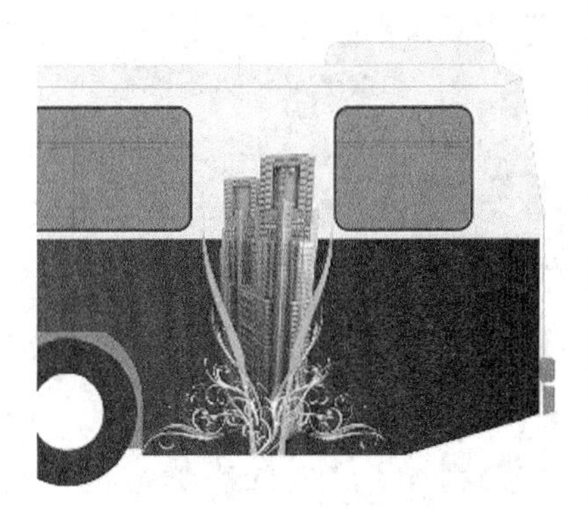

图6-98

04 新建一个图层5，使用"矩形选框工具"在前车轮胎处绘制多个矩形选区，并填充为灰色和黄色，效果如图6-99所示。

图6-99

05 最后使用"横排文字工具"在车体上输入相应的文字信息，并在属性栏里根据自己的喜好设置相应的字体和颜色等，将字体排列成如图6-100所示的样式，完成车体广告的制作。

图6-100

技巧与提示

每辆公交车的颜色和车型都不一样，因此设计颜色时要注意各部分之间的搭配，这样才能引起人们的关注。

6.5.2 站台广告设计

01 分别打开本书配套资源中的"素材文件>CH06>公交广告>背景.jpg和素材03.jpg"文件，如图6-101和图6-102所示。

图6-101

图6-102

02 选择“矩形选框工具”，框选大厦上方图像，然后使用“移动工具”将大楼拖曳到背景图像中，并放到画面右下方，如图6-103所示。

图6-103

03 使用“横排文字工具”在绘图区域输入相应的文字信息，然后执行“图层>合并可见图层”菜单命令，将所有的图层合并为“背景”图层，如图6-104所示。

图6-104

04 打开本书配套资源中的“素材文件>CH06>公交广告>素材05.jpg”文件，然后将前面制作好的站台广告图像拖曳到当前操作界面中，执行“编辑>自由变换”菜单命令，按住Ctrl键拖动图像的四个角，将其调整到合适站牌广告的位置，如图6-105所示。

05 新建一个图层，选择“套索工具”，在广告图像上方绘制高光区域，如图6-106所示，填充为白色，再设置该图层的“不透明度”为10%，效果如图6-107所示。

06 执行“图层>图层样式>内阴影”菜单命令，打开“图层样式”对话框，设置阴影颜色为黑色，其他参数设置如图6-108所示，最终效果如图6-109所示。

图6-105

图6-106

图6-107

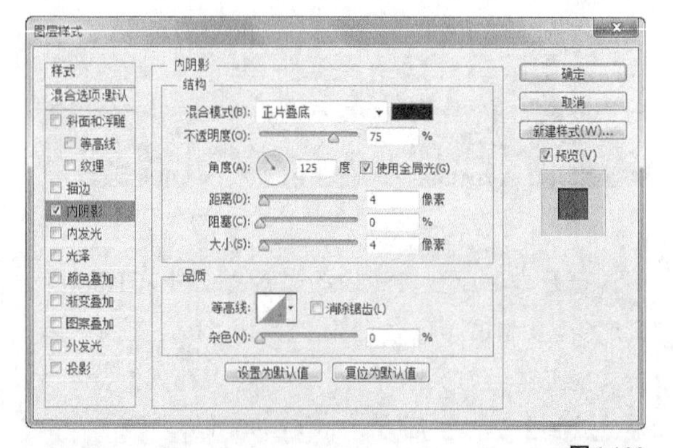

图6-108

图6-109

6.6　课堂案例——霓虹灯广告牌

案例位置　案例文件>CH06>霓虹灯广告牌.psd
视频位置　多媒体教学>CH06>霓虹灯广告牌.flv
难易指数　★★★☆☆
学习目标　学习“钢笔工具”“渐变填充工具”的使用

本节要制作的是酒吧霓虹灯广告牌，作为酒吧广告，首先要突出酒吧的名称，然后采用强烈的颜色来突出视觉效果。“霓虹灯广告牌”效果如图6-110所示。

图6-110

相关知识

霓虹灯广告牌的设计主要掌握以下两点。

第1点：霓虹灯广告牌的主次要分明，信息传达要准确。

第2点：霓虹灯广告牌的颜色要强烈，以突出视觉效果。

主要步骤

① 使用“钢笔工具”绘制出花纹的样式，然后使用“渐变填充工具”填充颜色。

② 使用“钢笔工具”绘制出文字等的造型，渐变填充并设置“斜面与浮雕”效果和“外发光”等参数。

③ 设置下面背景的霓虹灯。

6.6.1　调出背景纹理

01 启动Photoshop CS6，按Ctrl+N组合键新建一个“霓虹灯广告牌”文件，设置“宽度”为13厘米、“高度”为10厘米、“分辨率”为200像素/英寸、“颜色模式”为“RGB颜色”，如图6-111所示。

02 将背景填充为黑色，然后打开本书配套资源中的“素材文件>CH06>霓虹灯广告牌>素材01.psd”文件，使用“移动工具”将花纹拖曳到黑色背景中，放到合适的位置，这时“图层”面板将自动得到“图层1”，效果如图6-112所示。

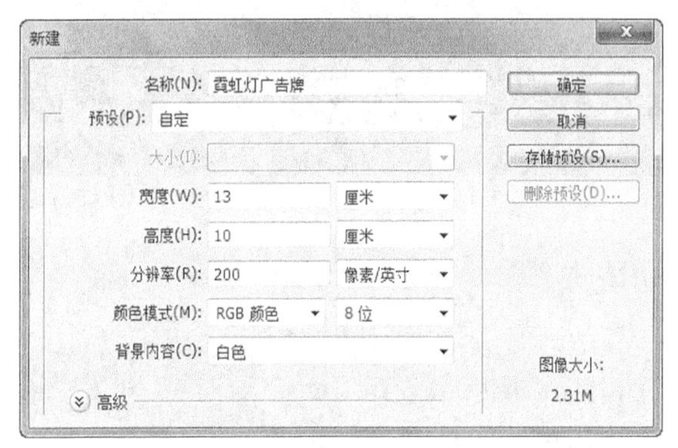

图6-111

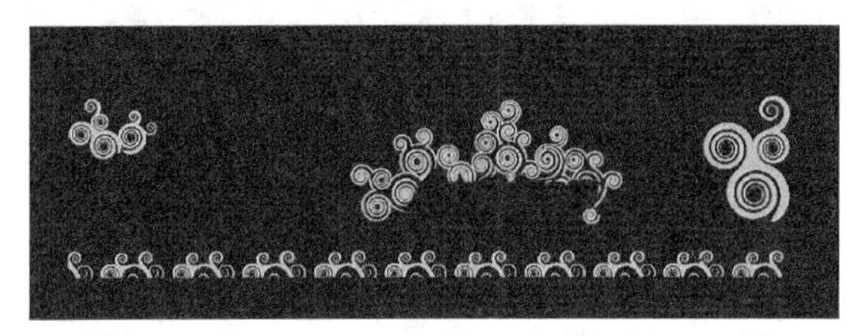

图6-112

03 按住Ctrl键单击“图层1”，载入该图像选区，选择“渐变工具”，打开“渐变编辑器”对话框，选择“色谱”选项，如图6-113所示。

图6-113

04 单击属性栏中的“线性渐变”按钮，然后在选区中从左向右拉出渐变，效果如图6-114所示。

图6-114

知识点

在默认情况下，“预设”面板下只有16种渐变色，如图6-115所示。

图6-115

若要选择其他的渐变色，可在“渐变编辑器”对话框中单击三角形按钮，在弹出的菜单中选择相应的命令即可。系统提供了10种渐变样式，如图6-116所示。选择一种命令后，将弹出“渐变编辑器”对话框，如图6-117所示，若单击“确定”按钮确定，选择的渐变样式将替换原来的渐变样式，并在“预设”面板中显示；若单击“追加”按钮追加(A)，选择的渐变样式会与原来的渐变样式同时出现在“预设”面板中。

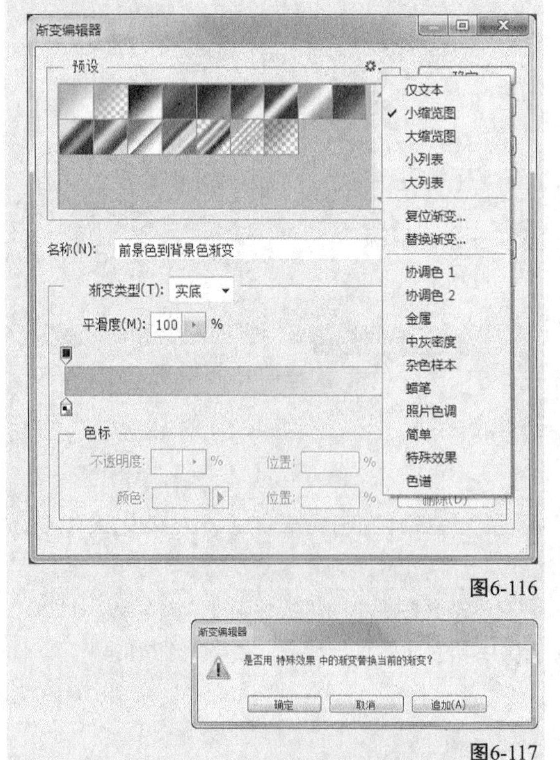

图6-116

图6-117

05 双击“图层1”的缩览图，在弹出的“图层样式”对话框中单击“投影”样式，设置投影颜色为黑色，其他参数设置如图6-118所示，再单击“外发光”样式，设置外发光颜色为绿色（R：180，G：251，B：254），其他参数设置如图6-119所示。

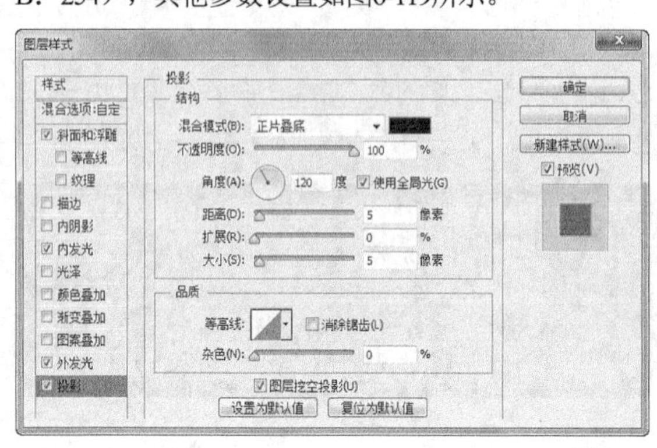

图6-118

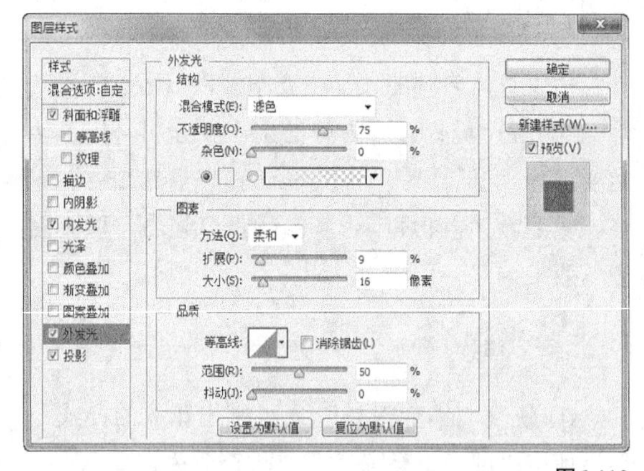

图6-119

06 继续在“图层样式”对话框单击“内发光”样式，设置内发光颜色为绿色（R：110，G：211，B：217），其他参数设置如图6-120所示，然后单击“斜面和浮雕”样式，具体参数设置如图6-121所示。

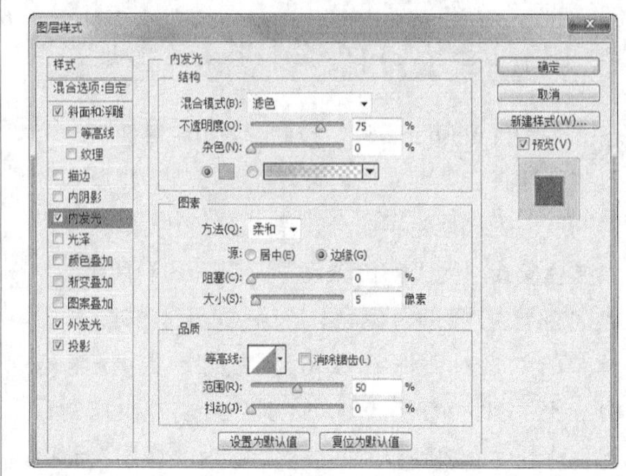

图6-120

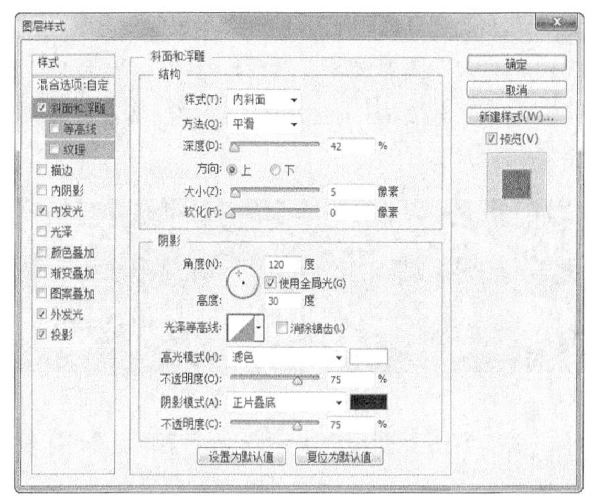

图6-121

07 单击“确定”按钮 确定 ，得到的图像效果如图6-122所示。

图6-122

6.6.2 制作文字特效

01 打开本书配套资源中的“CH06>素材>霓虹灯广告牌>文字.psd”文件，然后将其拖曳到当前操作界面中，更该图层再单击“图层1”缩览图前面的“指示图层可见性”按钮，将“图层1”暂时隐藏，如图6-123所示，最后将新生成的图层更名为“文字”图层。

图6-123

02 按住Ctrl键单击“文字”图层，载入图像选区，然后使用前面设置好的“色谱”渐变为选区填充渐变色，效果如图6-124所示。

图6-124

03 在“图层”面板中选择“图层1”，单击鼠标右键，在弹出的菜单中选择“拷贝图层样式”命令，然后选择“文字”图层，单击鼠标右键，在弹出的菜单中选择“粘贴图层样式”命令，如图6-125所示，粘贴后的图像效果如图6-126所示。

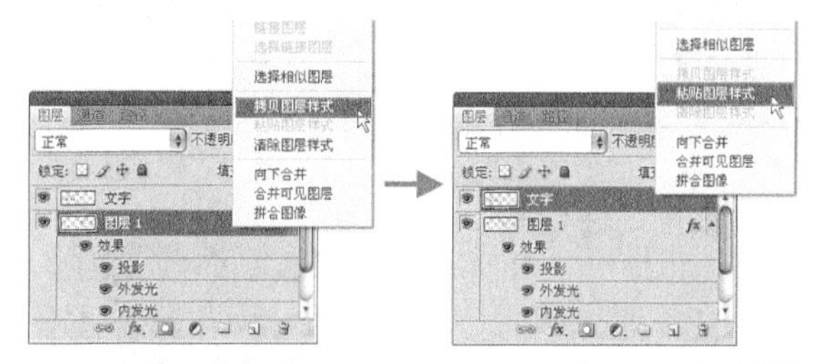

图6-125

图6-126

04 新建一个图层，使用“矩形选框工具” 在绘图区域绘制一个大小合适的矩形选区，并用白色填充选区，效果如图6-127所示。

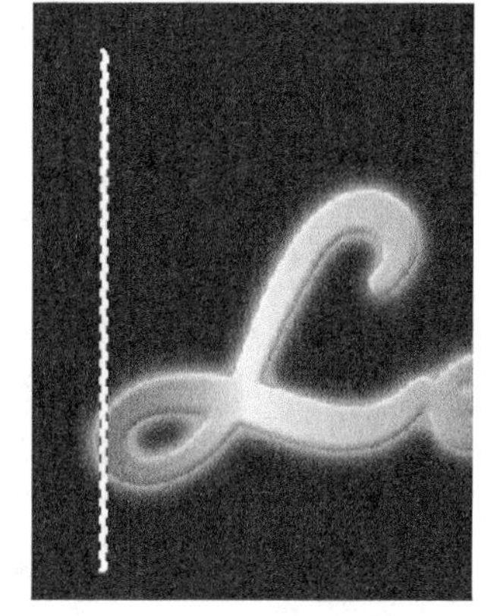

图6-127

05 按Ctrl+Alt+T组合键进入自由变换并复制状态，使用“移动工具” 将矩形适当向右移动，然后再按Shift+Ctrl+Alt+T组合键继续移动复制白色矩形，将其排列成如图6-128所示的效果。

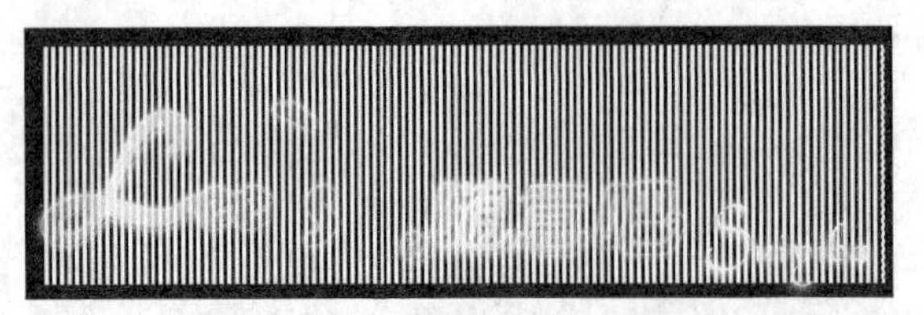

图6-128

知识点

自由变换并复制是一项很重要的功能，在复制具有一定规律的图形时非常适用。下面以一个小例子讲解该功能的使用方法。

图6-129所示是一棵树，按Ctrl+Alt+T组合键进入自由变换并复制状态，当对图形进行移动或变换等操作时，“图层”面板中便会出现副本图层，如图6-130所示。

图6-129

图6-130

当确定变换操作后，若还需要继续复制图形，可连续按Shift+Ctrl+Alt+T组合键按照前面的复制规律继续复制图形，如图6-131所示。

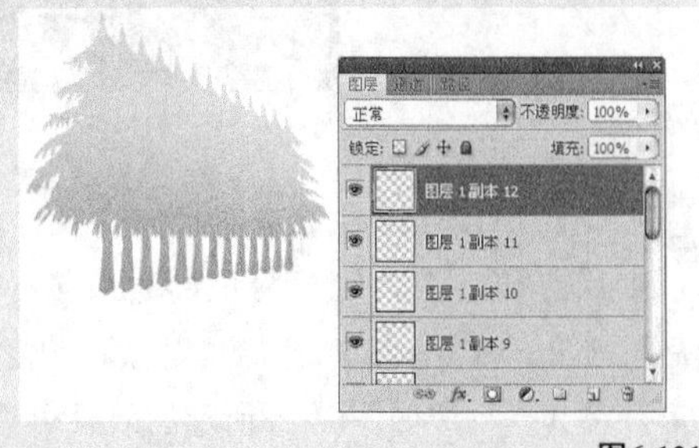

图6-131

06 选择所有白色矩形所在图层，按Ctrl+E组合键载入“文字”图层选区，然后执行“选择>反向”菜单命令，再按Delete键删除选区中的像素，效果如图6-132所示。

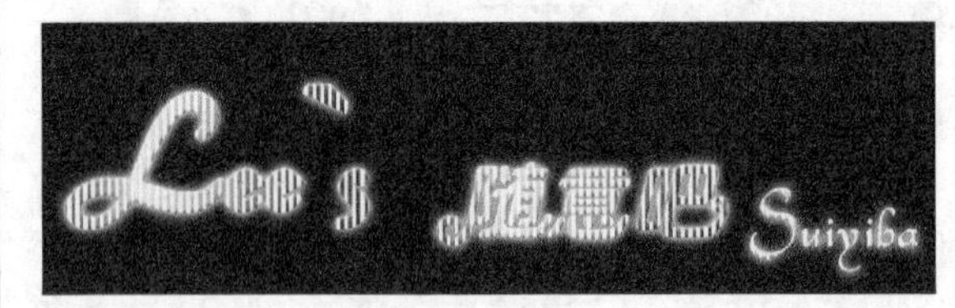

图6-132

07 执行“图层>图层样式>外发光”菜单命令，打开“图层样式”对话框，设置外发光颜色为绿色（R：161，G：232，B：249），其他参数设置如图6-133所示。

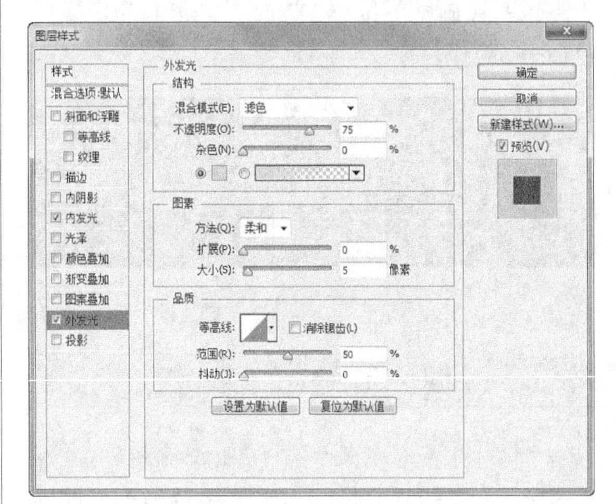

图6-133

08 单击“内发光”样式，设置内发光颜色为黄色（R：255，G：255，B：190），其他参数设置如图6-134所示，效果如图6-135所示。

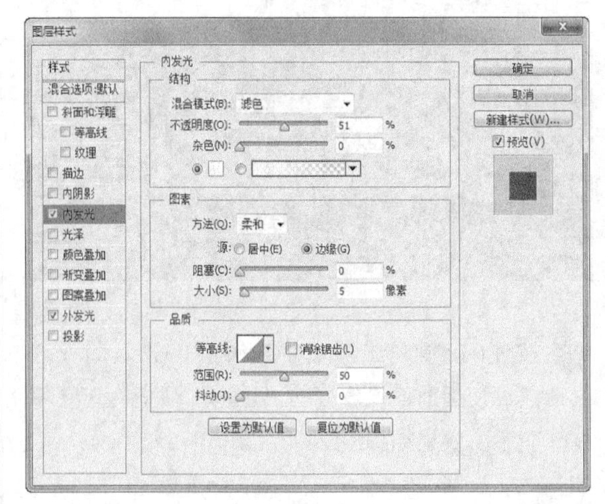

图6-134

图6-135

09 新建一个图层，然后载入“文字”图层选区，执行“编辑>描边”菜单命令，并在弹出的“描边”对话框中设置描边颜色为红色（R：255，G：0，B：0），具体参数设置如图6-136所示。

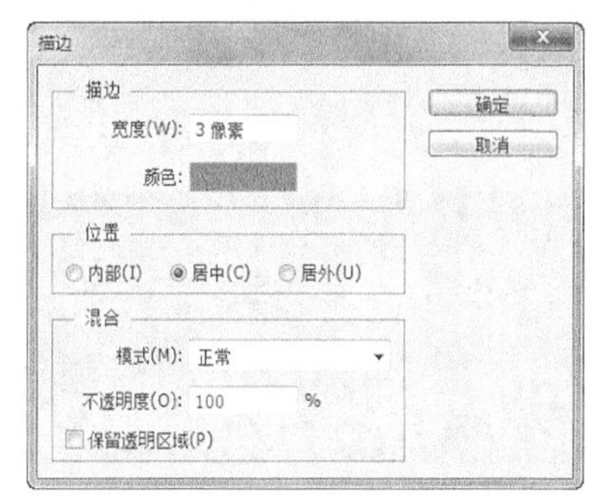

图6-136

10 执行“图层>图层样式>投影”菜单命令，在弹出的对话框中设置投影颜色为黑色，其他参数设置如图6-137所示，再单击“外发光”样式，设置外发光颜色为红色（R：225，G：1，B：1），其他参数设置如图6-138所示。

11 继续在“图层样式”对话框中单击“内发光”样式，设置内发光颜色为粉红色（R：235，G：183，B：187），其他参数设置如图6-139所示，然后单击“斜面和浮雕”样式，具体参数设置如图6-140所示，单击“确定”按钮［确定］，得到的图像效果如图6-141所示。

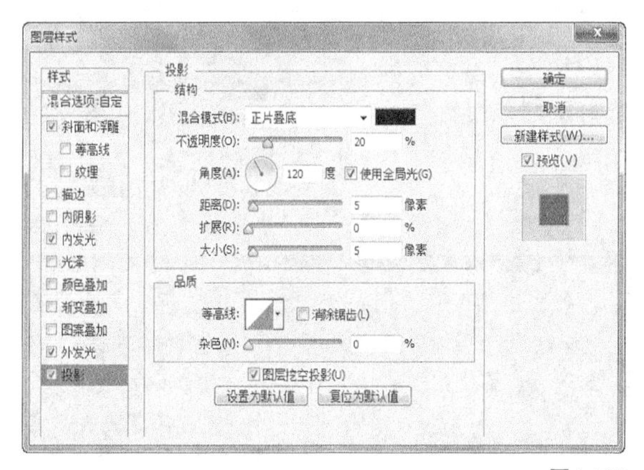

图6-137

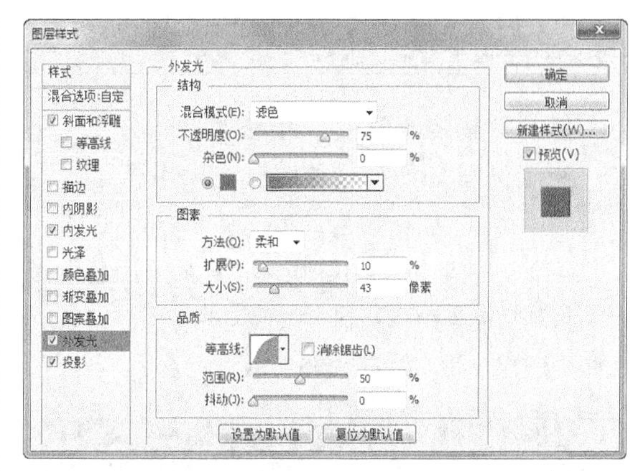

图6-138

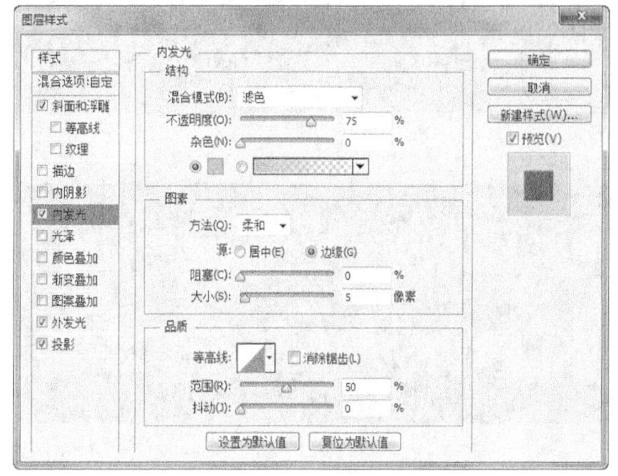

图6-139

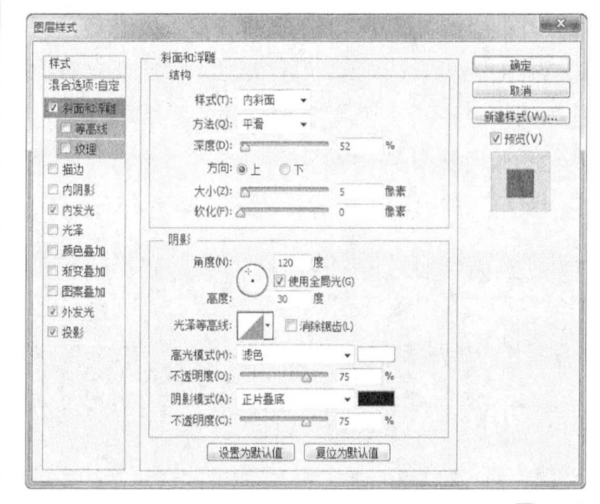

图6-140

图6-141

6.6.3 背景合成

01 暂时隐藏其他图层，再新建一个图层，使用“矩形选框工具”绘制一个大小合适的矩形选区，填充为淡蓝色（R：165，G：238，B：245），效果如图6-142所示，最后采用自由变换并复制功能等距离复制出图形，并将所有线条所在图层进行合并，如图6-143所示。

图6-142

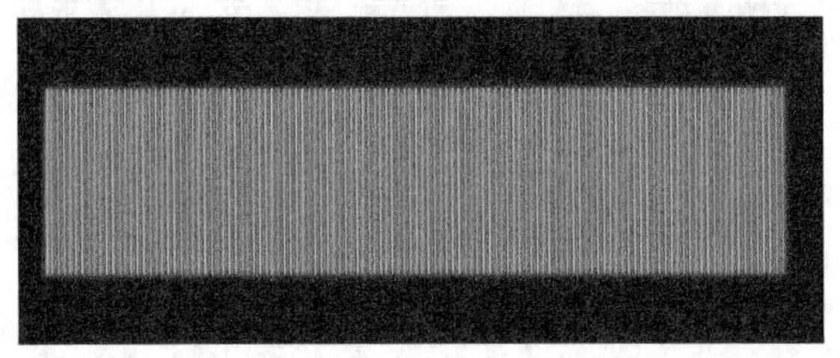

图6-143

02 执行“图层>图层样式>外发光”菜单命令，在打开的“图层样式”对话框中设置外发光颜色为绿色（R：171，G：249，B：252），其他参数设置如图6-144所示，再单击“斜面和浮雕”样式，具体参数设置如图6-145所示，单击“确定”按钮 确定 ，得到的图像效果如图6-146所示。

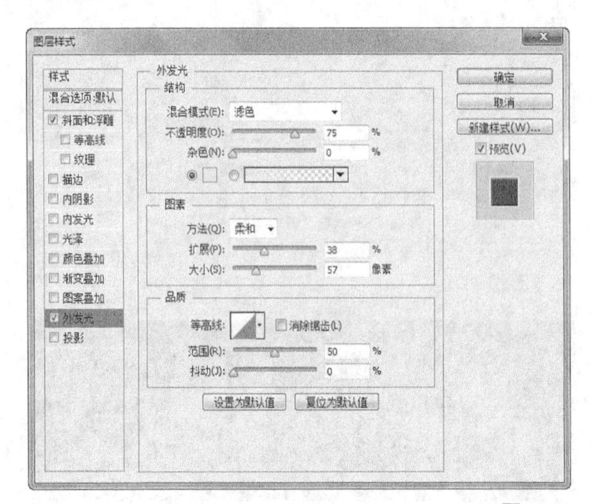

图6-144

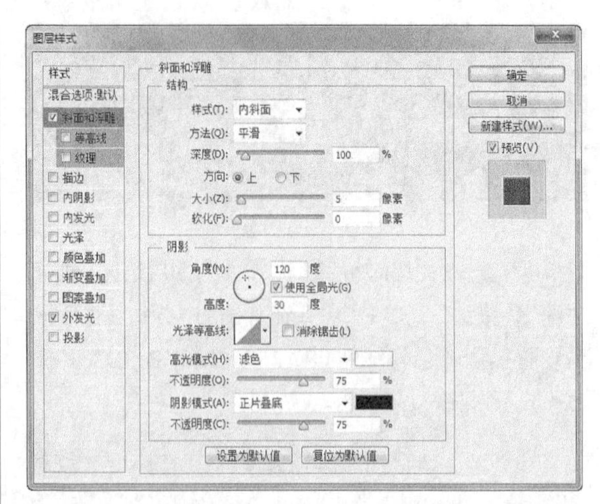

图6-145

图6-146

03 执行“图层>排列>置为底层”菜单命令，然后再显示出其他图层，得到的图像效果如图6-147所示。

图6-147

04 执行“图层>新建调整图层>色相/饱和度”菜单命令，打开“属性”面板，具体参数设置如图6-148所示。显示出所有图层，最终效果如图6-149所示。

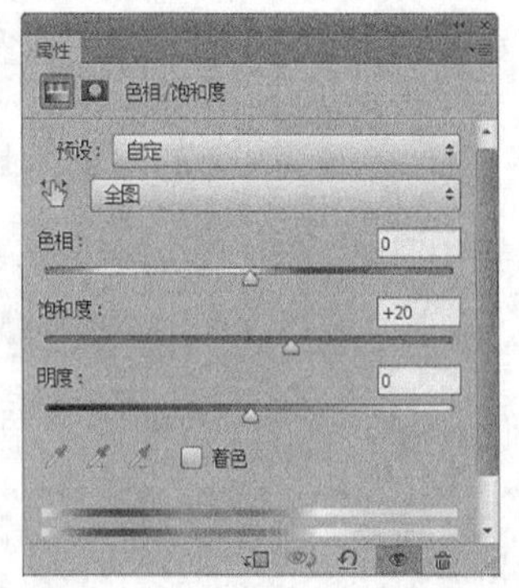

图6-148

图6-149

6.7 本章小结

我们在日常生活中接触的户外广告非常多，这也为我们的学习提供了非常好的机会，无论是行走还是乘车都可以多留心一下身边的户外广告，汲取别人的长处与优点，不断地弥补自身的缺陷，这样才能在设计之路上走得更远。希望读者能认真领会本章的精髓，并不断地实践。

6.8 课后习题

通过本章知识的学习，我们对户外广告的制作方法有了一定的认识，但是户外广告的类型非常多，鉴于此，本章将安排4个课后习题供读者练习。

6.8.1 课后习题1——X展架设计

案例位置　案例文件>CH06>X展架设计.psd
视频位置　多媒体教学>CH06>X展架设计单.flv
难易指数　★★★☆☆
学习目标　学习“路径工具”“画笔工具”和蒙版功能的使用

本案例是为“阳光新城”别墅设计的户外宣传广告，展架采用高频焊管、铝合金圆芯或电镀套管，包装材料采用黑色无纺布。整个设计大方、时尚，携带方便。X展架的最终效果如图6-150所示。

图6-150

步骤分解如图6-151所示。

图6-151

6.8.2 课后习题2——易拉宝设计

案例位置　案例文件>CH06>易拉宝设计.psd
视频位置　多媒体教学>CH06>易拉宝设计.flv
难易指数　★★★☆☆
学习目标　学习调色功能和蒙版功能的使用

易拉宝适合于各种展销会、展览会和促销会，其体积较小，且容易安装，每30秒切换一次展示画面。易拉宝采用塑钢材料为主体，以粘贴式铝合金作为横梁，其支撑杆为铁合金材料，采用三节皮筋连接，最终效果如图6-152所示。

图6-152

步骤分解如图6-153所示。

图6-153

6.8.3 课后习题3——户外广告牌设计

案例位置 案例文件>CH06>户外广告牌设计.psd
视频位置 多媒体教学>CH06>户外广告牌设计.flv
难易指数 ★★★☆☆
学习目标 学习选区工具和"图层蒙版"的使用

本案例是为茶叶公司设计的户外大型广告牌，整个设计给人宏大、宽广的感觉，符合户外广告的特点，同时也体现了茶叶所带来的清香与芬芳。户外广告牌的最终效果如图6-154所示。

步骤分解如图6-155所示。

图6-154

图6-155

6.8.4 课后习题4——企业海报设计

案例位置 案例文件>CH06>企业海报设计.psd
视频位置 多媒体教学>CH06>企业海报设计.flv
难易指数 ★★★☆☆
学习目标 学习"渐变工具""图层蒙版"和路径工具功能的使用

本案例是为"西藏金山矿业集团"设计的户外宣传海报。海报的设计相当有号召力与艺术感染力，画面生动形象，色彩与构图形成强烈的视觉效果，并且具有独特的艺术风格和设计特点。企业海报的最终效果如图6-156所示。

图6-156

步骤分解如图6-157所示。

图6-157

第7章 画册和菜谱设计

画册和菜谱设计是将流畅的线条、和谐的图片与优美的文字组合成一本富有创意，又具有可赏性的精美册子，主要用来宣传产品与品牌形象。但是画册和菜谱又有本质的区别，画册的内容相对较多，可读行更强，而菜谱的内容相对较少，主要以呈现菜品为目的，在设计中应该更注重实用性。

本章学习要点

装饰设计画册的设计方法
古典画册的设计方法
药业公司画册的设计方法
菜谱的设计方法

7.1 画册设计相关知识

画册是一个展示平台，可以是企业，也可以是个人，都可以成为画册的拥有者，本节将介绍企业画册的设计知识。

7.1.1 企业画册的类型

优秀的画册是宣传企业形象，提升品牌价值，打造品牌影响力的经典道具。企业画册主要分为以下几个类型。

1. 展示型画册

展示型画册为展示企业优势的画册，适合于稳定的发展型企业或者新企业，主要用来体现企业整体形象。该类型画册的使用周期一般为一年，如图7-1所示。

图7-1

2. 问题型画册

问题型画册重视解决营销问题、品牌问题，适合于发展快速、新上市、需转型、出现转折期的企业，主要用来表现企业的产品和品牌理念。该类型画册的使用周期比较短，需要不断根据市场变化，推出新的画册，如图7-2所示。

图7-2

3. 思想型画册

思想型画册一般出现在领导型企业，适合的企业类型有：发展快速、新上市、 需转型、出现转折期的企业，主要用来传达企业的思想，建立、提升品牌影响力，如图7-3所示。

图7-3

7.1.2 画册设计的基本原则

画册是图文并茂的一种理想表达，相对于单一的文字或图册，画册都有着无与伦比的绝对优势，因为画册能让人一目了然，并且有相对精简的文字说明。在设计画册时要遵循以下5个基本原则。

1. 先求对，再求妙

精彩的创意点子令人眼睛一亮、印象深刻，但正确的诉求才会改变人的态度，影响人的行为。比如在做服装画册时，高明的模特要利用身体语言尽量表现设计师的精致作品，但千万不能掩盖了服饰的风采，因为这样很容易将读者的注意力吸引到模特的身材上而忘却了服装才是真正的主角。再好的创意如果不能有效地传达信息，都是违背专业精神的。

2. 要紧紧锁定画册的目的和主题

不管什么样的画册创意，一定要以读者为导向。画册是做给读者看的，是为了达成一定的目标，促进市场运作。创意人员需要极为深入地揣摩目标对象的心态，做的创意才容易引起共鸣。图7-4所示为酒类广告，在封面中有很特别的设计。

图7-4

3. 要一针见血

文学家或导演有几十万字或者120分钟的时间可以说故事，宣传画册只有有限的文字和页面可以展示故事。因此，创意人员要学会抓住重点，并且能将重点做大文章。

4. 要简单明了

多半情况下，读者是被动接受画册上传递的信息，越容易被知觉器官吸引的信息也就越容易侵入他的潜意识。切莫高估读者对信息的理解和分析能力，尤其是高层的决策人员，他们没有太多时间去思考这些创意。因此，设计要简单明了，易于联想，如图7-5所示。

图7-5

5. 要将创意文字化和视觉化

创意人员要将创意以文字或图案的形式表现出来，并且使它们协调统一，只有这样才能实现创意，将思想转化为实物。

7.1.3 优秀的企业画册具备的特点

优秀的画册让客户、媒体、政府、公司员工等都可以读到自己想要的东西。所以画册设计应该具备以下5个特点。

1. 好的主题

提炼主题是策划画册的第一步。主题是对品牌发展战略、企业形象战略、营销战略的提炼和领悟。没有主题的提炼，画册就只是机械地陈列，不是展现或表现，更不是表达。

2. 好的结构

画册的架构，就像电影的情节安排。有好的架构的画册，就如同电影有了节奏，如图7-6所示。

图7-6

3. 创意

好的创意不仅属于杂志广告，也符合画册的表现策略，要通过创意体现画册主题。图7-7所示画册在外形和色彩运用上都非常有创意。

图7-7

4. 版式

如同时装，要新不要旧。对比国外著名同行，我们的差距很大。好的版式会注意对历史的继承，会吸收国际化的元素，如图7-8所示。

图7-8

5. 摄影

大部分现代企业的团队作战，很少在企业画册里获得体现。优秀的企业画册在表达企业文化时，会创造出一些独特的集体图片。以体现企业的凝聚力，以及员工的协作精神等。

7.1.4 多媒体时代的企业画册

单一的印刷版画册，已经不能满足现代人的阅读习惯了。在电脑普及的今天，印刷版画册和多媒体的搭配是企业画册在新形势下的发展趋势，如图7-9所示。

图7-9

画册设计的元素有以下几点。

（1）概念元素：包括点、线、面，指那些不实际存在的、不可见的，但人们的意识又能感觉到的东西。例如，我们看到尖角的图形，感到上面有点，物体的轮廓上有边缘线。

（2）视觉元素：包括图形的大小、形状、色彩等，用以体现概念元素。

（3）关系元素：视觉元素在画面上组织、排列是靠关系元素来决定的，包括方向、位置、空间、重心等。

（4）实用元素：指设计所表达的含义、内容、目的及功能。

7.2 课堂案例——装饰设计画册

案例位置	案例文件>CH07>装饰设计画册.psd
视频位置	多媒体教学>CH07>装饰设计画册.flv
难易指数	★★★☆☆
学习目标	学习“渐变工具”和“图层样式”的使用

本例是一本公司的装饰设计方案画册封面和封底，这类画册的阅读针对性很强，主要针对一些需要装修房屋的客户，所以在设计时除了满足客户的需求外，还应该注重突出公司特点。时尚画册的最终效果如图7-10所示。

图7-10

相关知识

画册是用流畅的线条、和谐的图片，配以优美的文字组合成一本既富有创意，又具有可读性、可赏性的精美册子。画册的设计主要掌握以下4点。

第1点：画册要具有创意、可读性和可赏性。

第2点：画册以画为主，文字为辅。

第3点：画册的内容一般以企业核心理念、企业文化和公司简介为主。

第4点：画册的色彩比较突出，构图比较新颖，文字排版新奇多变。

主要步骤

① 使用“渐变工具” 绘制背景图像。

② 在画面下方绘制曲线图像，填充为不同深浅的蓝色，使其更富有时尚感。

③ 添加素材图像，并改变其图层混合模式，让图像有艺术效果。

④ 使用文字功能在画面中加入文字信息。

7.2.1　绘制图像

01 启动Photoshop CS6，按Ctrl+N组合键新建一个“装饰设计画册”文件，设置“宽度”为20厘米、“高度”为7.5厘米，“分辨率”为200像素/英寸，其余设置如图7-11所示。

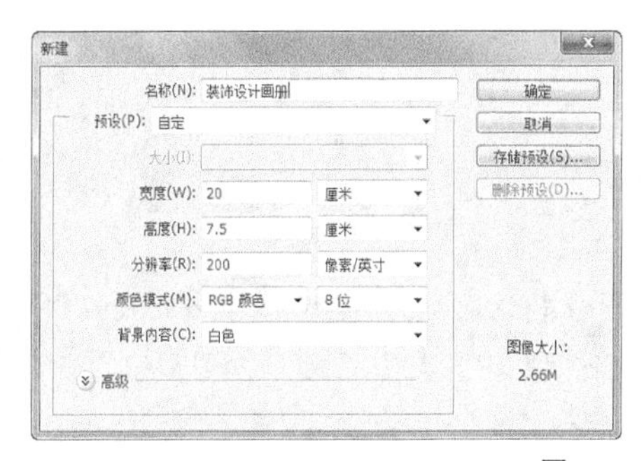

图7-11

02 在“图层”面板中新建“图层1”，选择“矩形选框工具” ，在画面右侧绘制一个矩形选区，作为画册的正面，如图7-12所示。

图7-12

03 选择“渐变工具” ，在属性栏设置渐变颜色从蓝色（R：162，G：201，B：235）到白色，然后在选区中从上到下应用“线性渐变”填充，效果如图7-13所示。

图7-13

04 打开本书配套资源中的“素材文件>CH07>装饰设计画册>楼房.psd”文件，使用“移动工具” 将其拖曳到背景图像，放到封面图像中，此时“图层”面板中将会自动生成一个新的图层，效果如图7-14所示。

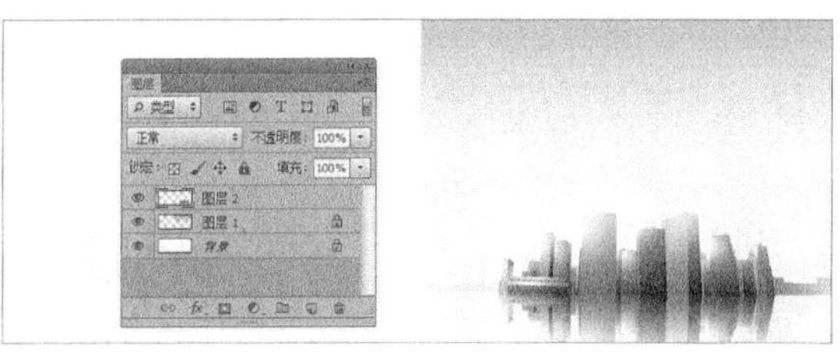

图7-14

05 新建一个图层，选择“矩形选框工具” ，在画面左侧绘制一个矩形选区，并填充为灰色，效果如图7-15所示。

图7-15

06 打开本书配套资源中的“素材文件>CH07>装饰设计画册>样板房.psd”文件，使用“移动工具”将其拖曳到背景图像，放到封底图像中，如图7-16所示。

图7-16

07 在“图层”面板中设置该图像的图层混合模式为“线性减淡”，得到的图像效果如图7-17所示。

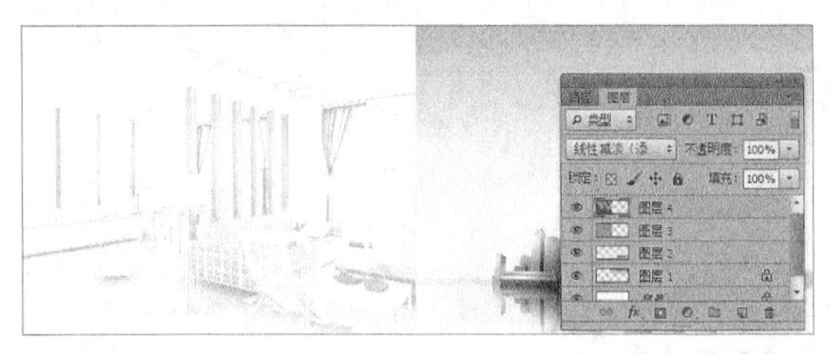

图7-17

08 新建一个图层，选择“钢笔工具”，在画面底部绘制一个曲线图形，如图7-18所示。按Ctrl+Enter键将路径转换为选区，并填充为淡蓝色（R：160，G：201，B：235），如图7-19所示。

图7-18

图7-19

09 使用“钢笔工具”绘制多条曲线，并填充为不同深浅的蓝色，排列成如图7-20所示的样式。

图7-20

7.2.2 添加文字

01 选择“横排文字工具”，在封面中输入文字，并在属性栏设置合适的字体和颜色，排列成如图7-21所示的样式。

图7-21

02 新建一个图层，选择“椭圆选框工具”，在文字左侧绘制一个椭圆选区，再按住Alt键减选选区，如图7-22所示。

图7-22

03 将选区填充为黑色，再按Ctrl+T组合键适当缩小图像，并旋转图像，放到文字左侧，如图7-23所示。

图7-23

04 选择“多边形套索工具”，绘制一个艺术字F，并填充为蓝色（R：0，G：91，B：172），如图7-24所示。

图7-24

05 选择“横排文字工具”，在封底图像中输入公司名称和公司广告语，并在属性栏设置相应的字体和颜色，最后复制绘制的Logo图像，放到文字中，效果如图7-25所示，完成本实例的制作。

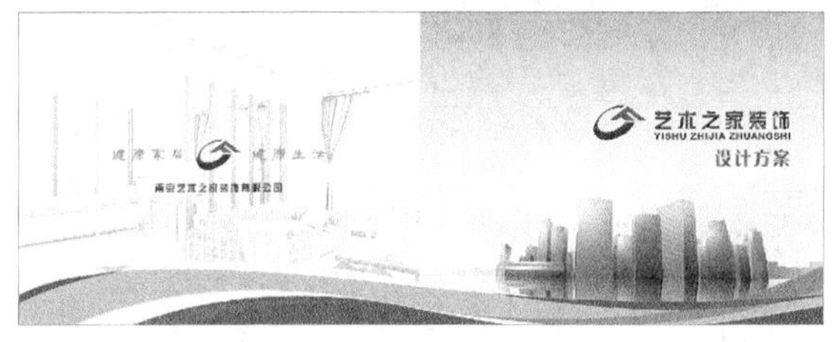

图7-25

7.3　课堂案例——古典画册

案例位置　案例文件>CH07>课堂案例——古典画册.psd
视频位置　多媒体教学>CH07>课堂案例——古典画册.flv
难易指数　★★★☆☆
学习目标　学习“自由变换”功能和“图层样式”的使用

本案例要制作的是古典画册。古典画册设计首先要体现古典的韵味，使用的色纸尽量能够突出字体效果，色彩不要太杂，并且最好是采取大范围的制作方法来响应地区的项目活动。古典画册的最终效果如图7-26所示。

图7-26

相关知识

古典画册的设计主要掌握以下3点。

第1点：古典画册要体现古典韵味。

第2点：字体设计以“易懂”为原则，避免出现龙飞凤舞的文字。

第3点：尽量以既定的视觉效果图案色彩、文体为制作题材。

主要步骤

① 使用“定义画笔预设”功能制作封底花纹效果。

② 使用Logo素材和“横排文字工具”制作封面。

③ 利用“自由变换”功能和“图层样式”制作画册的立体效果。

7.3.1　封底设计

01 启动Photoshop CS6，按Ctrl+N组合键新建一个“古典画册”文件，具体参数设置为“宽度”为30厘米、“高度”为21厘米、“分辨率”为150像素/英寸、“颜色模式”为“RGB颜色”，如图7-27所示。

新建
名称(N): 古典画册
预设(P): 自定
大小(I):
宽度(W): 30 厘米
高度(H): 21 厘米
分辨率(R): 150 像素/英寸
颜色模式(M): RGB 颜色 8 位
背景内容(C): 白色
高级
确定
取消
存储预设(S)...
删除预设(D)...
图像大小:
6.29M

图7-27

02 新建一个“封底”图层，使用“矩形选框工具”绘制一个矩形选区，设置前景色为红色（R：112，G：35，B：45），按Alt+Delete组合键用前景色填充选区，效果如图7-28所示。

图7-28

03 打开本书配套资源中的“素材文件>CH07>古典画册>花纹.psd”文件，使用“移动工具”将其拖曳到当前绘制的画面中，按住Ctrl键单击生成的花纹图层载入图像选区，如图7-29所示。

图7-29

04 执行“编辑>定义画笔预设”菜单命令，将打开“画笔名称”对话框，如图7-30所示，设置花纹名称后，单击“确定”按钮。

图7-30

05 设置前景色为（R：79，G：24，B：31），新建一个“底纹”图层，选择“画笔工具”，并在属性栏选择上一步定义的画笔，具体参数设置如图7-31所示。

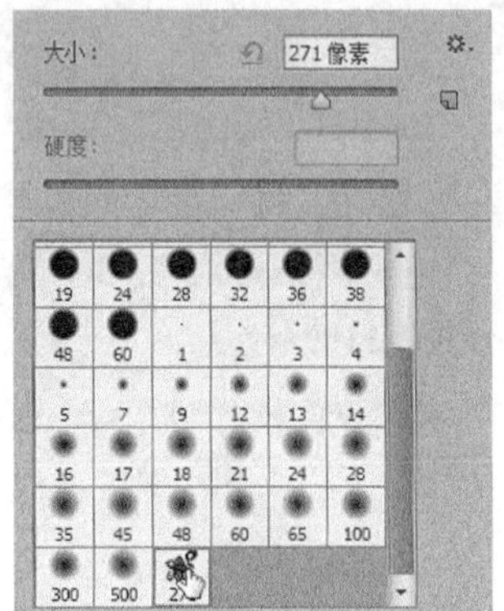

图7-31

06 隐藏“花纹”图层，然后使用“画笔工具”在封底绘制花纹效果，如图7-32所示。

图7-32

技巧与提示

在绘制花纹时要随时调整画笔的大小，绘制完成后的花纹已经超出了底色的范围，所以需要将多余的部分删除。

07 按住Ctrl键单击“封底”图层，载入该图像选区，然后选择“底纹”图层，并按Shift+Ctrl+I组合键反选选区，再按Delete键删除选区内的像素，效果如图7-33所示，最后设置该图层的“不透明度”为20%，效果如图7-34所示。

图7-33

图7-34

7.3.2　封面设计

01 暂时隐藏“背景”图层和“花纹”图层，然后新建一个“封面”图层，按Ctrl+Shift+Alt+E组合键得到“盖印”效果，再将得到的图像拖曳到如图7-35所示的位置。

图7-35

02 新建一个“书脊”图层，使用“矩形选框工具”在中间区域绘制一个大小合适的矩形选区，填充为深红色（R：68，G：12，B：22），效果如图7-36所示。

图7-36

03 打开本书配套资源中的“素材文件>CH07>古典画册>素材01.psd”文件，使用“移动工具”将其拖曳到当前操作界面中，适当调整其大小，放到封面图像上方，如图7-37所示。

图7-37

04 设置前景色为橘黄色（R：227，G：174，B：112），选择“横排文字工具”按钮，在封面图像底部输入文字，并设置字体为“宋体”，如图7-38所示。

图7-38

05 选择“椭圆选框工具”，在文字中间绘制一个圆形选区，并将其填充为橘黄色（R：227，G：174，B：112），效果如图7-39所示。

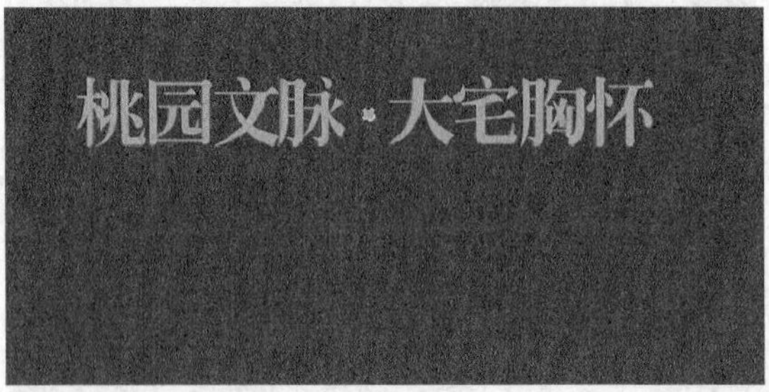

图7-39

06 选择“横排文字工具”，再输入一行文字，并设置字体为“宋体”，颜色为橘黄色（R：227，G：174，B：112），如图7-40所示。

图7-40

07 选择“多边形套索工具”，绘制一个三角形选区，填充为橘黄色（R: 227, G: 174, B: 112），如图7-41所示。

图7-41

08 保持选区状态，按Ctrl+J组合键将选区内的像素复制到一个新的“圆点副本”图层中，然后执行“编辑>自由变化”菜单命令，在绘图区域单击鼠标右键，并在弹出的菜单中选择“水平翻转”命令，再将其拖曳到如图7-42所示的位置。

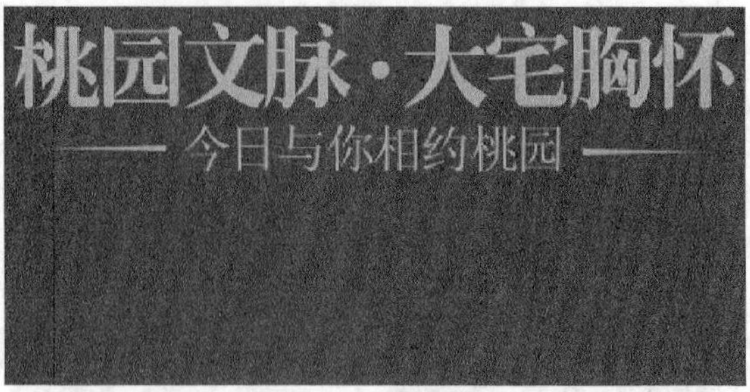

图7-42

09 设置前景色为橘黄色（R：227，G：174，B：112），选择“横排文字工具”，在封底图像下方输入两行英文文字，然后在属性栏设置合适的字体，并设置颜色为橘黄色（R：227，G：174，B：112），如图7-43所示。

图7-43

10 显示隐藏的图层，然后双击“抓手工具”显示所有图像，如图7-44所示，完成画册平面图的制作。

图7-44

技巧与提示

在设计封底的时候，由于这本画册整体风格是强调简洁、高贵，所以在设计时只需要输入必要的文字信息即可。

7.3.3　立体画册制作

01 新建一个图像文件，再打开之前制作的古典画册正面图像，然后在“图层”面板中选择所有封面图像图层，按Ctrl+E组合键合并图层，然后将该图像拖曳到新建图像中，如图7-45所示。

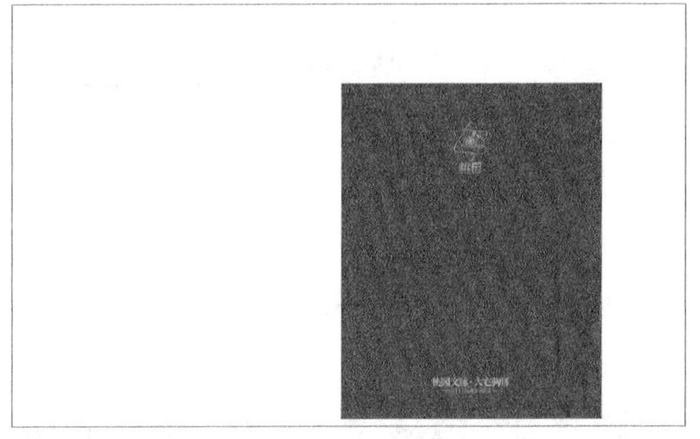

图7-45

02 执行“编辑>自由变化”菜单命令，适当旋转图像，并按住Ctrl键分别调整四个角的倾斜度，如图7-46所示。

图7-46

03 选择“多边形套索工具”，在封面图像右侧绘制一个四边形选区，作为书籍图像，并填充为深红色（R：48，G：5，B：11），效果如图7-47所示。

04 确定“封面”图层为当前层，然后复制一个副本图层，将其更名为“封底”，执行“图像>调整>色阶”菜单命令，并在弹出的对话框中做如图7-48所示的设置，单击“确定”按钮确定，得到的图像效果如图7-49所示。

图7-47

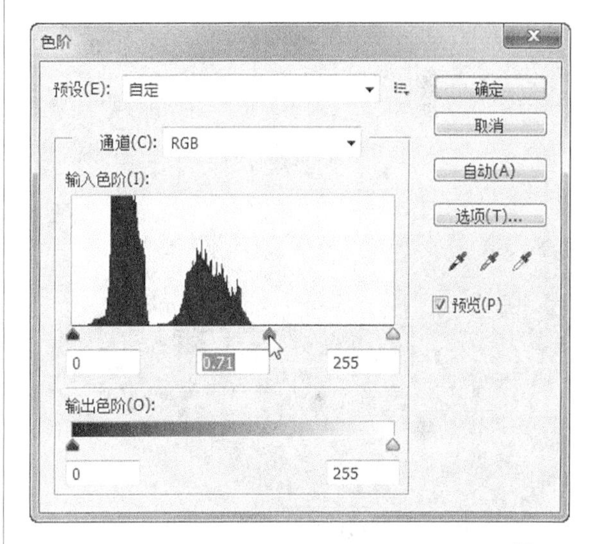

图7-48

图7-49

05 将“封底”图层放置在“封面”图层的下一

层，然后适当调整其位置，如图7-50所示。

图7-50

06 新建一个图层，并将其更名为“内页”，在“图层”面板中将其放到“封面”和“封底”图层的中间，再使用“渐变工具” 对其应用黑白线性渐变填充，效果如图7-51所示。

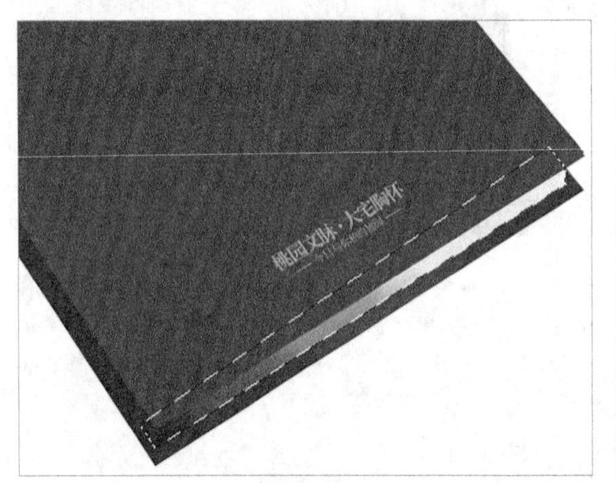

图7-51

07 选择“背景”图层，再选择“渐变工具” ，在属性栏打开“渐变编辑器”对话框，设置颜色从灰色（R：200，G：203，B：182）到灰色（R：200，G：203,B：182）到黑色（R：26，G：28，B：28），如图7-52所示，最后使用“径向渐变”从中心向边缘拉出渐变，效果如图7-53所示。

08 执行“滤镜>杂色>添加杂色”菜单命令，在弹出的对话框中作如图7-54所示的设置，效果如图7-55所示。

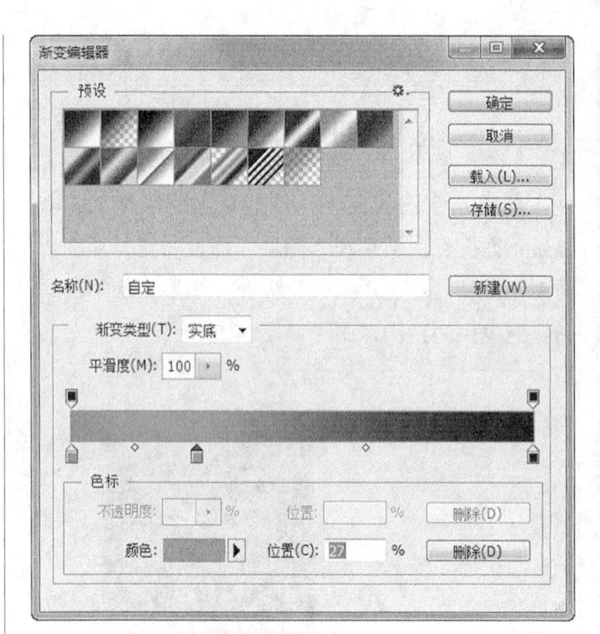

图7-52

图7-53

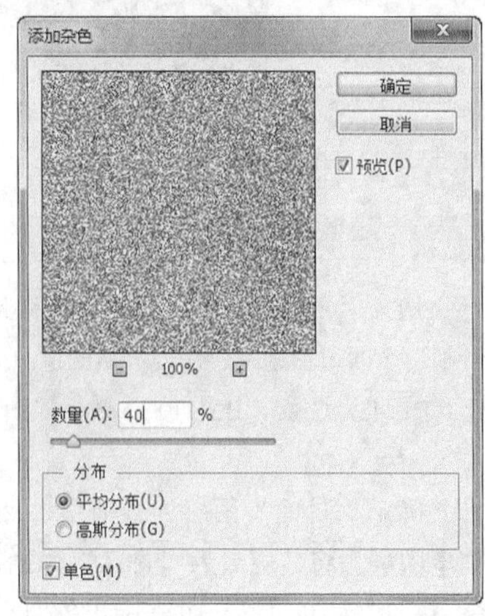

图7-54

图7-55

09 确定“封面”图层为当前层，执行“滤镜>渲染>光照效果”菜单命令，在弹出的对话框中做如图7-56所示的设置，效果如图7-57所示。

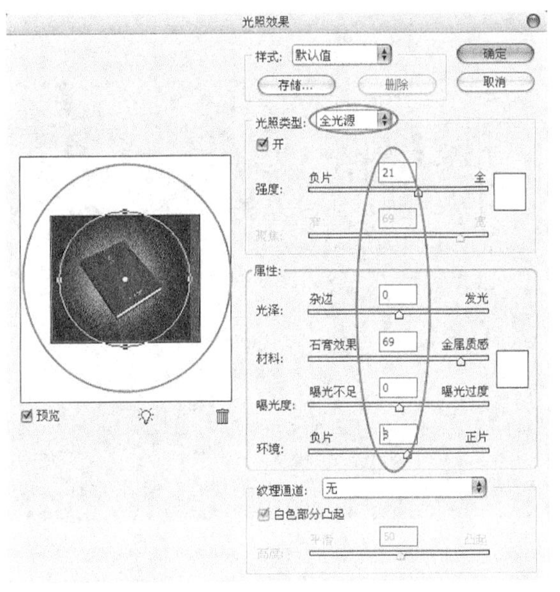

图7-56

图7-57

10 双击“封面”图层的缩览图，在弹出的对话框中单击“浮雕与斜面”样式，设置样式为“内斜面”，其他参数设置如图7-58所示，然后选择“投影”样式，设置投影颜色为黑色，其他参数设置如图7-59所示，单击“确定”按钮确定，得到的图像效果如图7-60所示。

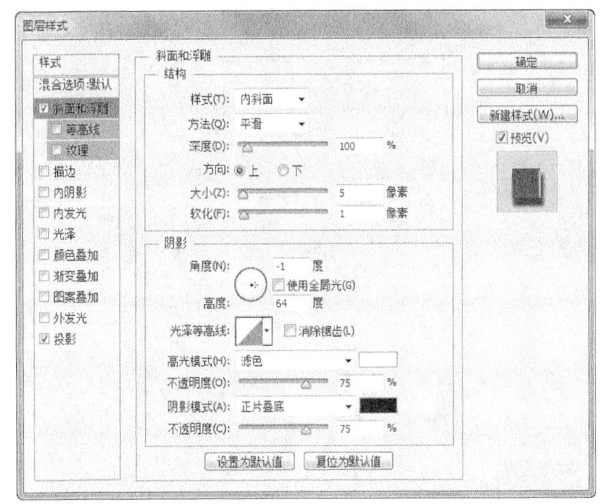

图7-58

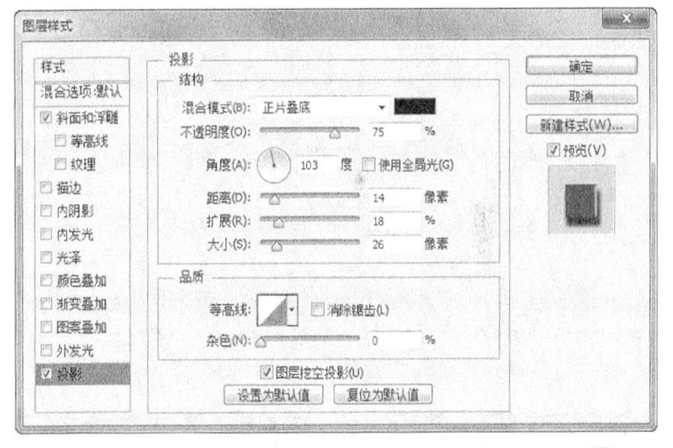

图7-59

图7-60

11 双击“封底”图层的缩览图，在弹出的对话框中单击“投影”样式，设置投影颜色为黑色，其他参数设置如图7-61所示，然后单击“斜面和浮雕”样式，具体参数设置如图7-62所示，效果如图7-63所示。

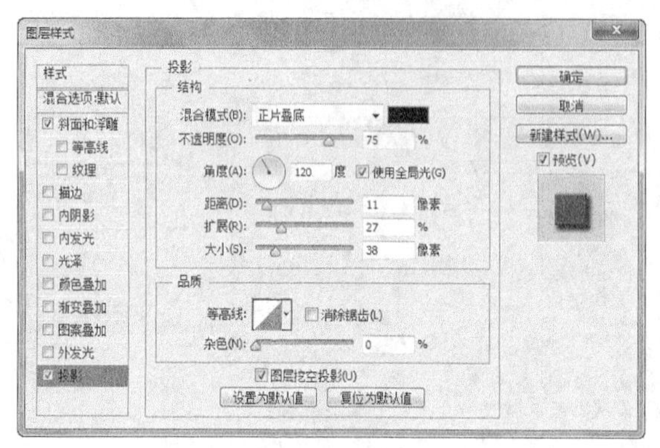

图7-61

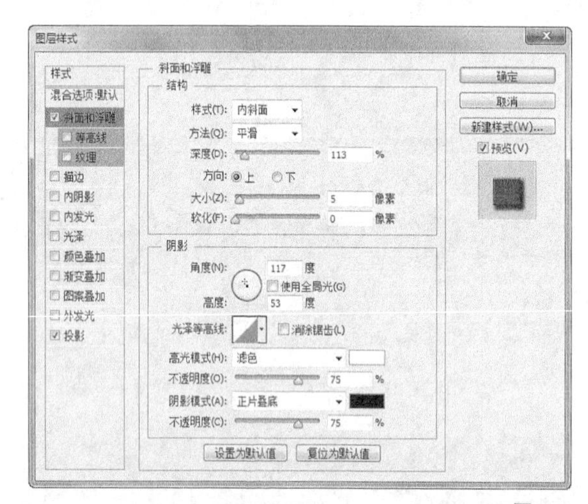

图7-62

图7-63

12 使用“多边形套索工具”，在属性栏设置“羽化半径”为10，然后在书脊和封面的衔接处绘制一个选区，如图7-64所示。

图7-64

13 使用“减淡工具”对选区中的图像进行涂抹，减淡色彩，得到的图像效果如图7-65所示。

图7-65

14 使用“橡皮擦工具”将上面的部分擦出一个凹槽，如图7-66所示，再设置前景色为淡红色（R：68，G：12，B：22），然后使用“画笔工具”在下部细细地涂抹，效果如图7-67所示。

图7-66

图7-67

⑮ 双击“内页”图层的缩览图，在弹出的对话框单击“投影”样式，设置投影颜色为黑色，其他参数设置如图7-68所示，效果如图7-69所示。

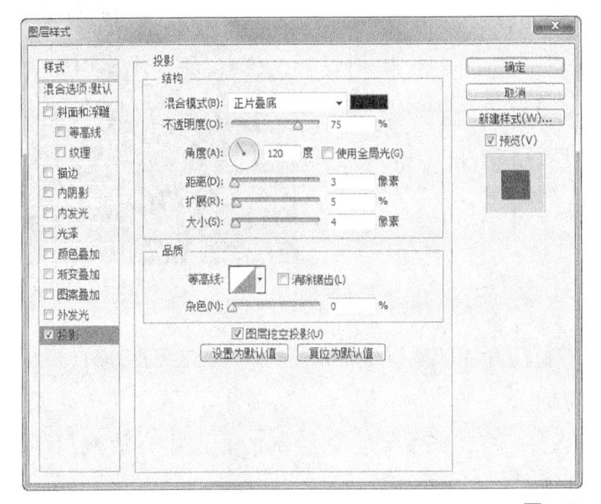

图7-68

图7-69

⑯ 双击工具箱中的“抓手工具”，显示所有画面，完成本实例的操作，效果如图7-70所示。

图7-70

7.4　课堂案例——药业公司画册

案例位置　案例文件>CH07>药业公司画册.psd
视频位置　多媒体教学>CH07>药业公司画册.flv
难易指数　★★★☆☆
学习目标　学习“渐变工具”和“文字工具”，以及“图层样式”的使用

本案例设计的是一个企业宣传画册。由于这是一个制药企业，所以在画面设计上采用了红色和灰白色为封面主体色调，使严谨与艺术感自然地结合在一起。企业宣传画册的最终效果如图7-71所示。

图7-71

相关知识

企业宣传画册在设计前需要了解企业相关信息，特别是产品特色和功能等，这样才能有针对性地设计出符合产品的画册。主要有以下两点需要注意。

第1点：画册封面上需要添加企业名称、LOGO等信息。

第2点：画面整体设计要精美、色调一致、洁净大方。

主要步骤

① 使用“钢笔工具”绘制弧形，并对其应用渐变填充。

② 通过“矩形选框工具”制作田字格图像。

③ 使用“横排文字工具”添加文字信息。

7.4.1　制作封面图像

01 新建一个图像文件，选择“矩形选框工具”绘制一个矩形选区，暂时填充为浅灰色，如图7-72所示。按Ctrl+D组合键取消选区，选择“钢笔工具”在封面图像中绘制一个弧形路径，如图7-73所示。

图7-72

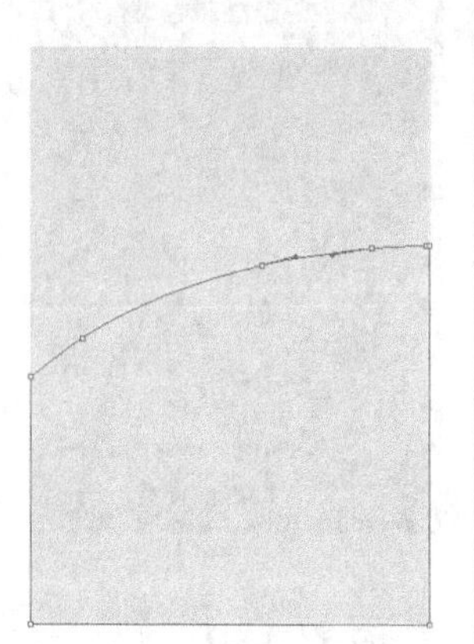

图7-73

02 按Ctrl+Enter组合键将路径转换为选区，并填充为黑色，然后按Ctrl+D组合键取消选区，如图7-74所示。

图7-74

03 选择“钢笔工具”再绘制一个较短的弧形，转换为选区后，使用“渐变工具”对其应用径向渐变填充，设置颜色从红色（R：225，G：0，B：17）到深红色（R：160，G：0，B：0），如图7-75所示。

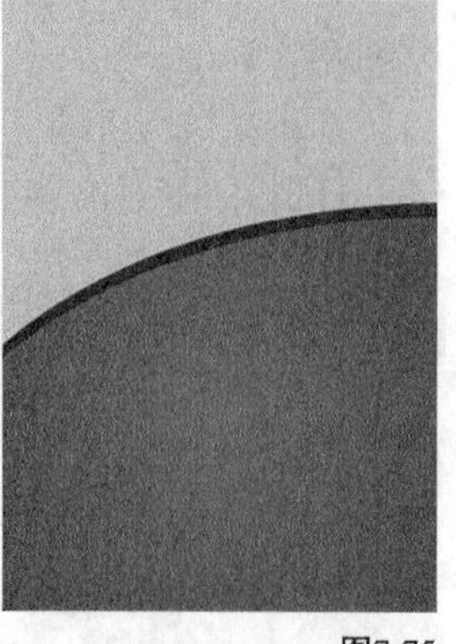

图7-75

04 新建一个图层，选择“矩形选框工具”，在灰色矩形上方绘制多个细长的矩形，并将其填充为白色，如图7-76所示。

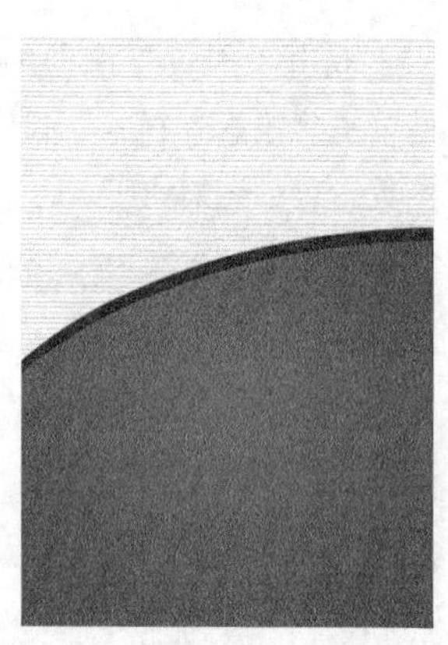

图7-76

05 打开本书配套资源中的“素材文件>CH07>药业公司画册>泡泡.psd”文件，使用“移动工具”将其拖曳到当前绘制的画面中，放到封面下方，如图7-77所示。

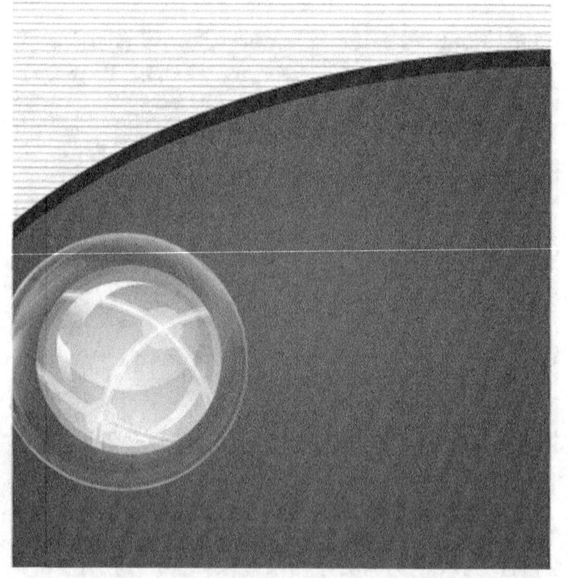

图7-77

06 新建一个图层，选择“矩形选框工具”，在封面上绘制一个矩形选区，填充为黑色，然后再绘制一个较小的矩形，填充为白色，如图7-78所示。

07 在白色矩形中再绘制两个矩形，填充为深红色（R：145，G：0，B：0），分别将其排放成如图7-79所示的样式。

08 选择“横排文字工具”，在田字格中输入文字，并在属性栏设置字体为“叶根友毛笔”，颜色为深红色（R：145，G：0，B：0），如图7-80所示。

图7-78

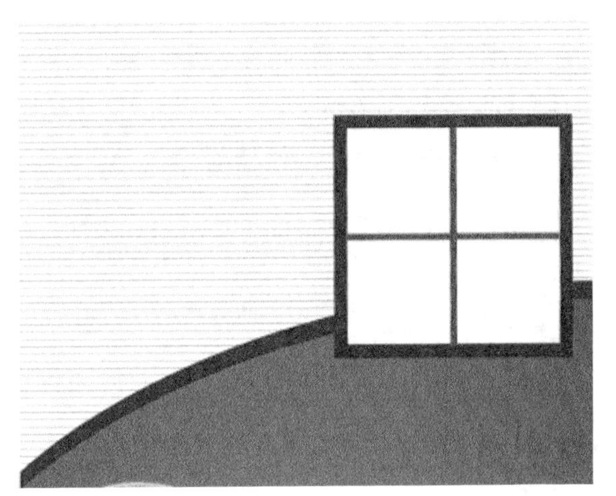
图7-79

图7-80

09 继续使用“横排文字工具” 在封面图像中输入相关文字，如图7-81所示，用户可以根据喜好在属性栏设置合适的字体和颜色。

图7-81

10 设置前景色为黑色，选择“画笔工具” ，在“画笔”面板中选择“投影方形”画笔，设置画笔“大小”为19像素，然后在封面左上方的文字中绘制一条直线，将两行文字区分开，如图7-82所示。

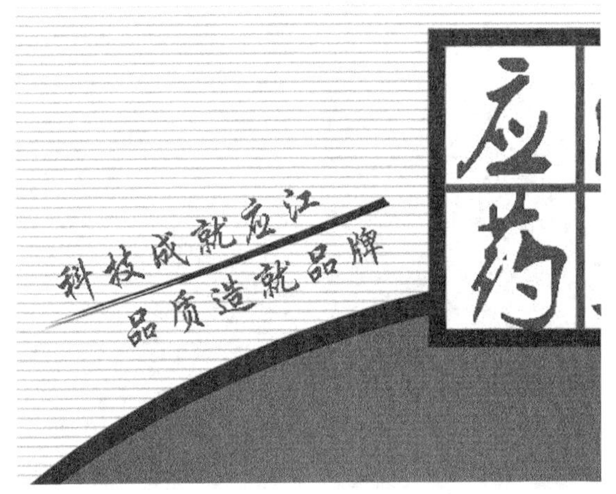

图7-82

11 打开本书配套资源中的“素材文件>CH07>宣传画册> LOGO.psd”文件，使用“移动工具” 将其拖曳到当前图像中，适当调整大小后，放到封面左上方，如图7-83所示。

图7-83

7.4.2　制作封底图像

01 在“图层”面板中选择封面图像中的灰色矩形图像图层，按Ctrl+J组合键复制该图像，然后移动到左侧，放到如图7-84所示的位置。

图7-84

02 按住Ctrl键单击该图层，载入该图像选区，选择“渐变工具”为其应用“径向渐变”填充，设置颜色从红色（R：225，G：0，B：17）到深红色（R：160，G：0，B：0），如图7-85所示。

图7-85

03 复制封面图像中的Logo图像，将其放到封底图像中间，并按Ctrl+T组合键适当调整其大小，如图7-86所示。

图7-86

04 执行“图层>图层样式>外发光”菜单命令，打开“图层样式”对话框，设置外发光颜色为白色，其他参数设置如图7-87所示。

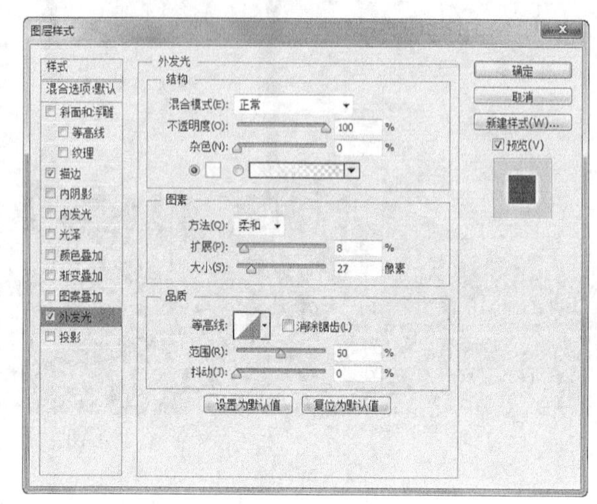

图7-87

05 选择“描边”选项，设置描边颜色为白色，其他参数设置如图7-88所示。

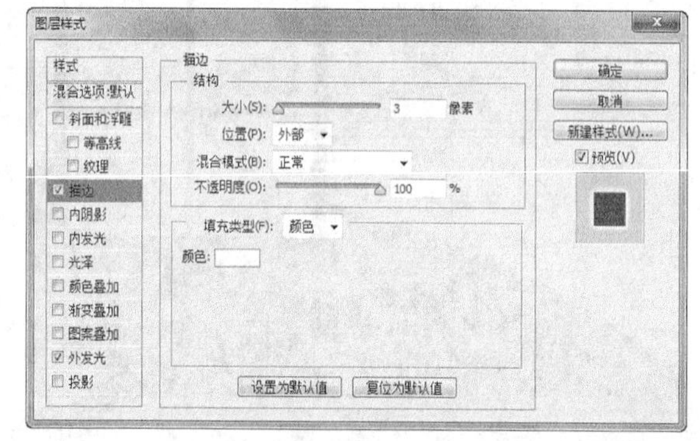

图7-88

06 单击“确定”按钮，得到的图像效果如图7-89所示。选择“横排文字工具”，在封底图像右下方输入相关文字信息，参照如图7-90所示的方式排列。

图7-89

图7-90

07 双击工具箱中的“抓手工具”，显示全部图像，如图7-91所示，完成本实例的操作。

图7-91

7.5　课堂案例——菜谱设计

案例位置　案例文件>CH07>课堂案例——菜谱设计.psd
视频位置　多媒体教学>CH07>课堂案例——菜谱设计.flv
难易指数　★★☆☆☆
学习目标　学习“自由变换”功能和“图层样式”的使用

本案例的设计要体现出酒店古典、尊贵的风格。首先以花纹作为页眉页脚体现出“古典”的韵味，然后使用“门”作为封面图像中的主要素材图像，更加突出艺术感，再用“日出群山”的气势效果来体现酒店的豪华尊贵，最后使用一只“金色狮头”来增强封面封底的视觉冲突感，而“狮口”中的“门环”更是蕴涵着“请君打开”的深意。菜谱的最终效果如图7-92所示。

图7-92

相关知识

菜谱在餐厅经营中起着很重要的作用，有人甚至把酒店经营管理的成功归结为菜谱设计的好坏，由此可见菜谱的作用之大。在菜谱的设计中主要掌握以下5点。

第1点：菜谱上要注明餐厅的名称、营业时间、特色菜品、加收费用、支付方式、联系方式和具体地理位置等。

第2点：菜谱的设计要装帧精美、雅致动人、色调得体、洁净大方。

第3点：菜谱的设计要体现出餐厅的风格。

第4点：菜谱的设计要体现出餐厅服务的标准和餐饮成本的高低。

第5点：菜谱要成为信息反馈的渠道。

主要步骤

① 添加花纹素材图像，并改变图层混合模式和不透明度，得到艺术效果。

② 利用“套索工具”和“画笔工具”制作“日出群山”的效果。

③ 添加多重花纹图像，并适当调整其位置和大小。

④ 绘制“圆形”效果。

⑤ 在圆形中输入文字。

⑥ 添加相关文字信息完成“菜谱”的平面效果。

7.5.1　制作背景效果

01 新建一个图像文件，选择“矩形选框工具”，绘制一个矩形选区，填充为橘黄色（R：191，

G: 158，B: 109），如图7-93所示。

图7-93

02 打开本书配套资源中的“素材文件>CH07>菜谱设计>花纹.psd”文件，使用“移动工具”将其拖曳到当前绘制的画面中，并适当调整大小，使其适合橘黄色矩形，如图7-94所示。

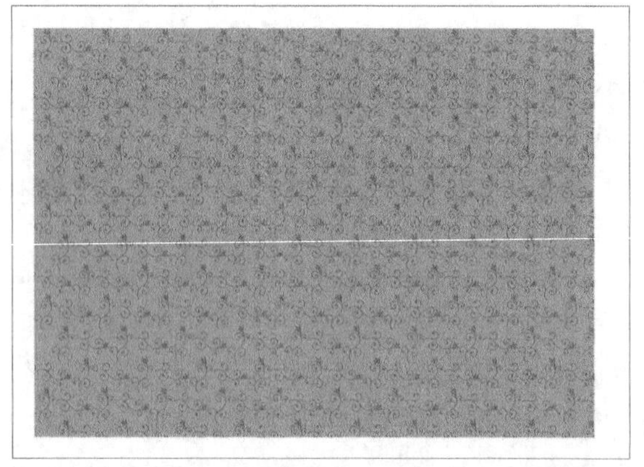

图7-94

03 在“图层”面板中设置该图层的“不透明度”为10%，图层混合模式为“正片叠底”，如图7-95所示。

图7-95

04 新建一个图层，选择“套索工具”，按住Shift键在画面左下方绘制多个选区，然后设置前景色为白色，使用画笔工具在选区中进行涂抹，得到的效果如图7-96所示。

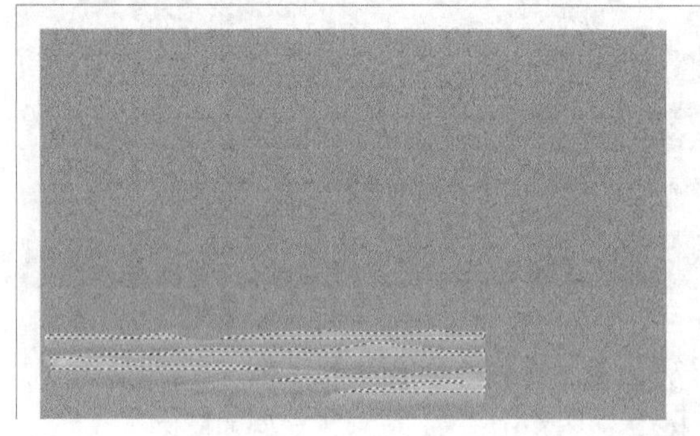

图7-96

05 打开本书配套资源中的“素材文件>CH07>菜谱设计>门.psd”文件，使用“移动工具”将其移动到当前编辑的图像中，放到如图7-97所示的位置。

图7-97

06 执行“图层>图层样式>投影”菜单命令，打开“图层样式”对话框，设置投影颜色为土红色（R: 84，G: 42，B: 9），其他参数设置如图7-98所示。

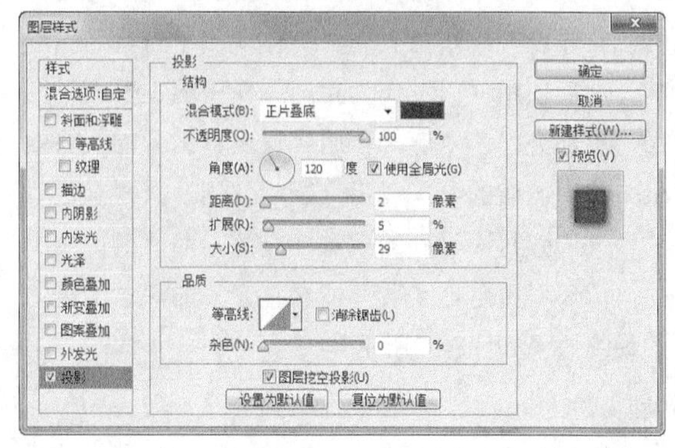

图7-98

07 单击“确定”按钮[确定]，得到图像的投影效果，再打开本书配套资源中的“素材文件>CH07>菜谱设计>梅花.psd”文件，使用“移动工具”将其移动到当前编辑的图像中，放到如图7-99所示的位置。

图7-99

08 新建一个图层，选择“钢笔工具”，绘制一个外轮廓图形，并按Ctrl+Enter组合键将路径转换为选区，填充为深红色（R：84，G：42，B：9），如图7-100所示。

图7-100

09 使用“钢笔工具”根据深红色轮廓图像绘制一个较细的边缘图形，如图7-101所示。

图7-101

10 按Ctrl+Enter组合键将路径转换为选区，使用“渐变工具”对选区应用线性渐变填充，设置颜色从橘黄色（R：159，G：127，B：56）到黄色（R：228，G：205，B：143），填充效果如图7-102所示。

图7-102

11 打开本书配套资源中的“素材文件>CH07>菜谱设计>多个花纹.psd”文件，如图7-103所示，使用“移动工具”将其移动到当前编辑的图像中，分别放到如图7-104所示的位置。

图7-103

图7-104

7.5.2 添加文字效果

01 选择“直排文字工具”，在画册中输入文字“菜谱”，然后在属性栏设置其字体为“方正水柱简体”，颜色为深红色（R: 84，G: 42，B: 9），如图7-105所示。

图7-105

02 执行“图层>图层样式>描边”菜单命令，打开“图层样式”对话框，设置描边颜色为黄色（R: 254，G: 234，B: 167），如图7-106所示。

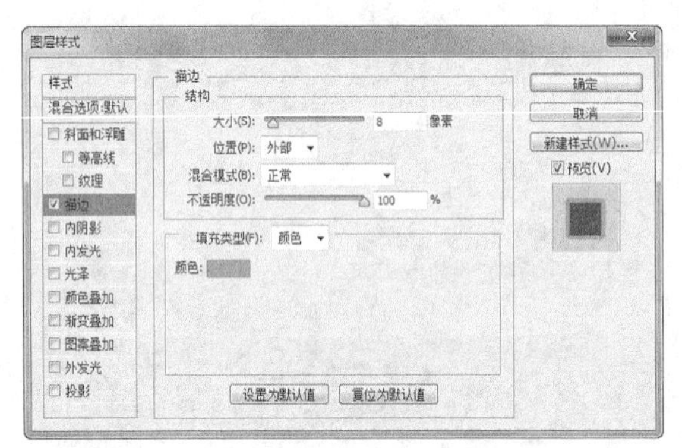

图7-106

03 单击“确定”按钮，得到文字描边效果，如图7-107所示。

图7-107

04 新建一个图层，选择“椭圆选框工具”，按住Shift键在文字左侧绘制多个圆形选区，并填充为深红色（R: 84，G: 42，B: 9），如图7-108所示。

图7-108

05 选择“直排文字工具”，在圆形图像中输入文字，并单击属性栏中的按钮，打开“字符”面板，设置字体和字号、间距等，并设置颜色为黄色（R：203，G：177，B：108），如图7-109所示，排列好后的文字效果如图7-110所示。

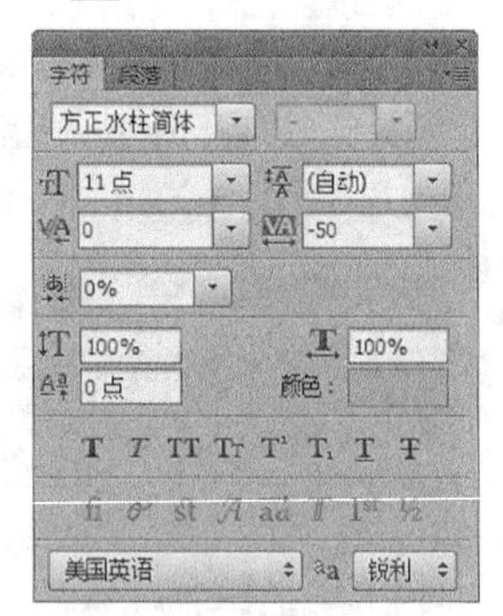

图7-109

图7-110

06 打开本书配套资源中的“素材文件>CH07>菜谱设计>门环.psd”文件，使用“移动工具”将其移动到当前编辑的图像中，放到画面右侧，如图7-111所示。

图7-111

07 执行“图层>图层样式>投影”菜单命令，打开“图层样式”对话框，设置投影颜色为黑色，其他参数设置如图7-112所示。

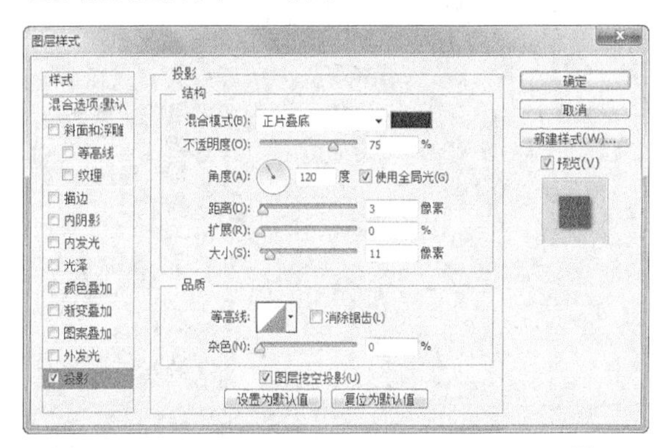

图7-112

08 打开本书配套资源中的“素材文件>CH07>菜谱设计>树叶.psd”文件，使用“移动工具”将其移动到当前编辑的图像中，放到画面左上方，并在“图层”面板调整“不透明度”为10%，如图7-113所示。

图7-113

09 选择“直排文字工具”，在画面中输入几行文字，并在属性栏设置字体为“方正水柱简体”，颜色为淡黄色（R: 213，G: 191，B: 146），如图7-114所示，完成本实例的操作。

图7-114

7.6 本章小结

通过本章的学习应该完全掌握画册与菜谱的设计流程和制作方法，更应该知道一个成功的设计一定要找准定位，在设计前要与客户做好前期沟通，具体内容包括设计风格的定位、企业文化及产品特点的分析和行业特点的定位等。

7.7 课后习题

创意是所有优秀设计成功的源泉，当然在前期临摹是最好的学习手段，也是最能收获成效的方式，本章将安排3个课后习题供读者练习，以增强自己的设计水平，激发设计灵感。

7.7.1 课后习题1——企业画册设计

案例位置　案例文件>CH07>课堂案例——企业画册设计.psd
视频位置　多媒体教学>CH07>课堂案例——企业画册设计.flv
难易指数　★★★☆☆
学习目标　学习“渐变工具”“钢笔工具”“加深工具”和“减淡工具”的使用

本案例是为“东都国际”设计的企业画册，在设计中整体界面颜色定位在红色和黑色，界面设计既简洁又能够体现企业的风格和实力，制作一群“大雁”来体现企业的超越精神。最终效果如图7-115所示。

图7-115

步骤分解如图7-116所示。

图7-116

7.7.2 课后习题2——产品画册设计

案例位置 案例文件>CH07>课堂案例——产品画册设计.psd
视频位置 多媒体教学>CH07>课堂案例——产品画册设计.flv
难易指数 ★★★☆☆
学习目标 学习羽化选区功能和图层蒙版功能的使用

本案例的整体界面给人一种至尊至美的感觉。首先绘制“蝴蝶”，再制作“亮光带”来衬托这些“蝴蝶”，而“蝴蝶”和“亮光带”的结合又衬托了电动车。整个绘图区域中的图像排列有序，这些都是为了衬托唯一的主题——电动车。产品画册的最终效果如图7-117所示。

图7-117

步骤分解如图7-118所示。

图7-118

7.7.3 课后习题3——酒楼菜谱设计

案例位置 案例文件>CH07>酒楼菜谱设计.psd
视频位置 多媒体教学>CH07>酒楼菜谱设计.flv
难易指数 ★★★☆☆
学习目标 学习“自由变换”功能和“图层样式”的使用

在制作菜谱时要根据酒店的档次和风格来展开设计，这样才能按照不同的要求制作出相应的菜谱。本例是一家中式酒家的菜谱设计，档次定位比较高，掌握好这些信息后设计起来就更加方便了。菜谱的最终效果如图7-119所示。

图7-119

步骤分解如图7-120所示。

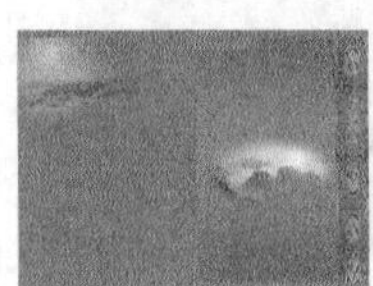

图7-120

第8章 封面和装帧设计

本章我们将学习封面和装帧设计的知识。封面设计是书刊的“门面”，是书刊展示自身形象和风貌的窗口。在浩如烟海的刊物市场中脱颖而出的，必定是那些有着优秀封面设计，以及内容精良的书刊。因此，任何一本书刊对其封面设计都有特殊的要求，要突出自身的风格和特色。

本章学习要点

CD封面的设计方法
系列封面的设计方法
宣传画册平面的设计方法
精装书籍封面的设计方法

8.1 装帧设计相关知识

书籍装帧设计是指从书籍文稿到成书出版的整个设计过程，也是完成从书籍形式的平面化到立体化的过程，它包含了艺术思维、构思创意和技术手法的系统设计；包括书籍的开本、装帧形式、封面、腰封、字体、版面、色彩、插图，以及纸张材料、印刷、装订和工艺等各个环节的艺术设计。

在书籍装帧设计中，只有从事整体设计的才能称之为装帧设计或整体设计，只完成封面或版式等部分设计，只能称作封面设计或版式设计等。图8-1所示为封面设计，图8-2所示为整体装帧设计。

图8-1

图8-2

8.1.1 封面设计要素

图形、色彩、文字和构图是封面设计的四大要素。设计者要把书的性质、用途和读者对象有机地结合起来，以表现书籍的内涵，并以传递信息的目的呈现给读者。

（1）文字

封面上简练的文字主要是书名（包括丛书名、副书名）、作者名和出版社名。这些在封面上的文字信息在设计中起着举足轻重的作用，如图8-3所示。

（2）图形

包括摄影图片、插图和图案，有写实的、抽象的和写意的等。

图8-3

（3）色彩

色彩是最容易打动读者的书籍设计语言，虽然每个人对色彩的感觉有差异，但对色彩的感官认识是有共性的。因此，色调的设计要与书籍内容的基本情调相协调，如图8-4所示。

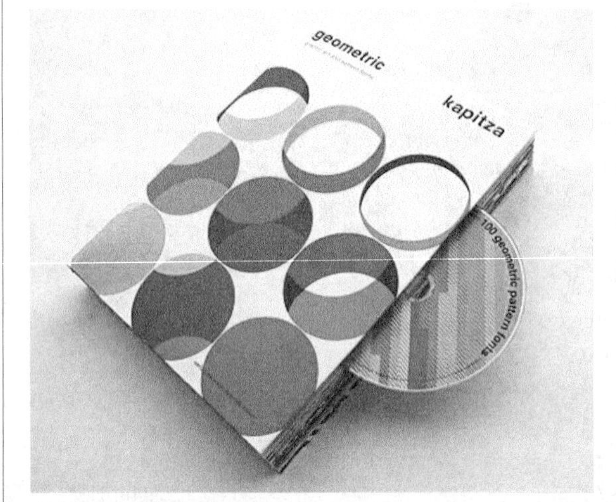

图8-4

（4）构图

构图的形式有垂直、水平、倾斜、曲线、交叉、向心、放射、三角、叠合、边线、散点和底纹等，如图8-5和图8-6所示。

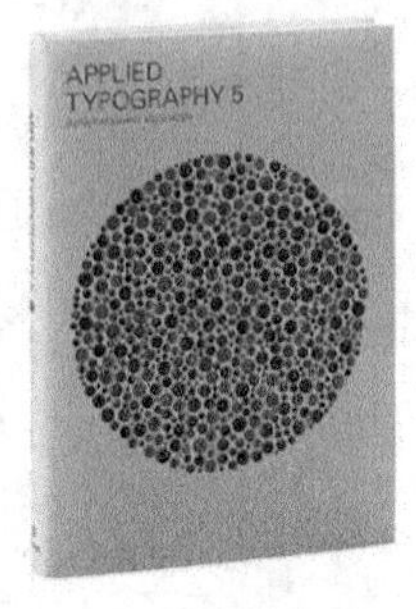

图8-5

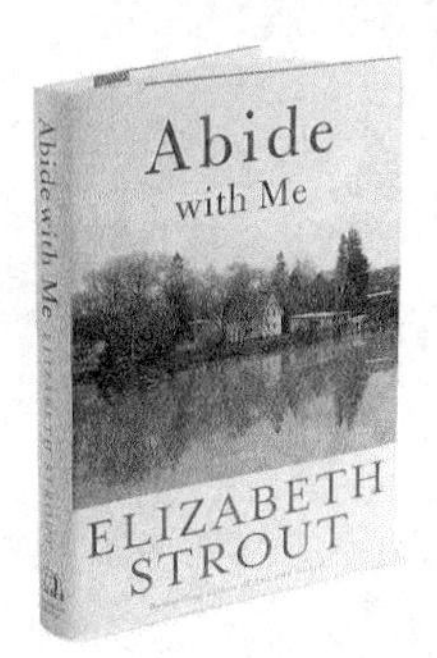

图8-6

当然有的封面设计则侧重于某一点。如以文字为主体的封面设计，此时，设计者就不能随意将字体堆砌于画面上，仅仅按部就班地传达信息，这样不仅不能给人一种艺术享受，而且是对读者的一种不负责任的行为。殊不知，没有读者就没有书籍，因而设计者必须精心考究后再做设计。设计者应该在字体的形式、大小、疏密和编排设计等方面都比较讲究，在传播信息的同时给人一种韵律美的享受。另外，封面标题字体的设计形式必须与内容，以及读者对象相统一，如图8-7所示。成功的设计应具有感情，如政治性读物设计应该是严肃的，科技性读物设计应该是严谨的，少儿性读物设计应该是活泼的等。

图8-7

好的封面设计应该在内容的安排上做到繁而不乱、有主有次、层次分明、简而不空，意味着简单的图形中要有内容，通过一些细节来丰富它。例如，在色彩上、印刷工艺上、图形的有机装饰设计上多做些文章，使人看后能够感受到书中所表达的气氛、意境或者格调，如图8-8所示。

图8-8

书籍不是一般商品，而是一种文化。因此在封面设计中，哪怕是一根线、一行字、一个抽象符号、一块色彩，都要具有一定的设计思想，既要有内容，又要具有美感，达到雅俗共赏。

8.1.2 扉页设计

扉页是现代书籍装帧设计不断发展的需要。一本内容很好的书如果缺少扉页，就犹如白玉之瑕，缺少了收藏价值。爱书之人，对一本好书会倍加珍惜，往往喜欢在书中写些感受或者缄言之类的警句，若此时书中缺少扉页，将是非常遗憾的。

书的扉页犹如门面里的屏风，随着人们审美观的提高，扉页的质量也越来越受到重视，在工艺上更是层出不穷，有的采用高质量的色纸；有的有肌理，散发出清香；有的附有一些装饰性的图案或与书籍内容相关并且有代表性的插图设计；等等。这些用心之处不仅提高了书籍的附加价值，而且吸引更多的购买者。真正优秀的书籍应该仔细设计书的扉页，以满足读者的要求。

8.1.3 插图设计

插图设计是活跃书籍内容的一个重要因素。它能使读者发挥想象力更好地理解书中内容，并获得一种艺术的享受。尤其是少儿读物更是如此，因为少儿的大脑发育不够健全，对事物缺少理性认识，较多的插图设计能帮助他们理解书中内容，并激起他们阅读的兴趣。图8-9所示为格林童话的插图设计。

图8-9

8.2 课堂案例——CD封面设计

案例位置　案例文件>CH08>CD封面设计.psd
视频位置　多媒体教学>CH08> CD封面设计.flv
难易指数　★★☆☆☆
学习目标　学习“自定形状工具”的使用和特效的制作

本案例是为一家舞蹈文化公司制作的纪念版CD封面设计，首先整体颜色使用了暖色调，增添了舞蹈的艺术色彩，再添加双人舞蹈的剪影图像，与背景图像很好地融合在一起，最后加入花纹素材和文字信息等，完成整个CD封面的设计。CD封面设计的最终效果如图8-10所示。

图8-10

相关知识

在制作CD封面设计时，封面的图像构思非常重要，并且在制作图像时，还要考虑到CD特有的形状：圆形以及中间的圆形镂空效果。在书籍封面设计中主要掌握以下两点。

第1点：色彩处理是设计的重要一关，得体的色彩表现和艺术处理，能在读者的视觉中产生夺目的效果。

第2点：封面的图片要直观、明确、视觉冲击力强。

主要步骤

① 使用“渐变工具”制作分层的渐变图像。

② 使用“自定形状工具”绘制心形图像，并填充颜色。

③ 载入图像选区，中心缩小选区，填充颜色。

④ 添加素材图像和文字。

8.2.1 制作封面效果

01 启动Photoshop CS6，新建一个“CD封面设计”文件，设置“宽度”为15厘米、“高度”为15厘米、“分辨率”为150像素/英寸，如图8-11所示。

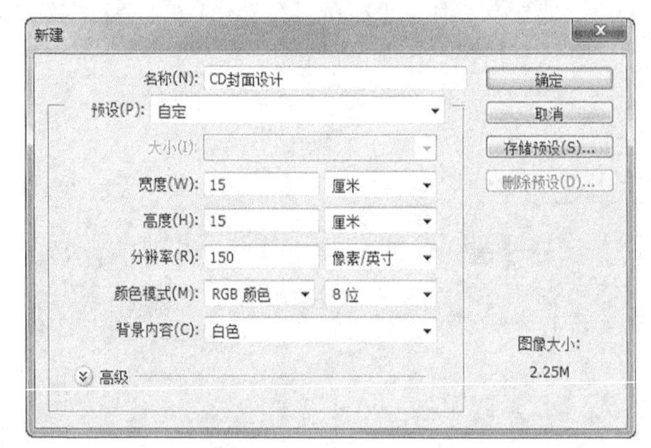

图 8-11

02 选择“矩形选框工具”，在画面上方绘制一个矩形选区，再选择“渐变工具”对其应用“径向渐变”填充，在属性栏设置渐变颜色从橘红色（R：229，G：103，B：73）到红色（R：138，G：49，B：60），如图8-12所示。

图 8-12

03 选择“多边形套索工具”，在画面下方绘制一个不规则选区，并使用“渐变工具”对其应用径向渐变填充，在属性栏设置渐变颜色从紫红色（R：140，G：35，B：102）到深紫色（R：51，G：17，B：38），如图8-13所示。

图 8-13

04 选择“自定形状工具”，单击属性栏中“形状”右侧的三角形按钮，在打开的面板中选择“红心形卡”图像，如图8-14所示。

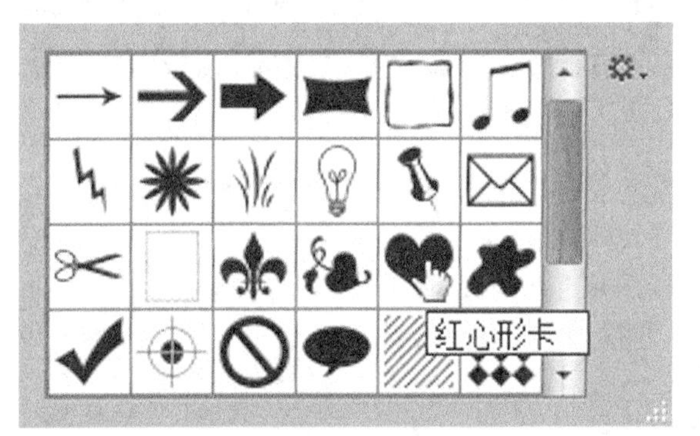

图 8-14

05 在“自定形状工具”属性栏中设置工具模式为“路径”，然后在图像中绘制多个心形图像，按Ctrl+Enter组合键将路径转换为选区，填充为红色（R：207，G：72，B：68），如图8-15所示。

06 打开本书配套资源中的“素材文件>CH08>CD封面设计>剪影.psd”文件，使用“移动工具”将剪影图像拖动到当前编辑的图像中，适当调整大小后放到如图8-16所示的位置。

图 8-15

图 8-16

07 打开本书配套资源中的“素材文件>CH08>CD封面设计>花纹.psd”文件，使用“移动工具”将花纹图像拖动到图像中，并设置该图层的混合模式为“线性减淡”，如图8-17所示。

08 选择“横排文字工具”，在图像左上角输入文字DVD，填充为黑色，然后执行“编辑>变换>斜切”菜单命令，将图像变换成倾斜状态，如图8-18所示。

09 打开本书配套资源中的“素材文件>CH08>CD封面设计>LOGO.psd”文件，使用“移动工具”将该图像拖动到背景图像中，放到DVD文字右侧，完成封面图像的制作，如图8-19所示。

图 8-17

图 8-18

图 8-19

8.2.2 制作盘面效果

01 执行“图层>合并可见图层”菜单命令，合并所有图层，“图层”面板如图8-20所示，再选择“椭圆选框工具”，按住Shift键绘制一个正圆形选区，如图8-21所示。

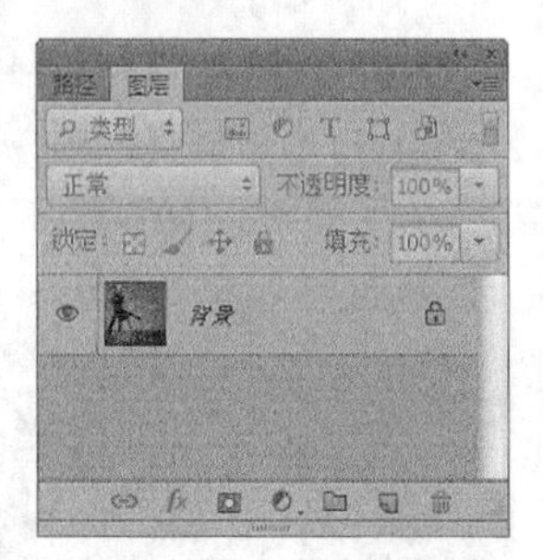

图 8-20

图 8-21

02 按Ctrl+J组合键得到复制的图像，再将背景图层填充为白色，“图层”面板效果如图8-22所示，图像效果如图8-23所示。

图 8-22

03 新建图层2，按住Ctrl键单击图层1，载入该图像选区，填充为灰色，并将其放到图层1的下方，如图8-24所示。

04 执行“编辑>变换>缩放”菜单命令，按Shift+Alt组合键向外拖动变换框，等比例放大圆形，得到的图像效果如图8-25所示。

图 8-23

图 8-24

图 8-25

05 执行“图层>图层样式>外发光”菜单命令，打开“图层样式”对话框，设置投影颜色为黑色，其他参数设置如图8-26所示。

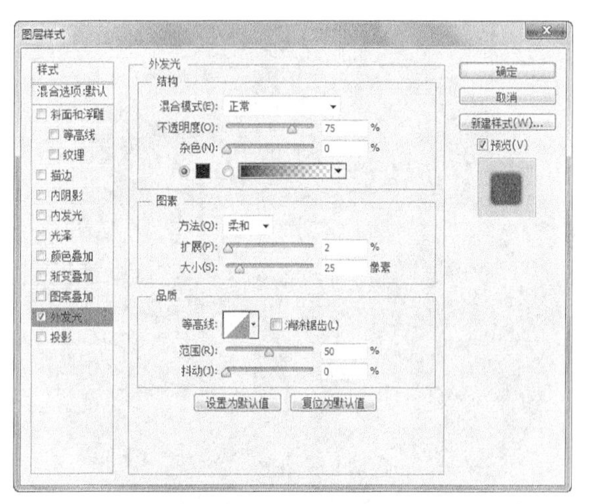

图 8-26

06 单击“确定”按钮 确定 ，得到图像的外发光效果，如图8-27所示。

图 8-27

07 选择“图层1”，并按住Ctrl键单击图层，载入该图像选区，执行“选区>变换选区”菜单命令，按Shift+Alt组合键向内拖动变换框，中心缩小选区，如图8-28所示。

08 确定变换后，按Ctrl+Shift+J组合键剪切图层，得到图层3，并将图层“不透明度”设置为50%，如图8-29所示。

09 载入图层3的选区，执行“选区>变换选区”菜单命令，按Shift+Alt组合键向内拖动变换框，中心缩小选区，填充为灰色，在“图层”面板中适当降低图层不透明度，如图8-30所示。

图 8-28

图 8-29

图 8-30

⑩ 使用同样的方法，新建一个图层，然后载入图层3的选区，中心缩小选区后，填充为白色，得到的图像效果如图8-31所示。

图 8-31

⑪ 选择“横排文字工具”T，在CD盘面输入中英文文字，并在属性栏设置合适的字体，颜色为洋红色（R: 255, G: 0, B: 246），如图8-32所示。

⑫ 执行“图层>图层样式>外发光”菜单命令，打开“图层样式”对话框，设置外发光颜色为淡黄色（R：255，G：255，B：190），其他参数设置如图8-33所示。

⑬ 单击“确定”按钮 确定 ，得到文字的外发光效果，如图8-34所示，完成本实例的制作。

图 8-32

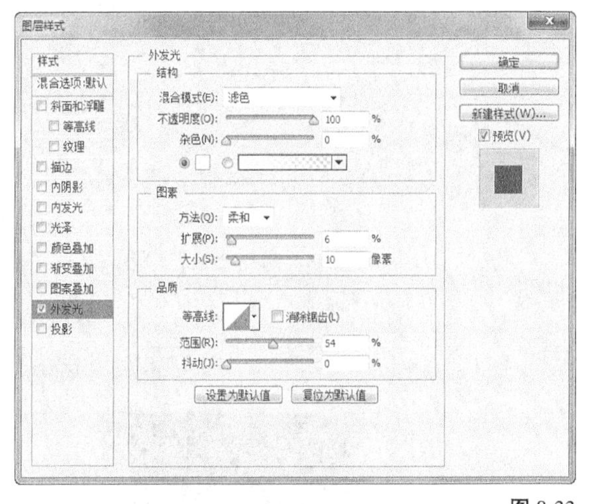

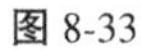

图 8-33

图 8-34

8.3　课堂案例——系列封面设计

案例位置　案例文件>CH08>系列封面设计.psd
视频位置　多媒体教学>CH08>系列封面设计.flv
难易指数　★★☆☆☆
学习目标　学习“钢笔工具”的使用和特效的制作

本案例是“都市居家”系列丛书中的“居家环境”一书的封面设计。“都市居家”是介绍关于都市生活方面的系列丛书，而“居家环境”一书主要讲述在都市生活中如何选择一个适合自己的生活环境。设计这样的书籍封面，首先要求界面要清晰，颜色要柔和，整体不能够太花哨。系列封面设计的最终效果如图8-35所示。

图8-35

相关知识

书籍是文字和图形的一种载体，书籍装帧的封面设计在一本书的整体设计中具有举足轻重的地位。封面是一本书的脸面，好的封面设计不仅能吸引读者，而且能提升书籍的档次。封面设计一般包括书名、编著者名、出版社名以及书的内容、性质、体裁、色彩和构图等。在书籍封面设计中主要掌握以下4点。

第1点：想象——想象是构思的源泉，想象以造型的知觉为中心，能产生明确的、有意味的形象。

第2点：舍弃——在构思时要将多余和重叠部分舍弃掉。

第3点：象征——象征性的手法是艺术表现最得力的语言，用象征性的手法来表达抽象的概念或意境更能为人们所接受。

第4点：探索创新——流行的形式、常用的手法、俗套的语言要尽可能避开不用，构思要新颖和标新立异。

主要步骤

① 使用参考线分割出“封面”“书脊”“封底”“外折页”和“内折页”。

② 制作“荷花”的艺术效果。

③ 制作“海鸥”素材并制作特效。

④ 制作“封底”“外折页”和“内折页”。

⑤ 制作书的立体效果。

⑥ 制作背面视图的立体效果。

8.3.1　制作封面效果

01 启动Photoshop CS6，新建一个“系列封面设计”文件，设置“宽度”为22厘米、“高度”为16厘米、“分辨率”为200像素/英寸，如图8-36所示。

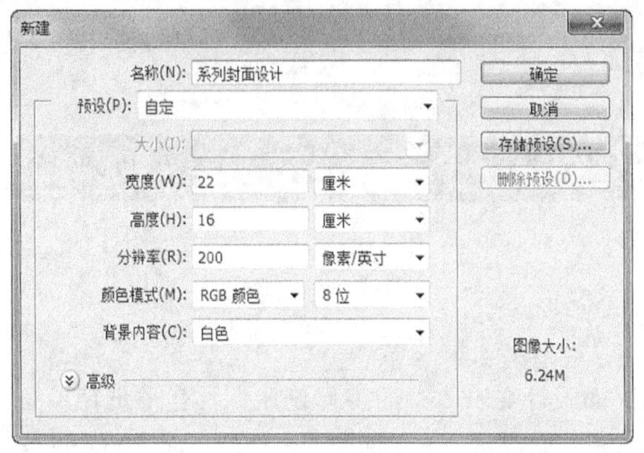

图 8-36

02 执行“视图>新建参考线”菜单命令4次，打开“新建参考线”对话框为视图添加参考线，具体参数设置如图8-37所示，添加参考线后的效果如图8-38所示。

03 使用“矩形选框工具”在绘图区域绘制一个矩形选区，再创建一个新图层，设置前景色为土红色（R：44，G：21，B：9），按Alt+Delete组合键用前景色填充选区，效果如图8-39所示。

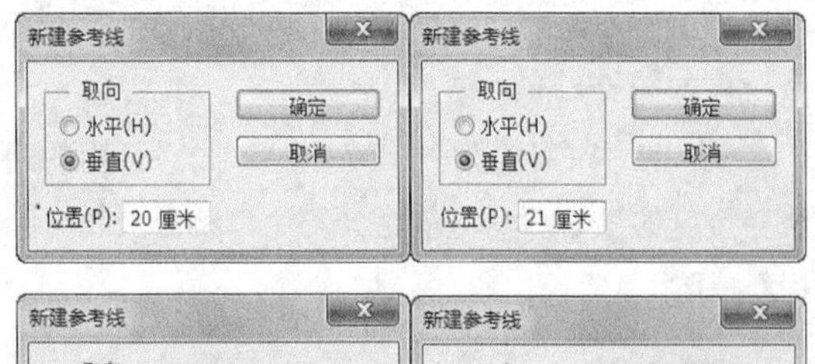

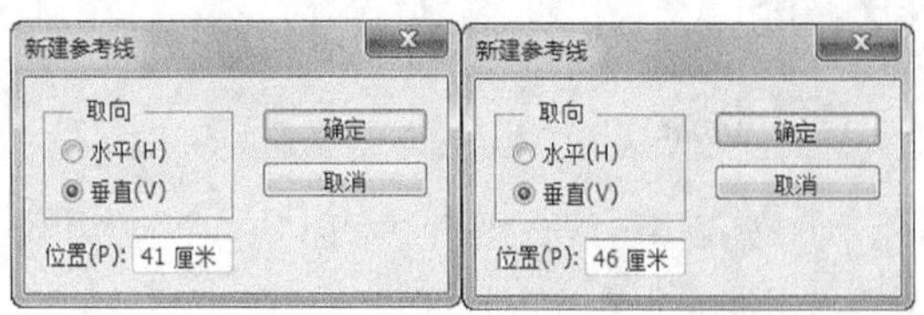

图8-37

图8-38

图8-39

04 使用“矩形选框工具”在绘图区域中绘制一个如图8-40所示矩形选区。

图8-40

05 再打开“渐变编辑器”对话框，设置颜色为黑色到土红色（R：19，G：28，B：17）到深绿色（R：0，G：75，B：54）到土黄色（R：208，G：132，B：2）到黄色（R：209，G：148，B：48），如图8-41所示，然后在选区中从上到下应用线性渐变填充，效果如图8-42所示。

06 打开本书配套资源中的“素材文件>CH08>系列封面设计>荷花.jpg”文件，然后使用“移动工具”将其拖曳到绘图区域中如图8-43所示的位置，并将新生成的图层更名为“水中荷花”。

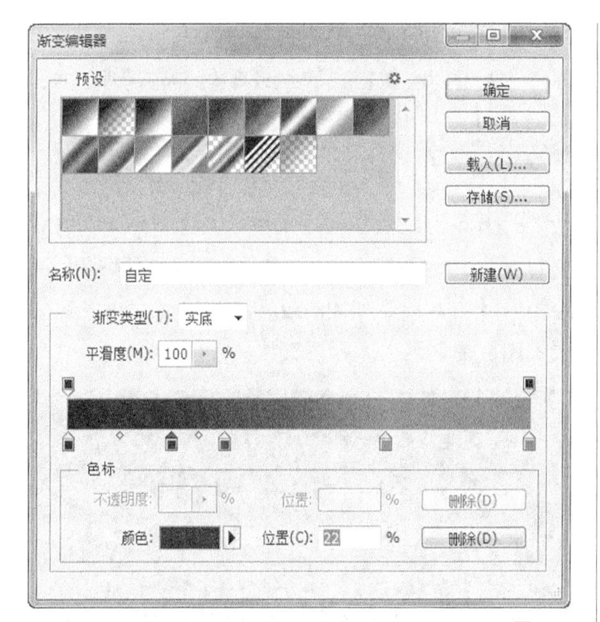

图8-41

图8-42

图8-43

07 按住Ctrl键单击渐变图像所在图层，载入图像选区，确定图层“水中荷花”为当前层，然后单击“图层”面板下面的“添加图层蒙版”按钮，隐藏周围的图像，效果如图8-44所示。

图8-44

08 在“图层”面板中设置图层“水中荷花”的混合模式为“亮光”，得到的图像效果如图8-45所示。

09 按Ctrl+J组合键复制一个新图层“水中荷花副本”，并在“图层”面板中设置图层混合模式为“正常”，然后使用“套索工具”勾选出“荷花”的大致轮廓，如图8-46所示。

图8-45

图8-46

10 执行“选区>修改>羽化”菜单命令，打开“羽化选区”对话框，设置“羽化半径”参数为12，如图8-47所示。

图8-47

11 单击“确定”按钮，然后执行“选区>反向”菜单命令反选选区，按Delete键删除选区中的图像，效果如图8-48所示。

图8-48

技巧与提示

其实勾选出“荷花”选区也可以通过“通道”来实现，只不过该“荷花”图像并不复杂，所以没有必要采用“通道”的方法，但是对于勾选“头发”之类很复杂图像的选区就必须通过“通道”来实现。

12 打开本书配套资源中的“素材文件>CH08>系列封面设计>海鸥.psd”文件，使用“移动工具”将其拖曳到绘图区域中如图8-49所示的位置，将新生成的图层更名为“海鸥”。

图8-49

13 按Ctrl+J组合键复制一个新图层，得到“海鸥副本”，然后选择“海鸥”图层，执行“滤镜>模糊>动感模糊”菜单命令，打开“动感模糊”对话框，设置“角度”为8度，“距离”为170像素，如图8-50所示，单击“确定”按钮，得到图像的模糊效果如图8-51所示。

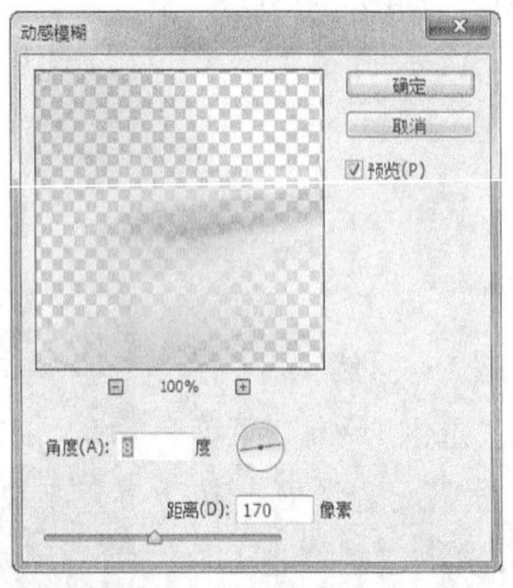

图8-50

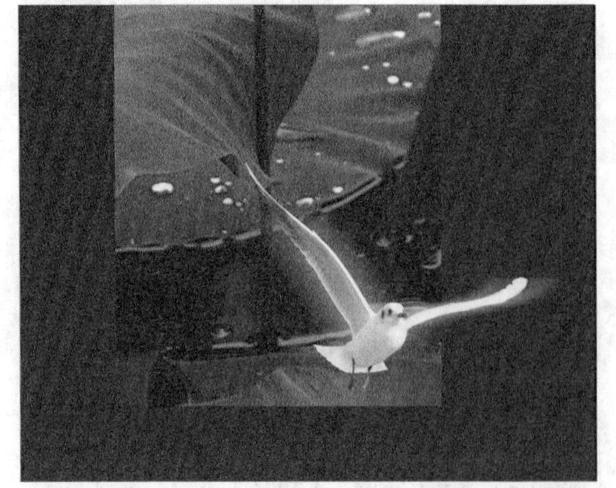

图8-51

技巧与提示

“动感模糊”滤镜在表现人或物体做高速运动时有比较好的效果，比如运动员的极速运动，汽车的高速行驶等一般都会使用该滤镜。

14 打开本书配套资源中的“素材文件>CH08>系列封面设计>素材03.psd”文件，然后将其拖曳到绘图区域中，放到如图8-52所示的位置，并将新生成的图层更名为“木雕图案”。

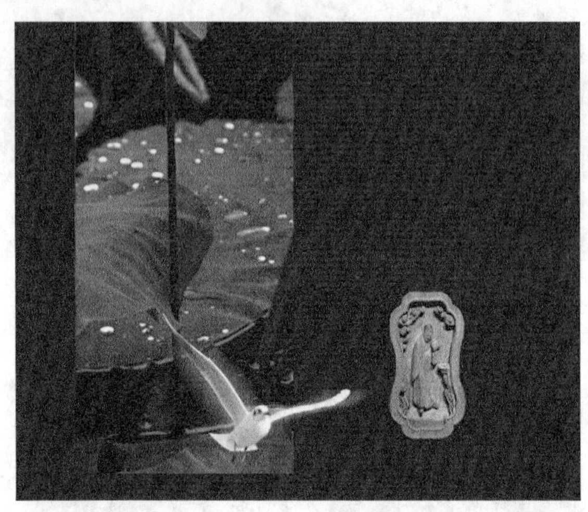

图8-52

15 单击“图层”面板下方的“添加图层样式”按钮，在弹出的菜单中选择“外发光”命令，打开“图层样式”对话框，设置颜色为淡黄色（R: 182，G: 142，B: 76），“大小”为42像素，如图8-53所示。

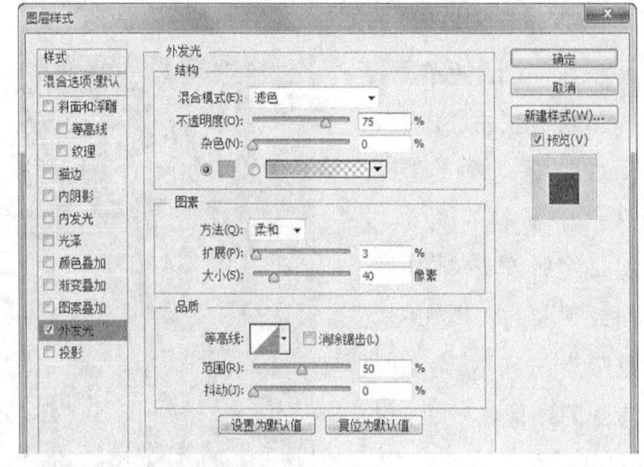

图8-53

16 选择对话框左侧的“斜面和浮雕”选项，设置样式为“内斜面”，其他参数设置如图8-54所示。单击“确定”按钮，在“图层”面板设置图层的“不透明度”为60%，效果如图8-55所示。

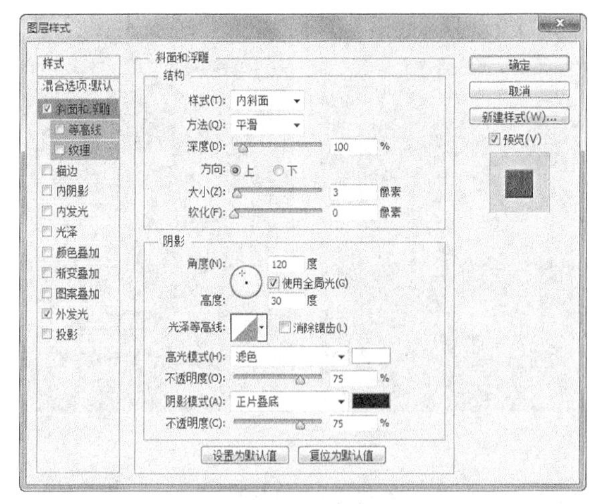

图8-54

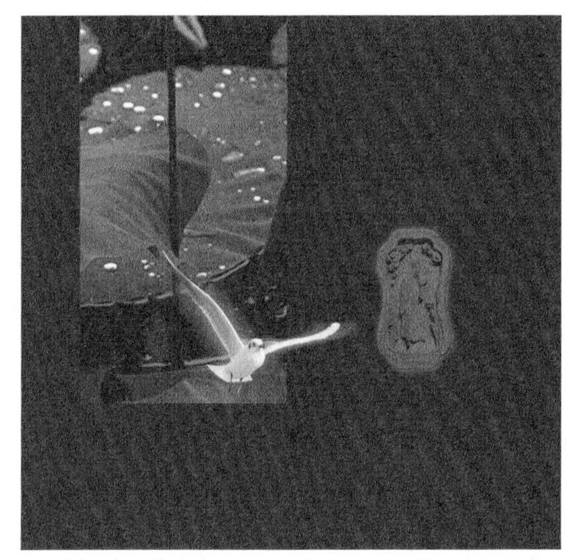

图8-55

⑰ 选择“直排文字工具”，在“字符”面板设置文本颜色为橘黄色（R: 245，G: 186，B: 29），字体为“方正隶变简体”，如图8-56所示，然后在绘图区域输入“居家环境”4个字，效果如图8-57所示。

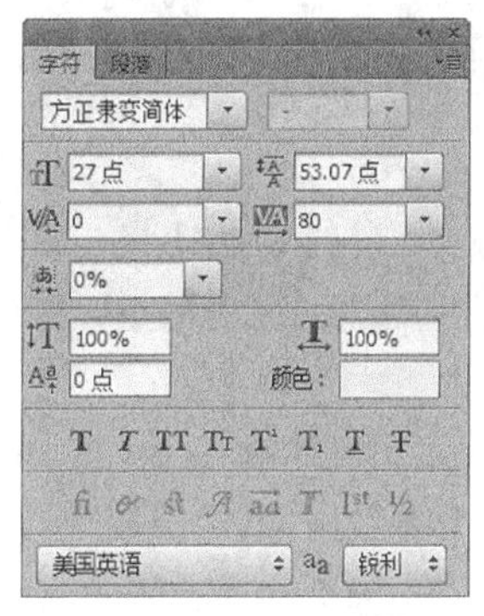

图8-56

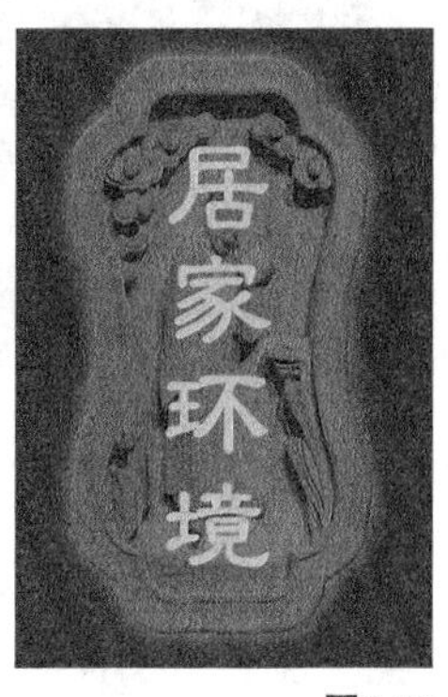

图8-57

⑱ 执行“图层>图层样式>投影”菜单命令，打开“投影”对话框，设置投影为黑色，其他参数设置如图8-58所示，再选择“斜面和浮雕”选项，设置样式为“内斜面”，其他设置如图8-59所示。

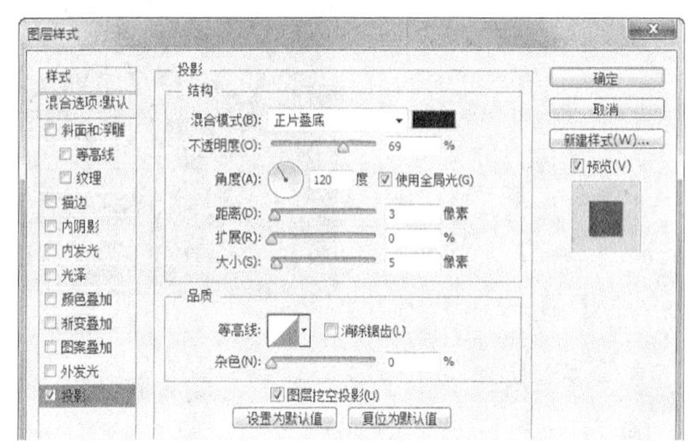

图8-58

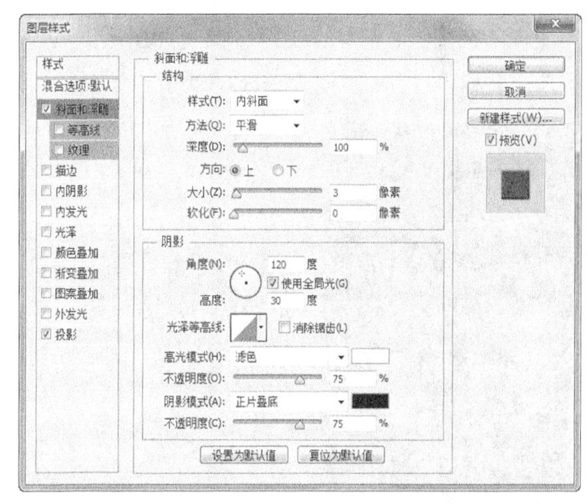

图8-59

⑲ 选择“内发光”选项，设置内发光颜色为白色，其他设置如图8-60所示，单击“确定”按钮［确定］，得到图像的特殊效果，如图8-61所示。

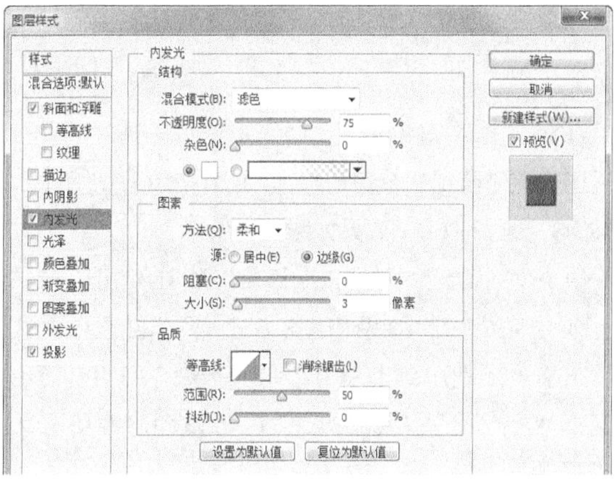

图8-60

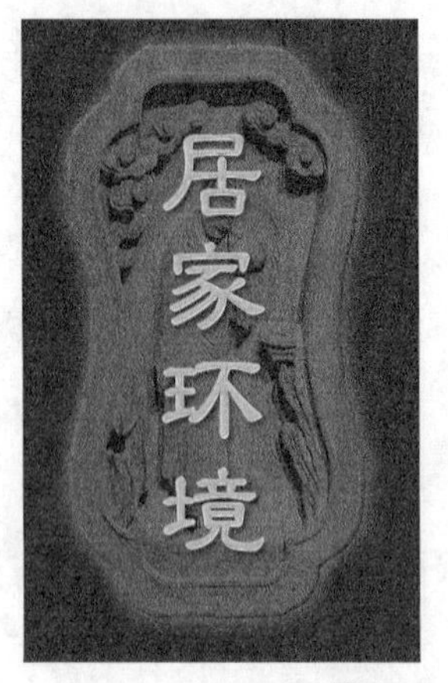

图8-61

20 选择“横排文字工具”，在封面图像中添加相关文字信息，完成封面的设计，效果如图8-62所示。在“图层”面板中，按住Ctrl键选择所有封面图像所在图层，按Ctrl+E组合键合并图层，并设置图层名称为“封面”，如图8-63所示。

图8-62

路径 图层
类型
正常 不透明度：100%
锁定： 填充：100%
封面
背景

图8-63

技巧与提示

在“封面”中添加的文字信息包括：本书引言、作者姓名、书名、出版社名称和出版社的标志。

21 创建一个新图层，使用“矩形选框工具”在封面图像左侧绘制一个矩形选区，并填充为土黄色（R: 98，G: 58，B: 30），效果如图8-64所示。

22 在“书脊”中添加书名、出版社和出版社的标志，完成后的效果如图8-65所示，再选中制作“书脊”所使用到的所有图层，按Ctrl+G组合键将其归入到一个图层组中，然后将该图层组更名为“书脊”。

图8-64

图8-65

8.3.2 制作封底效果

01 创建一个新图层，使用“矩形选框工具”在绘图区域绘制一个如图8-66所示的选区，填充为土红色（R: 44，G: 21，B: 9），效果如图8-67所示。

图8-66

图8-67

02 在“图层”面板中选择“水中荷花”，按Ctrl+J组合键复制一个副本图像，然后使用“移动工具”将其移动到封底图像中，如图8-68所示，设置该副本图层的“不透明度”为20%，效果如图8-69所示。

图8-68

图8-69

03 选择“横排文字工具”T在“封底”的下部添加编书单位的名称、标志、联系方式、定价、编号等文字信息，效果如图8-70所示。

图8-70

04 选择“矩形选框工具”，在封底左下方绘制一个矩形，填充为白色，然后再绘制多个不同宽度的矩形，填充为黑色，形成条形码的样式，最后在黑色矩形上下两处输入数字，完成条形码的制作，如图8-71所示。

图8-71

05 选中制作“封底”所使用到的所有图层，按Ctrl+E组合键合并图层，并将该图层更名为“封底”，如图8-72所示。

图8-72

06 选择“矩形选框工具”，在封面图像右侧再绘制两个矩形选区作为“内折页”，并分别填充为土黄色（R：98，G：58，B：30）和土红色（R：44，G：21，B：9），然后输入相关文字信息，完成后的效果如图8-73所示。

图8-73

8.3.3　制作立体效果

01 新建一个“系列封面立体效果”文件，设置前景色为土黄色（R：199，G：131，B：0），然后用前景色填充背景图层，效果如图8-74所示。

02 设置前景色为橘黄色（R：254，G：191，B：0），选择“画笔工具”，在图像中间进行涂抹，使图像四周呈现土黄色，效果如图8-75所示。

图8-74

图8-75

03 切换到“系列封面设计”图像中，在“图层”面板中选择“封面”图层，使用“移动工具”将其拖曳到橘黄色背景图中，然后按Ctrl+T组合键，按住Ctrl键拖动四个角，进行变形处理，如图8-76所示。

图8-76

04 分别选择“书脊”和“内折页”图层，将其移动到当前编辑的图像中，采用与上一步相同的方法制作“内折页”和“书脊”的立体效果，如图8-77所示。

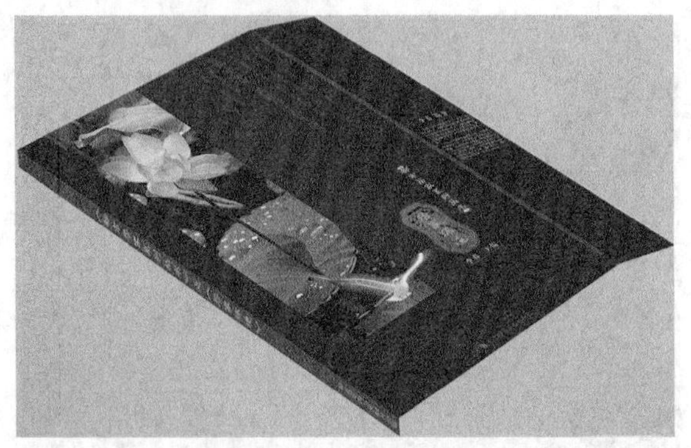
图8-77

技巧与提示

由于没有先绘制出立体模型，所以在变形的时候要变形满意后才确认操作，因为使用第二次变形时控制点的位置就不再是变形前图像的转角点，如果第一次变形不满意可返回到变形前的图像重新操作。

05 创建一个新图层“内页厚度”，将其拖曳到图层“封面”的下一层，再使用“多边形套索工具”在绘图区域勾选出如图8-78所示的选区，设置前景色为灰色（R：190，G：190，B：190），然后用前景色填充选区，效果如图8-79所示。

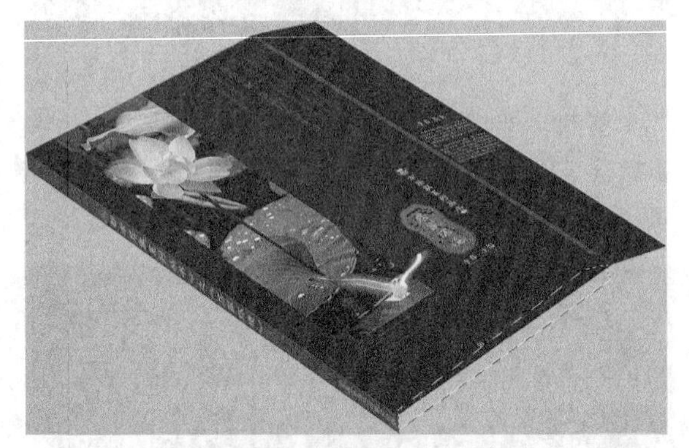
图8-78

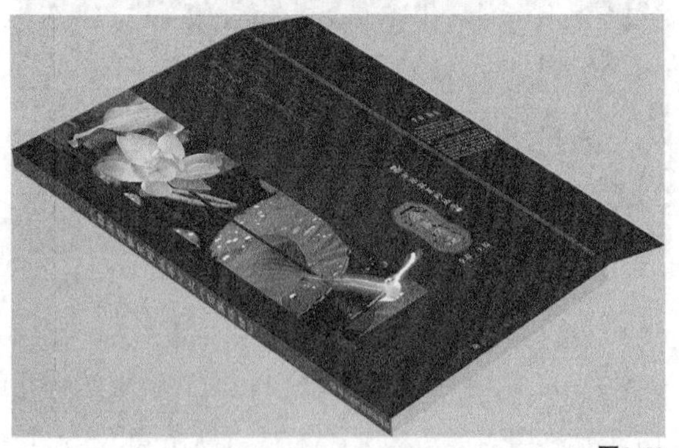
图8-79

06 使用“加深工具”在图像的上下边缘部分涂抹，使其颜色加深，效果如图8-80所示。

图8-80

07 创建一个新图层“封底”，将其拖曳到“内页厚度”图层的下一层，再使用“多边形套索工具”在绘图区域勾选出如图8-81所示的选区，填充为深红色（R：44，G：21，B：9），效果如图8-82所示。

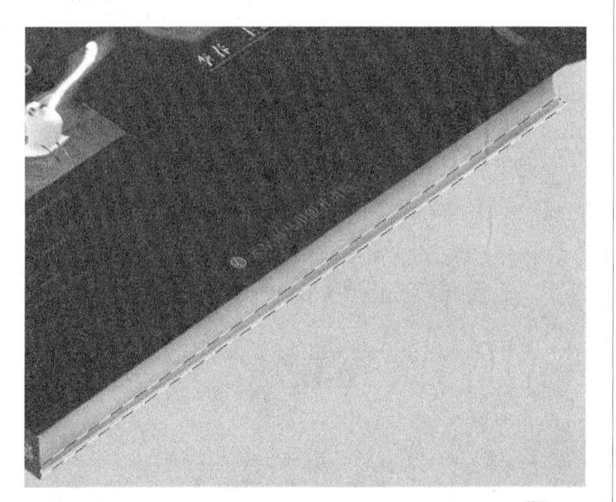

图8-81

08 选择“多边形套索工具”，在“外折页”图层下方绘制一个三角形选区，填充为淡红色（R：131，G：91，B：70），然后用前景色填充选区，效果如图8-83所示。

09 使用“模糊工具”对三角形图像的边缘部分进行涂抹，处理成模糊效果，如图8-84所示。

图8-82

图8-83

图8-84

8.3.4 制作背面立体效果

01 切换到“系列封面设计”图像文件中，将图层“封底”拖曳到“系列封面立体效果”操作界面中，然后按Ctrl+T组合键，按住Ctrl键分别拖动四个角，将变换为如图8-85所示的造型。

图8-85

02 采用同样的方法制作出“书脊”效果，如图8-86所示，然后结合“多边形套索工具”和“渐变工具”制作出“内页厚度”和“封面”效果，如图8-87所示。

图8-86

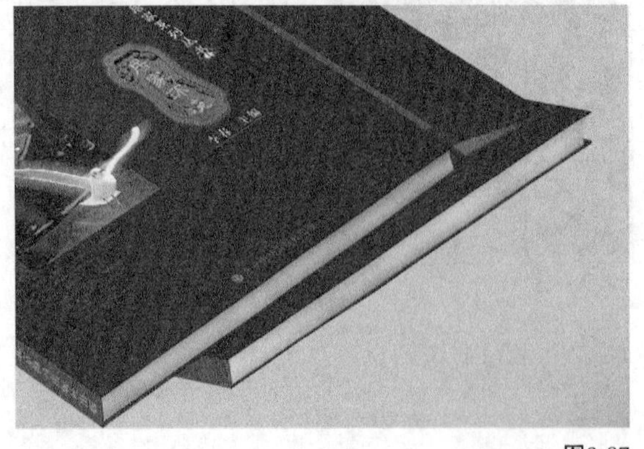

图8-87

03 按Ctrl键在“图层”面板中选择画面上面第一本书脊图像所在图层，按Ctrl+E组合键合并图层，复制图像后适当移动对象，调整图层“不透明度”为20%，得到投影效果，如图8-88所示。

图8-88

04 使用同样的方法，选择下一本书图像图层，合并图层后复制图像，移动到下方，设置图层“不透明度”为20%，得到图书的投影效果，如图8-89所示，完成本实例的制作。

图8-89

8.4 课堂案例——宣传画册平面设计

案例位置	案例文件>CH08>宣传画册平面设计.psd
视频位置	多媒体教学>CH08>宣传画册设计.flv
难易指数	★★☆☆☆
学习目标	学习“图层样式”制作颜色渐变效果和文字特效的制作

本案例讲解的是拉链产品的宣传画册。主要将拉链和拉锁作为设计元素，并进行艺术化处理，使一个平凡的拉链变成一种艺术品。宣传画册的最终效果如图8-90所示。

图8-90

相关知识

宣传画册是企业的名片，一本成功的宣传册浓缩了企业的发展历程和企业方向，向公众展现了企业文化、推广了企业产品、传播了企业形象。企业宣传册设计制作过程实质上是一个企业理念的提炼和实质的展现过程，而非简单的图片文字的叠加。在企业宣传画册设计中主要掌握以下4点。

第1点：思想性与单一性。

第2点：艺术性与装饰性。

第3点：趣味性与独创性。

第4点：整体性与协调性 。

主要步骤

① 制作背景效果。

② 制作“拉链”的开口部分。

③ 制作“拉锁”效果。

④ 制作“拉把”效果。

⑤ 制作“拉链”的闭合部分并添加相关文字信息。

8.4.1　绘制背景效果

01 启动Photoshop CS6，新建一个“宣传画册平面设计”文件，具体参数设置为“宽度”为30厘米、“高度”为20厘米、“分辨率”为300像素/英寸、“颜色模式”为RGB颜色，如图8-91所示。

02 执行“视图>新建参考线”菜单命令，打开“新建参考线”对话框，设置“取向”为“垂直”，“位置”为15厘米，如图8-92所示，单击“确定”按钮[确定]，得到参考线，效果如图8-93所示。

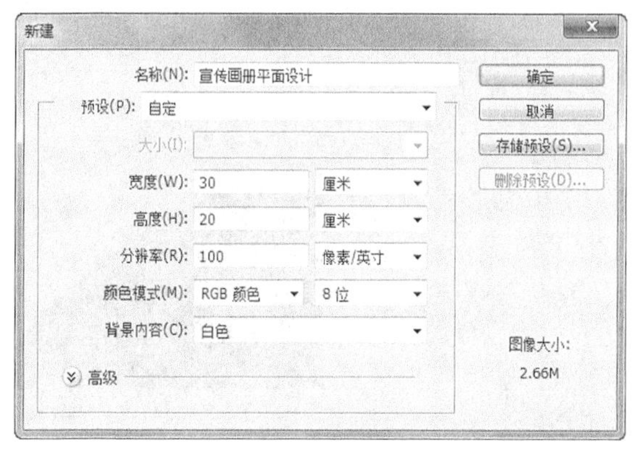

图 8-91

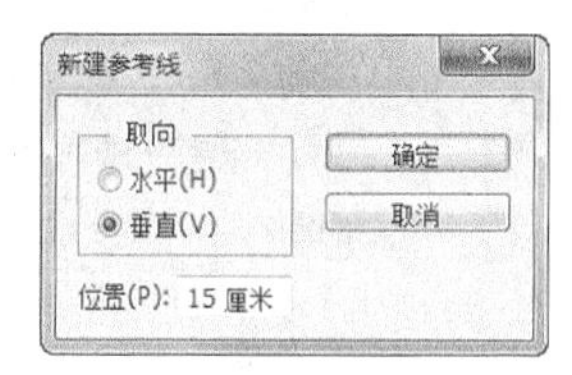

图8-92

图8-93

03 新建一个图层，使用“钢笔工具”在绘图区域绘制一个扇形，如图8-94所示，按Ctrl+Enter组合键将路径转换为选区，填充为深灰色（R：44，G：40，B：35），效果如图8-95所示。

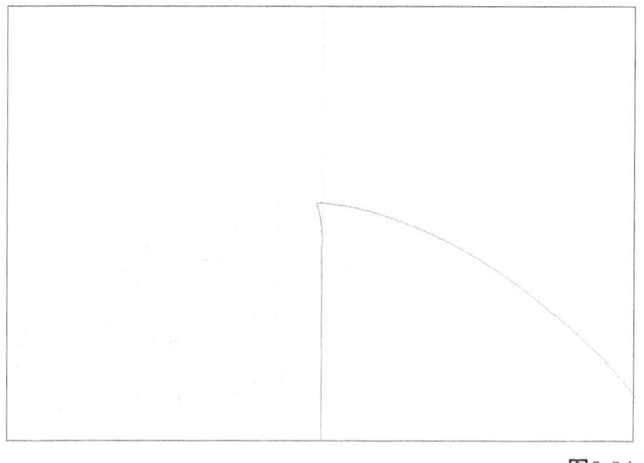
图8-94

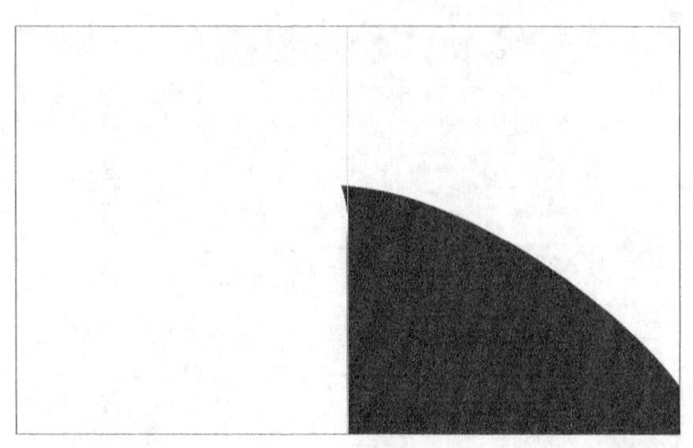

图8-95

技巧与提示

绘制该路径的时候只需要绘制好右上边缘的弧形路径就行了，填充前景色的时候超出绘图区域的部分不会被填充。在本案例中绘制的路径比较多，每个路径都保存下来了，用户可以打开源文件作为参考。

04 再新建一个图层，使用“钢笔工具”在绘图区域中绘制一个如图8-96所示的路径，在“图层”面板中将其拖曳到灰色扇形图层的下方，按Ctrl+Enter组合键将路径转换为选区后，填充为宝蓝色（R：0，G：43，B：167），效果如图8-97所示。

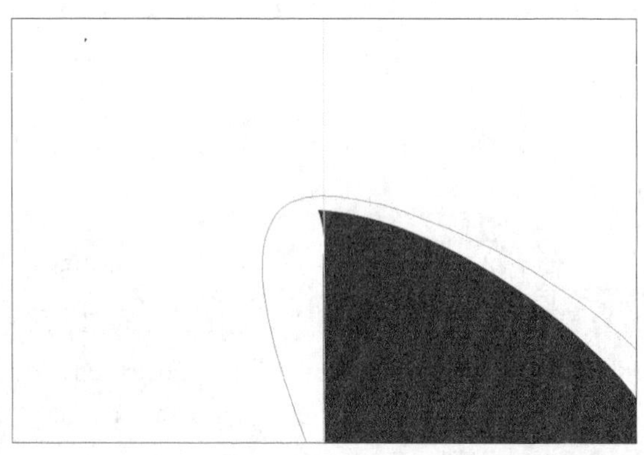

图8-96

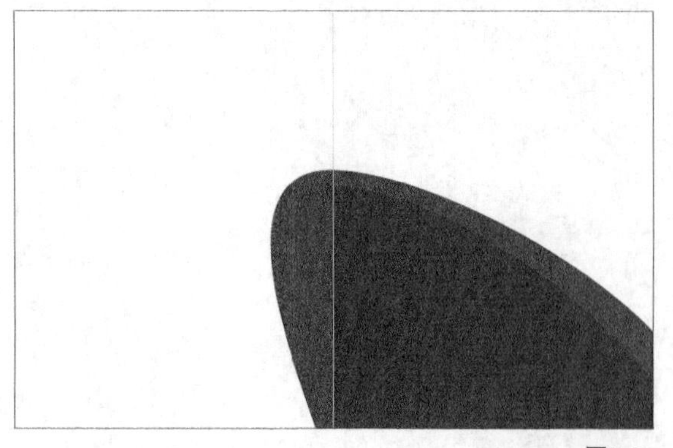

图8-97

05 执行“图层>图层样式>外发光”菜单命令，打开“图层样式”对话框，设置发光颜色为蓝色（R：50，G：81，B：147），其他参数设置如图8-98所示，单击“确定”按钮 确定 ，得到的图像效果如图8-99所示。

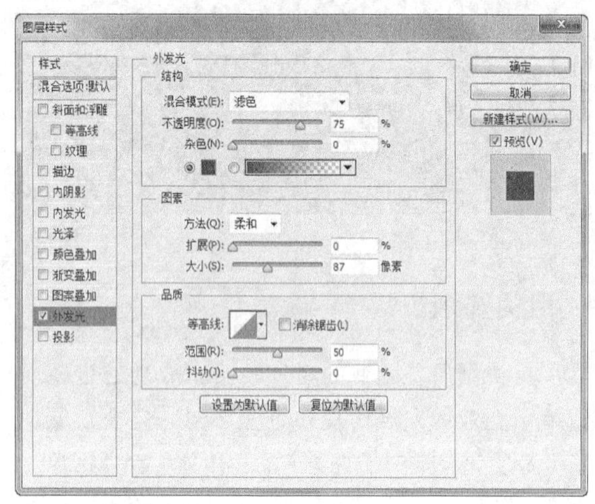

图8-98

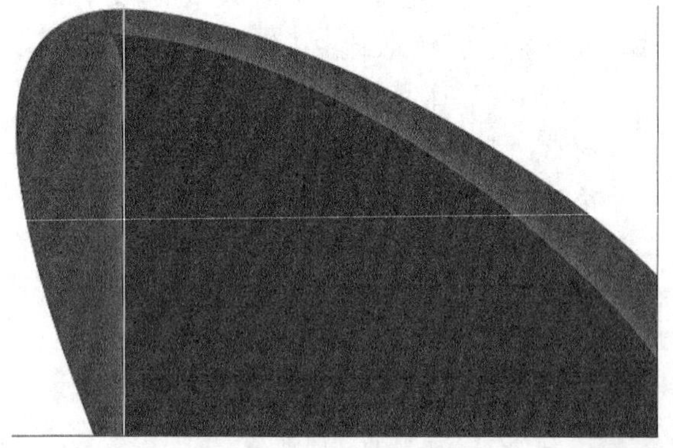

图8-99

06 使用“钢笔工具”在绘图区域绘制一个如图8-100所示的路径，再创建一个新图层，将其拖曳到背景图层的上方，将路径转换为选区后填充为宝蓝色（R：0，G：50，B：174），效果如图8-101所示。

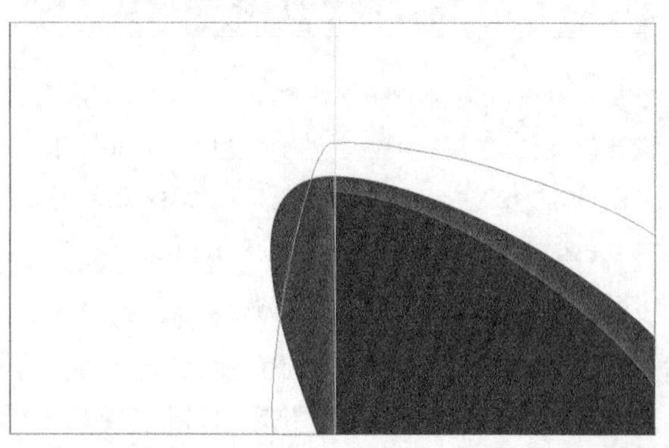

图8-100

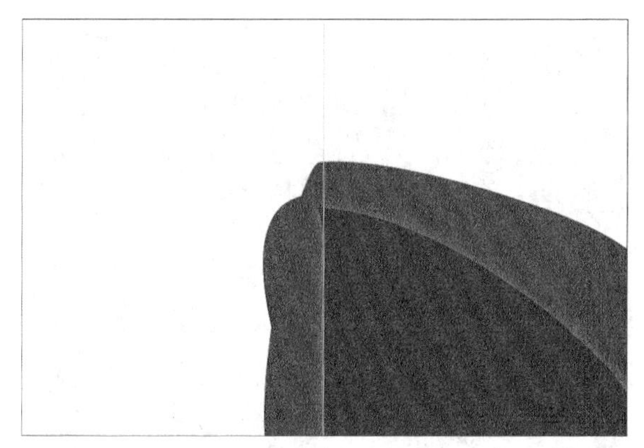

图8-101

07 执行“图层>图层样式>外发光”菜单命令，在打开的“图层样式”对话框中设置发光颜色为蓝色（R：31，G：74，B：176），具体参数设置如图8-102所示；再单击“内发光”样式，设置发光颜色为深蓝色（R：12，G：32，B：84），具体参数设置如图8-103所示。设置完毕后单击“确定”按钮 确定 ，效果如图8-104所示。

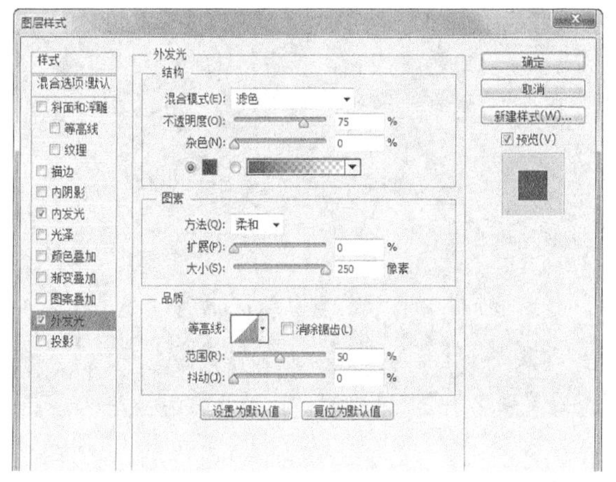

图8-102

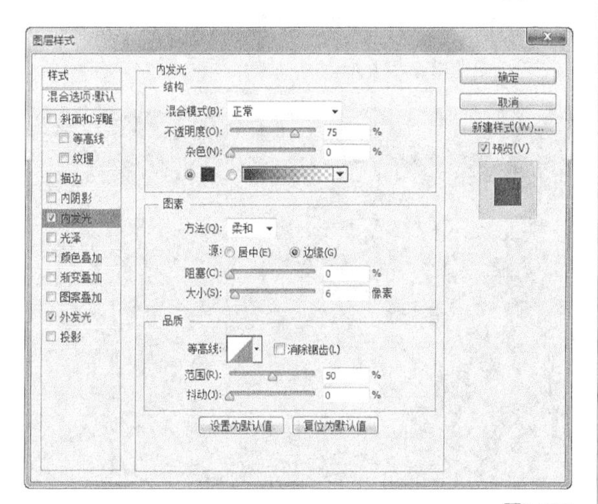

图8-103

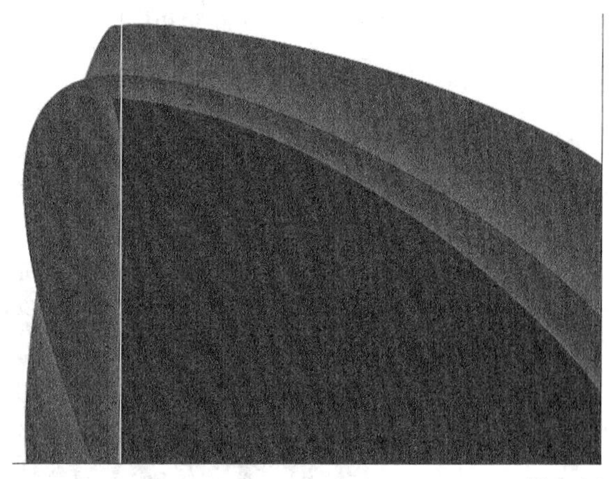

图8-104

08 打开本书配套资源中的“素材文件>CH08>宣传画册设计>素材01.jpg”文件，使用“移动工具” 将其拖曳到绘图区域，再在图层面板调整图层顺序，然后按Ctrl+T组合键适当调整画面大小，放到如图8-105所示的位置。

图8-105

8.4.2 绘制拉链效果

01 使用“钢笔工具” 在封面图像中绘制一个不规则图形，如图8-106所示。按Ctrl+Enter组合键转换路径为选区，填充为橘黄色（R：241，G：156，B：23），效果如图8-107所示。

02 选择“加深工具” ，在属性栏设置画笔样式为“柔边”，画笔“大小”30，在选区中进行涂抹，得到如图8-108所示的效果。

03 设置前景色为黑色，选择“画笔工具” ，在属性栏设置画笔“大小”为10，“不透明度”为16%，然后在选区中进行涂抹，再设置前景色为白色，同样使用“画笔工具”在选区相应的区域涂抹，效果如图8-109所示。

图8-106

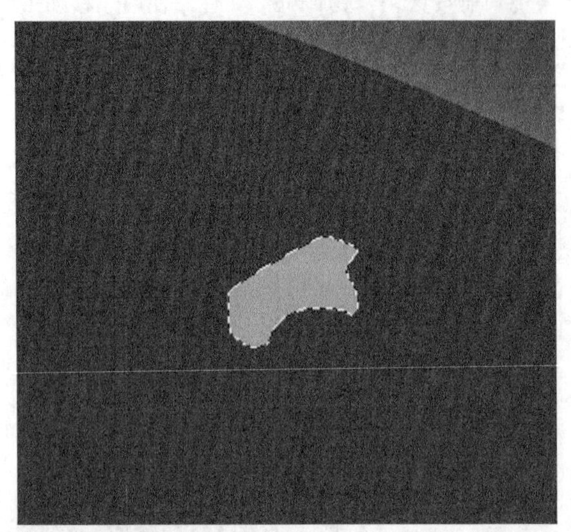

图8-107

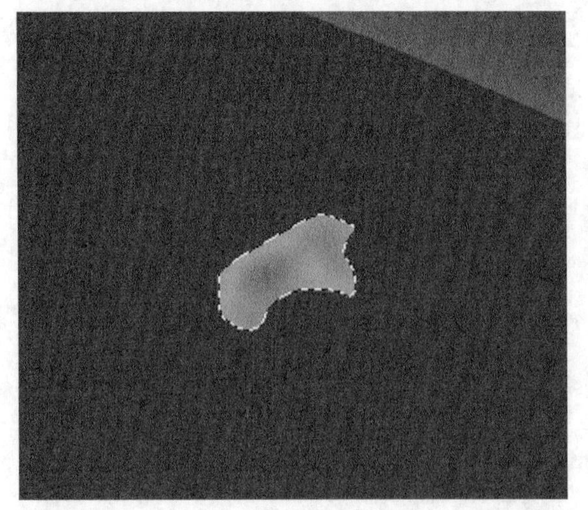

图8-108

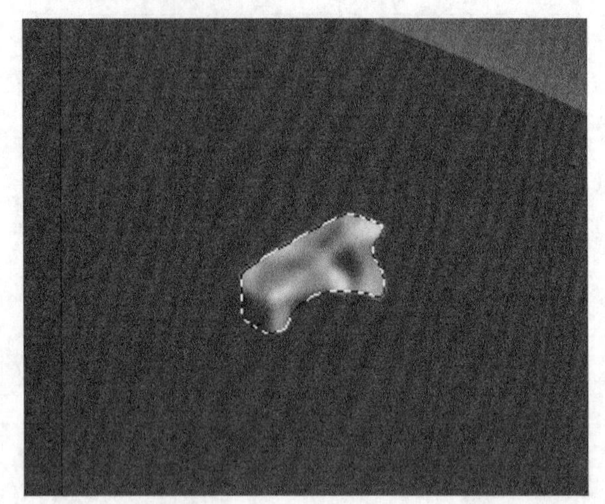

图8-109

04 按3次Ctrl+J组合键，复制3个副本图层，再按Ctrl+T组合键将其逐个缩小，分别选择每一个副本图层，使用“模糊工具”对图像进行涂抹，得到模糊图像效果，如图8-110所示。

图8-110

05 创建一个新图层，使用“套索工具”绘制另一侧拉链图像选区，并填充为橘黄色（R: 198，G: 102，B: 23），如图8-111所示。

图8-111

06 使用“加深工具”对选区中的图像进行涂抹，将其处理成如图8-112所示的效果。再使用“画笔工具”，分别对选区添加白色和黑色，如图8-113所示。

图8-112

图8-113

07 按6次Ctrl+J组合键复制6个副本，按Ctrl+T组合键将其逐个等比例缩小，然后使用“模糊工具”将其处理成如图8-114所示的效果。

图8-114

08 创建一个新图层“一半链齿”，使用“钢笔工具”在绘图区域绘制一个如图8-115所示的路径。

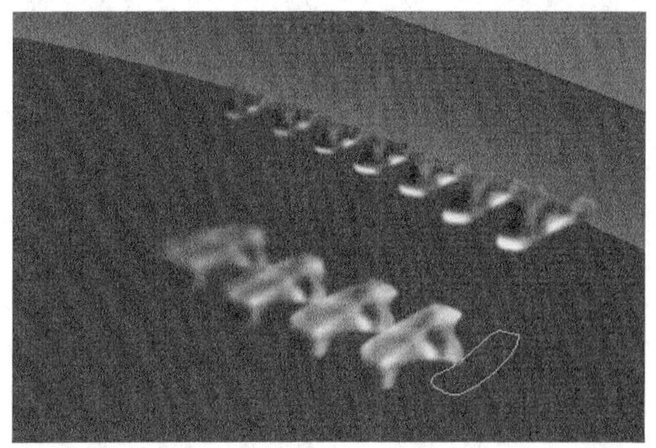

图8-115

09 载入路径的选区，设置前景色为（R：229，G：131，B：8），再用前景色填充选区，效果如图8-116所示，然后使用“加深工具”将其处理成如图8-117所示的效果。

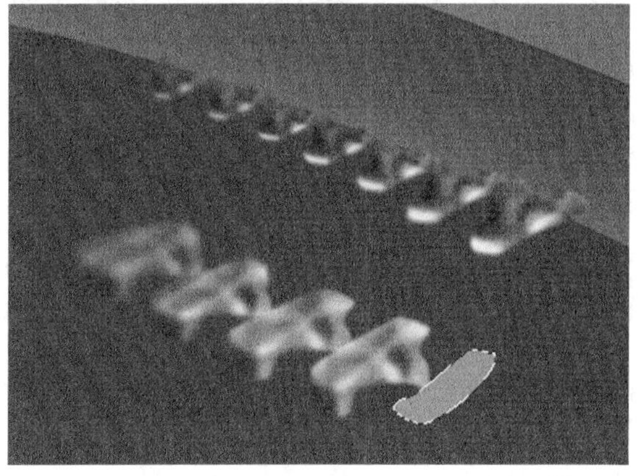

图8-116

图8-117

10 选择“画笔工具”，在属性栏设置画笔“大小”为10，“不透明度”为16%，然后在选区中分别添加黑色和白色，如图8-118所示。

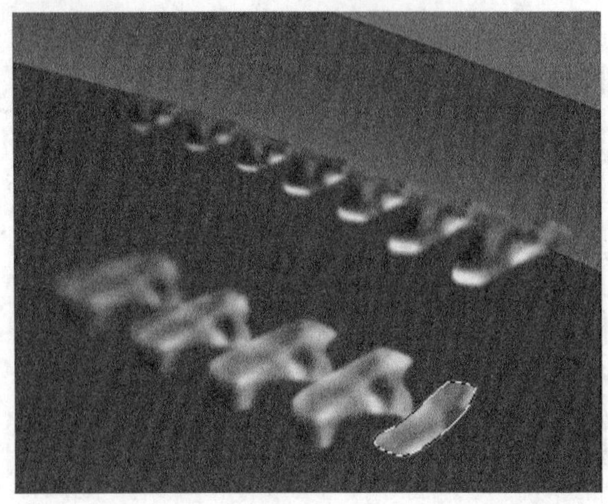

图8-118

⑪ 选择“模糊工具”，对该图像进行涂抹，得到图像的模糊效果，如图8-119所示。

图8-119

⑫ 创建一个新图层，使用“钢笔工具”在绘图区域绘制一个椭圆形，如图8-120所示，按Ctrl+Enter组合键将路径转换为选区，设置前景色为橘黄色（R：204，G：153，B：0），再用前景色填充该选区，如图8-121所示。

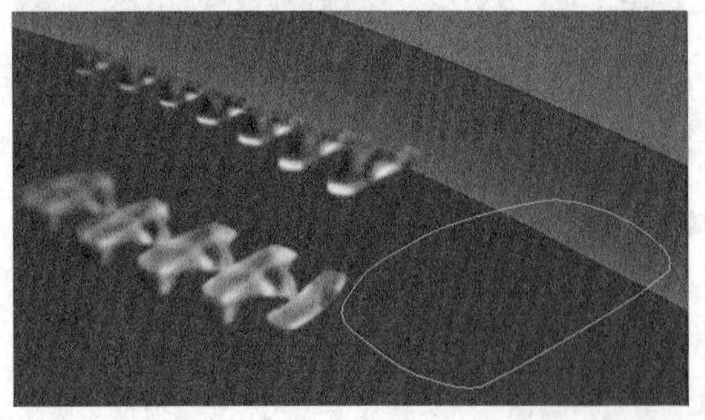

图8-120

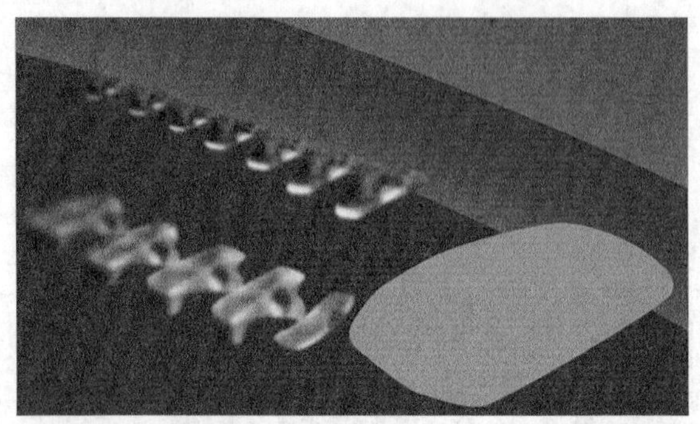

图8-121

⑬ 设置背景色为白色，然后执行“滤镜>渲染>纤维”菜单命令打开“纤维”对话框，设置“差异”为40，“强度”为20，如图8-122所示，单击“确定”按钮，得到的图像效果如图8-123所示。

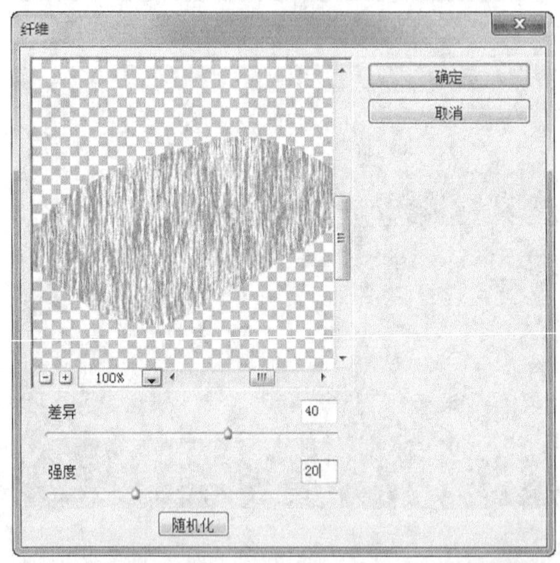

图8-122

图8-123

⑭ 执行“滤镜>杂色>添加杂色”菜单命令打开“添加杂色”对话框，具体参数设置如图8-124所示，单击“确定”按钮，效果如图8-125所示。

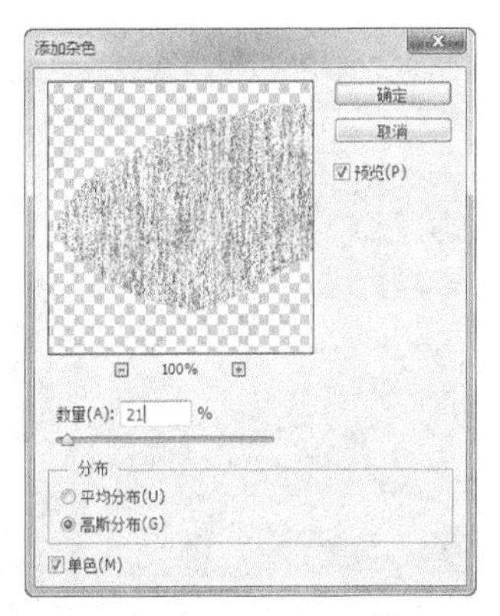

图8-124

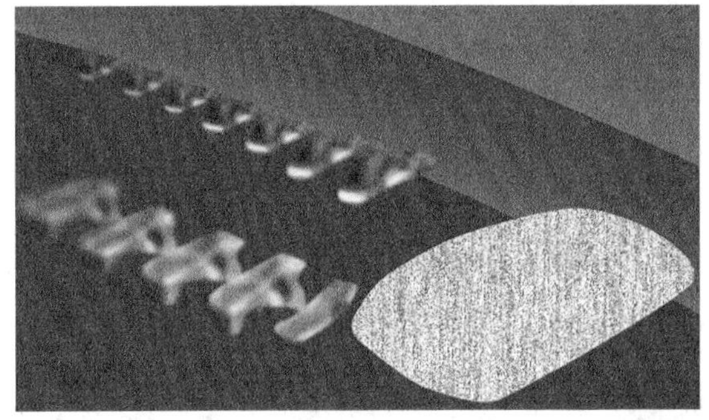

图8-125

15 单击“图层”面板下面的“添加图层样式”按钮 fx. ，在弹出的菜单中选择“斜面和浮雕”命令，打开“图层样式”对话框，设置“大小”为5像素，“软化”为4像素，效果如图8-126所示。

图8-126

16 接下来绘制“拉锁扣子”，使用“钢笔工具” 在绘图区域绘制一个如图8-127所示的路径，按Ctrl+Enter组合键将路径转换为选区，填充为橘黄色（R：204，G：153，B：0）。

17 对选区中的图像应用“纤维”和“添加杂色”滤镜命令，完成后的效果如图8-128所示。

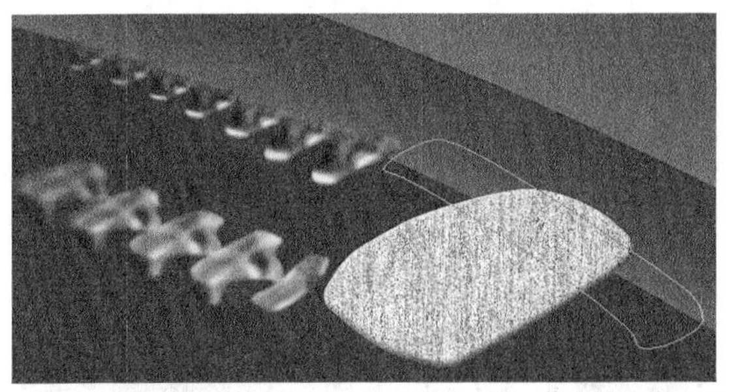

图8-127

图8-128

18 选择“画笔工具” ，在属性栏设置画笔“大小”为40，“不透明度”为30%，再设置前景色为黑色，在选区的两端涂抹，然后设置前景色为白色，最后在中心部分涂抹，效果如图8-129所示。

图8-129

19 下面绘制拉锁，创建一个新图层，使用“钢笔工具” 在绘图区域绘制一个如图8-130所示的路径，载入该路径的选区，填充为黑色，并适当调整图层顺序，效果如图8-131所示。

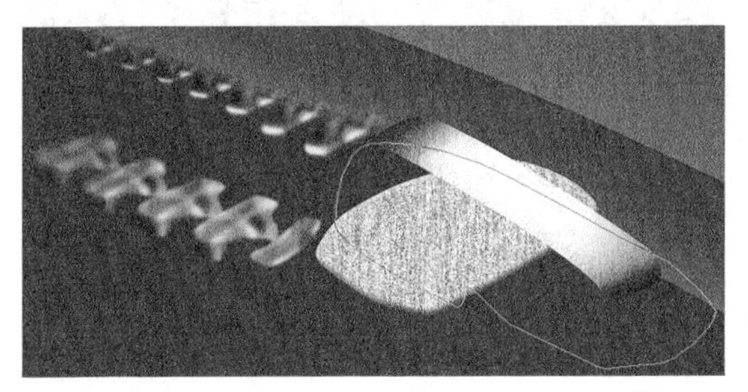

图8-130

图 8-131

20 设置前景色为深灰色，然后使用“画笔工具”在“拉锁”图像周围进行涂抹，使其具有轮廓感，效果如图8-132所示。

图8-132

21 创建一个新图层“扣盘”，使用“钢笔工具”在绘图区域绘制一个如图8-133所示的路径。

图8-133

22 载入该路径的选区，设置前景色为白色，再用前景色填充选区，如图8-134所示，接着使用“画笔工具”在中心部分和边缘部分绘制灰色图像，效果如图8-135所示。

图8-134

图8-135

23 创建一个新图层绘制“弯把”，然后使用“钢笔工具”绘制一个如图8-136所示的路径。载入该路径的选区，设置前景色为白色，然后用前景色填充选区，效果如图8-137所示。

24 设置前景色为黑色，使用“画笔工具”按照图形的走向涂抹出两道灰色的弧线，得到的图像效果如图8-138所示。

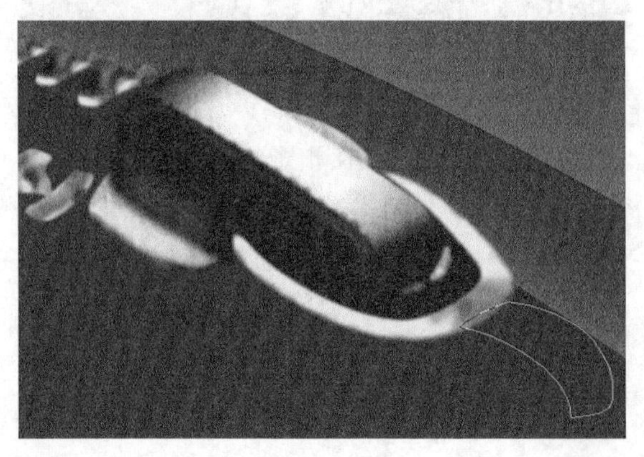

图8-136

图8-137

图8-138

25 继续使用“画笔工具”对图像进行涂抹，处理成如图8-139所示的效果。

图8-139

26 创建一个新图层用于制作“网格”，使用“矩形选框工具”在绘图区域绘制一个如图8-140所示的矩形选区，填充为白色，然后复制一个新图层并将其暂时隐藏。

27 执行“滤镜>素描>半调图案”菜单命令，打开“半调图案”对话框，设置“图案类型”为“网点”、“大小”为4、“对比度”为0，如图8-141所示。

图8-140

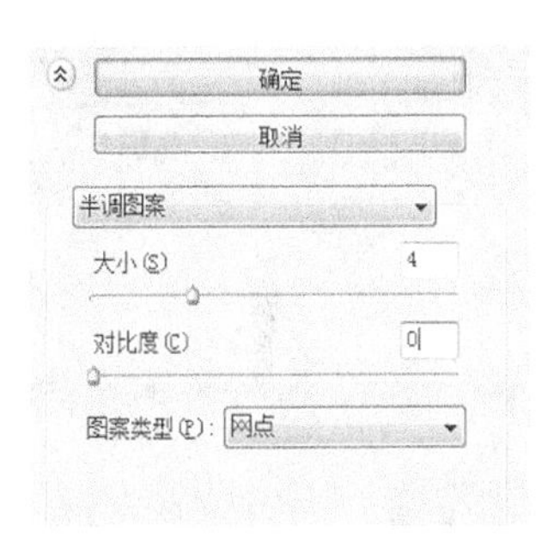

图8-141

28 单击“确定”按钮，得到半调图案图像效果，如图8-142所示。

29 使用“魔棒工具”在绘图区域任意白色区域处单击鼠标左键，再单击鼠标右键，在弹出的菜单中选择“选择>选取相似”命令，然后删除选区中的图像，效果如图8-143所示。

图8-142

图8-143

技巧与提示

如果不能执行“滤镜>素描>半调图案”菜单命令，可执行“图像>模式>RGB颜色”菜单命令将CMYK颜色模式切换到RGB颜色模式，因为在CMYK模式下有些滤镜是不能使用的。

30 单击“图层”面板下方的“添加图层样式”按钮 fx，在弹出的菜单中选择“投影”命令，打开“图层样式”对话框，设置颜色为黑色，“距离”为1像素，如图8-144所示；单击“内阴影”样式，设置颜色为灰色、“距离”为2像素，如图8-145所示。

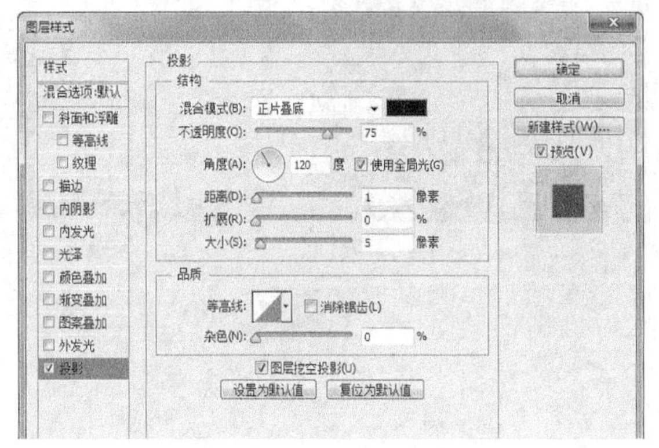

图8-144

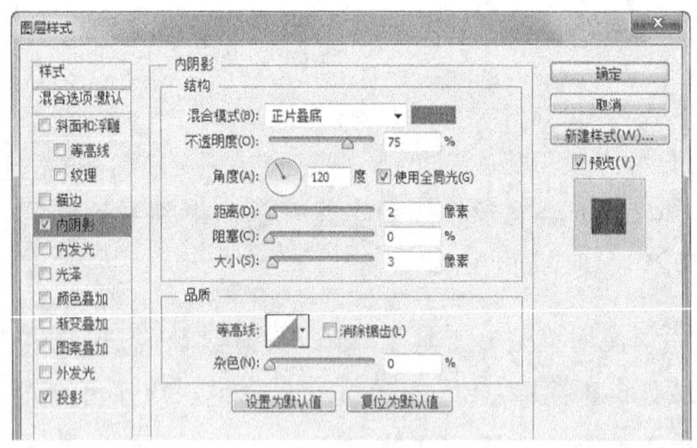

图8-145

31 单击“斜面和浮雕”样式，设置样式为“内斜面”，其他参数设置如图8-146所示，单击“确定”按钮 确定 ，得到的图像效果如图8-147所示。

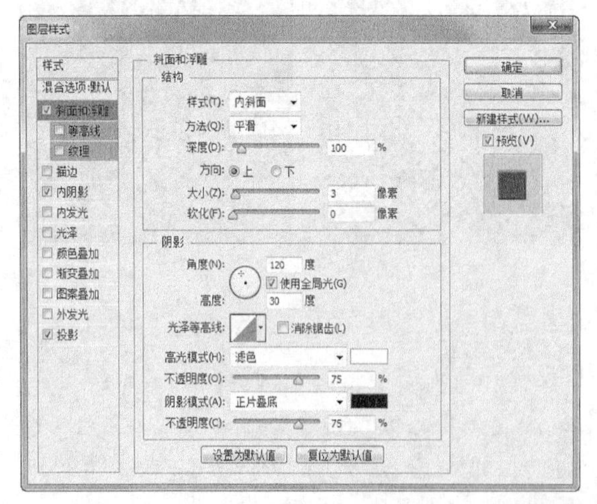

图8-146

图8-147

32 显示之前隐藏的白色图像图层，并在“图层”面板中将其拖曳到“网格”图层的下一层，然后同时选中这两个图层，按Ctrl+E组合键合并，再执行“图像>调整>亮度>对比度”菜单命令，打开“亮度>对比度”对话框，设置“亮度”为-18，“对比度”为-12，如图8-148所示，单击“确定”按钮 确定 ，得到的图像效果如图8-149所示。

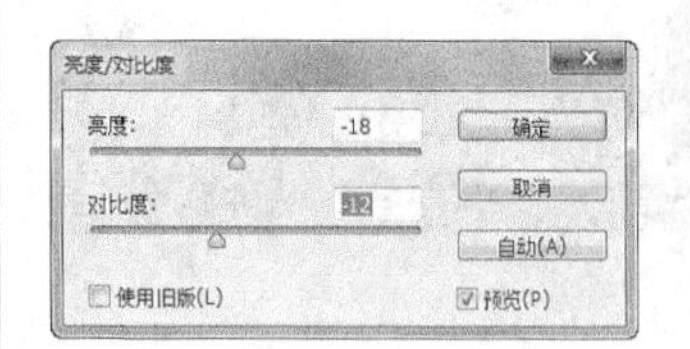

图8-148 图8-149

33 按Ctrl+T组合键，再按住Ctrl键分别对图像四个角进行拖动，将图像做如图8-150所示的变形。

图8-150

34 使用“钢笔工具” 在网格上绘制一个如图8-151所示的路径，然后载入该路径的选区，按Shift+Ctrl+I组合键反选选区，再按Delete键删除选区中的图像，效果如图8-152所示。

图8-151

图8-152

35 创建一个新图层，使用“钢笔工具”在绘图区域绘制一个如图8-153所示的路径，将其填充为浅灰色（R: 194，G: 194，B: 194），效果如图8-154所示。

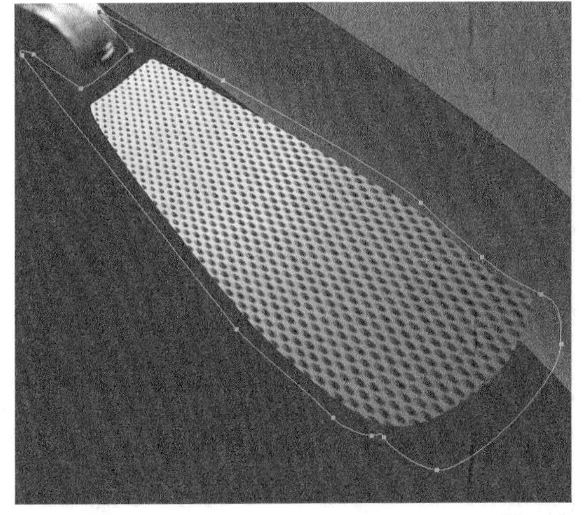

图8-153

图8-154

36 在“图层”面板中调整该图层顺序，将其放到网点图像所在图层下方，调整顺序后的图像效果如图8-155所示。

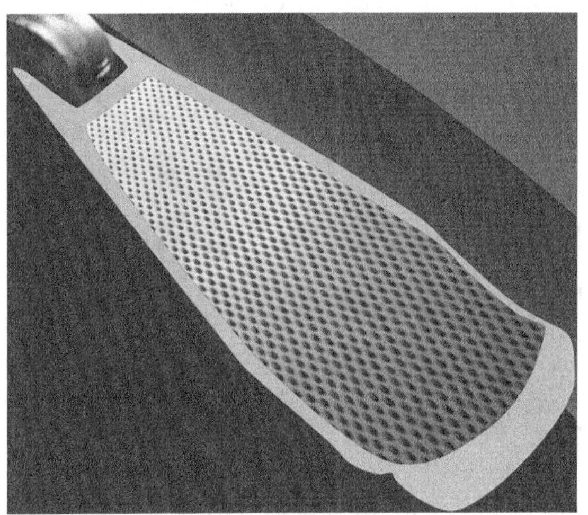

图8-155

37 执行“滤镜>杂色>添加杂色”菜单命令，打开“添加杂色”对话框，具体参数设置如图8-156所示，效果如图8-157所示。

图8-156

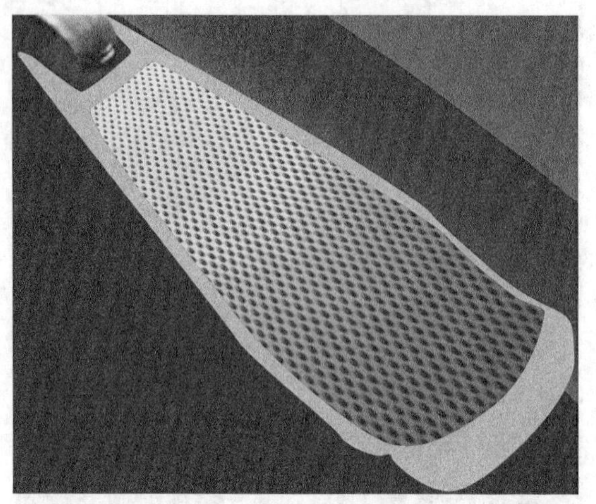

图8-157

38 选择“画笔工具”，在属性栏设置画笔“大小”为10，“不透明度”为40%，设置前景色为白色，在灰色图像边缘涂抹出“扣把”的亮光部分，然后使用“加深工具”在选区的最下部和中心部分涂抹，使其颜色加深，效果如图8-158所示。

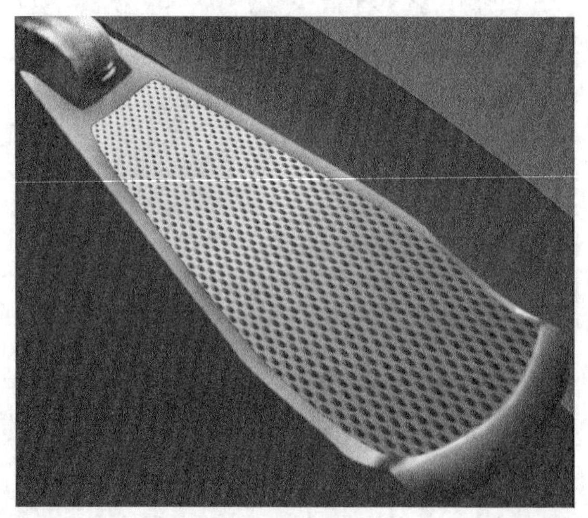

图8-158

39 执行“图层>图层样式>投影”菜单命令，打开“图层样式”对话框，设置“投影”颜色为黑色，其他参数设置如图8-159所示。

40 单击“确定”按钮，得到投影效果，如图8-160所示。选择“钢笔工具”，在图像中绘制一个如图8-161所示的路径。

41 按Ctrl+Enter组合键将路径转换为选区，确定图层“网点”为当前层，最后单击“图层”面板下面的“添加图层蒙版”按钮隐藏部分图像，效果如图8-162所示。

42 执行“滤镜>模糊>高斯模糊”菜单命令打开“高斯模糊”对话框，设置“半径”为4.7像素，如图8-163所示，单击“确定”按钮，得到的模糊效果如图8-164所示。

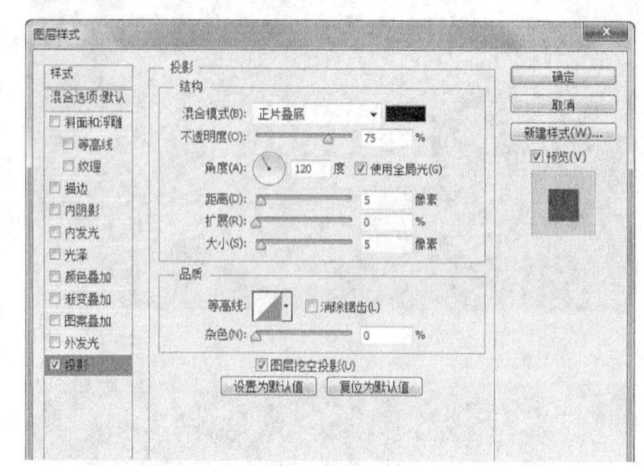

图8-159

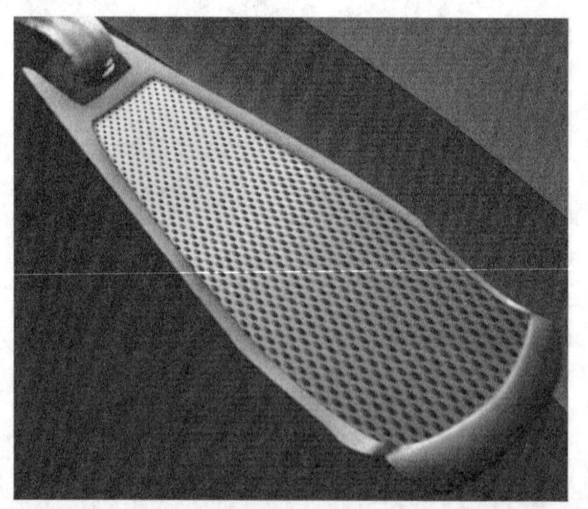

图8-160

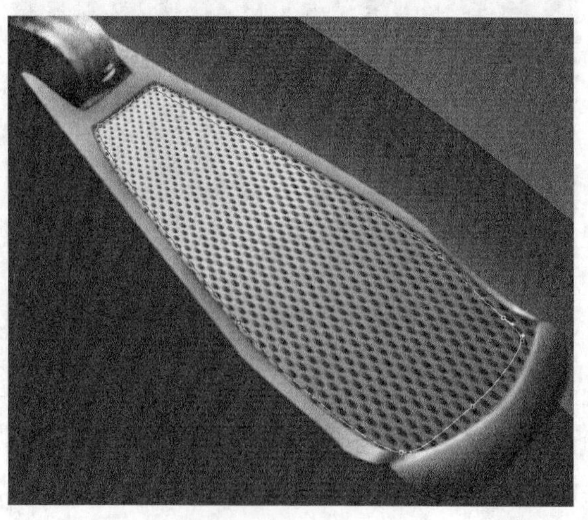

图8-161

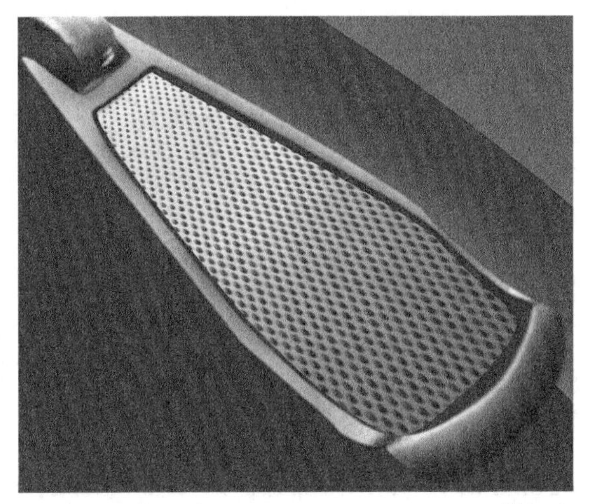

图8-162

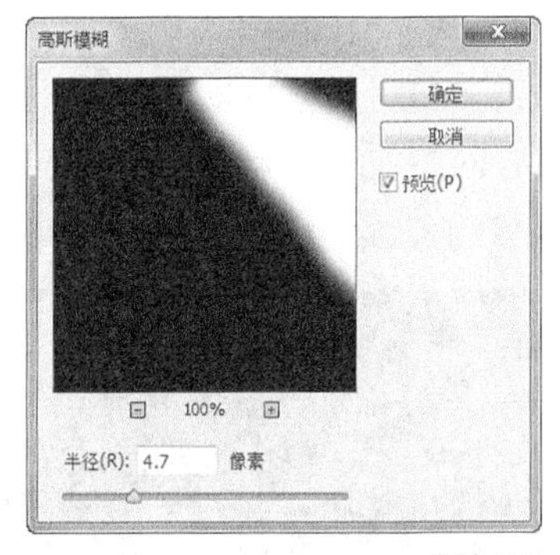

图8-163

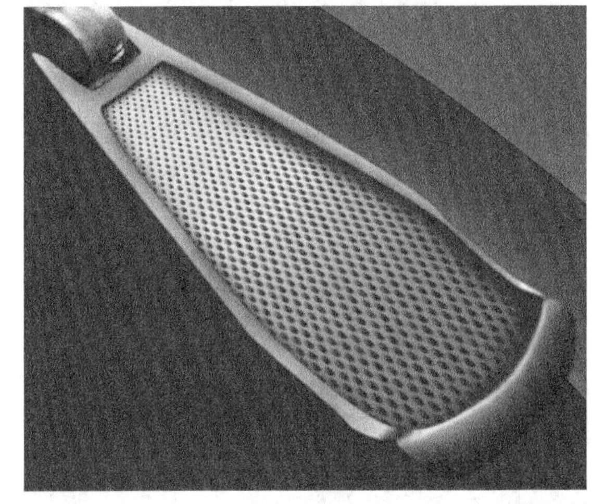

图8-164

8.4.3　绘制文字特效

01 使用"横排文字工具"T，在属性栏设置字体为"方正粗宋繁体"、字体大小为30点、文本颜色为白色，在绘图区域输入文字D&Y，如图8-165所示。

图8-165

02 执行"图层>图层样式>投影"菜单命令，打开"图层样式"对话框，设置投影为黑色，其他参数设置如图8-166所示。

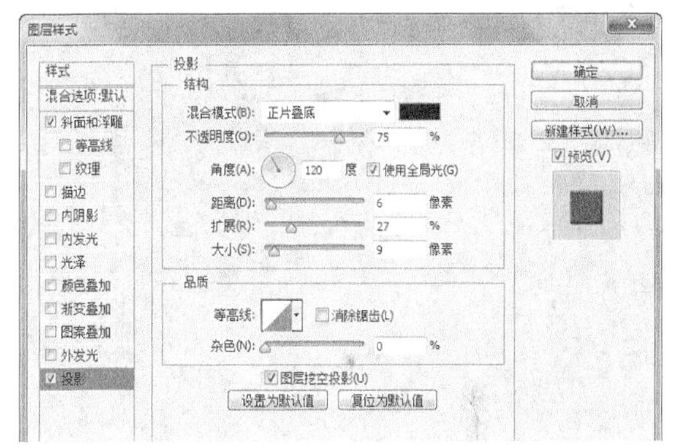

图8-166

03 选择"斜面和浮雕"选项，设置样式为"内斜面"，其他参数设置如图8-167所示，单击"确定"按钮 确定 ，得到如图8-168所示的图像效果。

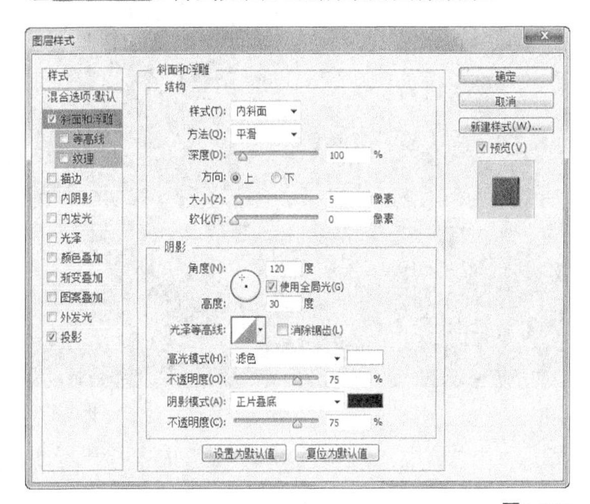

图8-167

图8-168

04 执行“编辑>变换>透视”菜单命令，将文字做如图8-169所示的变形，然后设置前景色为灰色，使用“画笔工具” 在文字中合适的地方涂抹，使其具有金属质感，效果如图8-170所示。

图8-169

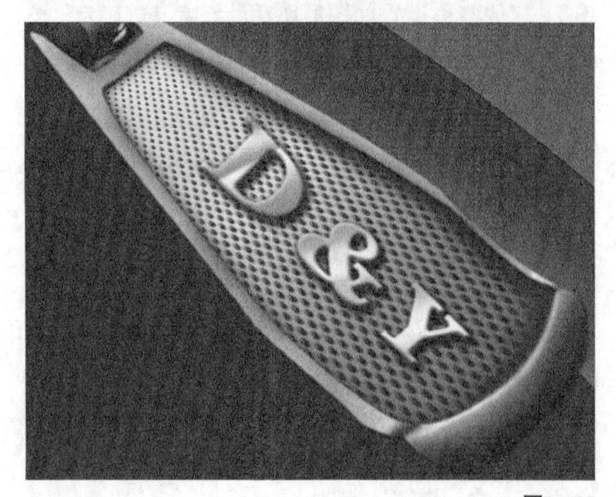

图8-170

05 使用“画笔工具” 对“拉链”的中心和下面部分进行涂抹，制作完成效果如图8-171所示。

图8-171

06 双击“抓手工具” 显示所有图像，选择“矩形选框工具” ，以操作界面的左上角为起点，参考线的右下角为终点绘制一个矩形选框，填充为蓝色（R: 12，G: 29，B: 186），如图8-172所示。

图8-172

07 选择“横排文字工具” ，在“封面”和“封底”上添加相关文字信息，并在属性栏设置文字颜色为白色，再设置合适的字体，得到“宣传画册”最终平面效果，如图8-173所示。

图8-173

8.5　课堂案例——宣传画册立体设计

案例位置　案例文件>CH08>宣传画册立体设计.psd
视频位置　多媒体教学>CH08>宣传画册立体设计.flv
难易指数　★★☆☆☆
学习目标　学习“变换”命令的制作方法

本案例制作的是拉链产品的宣传画册，主要是为了将平面效果制作成立体效果。在制作过程中使用了“变换”命令，并且制作各种立体造型效果。宣传画册立体设计的最终效果如图8-174所示。

图8-174

相关知识

制作画册的立体效果可以让设计更好地进行展示，得到更加精美、漂亮的画面效果。设计师在设计时需要掌握图像的透视效果，主要掌握以下两点。

第1点：变换时每个角的透视角度。

第2点：制作立体投影效果。

主要步骤

① 制作画册立面封面效果。

② 复制图层，制作出倒影效果。

③ 使用“多边形套索工具”绘制出投影图像。

④ 制作画册翻页立体效果。

⑤ 制作画册倒页效果。

8.5.1　制作立面效果

01 新建一个“宣传画册立体设计”文件，选择“渐变工具”，在属性栏单击渐变色条，打开“渐变编辑器”对话框，设置颜色从绿色（R: 118,G: 172,B: 168）到墨绿色（R: 35,G: 57,B: 55）到黑色，如图8-175所示。

图8-175

02 单击属性栏中的“线性渐变”按钮，在图像中按住鼠标左键从上到下进行拖动，为其应用渐变填充，效果如图8-176所示。

图8-176

03 打开“画册宣传平面设计”文件，按住Ctrl键在“图层”面板中选择所有封面图像所在图层，按Ctrl+E组合键合并图层，然后使用“移动工具”将其移动到当前编辑的图像中，效果如图8-177所示，这时“图层”面板将自动生成图层1，如图8-178所示。

图8-177

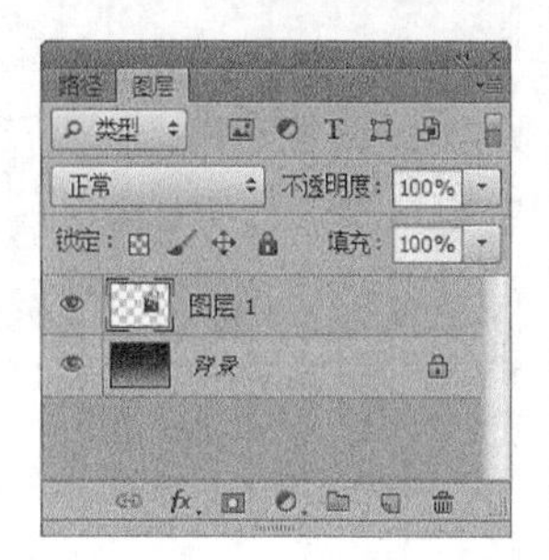

图8-178

04 按Ctrl+J组合键复制图层1，得到图层1副本，执行“编辑>变换>垂直翻转”菜单命令，再使用“移动工具”将图像移动到下方，如图8-179所示。

图8-179

05 设置该图层的混合模式为“滤色”，再单击“图层”面板底部的“添加图层蒙版”按钮，使用“画笔工具”对翻转后的图像底部进行涂抹，得到投影效果，如图8-180所示。

06 新建一个图层，选择“多边形套索工具”，在属性栏设置“羽化半径”值为3，然后在封面图像左侧绘制一个三角形选区，如图8-181所示。

图8-180

图8-181

07 设置前景色为墨绿色（R: 31，G: 31，B: 50），按Alt+Delete组合键填充选区颜色，如图8-182所示。

图8-182

8.5.2 制作翻页立体效果

01 新建一个图层，选择“多边形套索工具”，绘制两个四边形，并填充为白色，组合成一个打开的书籍图像效果，如图8-183所示。

图8-183

02 使用“多边形套索工具”在图像中绘制多个三角形选区，分别调整不同深浅的灰色，效果如图8-184所示。

图8-184

03 打开“宣传画册平面设计”文件，分别合并封面图像所在图层和封底图像所在图层，然后使用“移动工具”将其拖曳到当前编辑的图像中，按Ctrl+T组合键分别调整封面和封底图像形状，使其与白色图像造型相同，效果如图8-185所示。

图8-185

04 选择复制的封面和封底图像，执行“编辑>变换>垂直翻转”菜单命令，将图像翻转后移到下方，并设置图层混合模式为“滤色”，得到投影效果，如图8-186所示。

图8-186

05 选择“橡皮擦工具”，对倒影图像底部进行涂抹，擦除部分图像，效果如图8-187所示。

图8-187

06 选择“多边形套索工具”，在属性栏设置“羽化半径”参数为4，然后在封底图像左侧绘制一个选区，效果如图8-188所示。

07 设置前景色为墨绿色（R：31，G：31，B：50），然后按Alt+Delete组合键填充选区颜色，得到的图像效果如图8-189所示。

图8-188

图8-189

08 复制图层1中的封面图像，执行“编辑>变换>透视”菜单命令，调整图像每一个角，将其调整成如图8-190所示的形状。

图8-190

09 新建一个图层，选择“多边形套索工具”，在封面图像四周绘制选区，分别填充为浅灰色和深灰色，如图8-191所示。

图8-191

10 复制上一个步骤所绘制的画册厚度图像，适当向下移动图像，并设置图层“不透明度”为60%，如图8-192所示，完成立体效果的制作。

图8-192

8.6 课堂案例——精装书籍封面设计

案例位置	案例文件>CH08>精装书籍封面设计.psd
视频位置	多媒体教学>CH08>精装书籍封面设计.flv
难易指数	★★☆☆☆
学习目标	学习文字特效的制作方法

本案例是“红凤5000年”精装书的封面设计，该书主要记录了中国5000年以来1000名优秀女性的传奇故事，属于历史类书籍，所以封面设计上要求具有中国古典文化特色，同时也要体现出“优秀女性”的特征，因此设计了一个“红凤”，既表现出了那些像凤凰一样的传奇女性，也突出了“红凤5000年”这个书名，可以说“红凤”是该书的标志。精装书籍封面的最终效果如图8-193所示。

图8-193

相关知识

“书是打开知识大门的钥匙”，书的好坏不只是表现在内容上，同时封面设计的好坏也是很重要的，因为首先映入眼帘的就是书的封面，因此封面的好坏在书的市场中也占据着一个重要因素。在书籍封面设计中主要掌握以下3点。

第1点：要根据书中所讲述的内容来构思设计。

第2点：主题要突出，层次要分明。

第3点：结构要完整，版面要清晰。

主要步骤

① 制作封面背景效果。

② 制作“凤凰”特效。

③ 制作“星光”特效。

④ 制作双重光束特效。

⑤ 添加“龙”图片，然后制作金属字效果。

⑥ 制作书的立体效果和金线效果。

8.6.1 制作背景效果

01 启动Photoshop CS6，新建一个“精装书籍封面设计”文件，具体参数设置为“宽度”为39厘米、“高度”为21厘米、“分辨率”为100像素/英寸、“颜色模式”为“RGB颜色”，如图8-194所示。

02 执行“视图>新建参考线”菜单命令3次，打开“新建参考线”对话框，为视图添加参考线，具体参数设置如图8-195所示，新建参考线后的效果如图8-196所示。

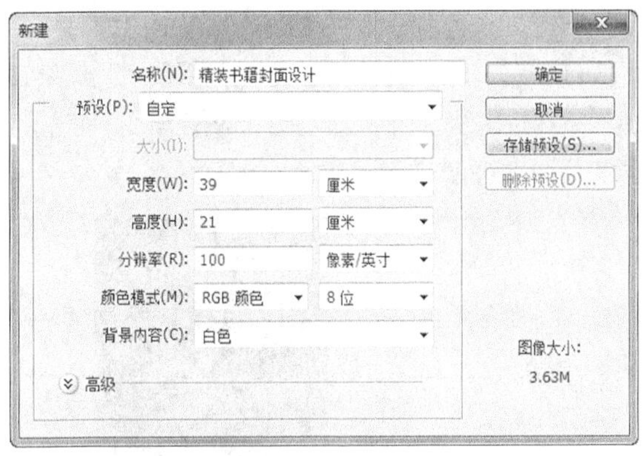

图 8-194

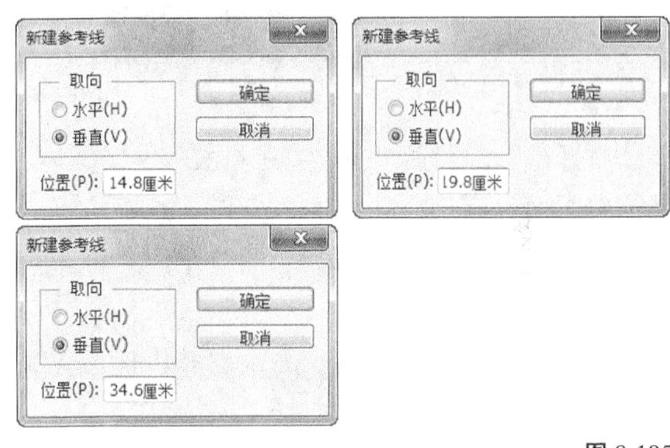

图 8-195

图8-196

03 创建一个新图层，命名为“封面”，使用“矩形选框工具”在绘图区域绘制一个如图8-197所示的矩形选区。

图8-197

04 设置前景色为深红色（R: 3，G: 0，B: 12）、背景色为红色（R: 131，G: 38，B: 38），然后使用“渐变工具”在选区从上到下垂直应用“线性渐变”填充，效果如图8-198所示。

图8-198

05 打开本书配套资源中的“素材文件>CH08>精装书籍封面设计>素材01.jpg”文件，然后将其拖曳到绘图区域中如图8-199所示的位置，并将新生成的图层更名为“红凤”。

06 选择“橡皮擦工具”，擦除“红凤”图像周围的边缘图像，擦除后的图像效果如图8-200所示。

图8-199

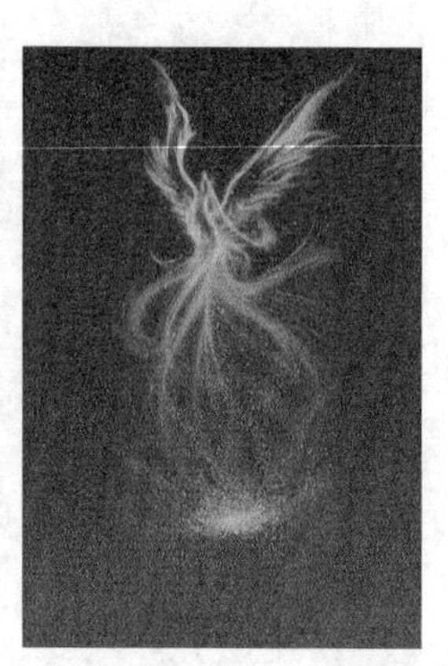

图8-200

07 创建一个新图层，命名为“星光1”，使用“椭圆选框工具”在绘图区域绘制一个较扁的椭圆形选区，填充为黄色（R: 214，G: 197，B: 127），然后用前景色填充选区，效果如图8-201所示。

08 按Ctrl+J组合键复制“星光1”图层，得到“星光1副本”，然后执行“编辑>变换>旋转90度（顺时针）”菜单命令，将图像进行旋转，效果如图8-202所示，再采用相同的方法制作出另外两条“星光”，效果如图8-203所示。

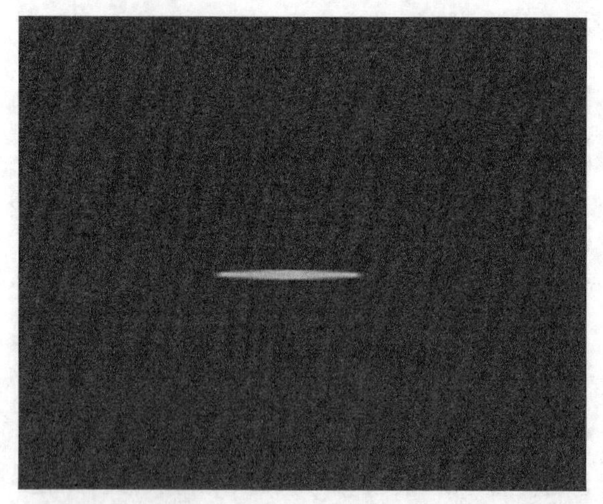

图8-201

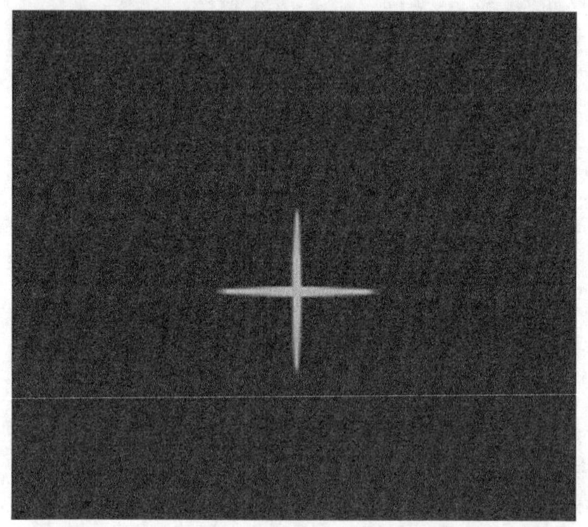

图8-202

图8-203

09 使用“椭圆选框工具”在“星光束”的中心部分绘制一个圆形选区，填充为黄色（R: 214，G: 197，B: 127），效果如图8-204所示。

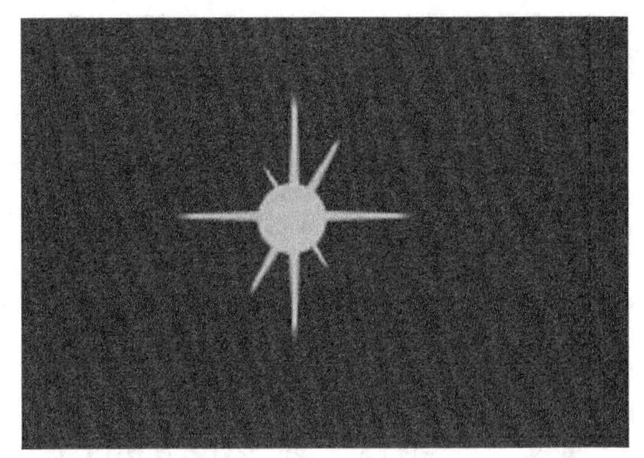

图8-204

⑩ 按Ctrl+E组合键向下合并星光图像所在图层，执行“图层>图层样式>外发光”菜单命令，打开“图层样式”对话框，设置外发光颜色为黄色（R：214，G：197，B：127），其他参数设置如图8-205所示。

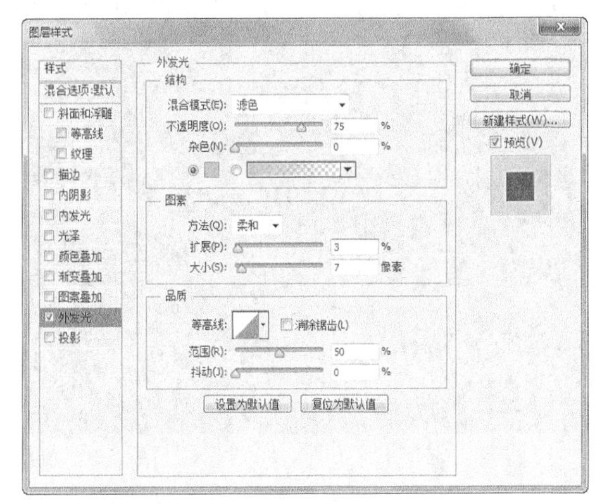

图8-205

⑪ 单击“确定”按钮［确定］，得到外发光图效果，如图8-206所示。

图8-206

⑫ 选择“移动工具”，然后按住Alt键移动复制多个星光图像出来，分别调整其大小和位置，参照如图8-207所示的样式进行排放。

图8-207

技巧与提示

可对复制的“星光”图层变形以及降低某些图层的不透明度，这样“星光”的视觉效果就会更加好一些。

⑬ 在“图层”面板设置星光图层所在图层的混合模式为“叠加”，如图8-208所示，得到的图像效果如图8-209所示。

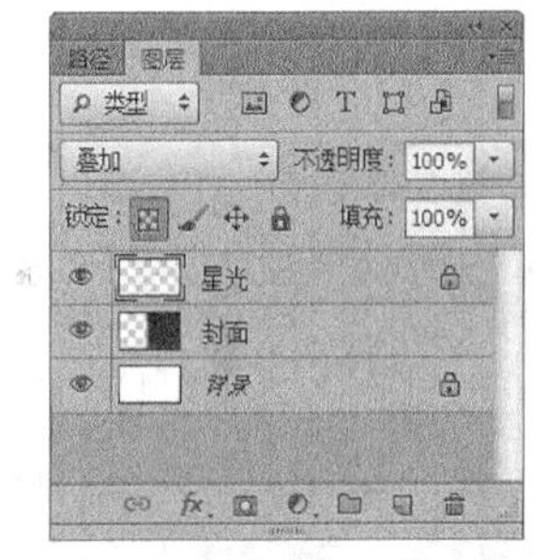

图8-208

图8-209

⑭ 创建一个新图层“光束”，使用“多边形套索工具”在绘图区域绘制一个三角形选区，填

充为白色，效果如图8-210所示。

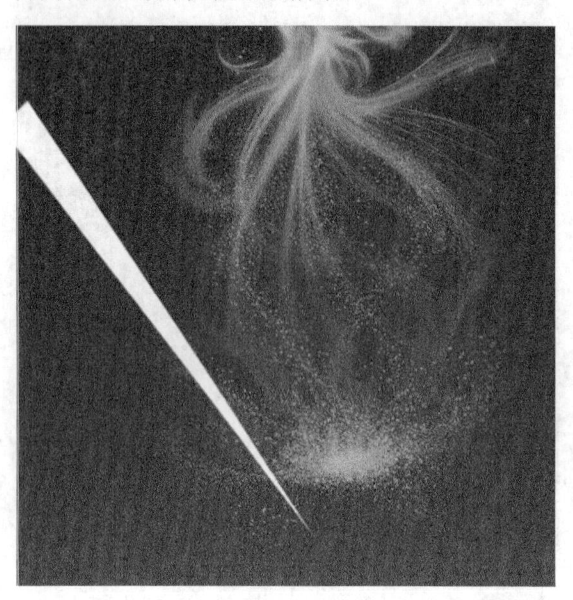

图8-210

15 单击“图层”面板下面的“添加图层蒙版”按钮，再使用“画笔工具”在属性栏设置“不透明度”为70%，然后在白色三角形尾部进行涂抹，得到的图像效果如图8-211所示。

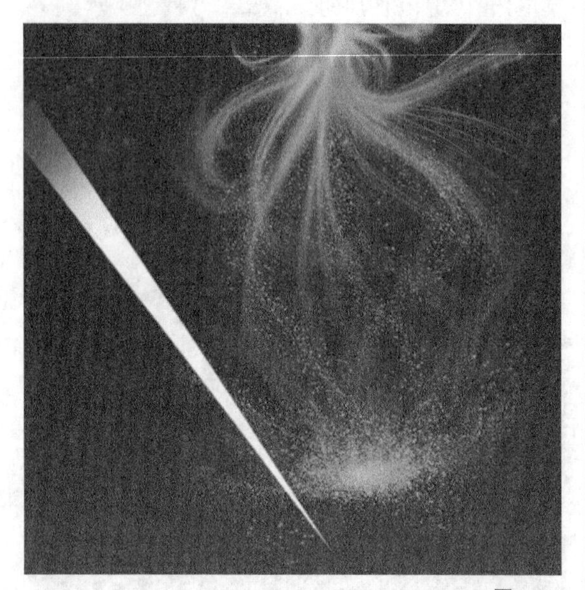

图8-211

16 在“图层”面板设置“光束”图层的“不透明度”为5%，效果如图8-212所示，再按Ctrl+J组合键复制“光束副本”图层，执行“编辑>变换>水平翻转”菜单命令，放到如图8-213所示的位置。

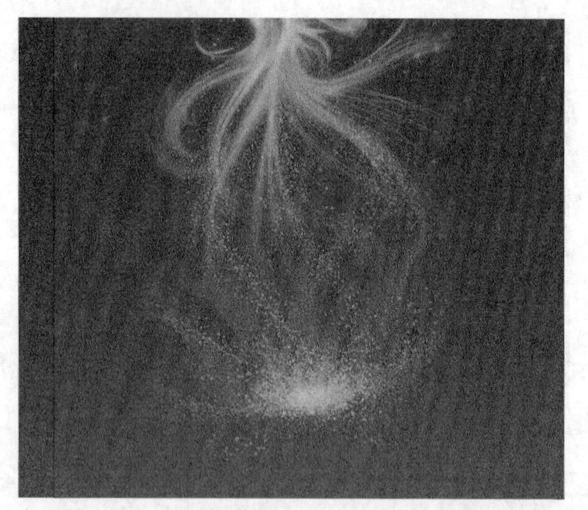

图8-212

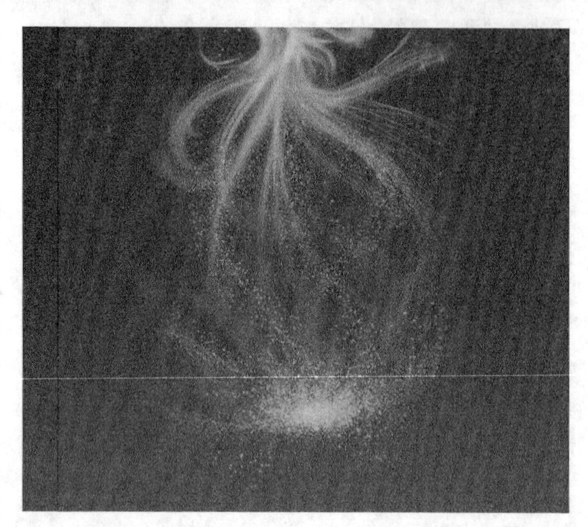

图8-213

17 创建一个新图层“光体”，使用“椭圆选框工具”绘制一个如图8-214所示的椭圆形选区，再执行“选择>修改>羽化”菜单命令打开“羽化选区”对话框，设置“羽化半径”为80像素，单击“确定”按钮后填充选区为橘黄色（R: 211，G: 133，B: 75），效果如图8-215所示。

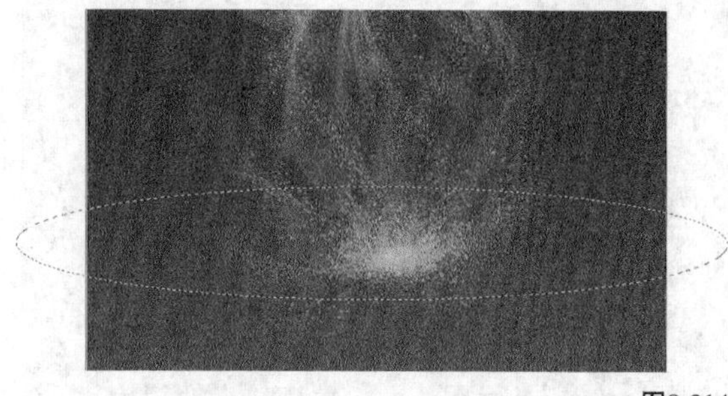

图8-214

图8-215

18 使用“椭圆选框工具” 再绘制一个椭圆形选区，如图8-216所示，执行“选择>修改>羽化”菜单命令，打开“羽化”对话框，设置“羽化半径”为30像素，单击“确定”按钮 后，填充为橘黄色（R：249，G：180，B：67），效果如图8-217所示。

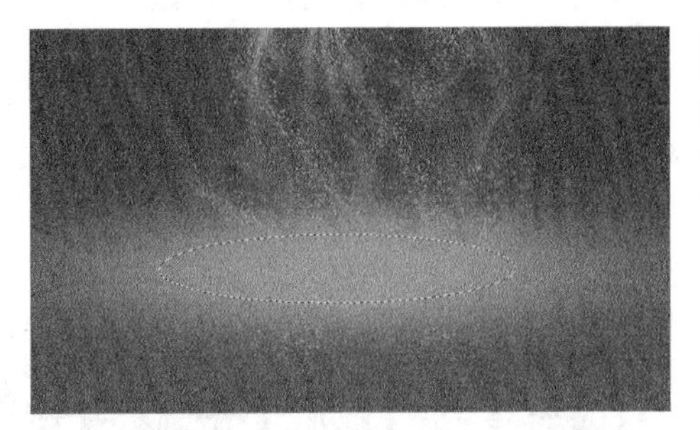

图8-216

图8-217

19 打开本书配套资源中的“素材文件>CH08>精装书籍封面设计>素材02.jpg”文件，使用“移动工具” 将花边图像拖曳到绘图区域，放到如图8-218所示的位置。

图8-218

20 按住Alt键水平向左复制花边图像，得到的图像效果如图8-219所示。

图8-219

8.6.2　制作书名特效

01 使用“横排文字工具” （字体样式和大小可根据实际情况而定）在“光束”图像中输入文字“红凤5000年”，效果如图8-220所示。

图8-220

02 执行“图层>图层样式>外发光”菜单命令，打开“图层样式”对话框，设置外发光颜色为黄色（R：251，G：248，B：195），其他参数设置如图8-221所示。

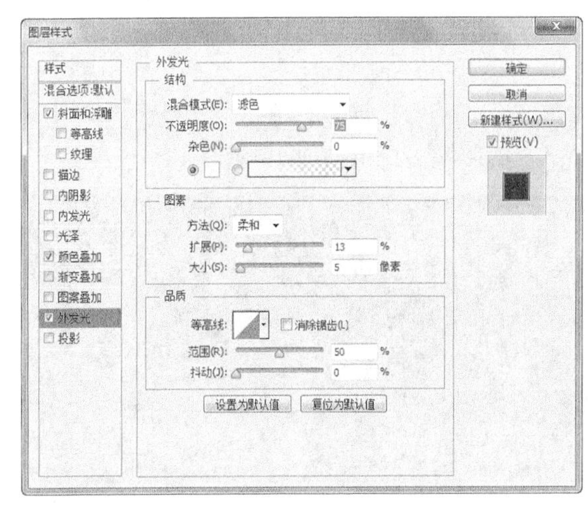

图8-221

03 单击“斜面和浮雕”样式，在“等高线”样式中选择“环形—双环”，再设置各项参数，如图8-222所示。

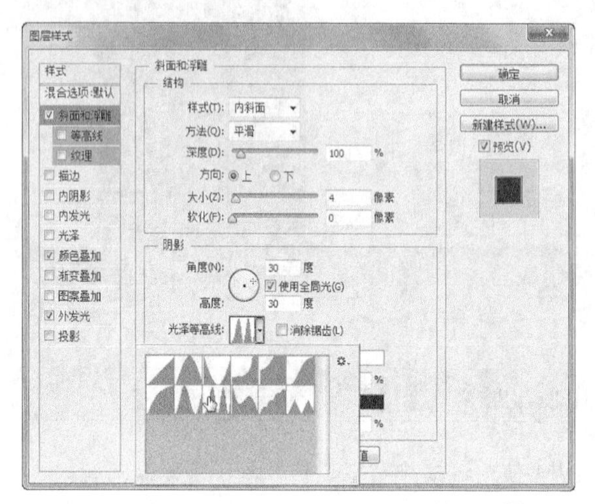

图8-222

04 单击“颜色叠加”样式，设置叠加颜色为红色（R：237，G：33，B：35），如图8-223所示。

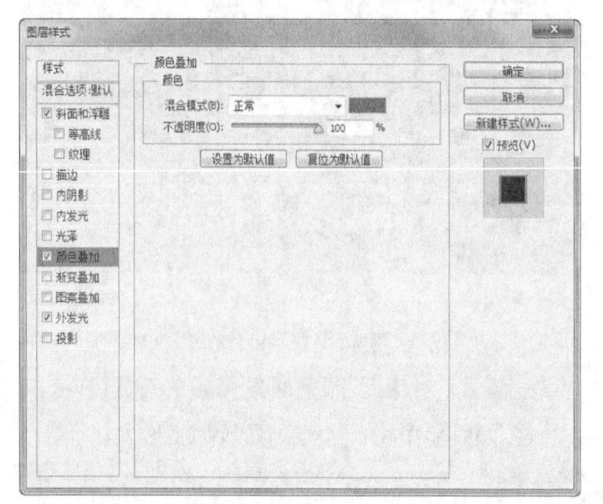

图8-223

05 单击“确定”按钮，得到添加图层样式后的图像效果如图8-224所示。

图8-224

06 最后选择“横排文字工具”在“封面”上添加其他相关文字信息，完成“封面”的制作，效果如图8-225所示。

图8-225

8.6.3 制作书脊效果

01 选择“矩形选框工具”，在封面图像左侧绘制一个矩形选区，并填充为土红色（R：131，G：38，B：38），得到书脊的基本图像效果，如图8-226所示。

图8-226

02 选择“红凤”图层，选择“移动工具”，按住Alt键移动复制该图像，放到“书脊”中，然后按Ctrl+T组合键适当调整图像大小，如图8-227所示。

03 选择文字图层“红凤5000年”为当前层，按Ctrl+J组合键复制该图层，执行“文字>取向>垂直”菜单命令，然后将文字放到书脊图像中，效果如图8-228所示。

图8-227

图8-228

04 打开本书配套资源中的“素材文件>CH08>精装书籍封面设计>标志.psd”文件，使用“移动工具”，将其放到书脊图像中，然后选择“直排文字工具”在“书脊”中添加出版社的名称，完成“书脊”的设计，效果如图8-229所示。

05 按住Ctrl键同时选中制作“书脊”用到的所有图层，按Ctrl+E组合键合并图层，将新生成的图层更名为“左边书脊”，按住Ctrl+Alt组合键，移动复制该书脊图像，放到封面图像的右侧，效果如图8-230所示。

图 8-229

图8-230

8.6.4　制作封底效果

01 在“图层”面板中选择“封面”图层，然后复制一个新图层，命名为“封底”，使用“移动工具”将其移动到书脊图像左侧，效果如图8-231所示。

02 确定图层“红凤”为当前层，复制一个新图层“红凤副本”到“封底”背景中，再按Ctrl+T组合键适当缩小图像，然后设置该图层的混合模式为点光、图层“不透明度”为47%，效果如图8-232所示。

图8-231

图8-232

03 最后使用“横排文字工具”T在“封底”上添加相关文字信息，“精装书籍”平面效果如图8-233所示，完成“封底”的制作，再将其储存为“精装书籍平面.jpg”文件。

图8-233

8.6.5 制作立体效果

01 按Ctrl+O组合键打开上一步储存好的“精装书籍平面.jpg”文件，双击背景图层将图层转换为“图层0”，再使用“矩形选框工具”⬚在封面图像绘制一个矩形选区，如图8-234所示，然后执行“图层>新建>通过剪切的图层”菜单命令，得到剪切的图层，将其命名为“封面1”。

图8-234

02 选择图层0，使用“矩形选框工具”⬚在第3条参考线和第2条参考线之间绘制一个矩形选区，如图8-235所示，然后在选区单击鼠标右键，在弹出的菜单中选择“通过剪切的图层”命令，得到新生成的图层，将其命名为“封面2”，如图8-236所示。

图8-235

图8-236

技巧与提示

将“封面”分为两个部分主要是因为该书的包装是采用包裹的形式，仔细观察一下“精装书籍”立体效果图就明白了。

03 按照步骤2的方法分别将书的书脊、封底图像分割出来，完成后的“图层”面板如图8-237所示。

图8-237

04 新建一个“精装书籍立体”文件，选择“渐变工具”，对背景图像应用“径向渐变”填充，设置渐变颜色从黄色（R：230，G：220，B：174）到土黄色（R：137，G：97，B：52），如图8-238所示。

图8-238

05 打开本书配套资源中的“素材文件>CH08>精装书籍封面设计>素材03.jpg”文件，使用“移动工具”将其移动到渐变背景中，效果如图8-239所示。

图8-239

06 切换到分割好封面、封底等图像的文件中，使用“移动工具”将“封面1”图像拖曳到“精装书籍立体”操作界面，按Ctrl+T组合键，再按住Ctrl键分别调整四个角，将其调整成如图8-240所示的造型。

07 确定图层“封面1”为当前层，执行“图层>图层样式>斜面和浮雕”菜单命令，打开“图层样式”对话框，设置各项参数，如图8-241所示，单击“确定”按钮 确定 ，得到的图像效果如图8-242所示。

图8-240

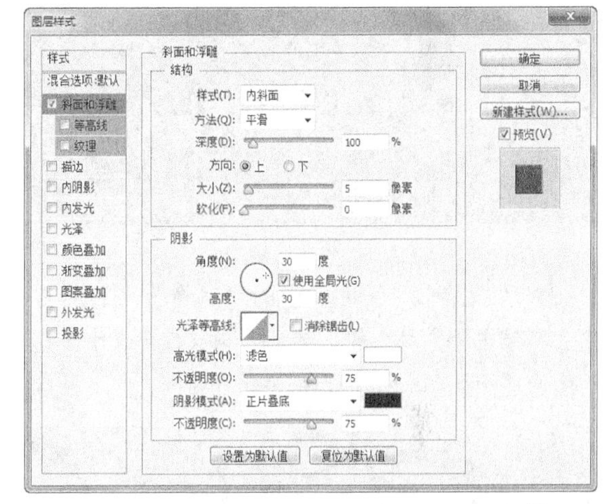

图8-241

图8-242

技巧与提示

添加“斜面和浮雕”样式主要是因为书的立体效果的下边缘部分应该有一个厚度，添加“斜面和浮雕”后在下边缘部分自然就体现出了厚度感。

08 再将“封面2”图像拖动到当前编辑的图像文件中，调整图像大小和方向后，对其应用斜面和浮雕图层样式效果，得到的图像如图8-243所示。

图8-243

09 将“精装书脊平面”中的“书脊”图像拖曳到“精装书籍立体”操作界面，再按Ctrl+T组合键对图像应用如图8-244所示的变形。

图8-244

10 新建一个图层，选择“多边形套索工具”，绘制一个底部图像，填充为白色，如图8-245所示。

图8-245

11 确定图层“封面2”为当前层，使用“多边形套索工具”将橙色花纹勾选出来，如图8-246所示，然后在选区中单击鼠标右键，在弹出的菜单中选择“通过拷贝的图层”命令，将新生成的图层更名为“边花”。

图8-246

技巧与提示

将“书脊”分为两部分来制作主要是因为直接将“书脊”变形的话，“书脊”下部分的花纹很难和“封面”的花纹相结合。

12 将复制得到的花边图像移动到白色图像下方，并按Ctrl+T组合键将其做如图8-247所示的变形，然后复制一个新图层“边花副本”到右侧，采用相同的方法制作其他“边花”效果，如图8-248所示。

图8-247

图8-248

8.6.6 制作金线效果

01 使用“钢笔工具”在绘图区域绘制两条路径，如图8-249所示，再设置前景色为橘黄色（R：246，G：140，B：50），然后使用“画笔工具”在属性栏设置画笔“大小”为8，单击“路径”面板下面的“用画笔描边路径”按钮，得到的描边效果如图8-250所示。

图8-249

图8-250

02 单击“图层”面板下面的“添加图层样式”按钮 fx.，在弹出的菜单中选择“投影”命令，打开“图层样式”对话框，设置投影颜色为黑色，其他参数设置如图8-251所示。

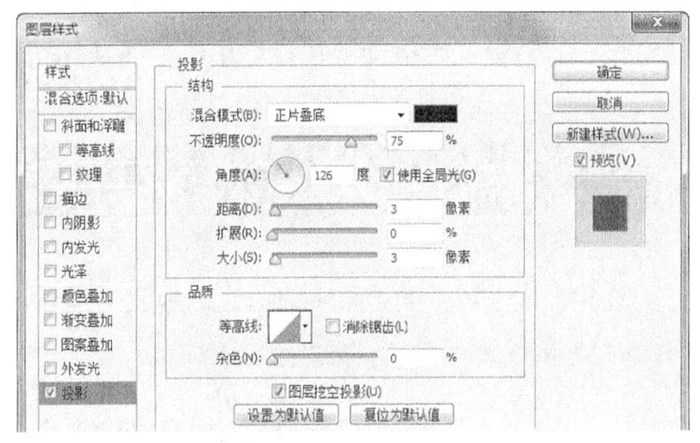

图8-251

03 选择“斜面和浮雕”样式，设置样式为内斜面，其他参数设置如图8-252所示。

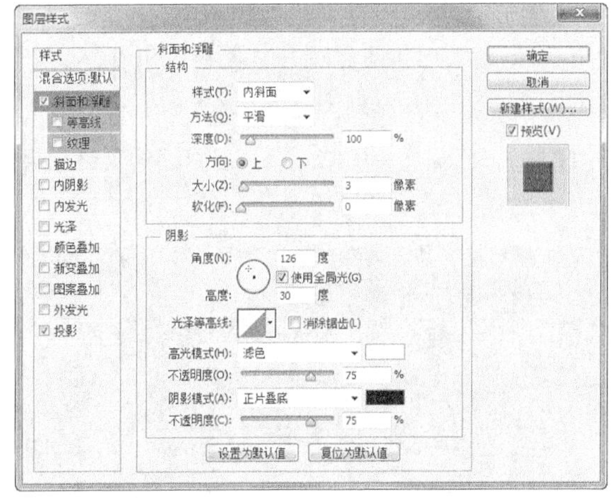

图8-252

04 设置完毕后单击“确定”按钮 确定 ，添加“图层样式”后的效果如图8-253所示，完成本实例的制作。

图8-253

8.7 本章小结

封面是体现整本书刊精神的重要途径。因此在封面和装帧设计中，一定要做到完整、清晰地体现出整本书的内容，让读者能够从封面上就看到整本书所要反映的内容和主体思想。同时一个封面的好坏也影响到这本书的销量。希望读者在设计中一定要把握精准，从整体入手。

8.8 课后习题

任何一本书都有自己的封面，这也为我们的设计提供了很多的学习资源。大家一定要善于学习，勤于学习，本章将安排两个课后习题供读者学习。

8.8.1 课后习题1——画册封面设计

案例位置	案例文件>CH08>画册封面设计.psd
视频位置	多媒体教学>CH08>画册封面设计.flv
难易指数	★★☆☆☆
学习目标	用图层样式制作玻璃质感文字

本案例是为“浪沙淘商务茶楼”设计的画册封面，体现了企业精神，提升了企业的形象，给人茶韵悠长，回味无穷的感觉。画册封面的最终效果如图8-254所示。

图8-254

步骤分解如图8-255所示。

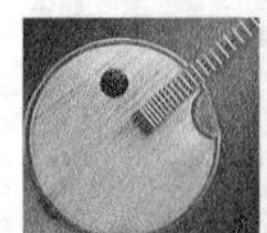
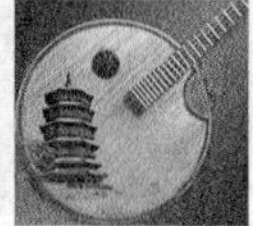

图8-255

8.8.2 课后习题2——杂志封面

案例位置	案例文件>CH08>杂志封面.psd
视频位置	多媒体教学>CH08>杂志封面.flv
难易指数	★★☆☆☆
学习目标	用图层样式制作玻璃质感文字

本案例是为一本女性时尚杂志设计的封面，整个颜色淡雅，封面人物时尚、大气，完美地体现出这本杂志的时尚与高雅，玻璃质感的字体更是将书名和杂志的时尚气息演绎得淋漓尽致，是一个非常成功的封面设计作品。杂志封面的最终效果如图8-256所示。

图8-256

步骤分解如图8-257所示。

图8-257

第9章 纸盒包装设计

包装作为实现商品价值和使用价值的手段，在生产、流通、销售和消费领域中发挥着极其重要的作用，是企业界和设计行业不得不关注的重要课题。包装的功能是保护商品、传达商品信息、方便使用、方便运输、促进销售和提高产品附加值。包装作为一门综合性学科，具有商品和艺术相结合的双重性。

本章学习要点

食品包装的设计方法
茶包装的设计方法
月饼包装的设计方法
饮料包装的设计方法

9.1 包装设计相关知识

包装是品牌理念、产品特性、消费心理的综合反映，它直接影响到消费者的购买欲。不可否认，包装是建立产品与消费者亲和力的有力手段。经济全球化的今天，包装与商品已融为一体。图9-1所示为国外的一组食品包装。

图9-1

9.1.1 包装的分类

商品的种类繁多，形态各异，其功能作用、外观内容也各不相同。所谓内容决定形式，包装也不例外。所以，为了区别商品包装与设计上的方便，我们对包装进行如下分类。

1. 按产品内容

按产品内容分类，包装可以分为日用品类、食品类、烟酒类、化装品类、医药类、文体类、工艺品类、化学品类、五金家电类、纺织品类、儿童玩具类和土特产类等。

2. 按包装材料

不同的商品，考虑到它的运输过程与展示效果等，所使用的材料也不尽相同，所以按包装材料分类，可以分为纸包装、金属包装、玻璃包装、木包装、陶瓷包装、塑料包装、棉麻包装和布包装等。图9-2所示为纸包装，图9-3所示为玻璃包装，图9-4所示为塑料包装，图9-5所示为金属包装。

图9-2 图9-3

图9-4 图9-5

3. 按产品性质

按照产品性质分类，包装可以分为以下3种。

销售包装：销售包装又称商业包装，可分为内销包装、外销包装、礼品包装和经济包装等。销售包装是直接面向消费者的，因此，在设计时要有一个准确的定位，符合商品的诉求对象，力求简洁大方，方便实用，又能体现商品特性。

储运包装：以商品的储存或运输为目的的包装。它主要在厂家与分销商、卖场之间流通，便于产品的搬运与计数。在设计时，只要注明产品的数量，发货与到货日期、时间与地点等就可以了。

军需品包装：军需品包装也可以说是特殊用品包装，由于在设计时很少遇到，所以在这里也不作详细介绍。

9.1.2 色彩在包装中的运用

包装设计在于孜孜不断地尝试与探索。色彩是我们表达思想、情趣、爱好最直接、最重要的手段。例如，无彩色设计的包装犹如喧闹中的一丝宁静，它的高雅、质朴、沉静使人在享受酸、甜、苦、辣、咸后，回味另一种清爽、淡雅的幽香，同时，它们不显不争的属性特征将会在包装设计中散发永恒的魅力。

9.1.3　包装的作用

包装的主要作用有两种：一是保护产品，二是美化和宣传产品。包装设计的基本任务是科学地、经济地完成产品包装的造型、结构和装潢设计。

1. 包装造型设计

包装造型设计又称形体设计，大多指包装容器的造型。它运用美学原则，通过形态、色彩等因素的变化，将具有包装功能和外观美的包装容器造型，以视觉形式表现出来。包装容器必须能可靠地保护产品，并且有优良的外观，如图9-6所示。

图9-6

2. 包装结构设计

包装结构设计是从包装的保护性、方便性、实用性等基本功能和生产实际条件出发，依据科学原理对包装的外部和内部结构进行具体考虑而得到的设计。一个优良的结构设计，应当以有效地保护商品为首要功能；其次应考虑使用、携带、陈列、装运等方便性；还要尽量考虑能重复利用，能显示内装物等功能。

3. 包装装潢设计

包装装潢设计是以图案、文字、色彩、浮雕等艺术形式，突出产品的特色和形象，力求造型精巧、图案新颖、色彩明朗、文字鲜明，装饰和美化产品，以促进产品的销售。包装装潢是一门综合性科学，既是一门实用美术，又是一门工程技术，是工艺美术与工程技术的有机结合，并考虑市场学、消费经济学、消费心理学及其他学科。

一个优秀的包装设计，是包装造型设计、结构设计、装潢设计三者有机的统一，只有这样，才能充分发挥包装设计的作用。而且，包装设计不仅涉及技术和艺术这两大学术领域，还在各自领域内涉及许多其他相关学科，因此，要得到一个好的包装设计，是需要下一番苦功的。图9-7所示为一组咖啡包装设计。

图9-7

9.1.4　包装的功能理念

包装设计是将美术与自然科学相结合，并运用到产品的包装保护和美化方面。它不是广义的“美术”，也不是单纯的装潢，而是含科学、艺术、材料、经济、心理、市场等综合要素的多功能体现。

1. 安全理念

确保商品和消费者的安全是包装设计最根本的出发点。在商品包装设计时，应当根据商品的属性来考虑储藏、运输、展销、携带，以及使用等方面的安全保护措施。不同商品可能需要不同的包装材料。目前，可供选用的材料包括金属、玻璃、陶瓷、塑料、卡纸等。在选择包装材料时，既要保证材料的抗震、抗压、抗拉、抗挤、抗磨性能，还要注意商品的防晒、防潮、防腐、防漏、防燃问题，要确保商品在任何情况下都完好无损。图9-8所示为一组瓶装包装设计。

图9-8

2. 促销理念

促进商品销售是包装设计最重要的功能理念之一。过去人们购买商品时主要依靠售货员的推销和介绍，而现在超市自选成为人们购买商品的最普遍途径。在消费者购物过程中，商品包装自然而然地充当着无声的广告或推销员。如果商品包装设计能够吸引广大消费者的视线并充分激发其购买欲望，那么该包装设计才真正体现了促销理念。

3. 生产理念

包装设计在确保造型优美的同时，必须考虑该设计能否实现精确、快速、批量生产，能否利于工人快速、准确地加工、成型、装物和封合等。在设计商品包装时，应当根据商品的属性、使用价值和消费群体等选择适当的包装材料，力求形式与内容的统一，并充分考虑节约生产加工时间，以加快商品流通速度。

4. 人性化理念

优秀的包装设计必须适应商品的储藏、运输、展销以及消费者的携带与开启等。为此，在设计商品包装时，必须使盒型的比例合理、结构严谨、造型精美，重点突出盒型的形态与材质美、对比与协调美、节奏与韵律美，力求达到盒型结构功能齐全、外形精美，从而适应生产、销售直至使用。常见的商品包装结构主要有手提式、悬挂式、开放式、开窗式、封闭式或几种形式的组合等，如图9-9所示。

图9-9

5. 艺术理念

优秀的包装设计还应具有一定的艺术性。包装是直接美化商品的一门艺术。包装精美、艺术欣赏价值高的商品更容易从大堆商品中跳跃出来，给人以美的享受，从而赢得消费者的青睐。

6. 环保理念

现代社会环保意识已经成为世界大多数国家的共识。在生态环境保护潮流下，只有不污染环境、不损害人体健康的商品包装设计才可能成为消费者最终的选择。特别是在食品包装方面，更应当注重绿色包装。

7. 视觉传达理念

视觉传达的本质特点在于简洁明了，过多的修饰只会造成干扰，使包装主题难以突出，不仅影响视觉冲击力，还可能误导消费者。根据视觉传达规律，在设计商品包装过程中，应当尽量除去无谓的视觉元素，注重强化视觉主题，从而找出最具有创造性和表现力的视觉传达方式，如图9-10所示。

图9-10

9.2　课堂案例——巧克力包装盒设计

案例位置　案例文件>CH09>巧克力包装盒设计.psd
视频位置　多媒体教学>CH09>巧克力包装盒设计.flv
难易指数　★★★★☆
学习目标　学习“包装袋”黑色磨砂水晶的背景制作方法和文字特效的制作方法

本案例设计的是“巧克力槟榔”包装，它属于“帝皇槟榔”系列中的一款，所以设计上既要有“帝皇槟榔”系列元素中的“龙和玉玺”，更要体现“巧克力槟榔”的自身特点，因此使用咖啡色作为背景主色调。本节案例“食品包装”效果如图9-11所示。

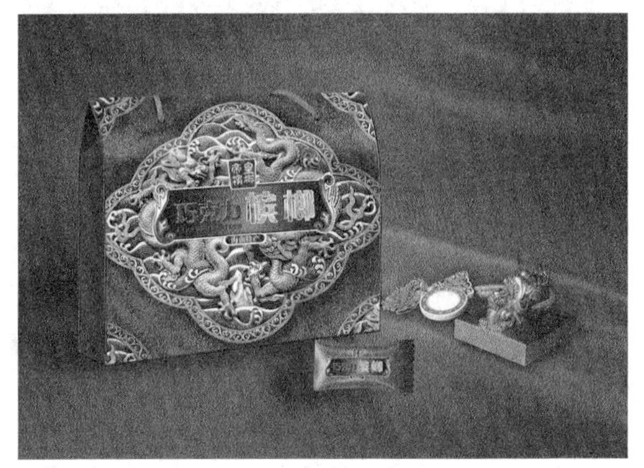

图9-11

相关知识

食品包装的设计主要掌握以下3点。

第1点：醒目，包装要起到促销的作用，首先要有奇特、新颖的造型才能吸引消费者的注意力。

第2点：理解，成功的包装不仅要通过造型、色彩、图案和材质来引起消费者对产品的注意与兴趣，还要通过包装的精确度让消费者理解产品。

第3点：好感，也就是说包装的造型、色彩、图案和材质要能获得消费者的好感。

主要步骤

① 使用“钢笔工具”绘制“包装袋”正面轮廓，再用前景色填充路径，然后添加“龙图腾”图案。

② 在“包装袋”正面的4个角上分别制作一个边角花纹，再更改图层的混合模式衬托中心的“龙图腾”。

③ 使用“钢笔工具”和“光照效果”滤镜等制作包装袋正面信息栏的边框。

④ 使用“波纹”滤镜和“图层样式”等制作“巧克力”文字，再通过图层样式调节制作“槟榔”两个字的艺术效果。

⑤ 利用“钢笔工具”和“椭圆选框工具”制作“绳索”和“绳索穿洞”的基本形状，再使用“羽化”命令和“加深工具”以及“模糊工具”获得最佳效果。

⑥ 使用“钢笔工具”绘制“包装袋”轮廓，再使用“加深工具”制作颜色的层次感，然后制作“包装袋”四周边框线的立体效果。

⑦ 使用“钢笔工具”绘制“糖果”轮廓，再使用“加深工具”、“减淡工具”和“画笔工具”制作“糖果”的立体效果。

⑧ 添加“红绸”背景和“玉玺”图片。

9.2.1　制作正面轮廓

01 启动Photoshop CS6，新建一个“巧克力包装盒设计”文件，具体参数设置“宽度”为12.7厘米、“高度”为9厘米、“分辨率”为300像素/英寸、“颜色模式”为RGB颜色，如图9-12所示。

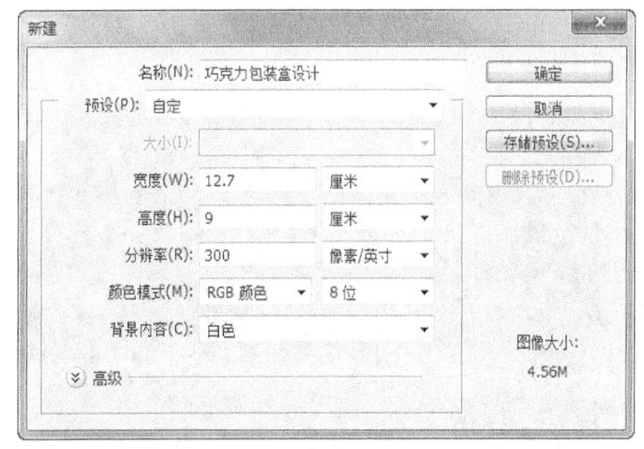

图9-12

02 创建一个新图层“图层1”，使用“钢笔工具”在绘图区域绘制一个如图9-13所示的路径。按Ctrl+Enter组合键将路径转换为选区，然后填充为深红色（R：88，G：13，B：12），效果如图9-14所示。

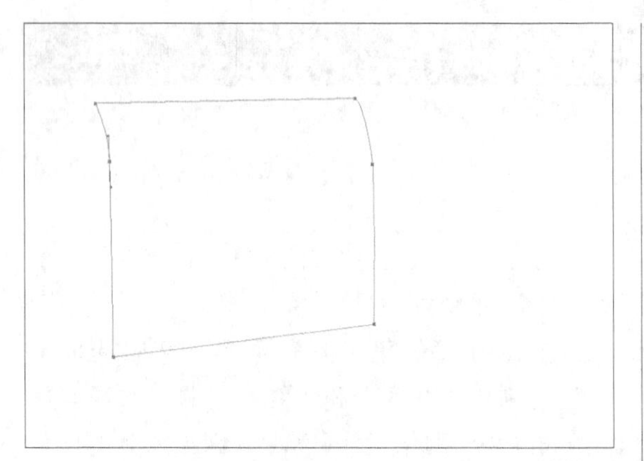

图9-13

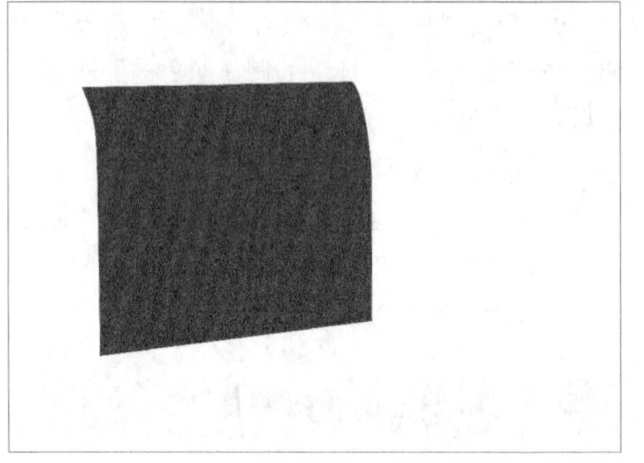

图9-14

03 打开本书配套资源中的“素材文件>CH09>巧克力包装盒设计>素材01.psd”文件，使用“移动工具”将其拖曳到绘图区域，将新成的图层更名为“图腾”，然后按Ctrl+T组合键对其做如图9-15所示的变形。

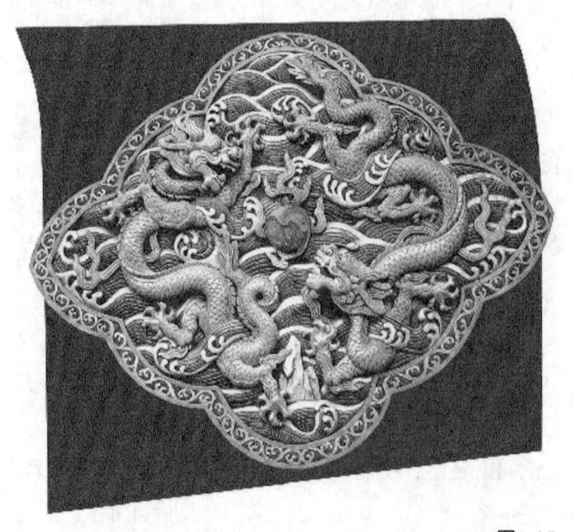

图9-15

04 按住Ctrl键单击“图层1”载入该图像选区，然后按Ctrl+Shift+I组合键反选选区，删除“图腾”图像的边缘部分，效果如图9-16所示。

图9-16

05 选择“图层1”，再选择“画笔工具”，在属性栏设置画笔“大小”为36，样式为“粉笔”笔刷，如图9-17所示。

06 单击属性栏中的“切换画笔面板”按钮，在打开的“画笔”面板中选择“形状动态”选项，再设置具体参数，如图9-18所示。

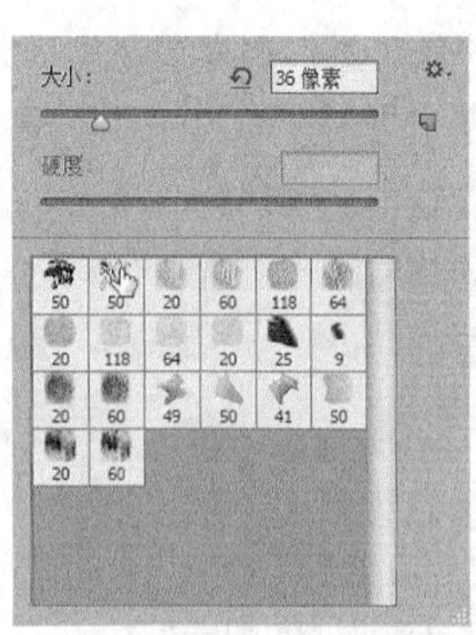

图9-17

图9-18

07 单击“传递”选项，在其中设置各项参数，如图9-19所示。单击“画笔笔尖形状”，调整画笔大小和间距参数，如图9-20所示。

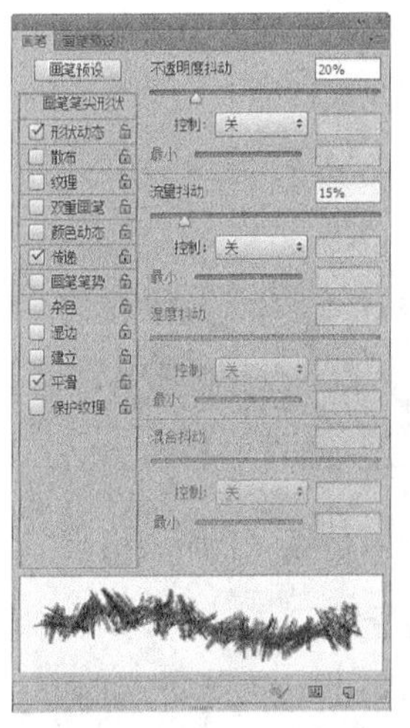

图9-19

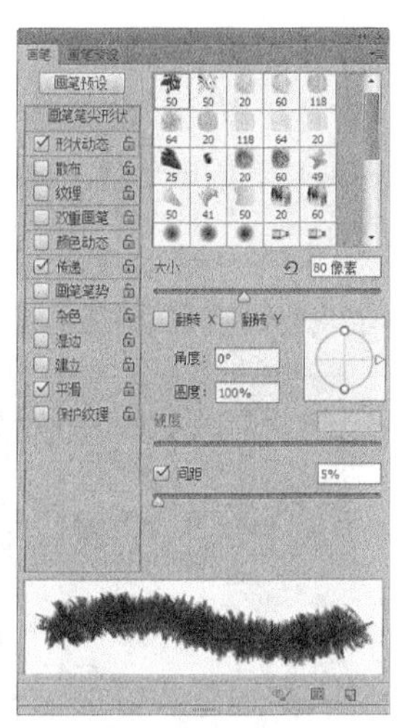

图9-20

08 选择“加深工具”和“减淡工具”，在“图腾”图像周围进行涂抹，得到如图9-21所示的效果。

图9-21

09 再次在资源中导入“图腾”素材图像，将其放到绘图区域如图9-22所示的位置，然后载入“图层1”的选区，按Ctrl+Shift+I组合键反选选区，删除选区中的图像，再设置图层的混合模式为明度，效果如图9-23所示。

技巧与提示

使用“画笔工具”绘制底纹时，为了使效果更自然，涂抹不同地方需要设置不同的“不透明度”，画笔“主直径”的大小也需要随时调整。

10 使用同样的方法，添加素材图像，并分别放到其他三个角中，得到的图像效果如图9-24所示。

图9-22

图9-23

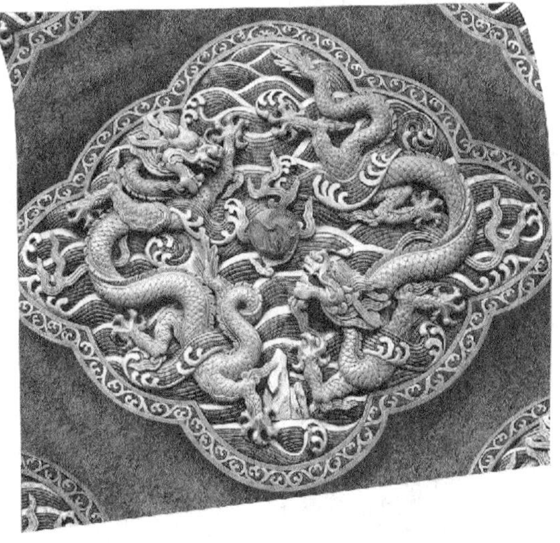

图9-24

11 创建一个新图层“亮光带”，然后使用“矩形选框工具” 在图像中绘制一个矩形选区，如图9-25所示。

图9-25

12 按Shift+F6组合键打开“羽化选区”对话框，设置“半径”为50像素，效果如图9-26所示，接着将选区填充为红色（R: 142，G: 64，B: 55），效果如图9-27所示。

图9-26

图9-27

13 按Ctrl+T组合键适当缩小图像，如图9-28所示，再设置图层的混合模式为“线性减淡”，将“不透明度”设置为60%，得到的图像效果如图9-29所示。

图9-28

图9-29

9.2.2 制作中心信息栏

01 创建一个新图层“边框花纹”，然后使用“钢笔工具” 在绘图区域绘制一个如图9-30所示的路径。

02 按Ctrl+Enter组合键将路径转换为选区，选择“渐变工具” 为图像应用径向渐变填充，设置颜色从土黄色（R: 138，G: 89，B: 49）到橘黄色（R: 249，

G: 152，B: 80）到黄色（R: 251，G: 246，B: 131），填充路径效果如图9-31所示。

图9-30

图9-31

03 保持选区状态，执行“编辑>描边”菜单命令打开“描边”对话框，设置描边“宽度”为5，颜色为黑色，位置为“居外”，如图9-32所示，单击“确定”按钮，得到的描边效果如图9-33所示。

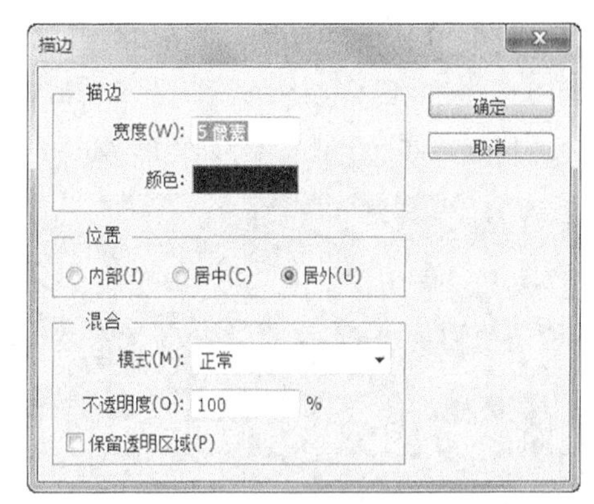

图9-32

图9-33

04 复制一个新图层“边框花纹副本”，将其放到画面右侧，再执行“编辑>变换>水平翻转”菜单命令，然后按Ctrl+T组合键将图像做如图9-34所示的变形。

图9-34

05 使用“矩形选框工具” 在两个花纹图像之间绘制一个矩形选区，填充为深红色（R: 36, G: 17, B: 6），并按Ctrl+T组合键适当倾斜矩形，如图9-35所示。

图9-35

06 保持选区状态，设置前景色为红色（R：99，G: 9, B: 9），使用“画笔工具” 在矩形选区中间部位进行涂抹，添加红色效果，如图9-36所示。

图9-36

07 按Ctrl+Alt组合键复制刚刚绘制的矩形图像，将其放到如图9-37所示的位置。

图9-37

08 创建一个新图层，将其拖曳到图层“边框花纹”的下一层，然后使用“多边形套索工具” 沿着边框花纹的走向勾选一个如图9-38所示的选区。

图9-38

09 选择“渐变工具” ，在属性栏打开“渐变编辑器”对话框，设置颜色从墨绿色（R: 4, G: 2, B: 1）到绿色（R: 91, G: 162, B: 74）到黑色，如图9-39所示，最后在选区中与上边框平行的方向从左到右拉出渐变，为其应用“线性渐变” 填充，效果如图9-40所示。

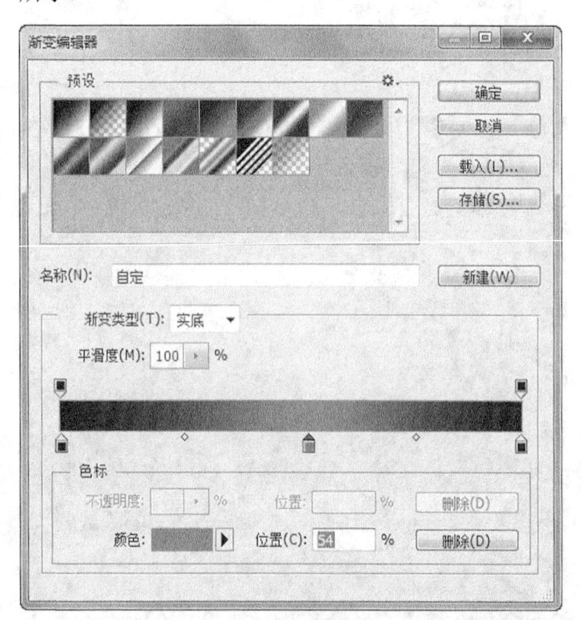

图9-39

图9-40

10 单击“图层”面板下面的“添加图层样式”按钮 fx.，在弹出的菜单中选择“内发光”命令，设置发光颜色为土红色（R：145，G：83，B：19），其他参数设置如图9-41所示，单击“确定”按钮 确定 ，添加图层样式后的效果如图9-42所示。

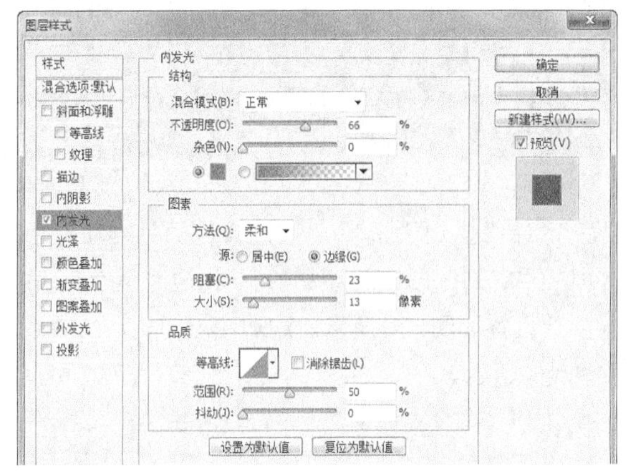

图9-41

图9-42

11 单击“工具箱”中的“横排文字工具”按钮 T，在属性栏设置字体为“方正粗倩简体”，字体“大小”为32点，消除锯齿的方法为“锐利”，文本颜色为“白色”，然后在绘图区域输入文字“巧克力”，效果如图9-43所示。

图9-43

12 执行“图层>栅格化>文字”菜单命令，将文字图层转换为普通图层，然后按Ctrl+T组合键将其旋转到合适的角度，效果如图9-44所示。

图9-44

13 载入图层“巧克力”的选区，然后执行“选择>修改>扩展”菜单命令打开“扩展”对话框，设置“扩展量”为5像素，效果如图9-45所示。

图9-45

14 填充选区为白色，然后按Ctrl+D组合键取消选区，效果如图9-46所示。

图9-46

15 执行“滤镜>扭曲>波纹”菜单命令，打开“波纹”对话框，具体参数设置如图9-47所示，效果如图9-48所示。

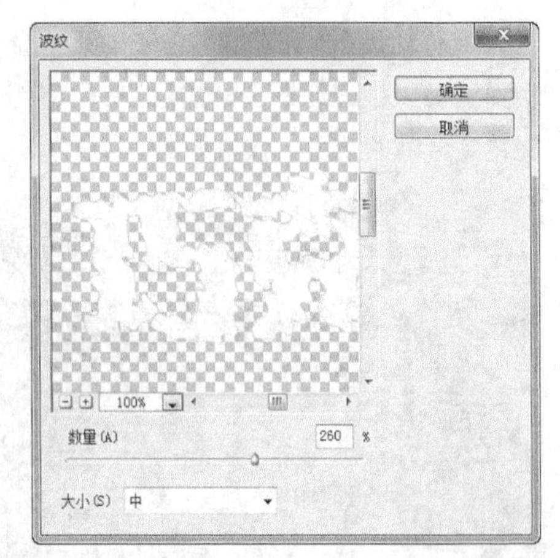

图9-47

图9-48

⑯ 单击“图层”面板下面的“添加图层样式”按钮 fx.，在弹出的菜单中选择“斜面和浮雕”命令，然后在弹出的“图层样式”对话框中设置“斜面和浮雕”的具体参数，如图9-49所示，单击“确定”按钮 确定 ，添加图层样式后的效果如图9-50所示。

图9-49

图9-50

⑰ 选择“描边”选项，设置描边颜色为粉红色（R：193，G：131，B：131），描边大小为2，其他参数设置如图9-51所示，添加图层样式后的效果如图9-52所示。

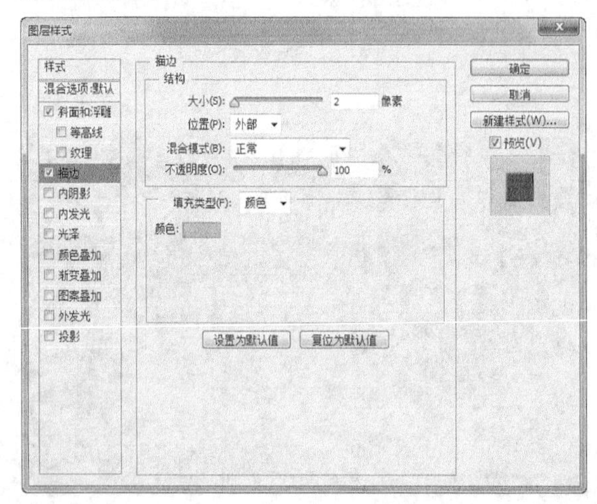

图9-51

图9-52

技巧与提示

先添加“斜面和浮雕”后更改颜色，再通过“颜色叠加”更改整体颜色，这样是为了使颜色更有层次感，更鲜艳。

(18) 选择“颜色叠加”样式，设置叠加颜色为土红色（R：138，G：51，B：51），其他参数设置如图9-53所示，添加图层样式后的效果如图9-54所示。

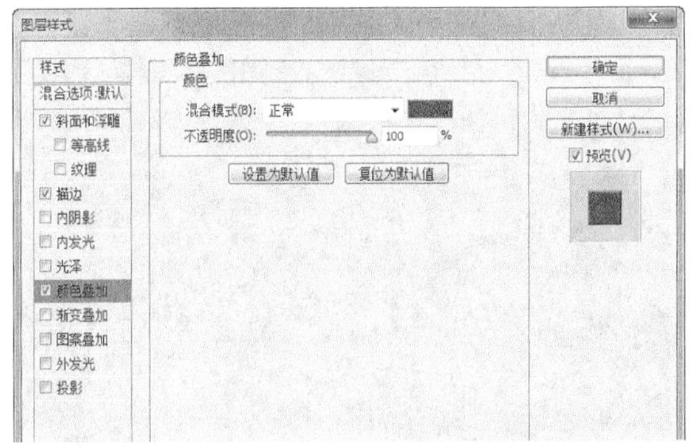

图9-53

图9-54

(19) 执行“滤镜>扭曲>波纹”菜单命令打开“波纹”对话框，设置“数量”为50%，如图9-55所示，单击“确定”按钮［确定］，得到波纹图像效果，如图9-56所示。

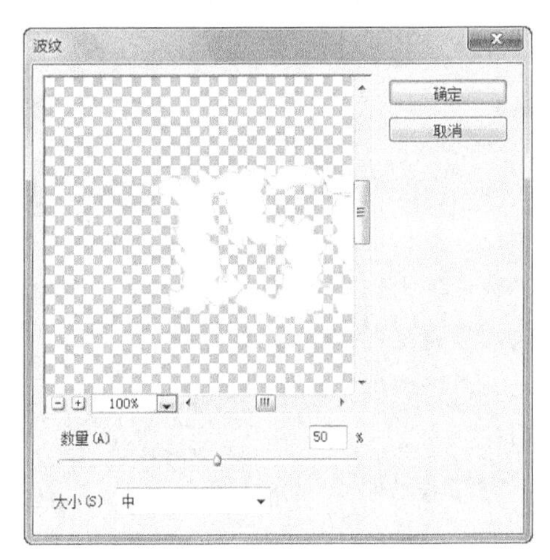

图9-55

图9-56

(20) 单击“工具箱”中的“横排文字工具”按钮［T］，在属性栏设置字体为“方正粗倩简体”，字体“大小”为44点，消除锯齿的方法为“锐利”，文本颜色为白色，然后在绘图区域输入文字“槟榔”，按Ctrl+T组合键适当旋转文字，效果如图9-57所示。

图9-57

(21) 执行“图层>图层样式>外发光”菜单命令，在打开的“图层样式”对话框中设置“外发光”颜色为淡黄色，其他参数设置如图9-58所示。

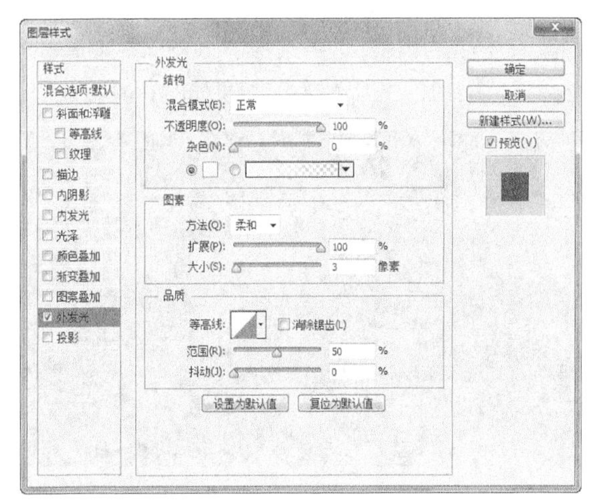

图9-58

22 选择“图案叠加”样式，再单击“图案”右侧的“图案拾色器”按钮，打开“拾色器”对话框，单击右侧的三角形按钮，在弹出的菜单中选择“自然图案”，然后在“拾色器”对话框中选择“黄菊”图案，其他参数设置如图9-59所示，单击“确定”按钮 确定 ，添加图层样式后的效果如图9-60所示。

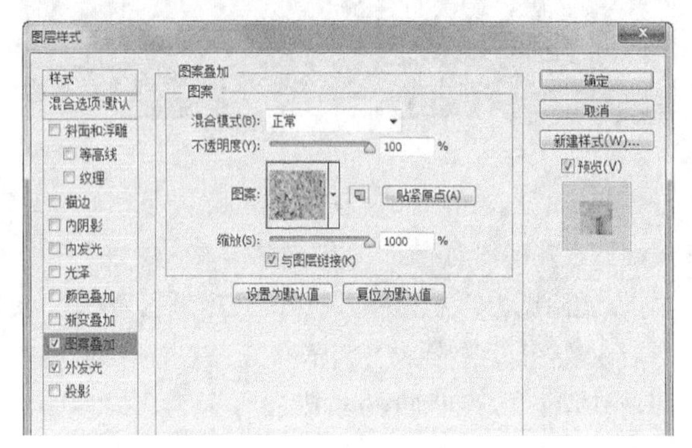

图9-59

图9-60

23 使用“横排文字工具” T 在文字“巧克力”的下面输入“巧克力槟榔”的英文名称Chocolate Areca，然后再对其添加“投影”样式，效果如图9-61所示。

图9-61

24 选择“圆角矩形工具” ，在属性栏设置“半径”为10，然后在文字上方绘制一个圆角矩形，按Ctrl+Enter组合键将路径转换为选区后，填充为土红色（R: 110，G: 40，B: 40），如图9-62所示。

图9-62

25 按Ctrl+T组合键适当旋转图像，并且按住下面两个角向内拖动，得到的图像效果如图9-63所示。

图9-63

26 执行“滤镜>杂色>添加杂色”菜单命令，打开“添加杂色”对话框，设置“数量”为15，其他选项设置如图9-64所示，单击“确定”按钮 确定 ，得到的图像效果如图9-65所示。

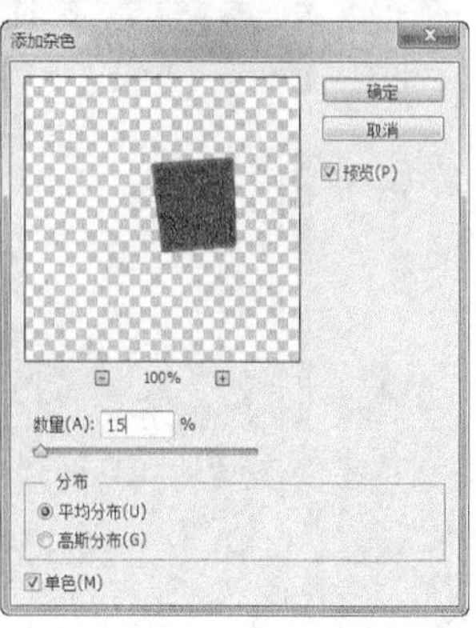

图9-64

图9-65

27 载入该矩形图像选区，执行“编辑>描边”菜单命令，打开“描边”对话框，设置描边“宽度”为5，“颜色”为白色，其他参数设置如图9-66所示，效果如图9-67所示。

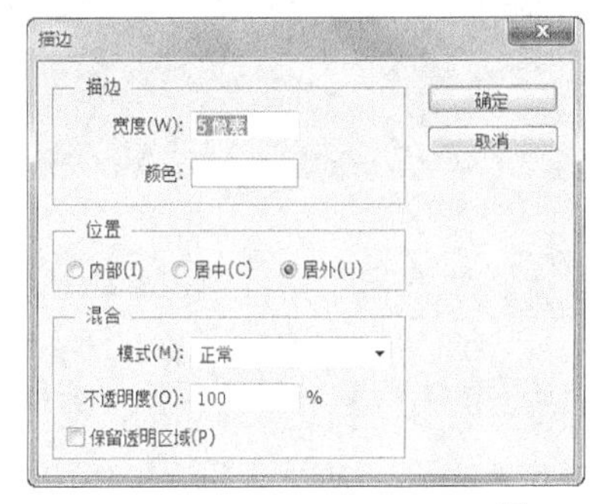

图9-66

图9-67

28 选择“横排文字工具” T，在印章矩形中输入文字“帝皇槟榔”，并在属性栏设置字体为“水柱繁体”，颜色为白色，再按Ctrl+T组合键变形文字，效果如图9-68所示。

图9-68

29 选择“圆角矩形工具”，在属性栏设置“半径”为30，然后在绘图区域绘制一个圆角矩形，按Ctrl+Enter组合键将路径转换为选区后，填充为土红色（R：133，G：0，B：0），如图9-69所示，此时系统会自动生成一个新图层“形状2”。

图9-69

30 按Ctrl+T组合键将图像适当调整，然后载入该图像选区，设置前景色为红色（R：255，G：255，B：0），再使用“画笔工具”对选区图像中间进行涂抹，得到的图像效果如图9-70所示。

31 使用“加深工具”，在上下边缘部分来回涂抹以加深上下边缘，效果如图9-71所示。

图9-70

图9-71

32 保持选区状态，执行“编辑>描边”菜单命令，打开“描边”对话框，设置描边“宽度”为5，颜色为白色，其他参数设置如图9-72所示，效果如图9-73所示。

33 使用“横排文字工具” T 在“挂标”中输入“海南特产”4个字，效果如图9-74所示。

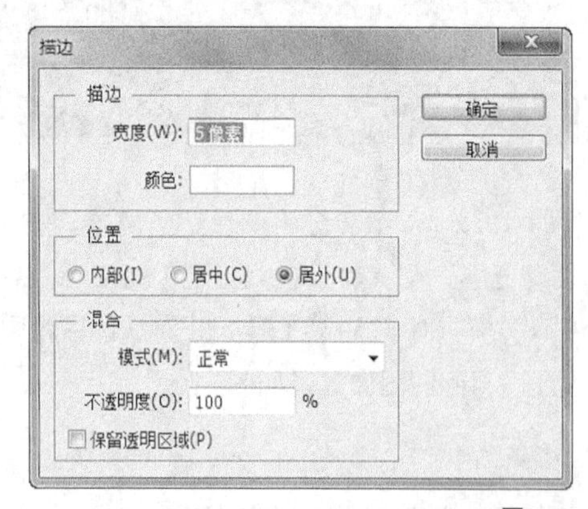

图9-72

图9-73

图9-74

34 在“图层”面板中按住Ctrl键选择信息栏中的文字和图像等图层，执行“编辑>描边”菜单命令，打开“描边”对话框，设置“宽度”为6、颜色为白色，其他选项设置如图9-75所示，单击“确定”按钮 确定 ，得到的描边效果如图9-76所示。

描边
描边
宽度(W): 6 像素
颜色:
确定
取消
位置
内部(I)
居中(C)
居外(U)
混合
模式(M): 正常
不透明度(O): 100 %
保留透明区域(P)

图9-75

图9-76

9.2.3 制作绳索

01 创建一个新图层“绳索穿洞”，选择“椭圆选框工具”，在属性栏设置“羽化半径”为5像素，然后在绘图区域绘制一个椭圆形选区，填充为黑色，效果如图9-77所示。

图9-77

02 创建一个新图层“绳索”，使用“钢笔工具”在绘图区域绘制一个如图9-78所示的路径。

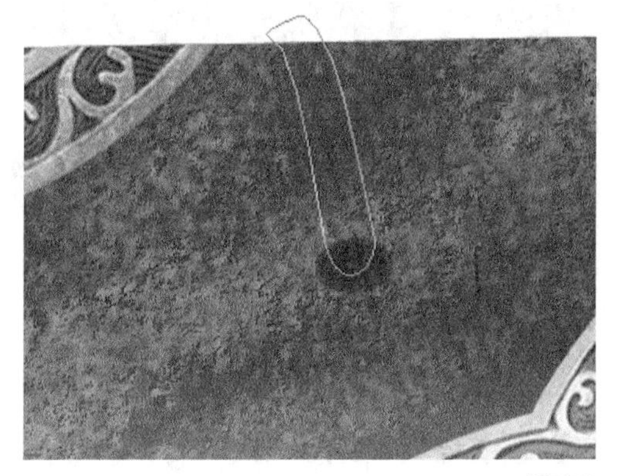

图9-78

03 设置前景色为橘黄色（R：208，G：143，B：83），单击“路径”面板下面的“用前景色填充路径”按钮，再使用“加深工具”和“模糊工具”将“绳索”处理成如图9-79所示的效果。

图9-79

04 采用相同的方法制作另外一根“绳索穿洞”和“绳索”，完成后的效果如图9-80所示。

图9-80

9.2.4 制作包装袋的侧面效果

01 创建一个新图层“侧面”，在“图层”面板中调整至背景图层的上一层，再使用“钢笔工具”在绘图区域绘制一个如图9-81所示的路径。

图9-81

02 设置前景色为深红色（R: 95，G: 51，B: 41），再单击“路径”面板下面的“用前景色填充路径”按钮 ，然后使用“加深工具” 将其处理成如图9-82所示的效果。

图9-82

03 创建一个新图层“上侧面”，然后使用“钢笔工具” 绘制一个如图9-83所示的路径。按Ctrl+Enter组合键将路径转换为选区后，填充为深红色（R: 49，G: 13，B: 5），如图9-84所示。

04 载入“图层1”（包装袋正面）的选区，执行“图层>图样式>描边”菜单命令，打开“图层样式”对话框，设置描边“大小”为8，颜色为深红色（R: 111，G: 42，B: 28），其他参数设置如图9-85所示，单击“确定”按钮 确定 后，图像描边效果如图9-86所示。

图9-83

图9-84

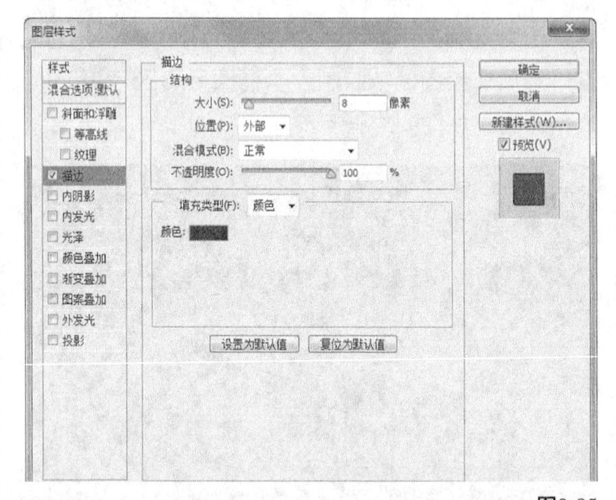

图9-85

图9-86

05 选择“斜面和浮雕”命令，打开“图层样式”对话框，设置“样式”为“内斜面”，“大小”为6像素，

“软化”为4像素，再单击下方的“光泽等高线”图标，在弹出的面板中选择“环形”图像，如图9-87所示，单击“确定”按钮［确定］，添加图层样式后的效果如图9-88所示。

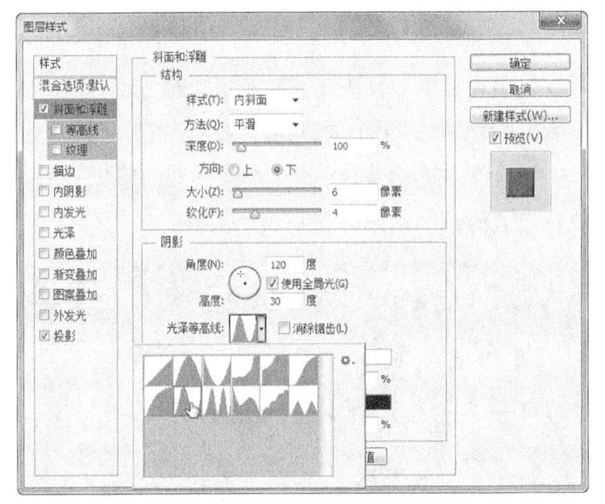

图9-87

图9-88

06 按住Ctrl键选择“侧面”和“上侧面”图层，按Ctrl+E组合键将图层合并，并命名为“包装侧面”，然后载入该图层的选区，创建一个新图层“侧面边框线”，执行“编辑>描边”菜单命令打开“描边”对话框，设置描边“宽度”为8，颜色为深红色（R：72，G：24，B：14），其他参数设置如图9-89所示，效果如图9-90所示。

07 选择“图层1”单击鼠标右键，在弹出的菜单中选择“拷贝图层样式”命令，然后在“侧面边框线”图层中单击鼠标右键，在弹出的菜单中选择“粘贴图层样式”命令，图像效果如图9-91所示。

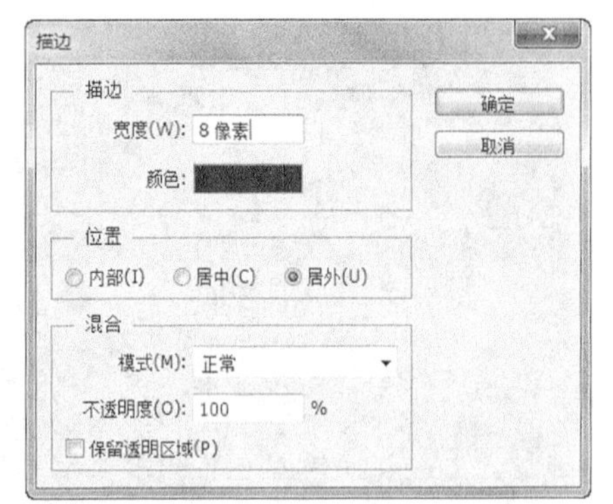

图9-89

图9-90

图9-91

08 打开本书配套资源中的“素材文件>CH09>巧克力包装盒设计>糖果.psd”文件，使用“移动工具”将图像拖曳到当前编辑的图像中，如图9-92所示。

图9-92

09 打开本书配套资源中的“素材文件>CH09>巧克力包装盒设计>绸缎.jpg”文件，使用“移动工具”将其移动到包装盒图像中，并在“图层”面板中将其调整到背景图层的上方，效果如图9-93所示。

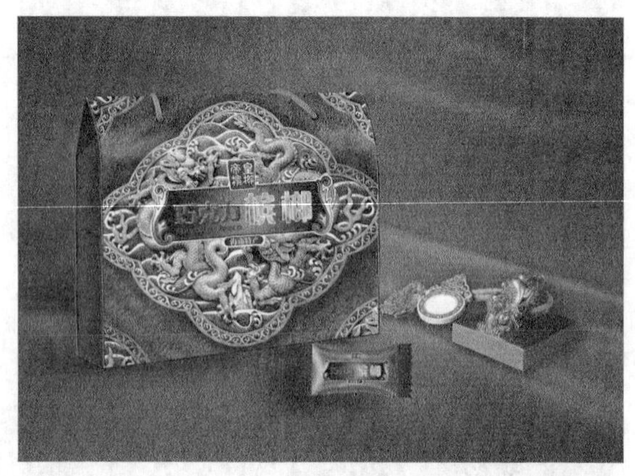

图9-93

10 选择“加深工具”在包装盒左下方进行涂抹，绘制投影效果，如图9-94所示，完成本实例的制作。

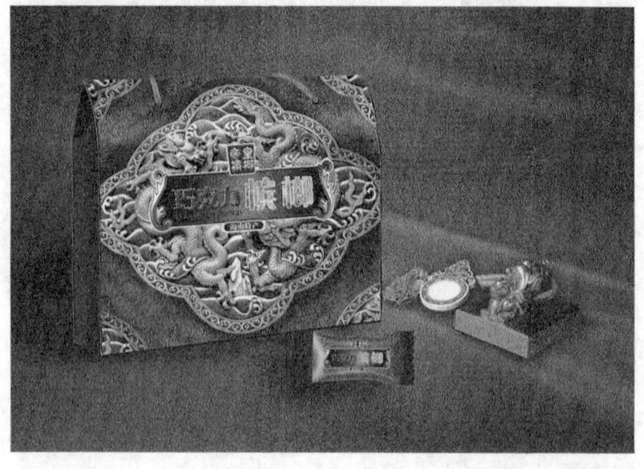

图9-94

9.3 课堂案例——月饼包装设计

案例位置	案例文件>CH09>课堂案例——月饼包装设计.psd
视频位置	多媒体教学>CH09>课堂案例——月饼包装设计.flv
难易指数	★★★★☆
学习目标	学习“矩形选框工具”和“多边形套索工具”等的使用

月饼是我国的传统食品，有着深刻的寓意，因此月饼包装设计更要体现出月圆人团圆的主题。本例为了突出“团圆”的含义，特意将“圆”字进行了特殊处理，在颜色上选用黄色，给人温馨祥和的感觉。月饼礼盒包装的最终效果如图9-95所示。

图9-95

相关知识

月饼包装盒设计是食品包装，而且在设计时还需要考虑到月饼所应用的时间，在月饼包装设计中主要掌握以下3点。

第1点：注意月饼应用时间，整体色调采用暖色调。

第2点：添加月饼实物图片。

第3点：包装上要有月饼包装的商标、名称、产地、品质特征和净重。

主要步骤

① 使用“渐变工具”对选区应用渐变填充，得到包装盒中的表面图像效果。

②使用“多边形套索工具”绘制包装盒侧面图像。

③ 添加掀开盒和背景图像。

9.3.1 制作正面轮廓效果

01 新建一个“月饼包装设计”文件，首先绘制月饼包装的平面图形，新建“图层1”，选择“矩形选框工具”，在图像中绘制一个矩形选区，将其填充为土黄色（R：129，G：93，B：44），如图9-96所示。

图9-96

02 设置前景色为淡黄色（R：200，G：169，B：101），选择“画笔工具”，在属性栏设置画笔样式为“柔边”，“大小”为90，然后在图像边缘涂抹，效果如图9-97所示。

图9-97

03 保持选区状态，执行“选区>变换选区”菜单命令，按Alt+Shift组合键中心缩小选区，然后在选区内双击鼠标左键，完成变换，如图9-98所示。

图9-98

04 选择“渐变工具”，在属性栏设置渐变颜色从红色（R：229，G：31，B：41）到深红色（R：103，G：24，B：27），然后在选区中从上到下应用“线性渐变”填充，如图9-99所示。

图9-99

05 执行“选区>变换选区”菜单命令，按住Alt键的同时向内拖动选区左右边缘，得到的选区效果如图9-100所示。

图9-100

06 选择“渐变工具”，在属性栏设置颜色从橘黄色（R：197，G：137，B：47）到淡黄色（R：225，G：179，B：105）到橘黄色（R：197，G：137，B：47）到淡黄色（R：245，G：236，B：219）到橘黄色（R：197，G：137，B：47）到淡黄色（R：212，G：168，B：104），如图9-101所示。

图9-101

07 单击属性栏中的“线性渐变”按钮，然后在选区中从上到下应用“线性渐变”填充，效果如图9-102所示。

图9-102

08 选择“椭圆选框工具”，按住Shift键绘制一个正圆形选区，如图9-103所示。

图9-103

09 设置前景色为白色，选择“画笔工具”，在属性栏设置画笔样式为“柔边”，画笔“大小”为50，在选区上下两端绘制白色图像，得到透明圆形效果，如图9-104所示。

图9-104

10 打开本书配套资源中的“素材文件>CH09>月饼包装设计>圆形花纹.psd”文件，使用“移动工具”将其拖曳到绘图区域，放到画面中间，如图9-105所示。

图9-105

11 设置该花纹图层的图层混合模式为“正片叠底”，如图9-106所示，得到的图像效果如图9-107所示。

图9-106

图9-107

12 选择“矩形选框工具”，在图像下方绘制一个矩形选区，并填充为红色（R：208，G：0，B：12），如图9-108所示。

图9-108

⑬ 打开本书配套资源中的“素材文件>CH09>月饼包装设计>牡丹.psd”文件，使用“移动工具”将其拖曳到绘图区域，放到如图9-109所示的位置。

图9-109

⑭ 选择“横排文字工具”，在图像中输入文字，并在属性栏设置字体为“黑体”，颜色为深红色（R：70，G：0，B：0），如图9-110所示。

图9-110

⑮ 在白色透明圆形上方再输入文字“盛典”，设置字体为“宋体”，如图9-111所示。

图9-111

⑯ 执行“图层>图层样式>斜面和浮雕”菜单命令，打开“图层样式”对话框，设置样式为“内斜面”，再适当调整“光泽等高线”曲线效果，设置其他参数如图9-112所示。

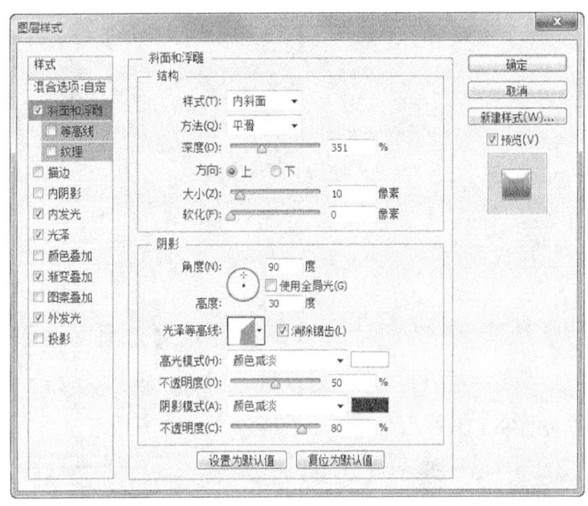

图9-112

⑰ 选择“内发光”选项，设置内发光颜色为白色，再调整“光泽等高线”曲线，然后设置其他参数，如图9-113所示。

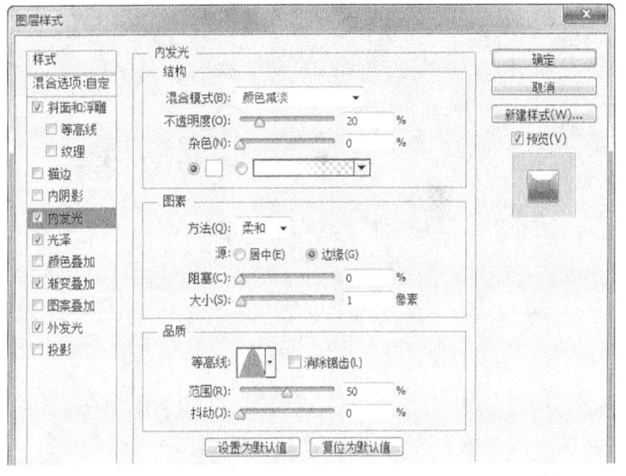

图9-113

⑱ 选择“光泽”选项，设置光泽颜色为白色，混合模式为“颜色减淡”，其他参数设置如图9-114所示。

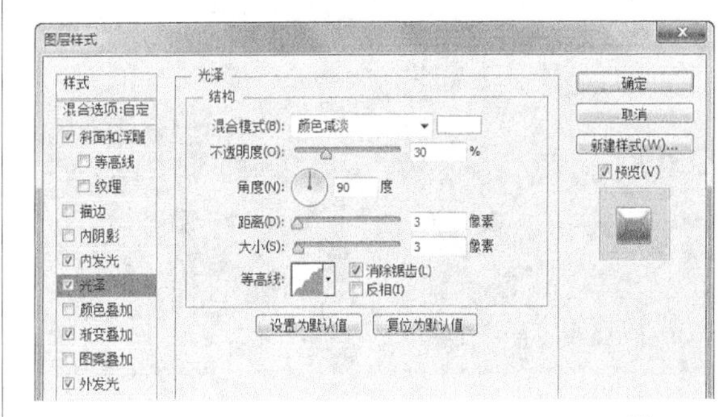

图9-114

⑲ 选择“渐变叠加”选项，设置渐变颜色为黄色系，样式为“线性”，其他参数设置如图9-115所示。

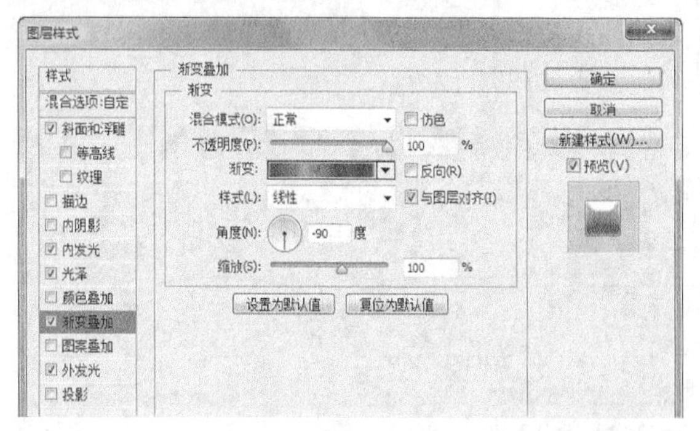

图9-115

⑳ 选择“外发光”选项，设置外发光颜色为黑色，再适当调整“光泽等高线”曲线，其他参数设置如图9-116所示。

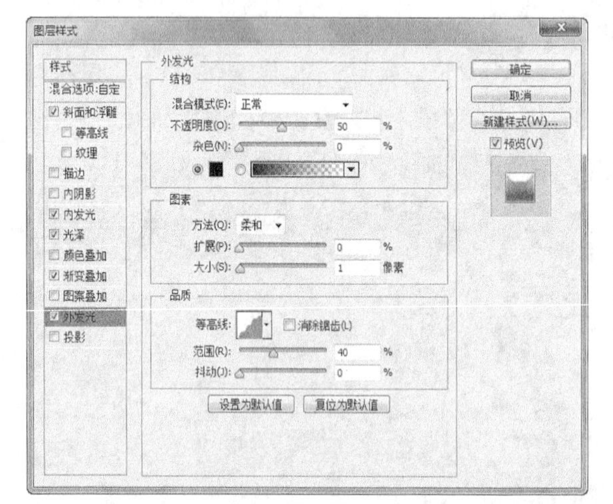

图9-116

㉑ 单击“确定”按钮 确定 ，得到添加图层样式后的文字，效果如图9-117所示。

图9-117

㉒ 打开本书配套资源中的“素材文件>CH09>月饼包装设计>文字.psd”文件，使用“移动工具” 将其拖曳到绘图区域，放到画面中间，如图9-118所示。

图9-118

㉓ 执行“图层>图层样式>投影”菜单命令，设置投影颜色为黑色，其他参数设置如图9-119所示。

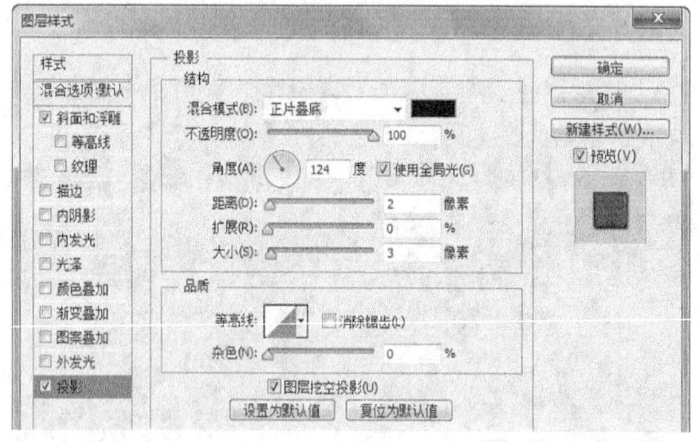

图9-119

㉔ 选择“斜面和浮雕”选项，设置样式为“内斜面”，“光泽等高线”为“环形”，“高光模式”颜色为白色，“阴影模式”颜色为橘黄色（R：225，G：145，B：40），其他参数设置如图9-120所示。

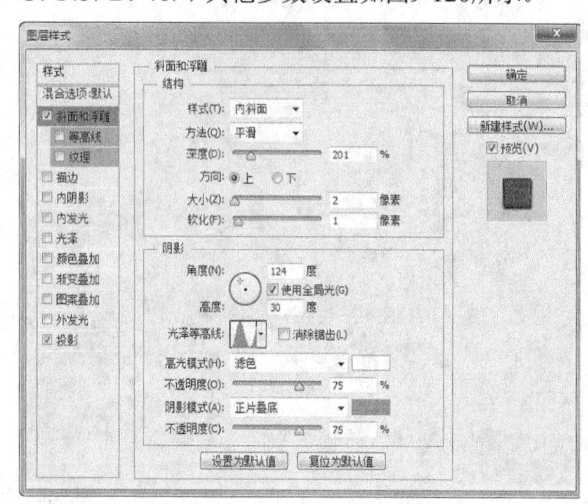

图9-120

25 单击“确定”按钮[确定]，得到添加图层样式后的文字效果，如图9-121所示，选择除背景图层以外的所有图层，按Ctrl+E组合键合并图层。

图9-121

9.3.2 制作立体效果

01 选择合并后的图层，按Ctrl+T组合键，再按住Ctrl键分别调整四个角的控制点，变换成如图9-122所示的形状。

图9-122

02 选择“多边形套索工具”，绘制一个四边形选区，并使用“渐变工具”应用“线性渐变”填充，设置颜色从深红色（R: 51，G: 0，B: 0）到红色（R: 236，G: 32，B: 41），效果如图9-123所示。

03 使用“多边形套索工具”在包装盒侧面绘制一个多边形选区，并为其应用“线性渐变”填充，设置颜色从土黄色（R: 178，G: 113，B: 26）到橘黄色（R: 220，G: 145，B: 31），如图9-124所示。

04 设置前景色为红色（R: 226，G: 43，B: 38），使用“画笔工具”在侧面图像周围绘制两条细线，如图9-125所示。

图9-123

图9-124

图9-125

05 新建一个图层，并将其放到背景图层的上方，选择“多边形套索工具”，在属性栏设置“羽化半径”为10，然后在盒子周围绘制选区，并填充为黑色，得到投影效果，如图9-126所示。

06 打开本书配套资源中的“素材文件>CH09>月饼包装设计>掀开盒.psd”文件，使用“移动工具”将其拖曳到绘图区域，放到纸盒图像右侧，如图9-127所示。

图9-126

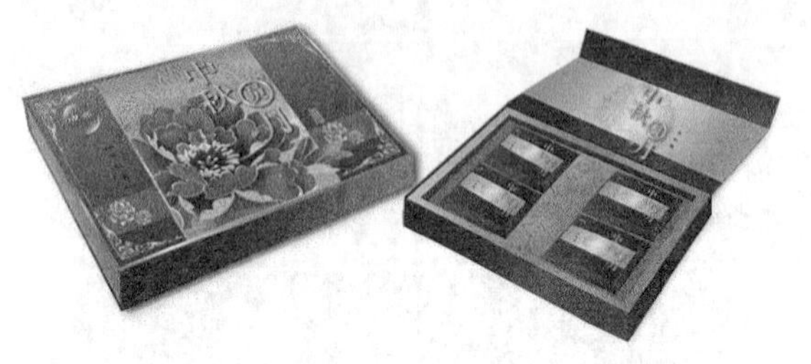

图9-127

07 打开本书配套资源中的“素材文件>CH09>月饼包装设计>月饼背景.jpg”文件，选择“移动工具”将图像拖曳到当前编辑的图像中，并放到背景图层的上方，得到的效果如图9-128所示，完成本实例的操作。

图9-128

9.4 课堂案例——碧螺春包装设计

案例位置	案例文件>CH09>课堂案例——碧螺春包装设计.psd
视频位置	多媒体教学>CH09>课堂案例——碧螺春包装设计.flv
难易指数	★★★★☆
学习目标	学习“矩形选框工具”和“多边形套索工具”等的使用

作为世界三大饮品之一，同时也是中国国粹的茶叶，许多设计师在做茶叶包装时都尝试打破传统的颜色格局，最终不管从市场销售情况还是消费者认同情况都证明了绿色始终是茶叶的灵魂之一，其他颜色都无法替代。由于“碧螺春”具有悠久的历史，所以包装盒封盖上加入了一幅古典中国画，总之整体界面设计追求的是利用现代包装体现出古典的气息。饮品包装的最终效果如图9-129所示。

图9-129

相关知识

茶叶、咖啡和可可被公认为世界上的三大饮品，茶叶在中国更是历史悠久，因为我国是茶叶的故乡。在茶叶包装设计中主要掌握以下3点。

第1点：主题要简明，重点要突出。

第2点：文字和图画的排列要根据面积大小和形状特征而定，同时要注意文字与画面的协调性。

第3点：包装上要有茶叶的商标、名称、产地、品质特征和净重。

主要步骤

① 使用“矩形选框工具”和“多边形套索工具”等制作出“包装盒”立体模型的大致轮廓，然后填充不同的颜色。

② 处理好“国画”图片后，加入“封盖”中，再调节其大小和形状。

③ 绘制“封盖”右侧部分背景图案的基本元素，再以此扩充整个背景花纹。

④ 制作“茶”的底纹，再使用“钢笔工具”绘制“茶”字的路径，然后填充颜色，最后对其添加“图层样式”。

⑤ 制作“边花”的基本元素，再以此扩充到整条边框中，然后加入“包装盒”上。

⑥ 使用“多边形套索工具”勾选出“包装盒”需要添加立体效果的地方，然后填充不同的颜色。

⑦ 在封盖上添加相关文字信息以衬托整个界面。

9.4.1　制作立体轮廓效果

01 新建一个“饮品包装”文件，创建一个新图层“封盖”，再使用“矩形选框工具”在绘图区域绘制一个矩形选区，填充为淡绿色（R：206，G：211，B：124），如图9-130所示。

图9-130

02 按Ctrl+T组合键，然后按住Ctrl键分别调整四个角的控制点，将图形做如图9-131所示的变形。

图9-131

技巧与提示

由于Photoshop不是专业制作三维效果的软件，如果对透视关系把握不准的话，可以使用三维软件将立体轮廓制作出来，再导入Photoshop中照着勾画出轮廓，然后对其填充颜色就行了。

03 创建一个新图层，将其更名为“封底”，载入图层“封盖”的选区，填充为绿色（R：101，G：108，B：48），然后将该图像向下移动到如图9-132所示的位置。

图9-132

04 创建一个新图层“左侧”，将其拖曳到图层“封底”的上一层，再使用“多边形套索工具”在绘图区域勾选一个如图9-133所示的选区。

图9-133

05 设置前景色为淡绿色（R：124，G：130，B：69），按Alt+Delete组合键用前景色填充选区，效果如图9-134所示。

图9-134

06 创建一个新图层“正侧”，将其拖曳到图层“封底”的上一层，再使用“多边形套索工具”在绘图区域勾选一个如图9-135所示的选区。

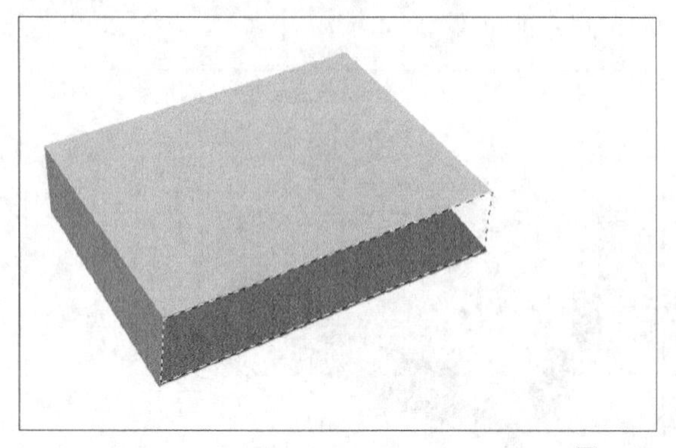

图9-135

技巧与提示

在勾选正面轮廓选区时，下边缘部分可稍微向“封底”内部收缩一些。

07 设置前景色为绿色（R: 101，G: 108，B: 48），按Alt+Delete组合键用前景色填充选区，效果如图9-136所示。

图9-136

08 打开本书配套资源中的“素材文件> CH09>碧螺春包装设计>山水.jpg”文件，选择“裁剪工具”，拉出如图9-128所示的裁剪框，再按Enter键即可将多余部分裁剪掉，效果如图9-137所示。

图9-137

09 按Ctrl+U组合键打开“色相/饱和度”对话框，具体参数设置如图9-138所示，效果如图9-139所示。

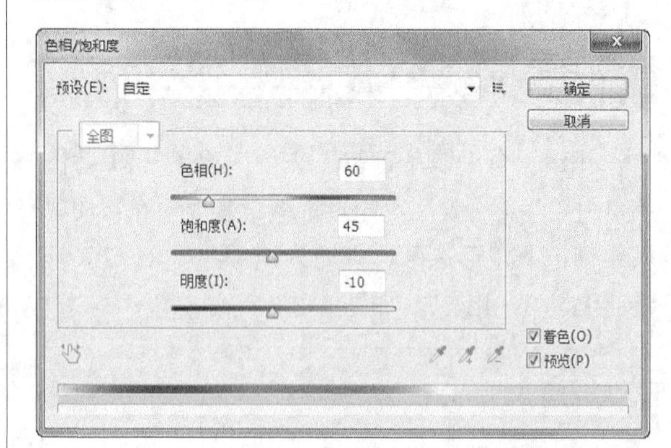

图9-138

图9-139

10 将处理好的“国画”图片拖曳到包装盒的绘图区域，将新生成的图层更名为“国画”，再按Ctrl+T组合键将图像做如图9-140所示的变形。

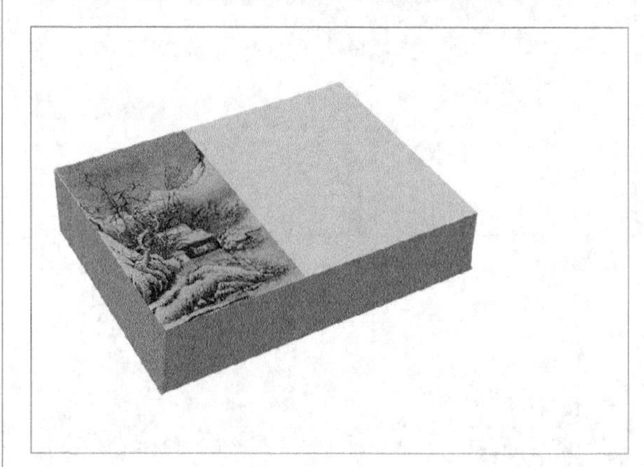

图9-140

11 在“图层”面板中设置“国画”图层的“不透明度”为80%，得到的图像效果如图9-141所示。

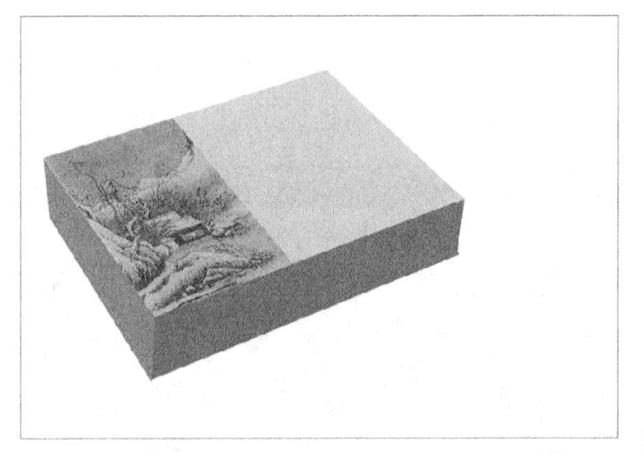

图9-141

9.4.2　添加花纹图像

01 打开本书配套资源中的“素材文件>CH09>碧螺春包装设计>白色底纹.jpg”文件，选择“移动工具”将图像移动到包装盒中，执行“编辑>变换>斜切”菜单命令，分别调整图像四个角的控制点，效果如图9-142所示。

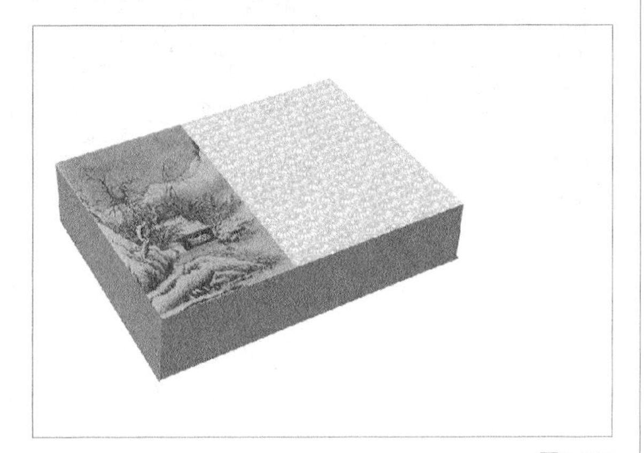

图9-142

02 设置花纹图像的图层混合模式为70%，然后再按住Ctrl+Alt键移动复制花纹图像，再使用“斜切”菜单命令对图像进行变换，适当降低图像的不透明度，得到的图像效果如图9-143所示。

03 打开本书配套资源中的“素材文件>CH09>碧螺春包装设计>茶图案.psd”文件，将其拖曳到绘图区域，将新生成的图层更名为“茶图案”，再按Ctrl+T组合键将图像等比例缩小到如图9-144所示的大小。

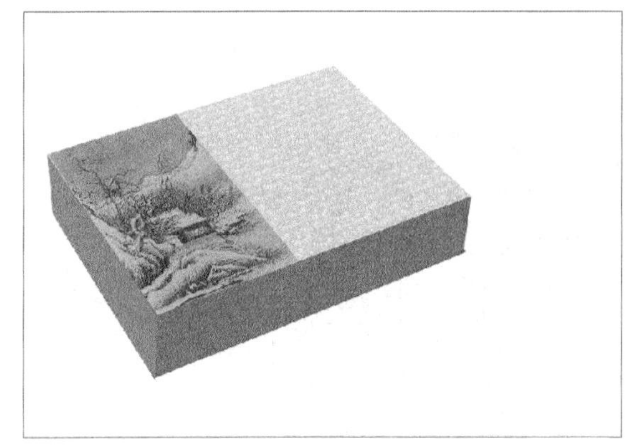

图9-143

图9-144

04 创建一个新图层，并将其放到“茶图案”图层下方，然后使用“椭圆选框工具”在绘图区域绘制一个与“茶图案”相同大小的圆形选区，填充为灰绿色（R: 107，G: 98，B: 76），如图9-145所示。

图9-145

05 按Ctrl+E组合键合并图层“茶图案”和圆形图层，将合并的图层更名为“茶底纹”，然后按Ctrl+T组合键，并按住Ctrl键调整图像四个角，对其做如图9-146所示的变形。

图9-146

06 单击“图层”面板下面的“添加图层样式”按钮 fx.，在弹出的菜单中选择“投影”命令，然后在弹出的“图层样式”对话框设置“距离”为4像素，“扩展”为2%，“大小”为6像素，添加“投影”样式后的效果如图9-147所示。

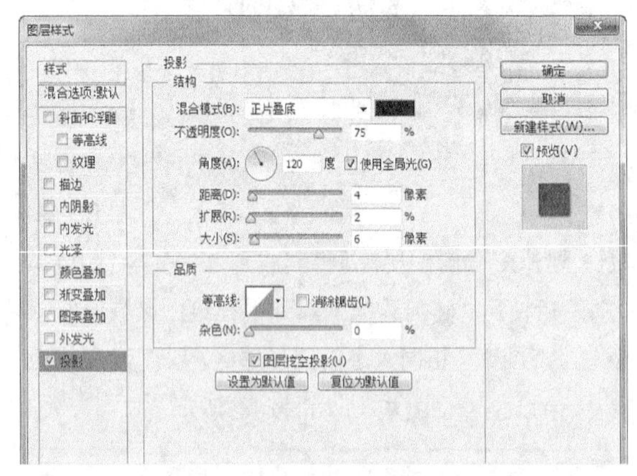

图9-147

07 单击“确定”按钮 确定 ，得到图像投影效果，如图9-148所示。

图9-148

08 创建一个新图层“茶”，使用“钢笔工具” 在绘图区域绘制“茶”字的路径，效果如图9-149所示。

图9-149

09 设置前景色为橘黄色（R: 206，G: 166，B: 64），切换到“路径”面板，再单击该面板下面的“用前景色填充路径”按钮 ，效果如图9-150所示。

图9-150

10 执行“图层>图层样式>投影”菜单命令，打开“图层样式”对话框，设置投影颜色为黑色，其他参数设置如图9-151所示。

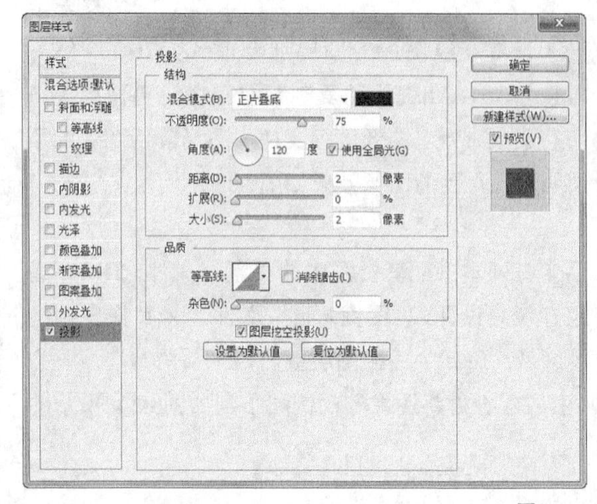

图9-151

11 单击“确定”按钮确定，得到图像投影效果，如图9-152所示。

图9-152

9.4.3 制作包装盒边花

01 打开本书配套资源中的“素材文件>CH09>碧螺春包装设计>边框花纹.psd”文件，将其拖曳到茶盒的绘图区域，再按Ctrl+T组合键将图像做如图9-153所示的变形。

图9-153

02 按Ctrl+J组合键复制边框花纹图层，然后放到正侧面上下两端做如图9-154所示的变形。

图9-154

03 选择图层“茶底纹”和茶文字图层，各复制一个，再将其拖曳到“包装盒”的正侧面中，然后按Ctrl+T组合键对其做如图9-155所示的变形。

图9-155

9.4.4 制作左侧面内盒效果

01 创建一个新图层，使用“多边形套索工具”在包装盒左侧面绘制出如图9-156所示的选区，填充为淡绿色（R：158，G：165，B：78），然后使用“加深工具”对上方进行涂抹，得到的图像效果如图9-157所示。

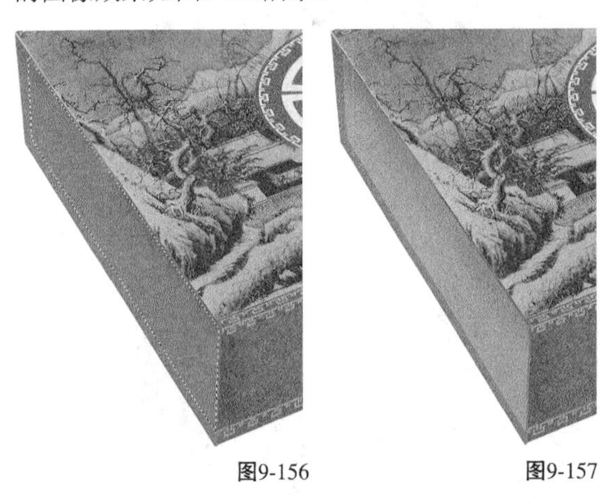

图9-156　　图9-157

技巧与提示

用前景色填充选区后，可使用“加深工具”在上边缘适当地涂抹以增强“包装盒”的立体感。

02 使用“多边形套索工具”在左侧面图像中绘制一个应用图像选区，填充为墨绿色（R：71，G：74，B：44），效果如图9-158所示。

03 选择“多边形套索工具” 在左侧面图像下方绘制一个阴影选区，然后填充为墨绿色（R：82，G：88，B：38），效果如图9-159所示。

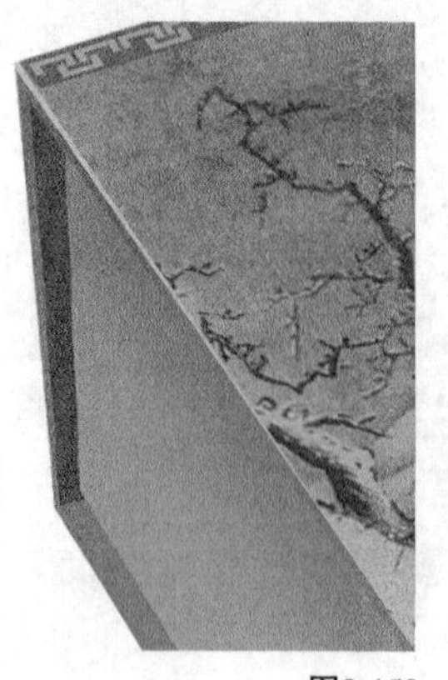
图9-158

图9-159

04 继续使用“多边形套索工具” ，在正侧面图像底部绘制出阴影选区，如图9-160所示，将其填充为墨绿色（R：50，G：59，B：28），效果如图9-161所示。

图9-160

图9-161

05 选择“直排文字工具”，在“封盖”上添加其他图片和相关文字信息，并在属性栏设置合适的字体，参照如图9-162所示的方式进行排列。

图9-162

06 选择背景图层，选择“矩形选框工具” ，绘制一个矩形选区，如图9-163所示。

图9-163

07 选择“渐变工具” ，设置渐变颜色从浅灰色到白色，然后在选区左上角向右下角拖动鼠标，应用“线性渐变”填充，如图9-164所示。

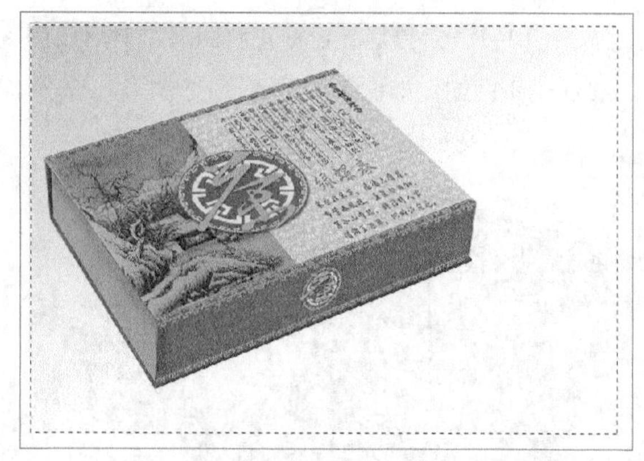
图9-164

08 打开本书配套资源中的“素材文件>CH09>碧螺春包装设计>图标.psd”文件，选择“移动工具” 将图像放到背景图像中，如图9-165所示。

图9-165

09 选择“多边形套索工具”，在包装盒左侧面下方绘制一个四边形选区，如图9-166所示。

图9-166

10 设置前景色为淡灰色（R：236，G：237，B：237），按Alt+Delete组合键填充选区颜色，效果如图9-167所示。

图9-167

9.5　课堂案例——红酒包装盒

案例位置　案例文件>CH10>红酒包装盒
视频位置　多媒体教学>CH10>课堂案例——红酒包装盒.flv
难易指数　★★☆☆☆
学习目标　学习滤镜、“渐变工具”和“自由变换”功能的使用

在制作红酒包装前应当对红酒文化有一定的了解，这样对后期设计有很大帮助。本例将制作一套红酒的包装设计，包括包装盒、酒瓶和手提袋。红酒包装的最终效果如图9-168所示。

图9-168

相关知识

红酒包装应围绕商标、图案、色彩、造型和材料等构成要素来展开设计，酒水包装设计主要掌握以下两点。

第1点：红酒包装应在考虑商品特性的基础上，遵循品牌设计的一些基本原则，如保护商品、美化商品、方便使用等，使各项设计要素协调搭配，相得益彰，以取得最佳的包装设计方案。

第2点：红酒包装要从营销的角度出发，品牌包装图案和色彩设计是突出商品个性的重要因素，个性化的品牌形象是最有效的促销手段。

主要步骤

① 利用“钢笔工具”绘制出花纹，然后加入“图案”素材，再利用“自由变换”功能制作标签效果。

② 使用“多边形套索工具”勾选出酒盒平面图的区域，然后加入标签中的元素，再使用“画笔工具”绘制纹理效果。

③ 使用“钢笔工具”和“渐变工具”绘制酒瓶效果。

④ 利用素材和“光照效果”滤镜为“酒瓶”添加背景效果，然后运用素材制作酒杯效果。

⑤利用前面制作好的文件制作酒盒和手提袋效果。

⑥ 利用滤镜、“渐变工具”和“自由变换”功能制作红酒的整体包装效果。

9.5.1 酒瓶标签设计

01 启动Photoshop CS6，按Ctrl+N组合键新建一个“酒瓶标签”文件，具体参数设置“宽度”为7.6厘米、“高度”为12.7厘米、“分辨率”为200像素/英寸、“颜色模式”为“RGB颜色”，如图9-169所示。

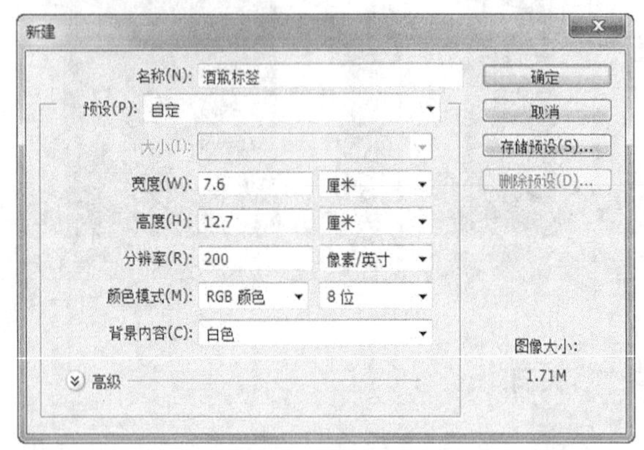

图9-169

02 按住Alt键的同时双击“背景”图层的缩览图，将其转换为可操作“图层0”，填充背景为灰色（R：201，G：202，B：202），如图9-170所示。

03 执行“滤镜>杂色>添加杂色”菜单命令，在打开的对话框中设置“数量”为13，其他选项设置如图9-171所示。

图9-170

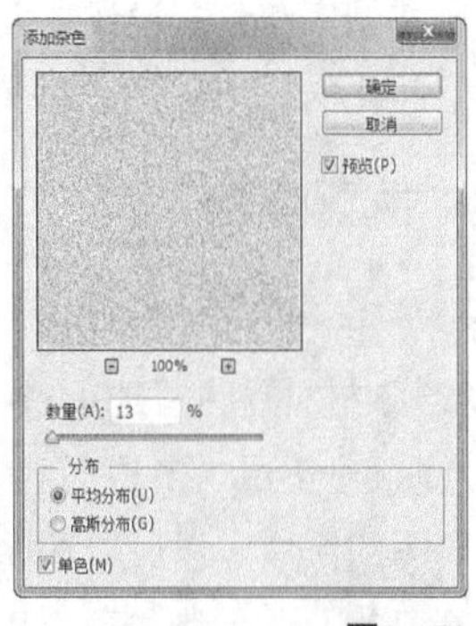

图9-171

04 单击“确定”按钮，得到添加杂色后的图像，打开本书配套资源中的“素材文件>CH10>酒水包装>艺术画.psd”文件，再将其拖曳到当前操作界面中，并将新生成的图层更名为“图案”图层，然后将其拖曳到如图9-172所示的位置。

05 选择“矩形选框工具”，在图像中绘制一个矩形选区，如图9-173所示，然后执行“选择>修改>边界”菜单命令，在打开的“边界”对话框中设置“宽度”为20，单击“确定”按钮，得到边界选区效果，如图9-174所示。

06 设置前景色为黑色，按Alt+Delete组合键为选区填充颜色，效果如图9-175所示。

图9-172

图9-173

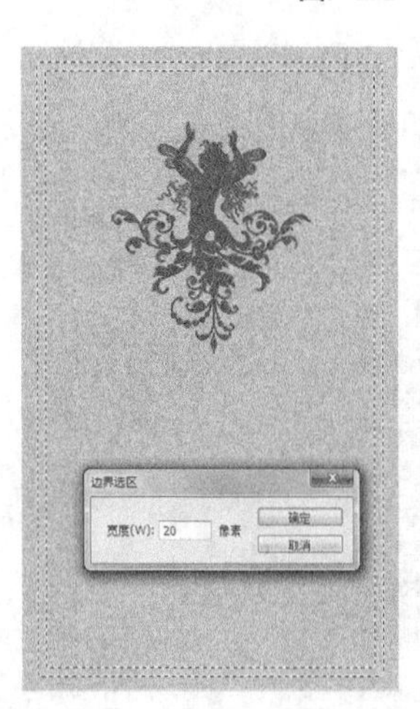

图9-174

图9-175

07 新建一个“花纹”图层，使用“钢笔工具”绘制一个如图9-176所示花纹路径，然后按Ctrl+Enter组合键载入该路径的选区，填充为灰色（R：137，G：137，B：137），效果如图9-177所示。

图9-176

图9-177

08 确定“花纹”图层为当前层，按住Ctrl+Alt组合键连续拖动3次花纹图像，即可复制3个相同的对象，然后分别将这3个花纹拖曳到另外3个角上，并分别执行“编辑>变换>水平翻转”和“垂直翻转”菜单命令，效果如图9-178所示。

图9-178

09 新建一个“花边”图层，然后使用“钢笔工具”绘制如图9-179所示的路径，按Ctrl+Enter组合键将路径转换为选区，填充为橘色（R：16，G：76，B：35），效果如图9-180所示。

图9-179

图9-180

技巧与提示

这种类型图案的绘制方法比较灵活，可以在图纸上手绘出图案，然后扫描到电脑中，也可以在互联网上下载图案。

10 选择“横排文字工具”，在花纹图像上下部分输入两行英文文字，并在属性栏设置字体为Kunstler Script，颜色为黑色，排列成如图9-181所示的样式。

11 再输入其他英文文字，并适当调整文字大小，在属性栏设置合适的字体，如图9-182所示，完成酒瓶标签的设计。

图9-181

图9-182

9.5.2　酒盒平面图设计

01 新建一个“酒盒”文件，填充背景为浅灰色，然后新建“图层1”，使用“多边形套索工具”绘制如图9-183所示选区，再用黑色填充选区，效果如图9-184所示。

图9-183

图9-184

技巧与提示

在绘制选区之前，最好在每一条边上新建参考线，然后在按住Shift键的同时使用“多边形套索工具”根据参考线进行绘制，具体尺寸可根据实际情况来定，其中中间的黑色部分是4个等大的矩形。

02 选择“矩形选框工具”，参照如图9-185所示的方式在黑色图像中绘制出酒盒外边框的选区。

图9-185

03 执行“编辑>描边”菜单命令，打开“描边”对话框，设置颜色为橘黄色（R：222，G：168，B：23），其他选项设置如图9-186所示。

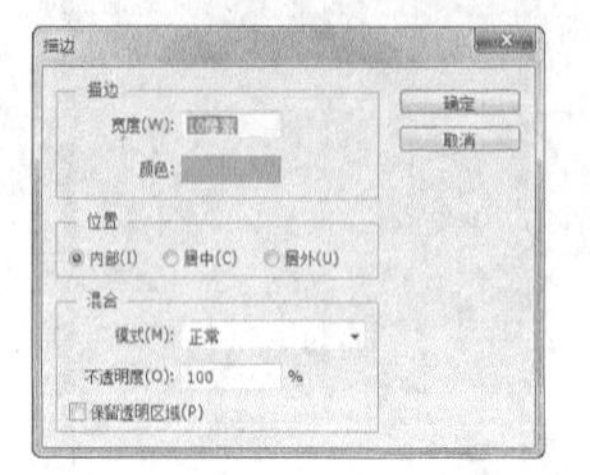

图9-186

04 单击“确定”按钮，得到选区描边效果，如图9-187所示。

05 打开“酒瓶标签”图像文件，将制作好的一些图案添加到当前文件中，并输入相关的文字信息，效果如图9-188所示。

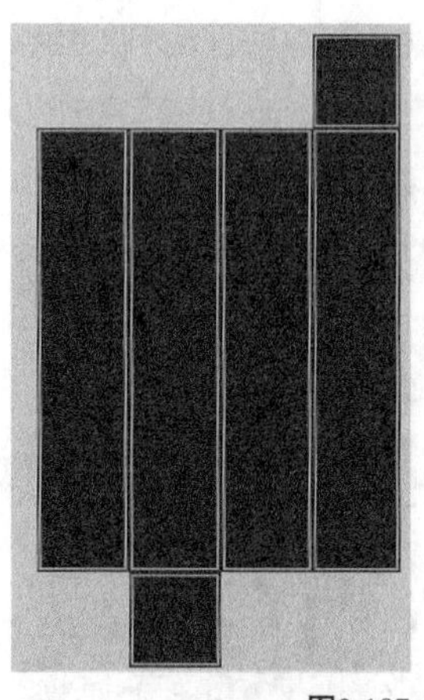

图9-187

图9-188

06 新建“图层2”，设置前景色为灰色（R：135，G：135，B：135），再选择“画笔工具”，单击属性栏中“切换画笔面板”按钮，打开“画笔”面板，选择一种画笔样式，再设置画笔大小和间距等参数，如图9-189所示。

07 选择“形状动态”选项，在面板中设置各选项和参数，如图9-190所示。选择“散布”选项，选择“两轴”复选框，然后设置各选项和参数，如图9-191所示。

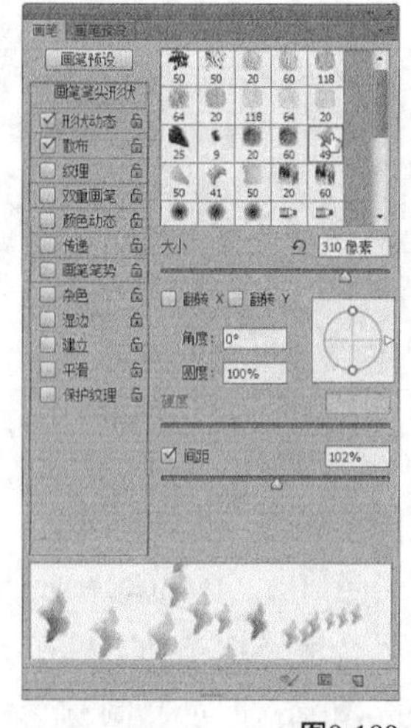

图9-189

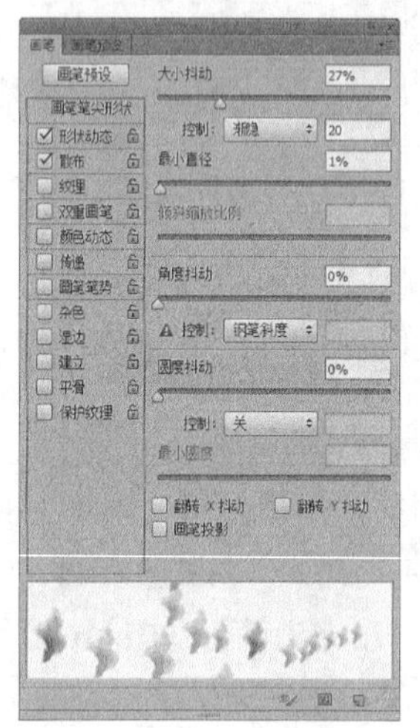

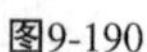

图9-190

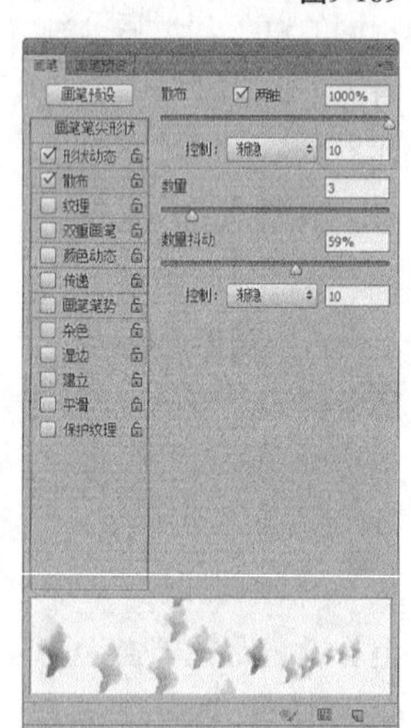

图9-191

08 设置好画笔各项参数后，在画面中按住鼠标左键拖动鼠标，绘制如图9-192所示的图像效果。

图9-192

09 执行“图层>图层样式>斜面和浮雕”菜单命令，打开“图层样式”对话框，设置样式为“内斜面”，其他参数设置如图9-193所示，再在“图层”面板中设置该图层的混合模式为“叠加”，“不透明度”为

73%，效果如图9-194所示。

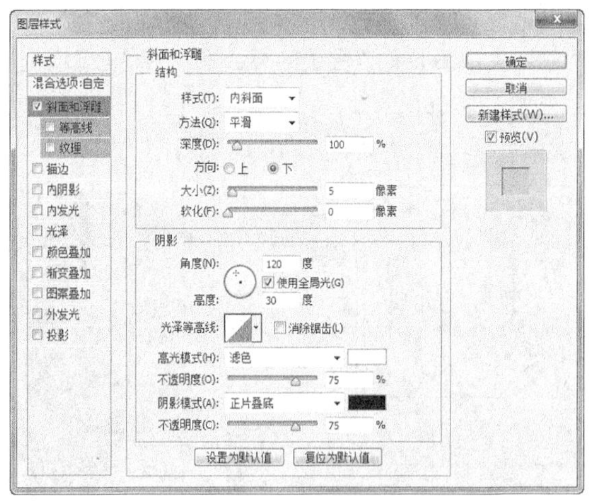

图9-193

技巧与提示

由于Photoshop的画笔样式有限，因此可以自制笔刷或在互联网下载笔刷，合理运用笔刷能达到事半功倍的效果。

图9-194

9.5.3　酒瓶和酒杯设计

01 新建一个“酒瓶”文件，然后新建“图层1”，使用“钢笔工具”绘制酒瓶基本外形，如图9-195所示，按Ctrl+Enter组合键载入该路径的选区，填充为黑色，效果如图9-196所示。

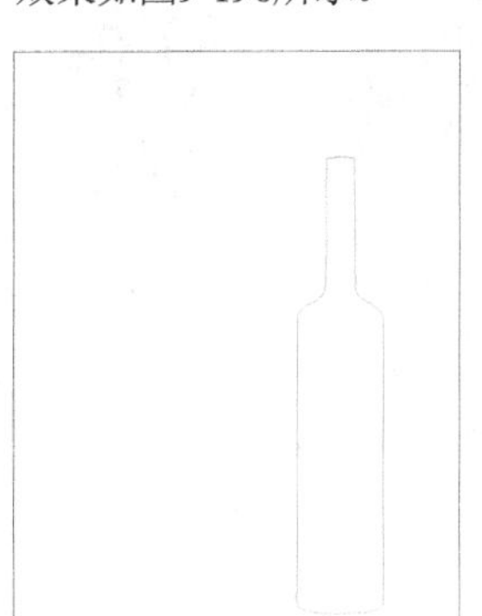

图9-195

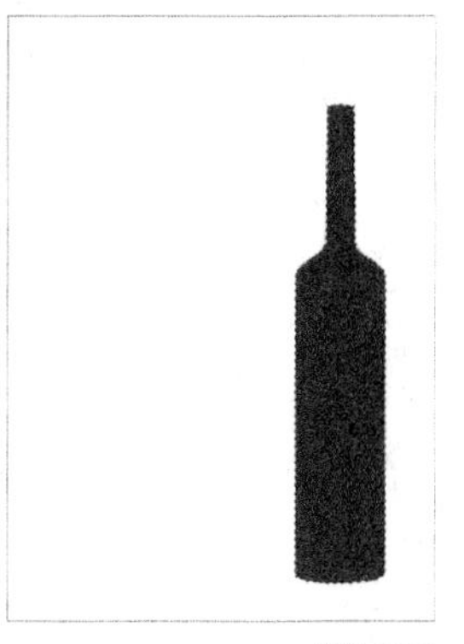

图9-196

02 新建一个“图层2”，然后使用“钢笔工具”绘制瓶盖的路径，如图9-197所示，再按Ctrl+Enter组合键载入该路径的选区。

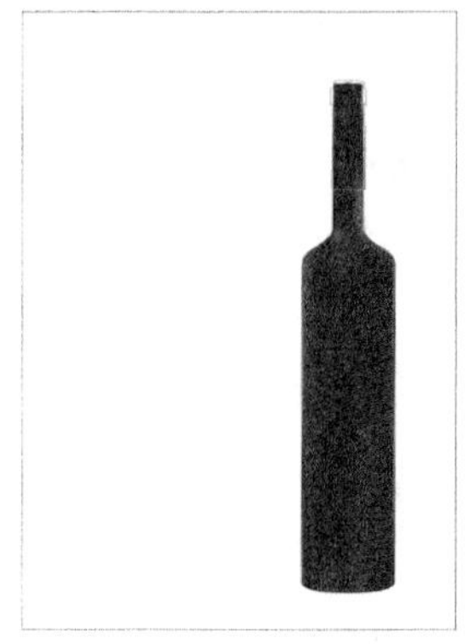

图9-197

03 保持选区状态，打开“渐变编辑器”对话框，设置颜色从果绿色（R：179，G：165，B：72）到淡黄色（R：221，G：227，B：69）到橘黄色（R：207，G：142，B：42）到深红色（R：125，G：52，B：31）到橘红色（R：170，G：93，B：34）到深红色（R：24，G：16，B：18），如图9-198所示。

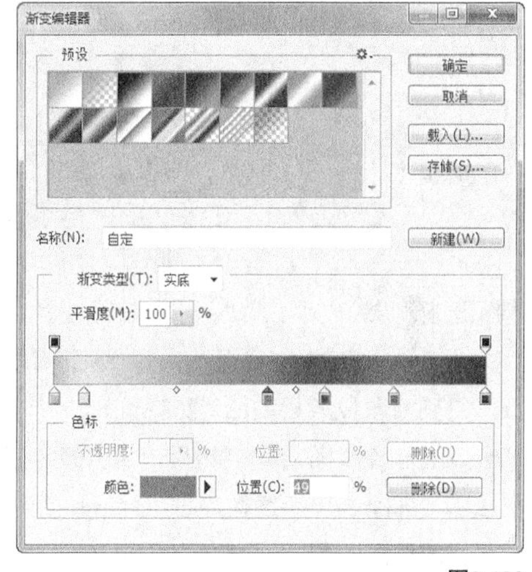

图9-198

04 设置好颜色后，单击“确定”按钮，再单击属性栏中的“线性渐变”按钮，在选区按住鼠标左键从左向右拖动，为选区填充渐变色，效果如图9-199所示。

图9-199

05 新建“图层3”，使用“矩形选框工具” 在瓶盖上部绘制一个大小合适的矩形选区，并用黑色填充该选区，效果如图9-200所示。

图9-200

06 执行“滤镜>模糊>高斯模糊”菜单命令，打开“高斯模糊”对话框，设置“半径”参数为4，如图9-201所示。

07 单击“确定”按钮 确定 ，得到图像的模糊效果，并复制两次该对象，排放到瓶颈中，效果如图9-202所示。

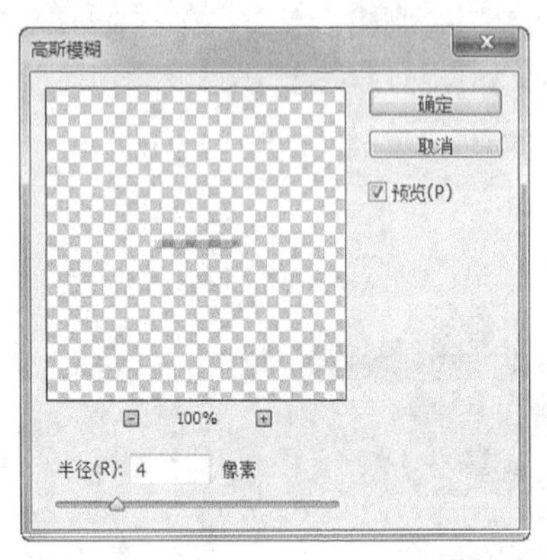

图9-201

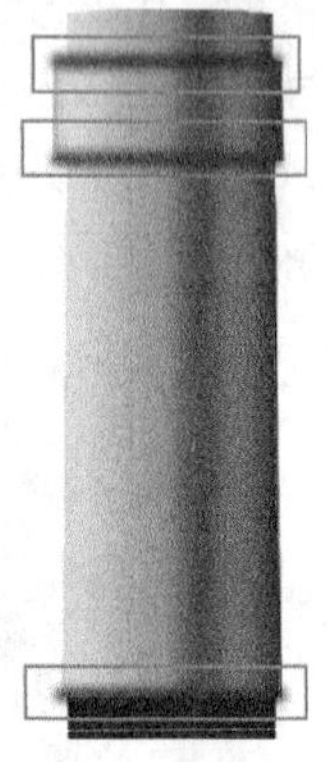
图9-202

08 选择“橡皮擦工具” ，在属性栏设置画笔“大小”为10，在三条黑色模糊线条两端进行擦除，得到的图像效果如图9-203所示。

09 新建一个“图层4”，然后使用“钢笔工具” 在瓶盖顶部绘制一个路径，按Ctrl+Enter组合键载入该路径的选区，填充为白色，如图9-204所示。

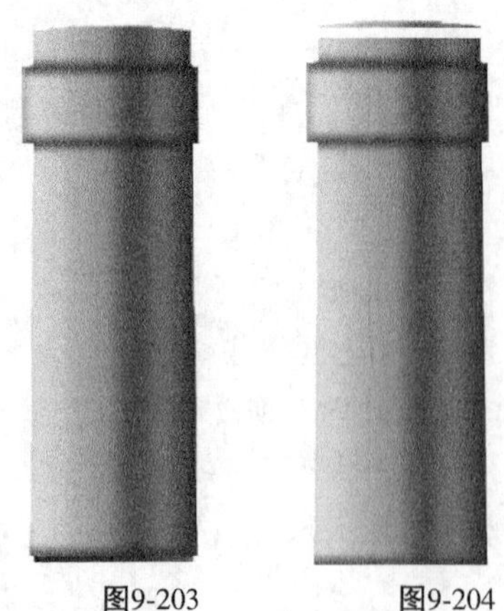
图9-203　图9-204

10 执行“滤镜>模糊>高斯模糊”菜单命令，在打开的对话框中设置“半径”为3像素，如图9-205所示，完成后设置该图层的混合模式为“叠加”，效果如图9-206所示。

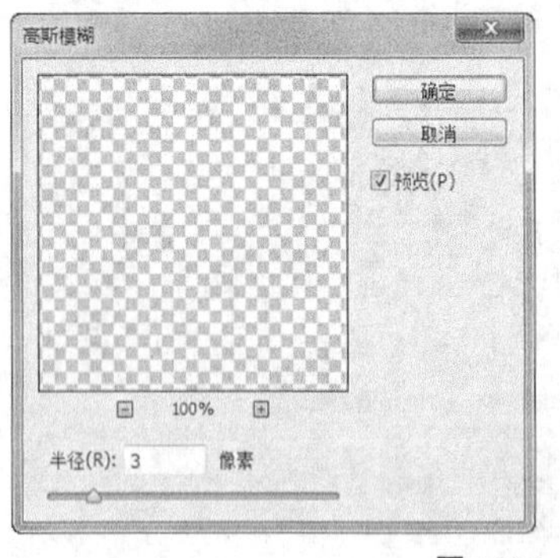

图9-205

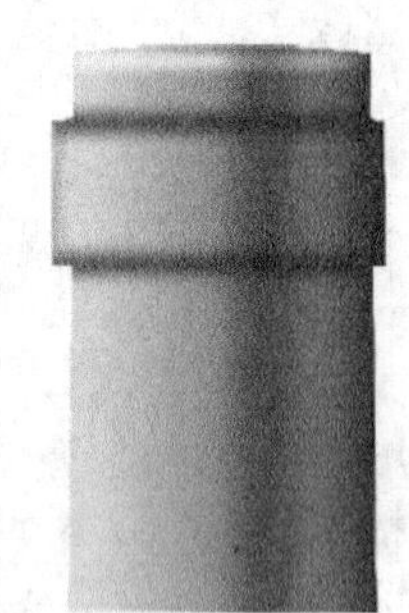
图9-206

11 新建一个“图层5”，然后使用“钢笔工具” 绘制如图9-207所示的路径，再按Ctrl+Enter组合键载入该路径的选区，如图9-208所示。

图9-207　图9-208

12 保持选区状态，选择“渐变工具”，在属性栏单击渐变色条，打开“渐变编辑器”对话框，设置颜色从浅灰色（R：241，G：240，B：240）到深灰色（R：162，G：162，B：162），如图9-209所示，然后使用“径向渐变”从左向右为选区填充渐变色，效果如图9-210所示。

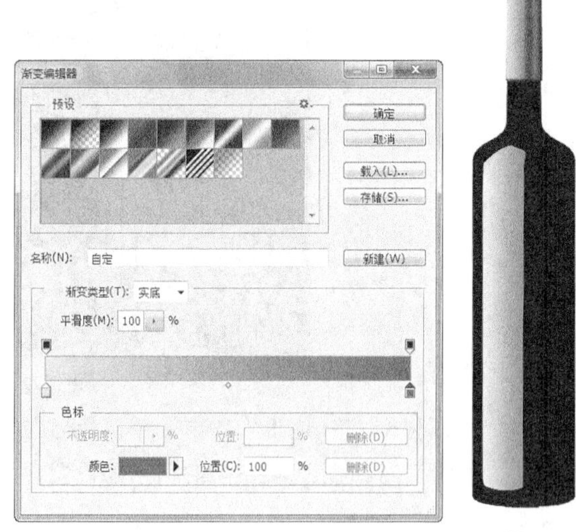

图9-209　　图9-210

13 按Ctrl+J组合键，然后使用“移动工具”将复制得到的图像移动到右侧，按Ctrl+T组合键适当拉长图像，然后在变换框中单击鼠标右键，在弹出的菜单中选择“水平翻转”命令，得到的图像效果如图9-211所示。

14 选择“橡皮擦工具”，将超出酒瓶的高光图像擦除，然后设置该图层的“不透明度”为40%，效果如图9-212所示。

图9-211　　图9-212

15 新建一个“图层7”，然后使用“钢笔工具”绘制一个如图9-213所示的路径，按Ctrl+Enter组合键载入该路径的选区，并填充为白色，再执行“滤镜>模糊>高斯模糊”菜单命令，并在弹出的对话框设置“半径”为6像素，再设置该图层的“不透明度”为50%，效果如图9-214所示。

图9-213　　图9-214

16 新建一个“图层8”，然后使用“钢笔工具”绘制如图9-215所示的路径，按Ctrl+Enter组合键载入该路径的选区，并用白色填充选区，同样为其应用“高斯模糊”命令，再设置该图层的“不透明度”为30%，效果如图9-216所示。

图9-215　　图9-216

17 确定“图层1”为当前层，然后选择“减淡工具”，在属性栏设置画笔“大小”为200，“范围”为阴影，“曝光度”为30%，在酒瓶的边缘绘制阴影效果，如图9-217所示。

18 暂时隐藏“背景”图层，然后在最上层新建一个“盖印”图层，按Ctrl+Shift+Alt+E组合键将可见图层进行“盖印”操作，再执行“编辑>变换>垂直翻转”菜单命令，并将其拖曳到合适的位置，最后设置该图层的“不透明度”为30%，并将其拖曳到“图层1”的下一层，效果如图9-218所示。

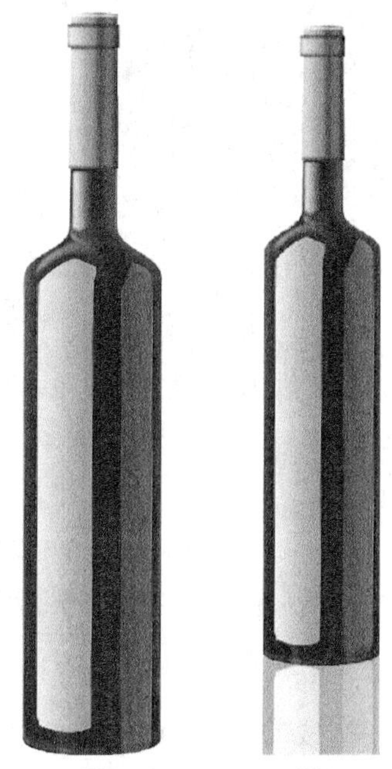

图9-217　　图9-218

技巧与提示

“盖印”图层在实际操作中经常使用到，其操作方法非常简单。若当前文件存在的图层数目大于或者等于2，就可以在最上层新建一个图层，然后按Ctrl+Shift+Alt+E组合键即可将可见图层中的像素复制并粘贴到新建的图层中，这种方法俗称“盖印”图层。

19 在“背景”图层的上一层新建一个图层，然后使用“椭圆选框工具”在酒瓶底部绘制一个椭圆形选区，填充为黑色，效果如图9-219所示。

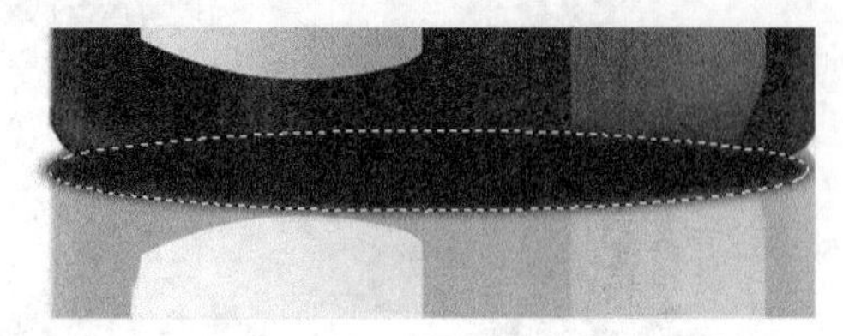

图9-219

20 选择“背景”图层，将其填充为土红色（R：82，G：66，B：66），效果如图9-220所示。

21 打开本书配套资源中的“素材文件>CH10>酒水包装>花纹.psd”文件，将其拖曳到当前操作界面中的合适位置，并将该图层放置在“背景”图层的上一层，效果如图9-221所示。

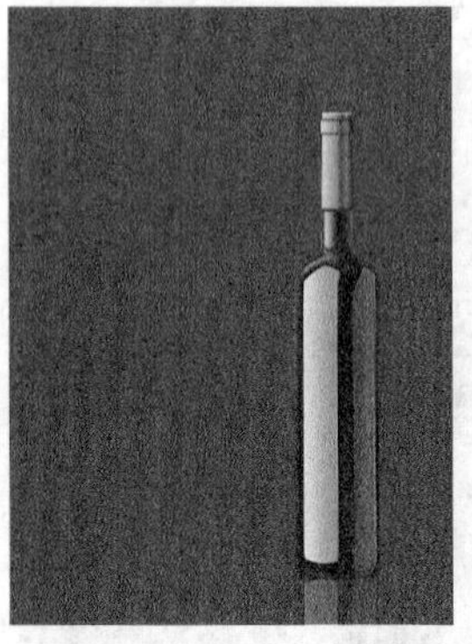

图9-220

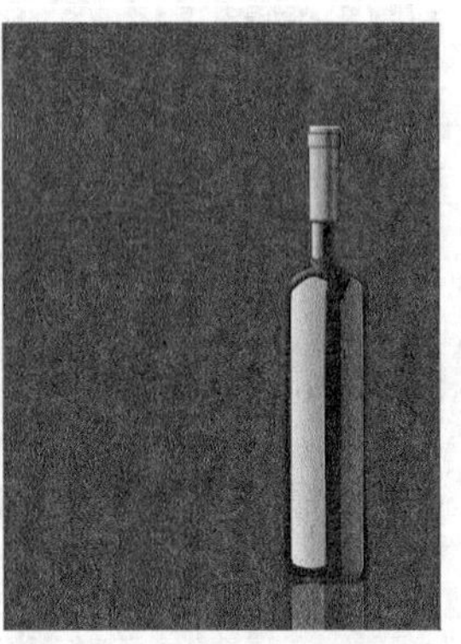

图9-221

技巧与提示

酒瓶效果反光很强烈，质感比较到位。通过下面的操作可以了解光源和色彩的调整方法，以及如何调节不同部位的透明度。

22 按Ctrl+E组合键将花纹图像所在图层与背景图层合并，然后选择“减淡工具”，在属性栏设置画笔样式为“柔边”，“大小”为1200，在背景图像中多次单击鼠标左键，减淡图像颜色，效果如图9-222所示。

图9-222

23 执行“图像>调整>色阶”菜单命令，然后在弹出的“色阶”对话框做如图9-223所示的设置，效果如图9-224所示。

24 新建一个“图层4”，使用“矩形选框工具”绘制如图9-225所示的选区，然后打开“渐变编辑器”对话框，选择“黑、白渐变”样式，并设置第2个“不透明度色标”的“不透明度”为1%，如图9-226所示。

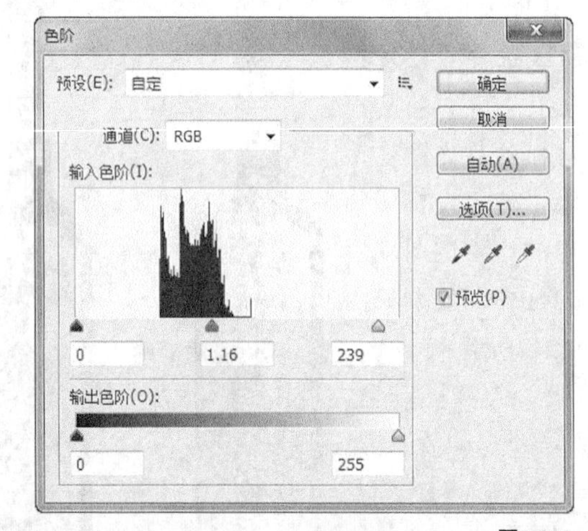

图9-223

图9-224

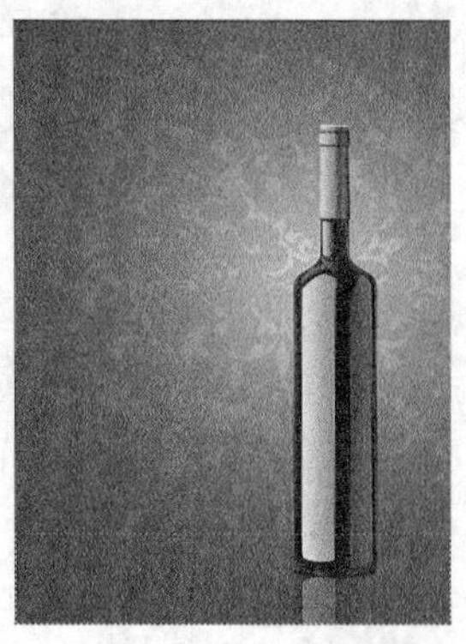

图9-225

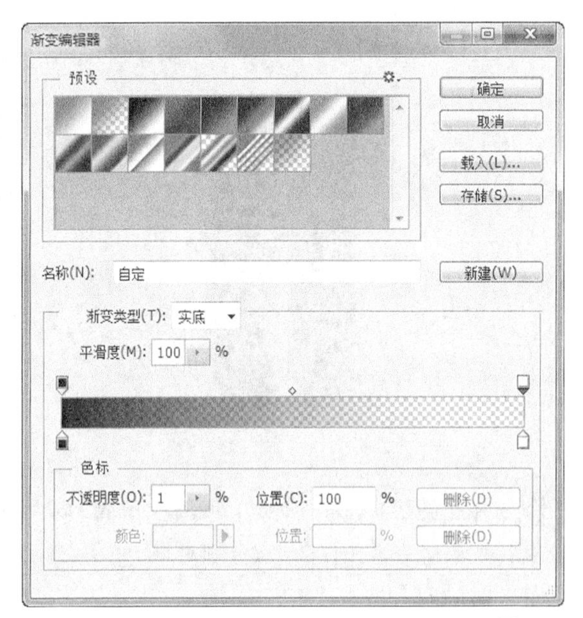

图9-226

25 单击属性栏中的“线性渐变”按钮，然后在选区从上到下应用“线性渐变”填充，效果如图9-227所示。

26 再使用“矩形选框工具”绘制一个矩形选区，填充为白色，如图9-228所示。

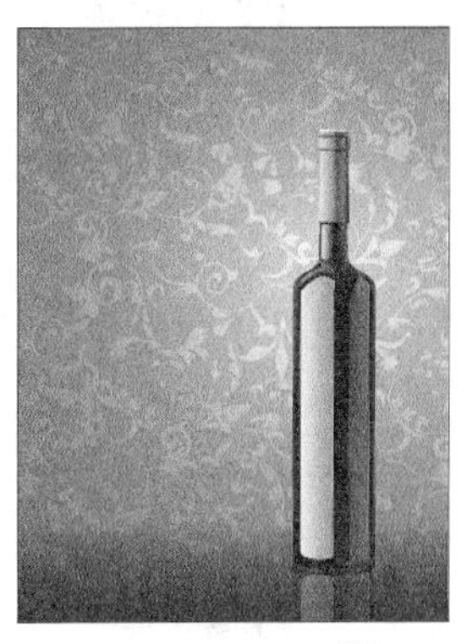

图9-227　　图9-228

27 执行“滤镜>模糊>高斯模糊”菜单命令，在弹出的对话框中设置“半径”为98像素，如图9-229所示，单击“确定”按钮后，再设置该图层的“不透明度”为30%，图像效果如图9-230所示。

28 打开本书配套资源中的“CH10>素材>酒杯.psd”文件，然后使用“移动工具”将酒杯拖曳到当前编辑的图像中，放到如图9-231所示的位置。

29 将前面制作好的标签添加到当前操作界面中，并通过“自由变换”使其与酒瓶的样式相符合，如图9-232所示。

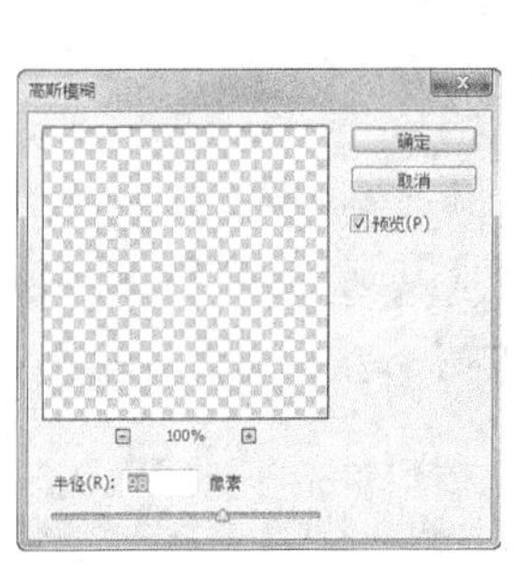

图9-229　　图9-230

图9-231　　图9-232

30 使用“加深工具”对标签右侧进行涂抹，得到阴影效果，再使用“减淡工具”对标签左侧进行涂抹，得到高光效果，如图9-233所示。

31 新建一个图层，然后使用“矩形选框工具”绘制如图9-234所示的选区。

图9-233　　图9-234

技巧与提示

标签上的元素最好一个一个地添加上去，然后将其做适当的自由变换即可。

32 将选区填充为浅灰色，再设置该图层的“不透明度”为40%，得到的高光效果如图9-235所示。

图9-235

9.5.4 立体酒盒和手提袋设计

01 新建一个“立体酒盒和手提袋”文件，再打开“酒盒平面图.psd”文件，执行“图层>合并可见图层”菜单命令合并所有图层，然后使用“矩形选框工具”绘制如图9-236所示的选区。

02 使用“移动工具”将其拖曳到“立体酒盒和手提袋”操作界面中，并将新生成的图层更名为“图层1”，如图9-237所示。

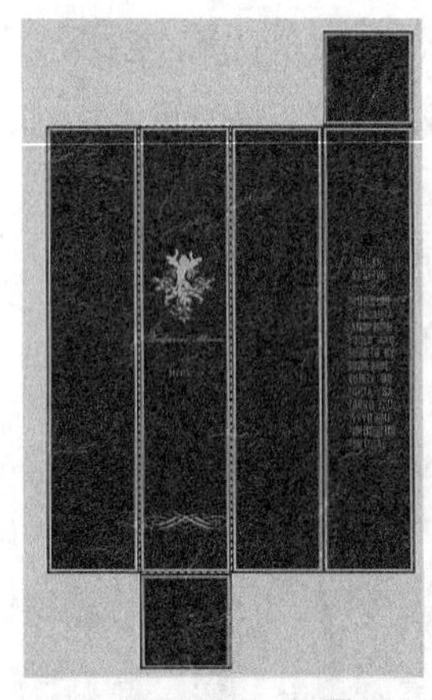
图9-236

图9-237

03 使用“矩形选框工具”绘制一个如图9-238所示的选区，然后使用“移动工具”将其拖曳到当前操作界面中的合适位置，如图9-239所示，并将新生成的图层更名为“图层2”。

图9-238

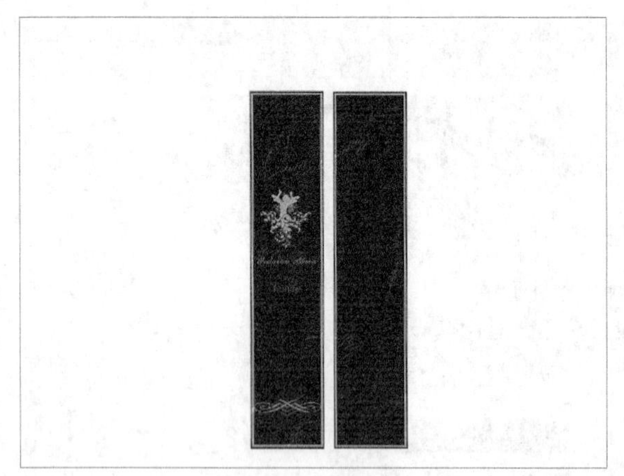
图9-239

04 选择“图层1”为当前层，执行“编辑>自由变换”菜单命令，按住Ctrl键分别对每一个角进行调整，如图9-240所示。

05 再选择“图层2”为当前层，执行“编辑>自由变换”菜单命令，按住Ctrl键对每一个角进行调整，完成酒盒立体效果的造型，如图9-241所示。

图9-240

图9-241

技巧与提示

要将平面图变形成一个立体盒，这就涉及透视问题，若物体的透视不正确的话会影响到整体的效果。

06 下面开始制作手提袋。打开本书配套资源中的“素材文件>CH10>酒水包装>素材04.psd”文件，如图9-242所示，可以在“图层”面板中看到，包装手提袋正面为图层1、侧面为图层2，如图9-243所示。

图9-242

图9-243

07 选择“图层2”，使用“矩形选框工具”勾选出侧面图形的一半，然后按Shift+Ctrl+J组合键将选区内的图像剪切到一个新的图层中，然后适当向外侧移动图像，效果如图9-244所示。

08 将调整好的3个手提袋图像移到当前编辑的图像中，并放到酒盒立体图像右侧。选择其中一个侧面图像，执行“编辑>自由变换”菜单命令，按住Ctrl键将其做斜切变形，并放到手提袋正面图像边缘，如图9-245所示。

图9-244

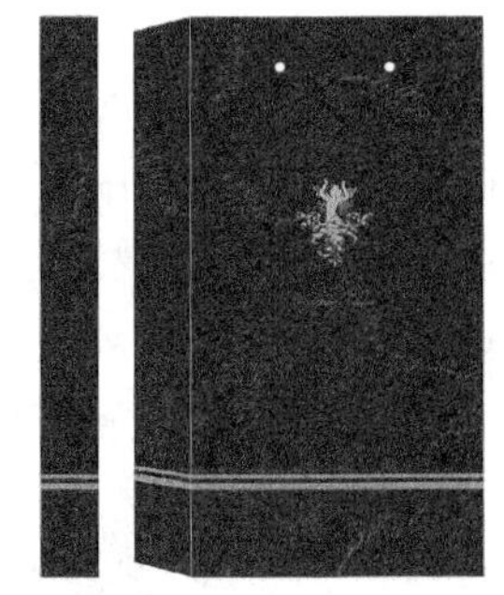

图9-245

09 再选择没有编辑的侧面图像，按Ctrl+T组合键适当缩小图像，放到如图9-246所示的位置，形成褶皱效果。

图9-246

10 确定“图层3”为当前层，然后使用“矩形选框工具”在手提袋正面图像下方绘制一个如图9-247所示的选区，执行“编辑>自由变换”菜单命令，再将其做如图9-248所示的变换。

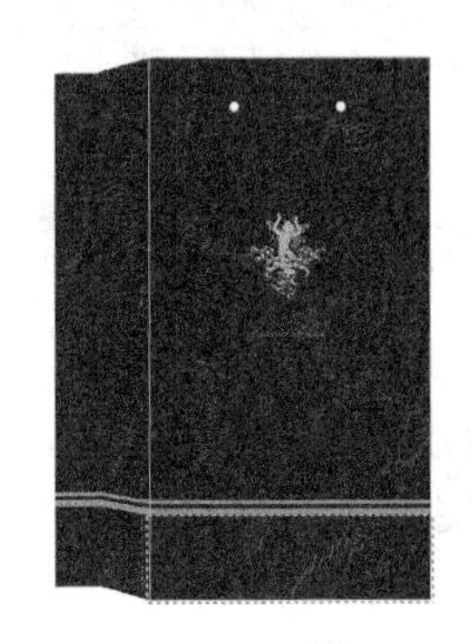

图9-247

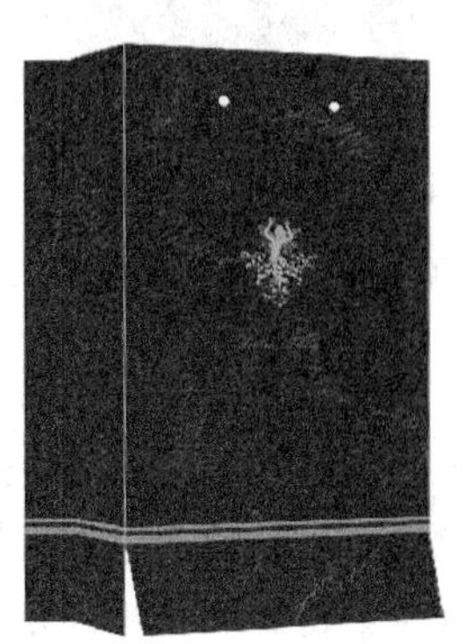

图9-248

技巧与提示

在自由变换时，若当前文件存在选区，变换操作只针对选区内的像素；若不存在选区，则针对的是整个图层，但这两种变换都必须保持对“选择工具”的选择。

11 选择“多边形套索工具”，在侧面图中绘制一个如图9-249所示的选区，然后执行“编辑>自由变换”菜单命令，按住Ctrl键的同时拖曳右下角的控制点到如图9-250所示的位置。

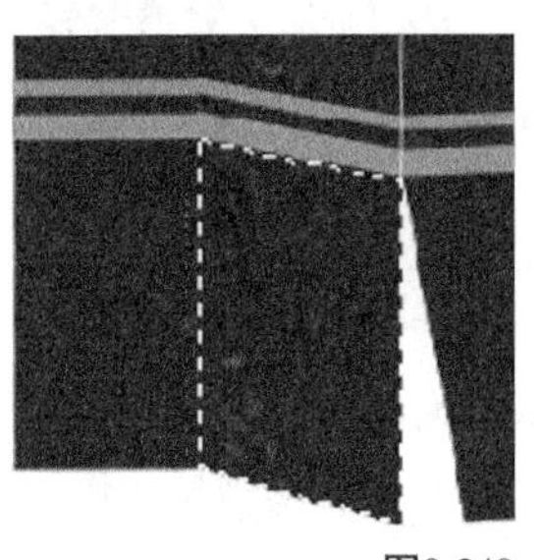

图9-249

图9-250

技巧与提示

在对某一图像进行编辑时，必须在“图层”面板中选择图像所在的图层，才能进行操作。

12 再绘制另一个选区，同样对其应用变换操作，得到如图9-251所示的效果。

13 新建一个图层，再按住Ctrl键单击侧面图像所在图层，然后设置前景色为灰色（R：208，G：208，B：208），并用前景色填充选区，再设置该图层的“不透明度”为30%，效果如图9-252所示。

图9-251

图9-252

⑭ 选择“多边形套索工具”，在手提袋侧面图像底部绘制一个三角形选区，然后删除选区中的图像，得到如图9-253所示的效果。

⑮ 确定“图层6”为当前层，使用“加深工具”涂抹暗部区域，完成后的效果如图9-254所示。

图9-253

图9-254

⑯ 使用“缩放工具”框选绳孔图像，放大显示该图像，然后使用“椭圆选框工具”绘制两个大小合适的圆形选区，填充为浅灰色，再使用“加深工具”和“减淡工具”绘制出明暗效果即可，完成后的效果如图9-255所示。

图9-255

⑰ 新建一个图层，使用“钢笔工具”绘制出绳子的路径，按Ctrl+Enter组合键载入该路径的选区，如图9-256所示。

⑱ 设置前景色为红色，按Alt+Delete组合键填充选区，然后使用“加深工具”在图像边缘进行涂抹，得到立体效果，完成后的效果如图9-257所示。

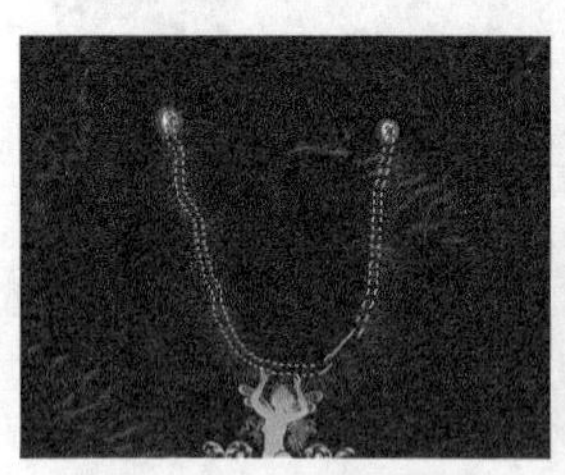

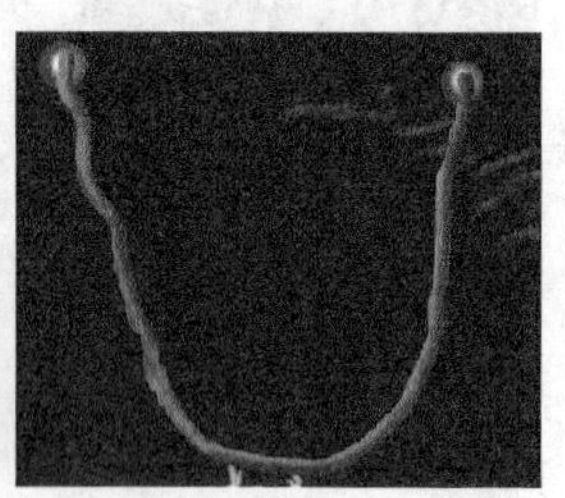

图9-256

图9-257

⑲ 将前面制作好的“酒瓶”图像拖曳到当前操作界面中，放到如图9-258所示的位置。

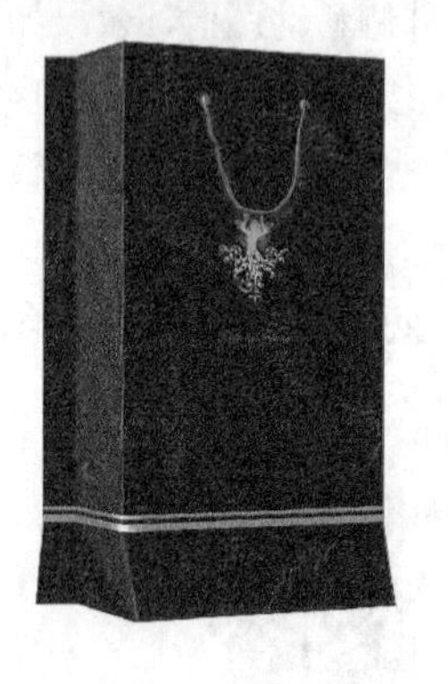

图9-258

⑳ 下面制作酒盒的倒影效果，在“图层”面板中选择酒盒立体图像所有图层，按Ctrl+E组合键合并图层，然后按Ctrl+J组合键复制该图层，执行“编辑>变换>垂直翻转”菜单命令，使用“移动工具”将翻转后的图像向下移动，放到如图9-259所示位置。

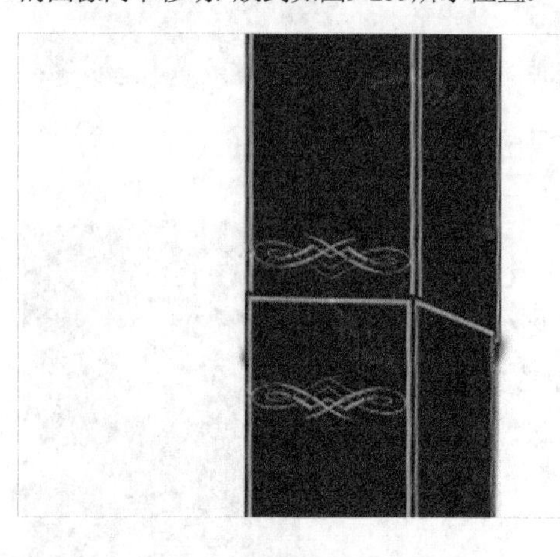

图9-259

㉑ 在“图层”面板中设置图层“不透明度”为30%，再选择“橡皮擦工具”，在属性栏设置

画笔“大小”为300，然后在倒影图像底部进行涂抹，得到的倒影效果如图9-260所示。

图9-260

22 设置前景色为浅灰色，选择“画笔工具”，在倒影图像和酒盒图像交界处右侧进行涂抹，得到投影效果，如图9-261所示。

图9-261

23 在“图层”面板中选择手提袋图像所在图层，合并后，复制图层，参照前2个步骤的方法制作手提袋的倒影效果，并添加酒瓶和手提袋右侧的投影效果，如图9-262所示。

24 确定“背景”图层为当前层，设置前景色为浅灰色（R：181，G：180，B：180），再选择“渐变工具”，打开“渐变编辑器”对话框，并选择“前景色到透明渐变”渐变样式，如图9-263所示。

图9-262

图9-263

25 单击属性栏中的“线性渐变”按钮，然后在图像中从上到下应用“线性渐变”填充，效果如图9-264所示。

图9-264

9.6 本章小结

通过本章的学习，我们知道包装设计需要表现视觉冲击功能、信息传达功能、审美愉悦功能、个性化功能、质量感功能、附加值功能、方便顾客功能和自我销售功能等，如果一个包装设计具备这些功能，那么它就是一个成功的设计。当然要在相当短的时间内设计的作品达到这些功能是不太现实，只有不断思考，不断总结，经过长时间的积累，才能做出最好的包装设计作品。

9.7 课后习题

在所有的设计中，包装设计非常的复杂，因此包装设计知识的学习也就不那么容易，需要我们不断地思考，找出存在的问题并解决这些问题，这样才会成功。本章将安排两个课后习题供读者练习。

9.7.1 课后习题1——茶叶包装设计

案例位置	案例文件>CH09>茶叶包装设计.psd
视频位置	多媒体教学>CH09>茶叶包装设计.flv
难易指数	★★★★☆
学习目标	练习用自由变换制作立体包装盒

茶叶包装的图形设计可谓不拘一格，归根结底在于能表现其特有的文化性。在茶叶包装设计中，文字是传达商品信息必不可少的组成部分，好的茶叶包装都非常注重文字的设计。优良的文字设计不仅可以传达出商品的属性，更能以其独特的视觉效果吸引消费者的关注。茶叶包装设计的最终效果如图9-265所示。

图9-265

步骤分解如图9-266所示。

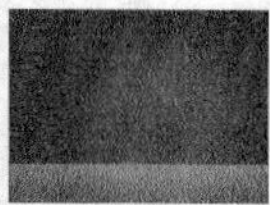

图9-266

9.7.2 课后习题2——牛奶包装设计

案例位置	案例文件>CH09>牛奶包装设计.psd
视频位置	多媒体教学>CH09>牛奶包装设计.flv
难易指数	★★★☆☆
学习目标	练习用"渐变工具"填充盒子的面区域；用图层样式制作主题文字

本案例选用阳光、蓝天、草原作为整个设计的背景，突出了牛奶的健康、绿色、生态，同时在包装上选用了水果，体现出牛奶味道的丰富多彩。一头卡通奶牛的出现，更是为整个设计增添了一份轻松、愉悦的感觉。牛奶包装设计的最终效果如图9-267所示。

图9-267

步骤分解如图9-268所示。

图9-268

第10章 造型包装设计

包装看似简单，实则不然。包装从种类上来看，有纸盒包装、金属包装、塑料包装等；从造型上来看，有方形、圆形和异形等。本章主要介绍各种造型的包装设计，有圆形包装、金属圆筒包装、塑料圆形包装等。

本章学习要点

酒水包装的设计方法
CD盒包装的设计方法
洗发水包装的设计方法

10.1 包装的构成要素

包装设计是指选用合适的包装材料，运用巧妙的工艺手段，为包装商品进行的容器结构造型和包装的美化装饰设计。下面将讲解一下包装设计的三大构成要素。

10.1.1 外形要素

外形要素是指商品包装的展示面，包括大小、尺寸和形状等。日常生活中我们见到的形态有3种，即自然形态、人造形态和偶发形态。我们在研究产品的外形要素时，需要找到一种适用于该产品性质的形态，即把共同的、规律性的东西抽出来，并提炼出合适的包装外形。图10-1所示为一组国外食品金属包装设计。

图10-1

包装的形态主要有圆柱体类、长方体类、圆锥体类，以及各种形体的组合或切割构成的各种形体。新颖的包装外形要素对消费者的视觉引导起着十分重要的作用，独特的视觉形态能给消费者留下深刻的印象。

我们在考虑包装设计的外形要素时，还必须从形式美法则的角度去认识它。按照包装设计的形式美法则结合产品自身功能的特点，将各种因素有机、自然地结合起来，以求得完美统一的设计形象。图10-2所示为一组食品软包装。

包装外形要素的形式美法则主要有以下8个方面。

- 对称与均衡法则
- 安定与轻巧法则
- 对比与调和法则
- 重复与呼应法则
- 节奏与韵律法则
- 比拟与联想法则
- 比例与尺度法则
- 统一与变化法则

图10-2

10.1.2 构图要素

构图是将商品包装展示面的商标、图形、色彩、文字组合排列在一起的一个完整画面。这4方面的组合构成了包装设计的整体效果。包装设计构图要素运用得正确、适当、美观，才可称为优秀的设计作品。图10-3所示为一组有趣的牛奶包装。

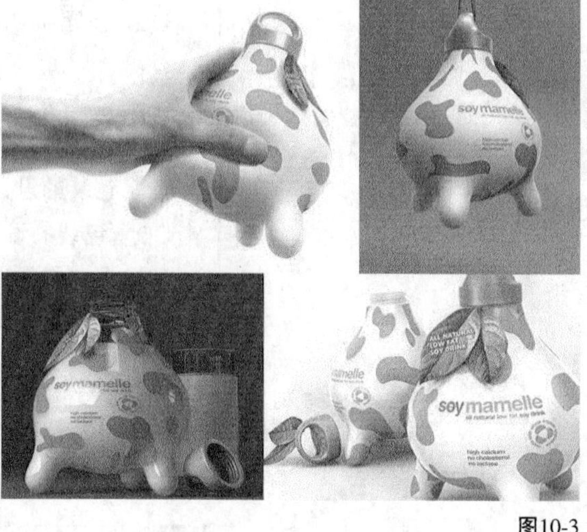

图10-3

1. 商标设计

商标是一种符号，是企业、机构、商品和各项设施的象征形象。商标是一项专用工艺美术，它涉及政治、经济法制，以及艺术等多个领域。商标的特点是由它的功能、形式决定的。它要将丰富的传达内容以更简洁、更概括的形式，在相对较小的空间里表现出来，同时需要观察者在较短的时间内理解其内在的含义。商标一般可分为文字商标、图形商标和文字图形相结合的商标3种形式。一个成功的商标设计，应该是创意表现有机结合的产物。创意是根据设计要求，对某种理念进行综合、分析、归纳、概括，通过哲理的思考，将设计概念由抽象逐步转化为具体的形象设计。

2. 图形设计

包装设计的图形主要指产品的形象和其他辅助装饰形象等。图形作为设计的语言，就是要把产品形象内在、外在的构成因素表现出来，以视觉形象的形式把信息传达给消费者。要达到此目的，图形设计的准确定位是非常关键的。定位的过程即熟悉产品全部内容的过程，包括商品的性质、商标、品名的含义及同类产品的现状等诸多因素。

图形就其表现形式可分为实物图形和装饰图形。

实物图形：采用绘画手法、摄影写真等来表现。绘画是包装设计的主要表现形式，根据包装整体构思的需要绘制画面，为商品服务。与摄影相比，它具有取舍、提炼、概括和自由的特点。绘画手法直观性强，欣赏趣味浓，是宣传、美化、推销商品的一种手段。然而，商品包装的商业性决定了设计应突出表现商品的真实形象，要给消费者直观的形象，所以通常用摄影来表现真实、直观的视觉形象是包装设计的最佳表现手法，如图10-4所示。

装饰图形：分为具象和抽象两种表现手法。具象的人物、风景、动物或植物的纹样作为包装的象征性图形可用来表现包装的内容及属性。抽象的手法多用于写意，采用抽象的点、线、面的几何形纹样、色块或肌理效果构成画面，既简练、醒目，又具有形式感，也是包装设计的主要表现手法。通常，具象形态与抽象表现手法在包装设计中并非是孤立的，而是相互结合的，如图10-5所示。

图10-4

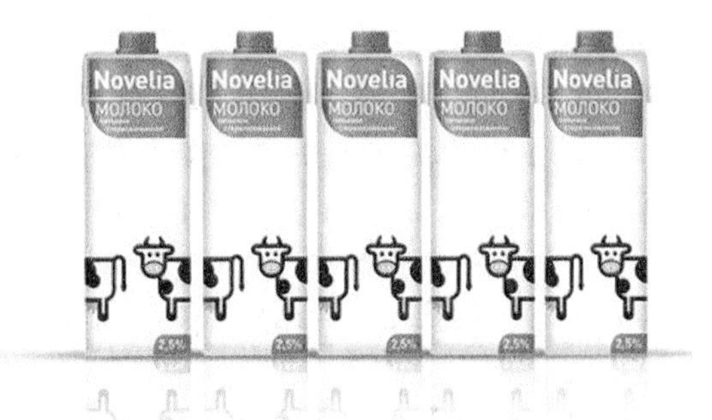

图10-5

内容和形式的辨证统一是图形设计中的普遍规律。在设计过程中，根据图形内容的需要，选择相应的图形表现技法，使图形设计达到形式和内容的统一，创造出反映时代精神、民族风貌的适用、经济、美观的作品是包装设计者的基本要求。

3. 色彩设计

色彩设计在包装设计中占据重要的地位。色彩是美化和突出产品的重要因素。包装色彩的运用与整个画面设计的构思、构图是紧密联系的。同时，包装的色彩还受到工艺、材料、用途和销售地区等的限制。

包装设计中的色彩要求醒目，对比强烈，有较强的吸引力和竞争力，以唤起消费者的购买欲望，促进销售。例如，食品类包装常用鲜明丰富的色调，以暖色为主，突出食品的新鲜、营养和味觉；医药类包装常用单纯的冷暖色调；化妆品类包装常用柔和的中性色调；小五金、机械工具类包装常用蓝、黑及其他沉着的色调，以表示坚实、精密和耐用的特点；儿童玩具类包装常用鲜艳夺目的纯色和冷暖对比强烈的各种色调，以符合儿童的心理和爱好；体育用品类包装多采用鲜明响亮的色调，以增加活跃、运动的感觉……不同商品有不同的特点与属性，设计者要研究消费者的习惯和爱好，以及国际、国内流行色的变化趋势，不断增强色彩的社会学和消费者心理学意识。

4. 文字设计

文字是传达思想、交流感情和信息、表达某一主题内容的符号。商品包装上的牌号、品名、说明文字、广告文字，以及生产厂家、公司或经销单位等，反映了包装的本质内容。设计包装时必须把这些文字作为包装设计的一部分来统筹考虑。

包装设计中文字设计的要点有：文字内容简明、真实、生动、易读、易记；字体设计应反映商品的特点、性质、独特性，并具备良好的识别性和审美功能；文字的编排与包装的整体设计风格应和谐，如图10-6所示。

图10-6

10.1.3 材料要素

材料要素是商品包装所用材料表面的纹理和质感。它往往影响到商品包装的视觉效果。利用不同材料的表面变化或表面形状可以使商品包装达到最佳效果。无论是纸类材料、塑料材料、玻璃材料、金属材料、陶瓷材料、竹木材料还是其他复合材料，都有不同的质地和纹理效果，了解不同材料的特性，并妥善地加以组合配置，可以给消费者带来新奇、冰凉或豪华等不同的感觉。材料要素是包装设计的重要环节，它直接关系到包装的整体功能、经济成本、生产加工方式及包装废弃物的回收处理等多方面的问题。

10.2 课堂案例——金属酒盒包装

案例位置	案例文件>CH10>金属酒盒包装.psd
视频位置	多媒体教学>CH10>金属酒盒包装.flv
难易指数	★★★★☆
学习目标	学习“渐变工具”和“自由变换”功能的使用

本实例制作的是金属酒盒包装，在材质和颜色上采用了银白色铁盒，所以在设计时需要绘制出金属的质感效果。金属酒盒包装的最终效果如图10-7所示。

图10-7

相关知识

金属包装设计由于是硬质地，所以在造型上多种多样，设计时需要注意以下两点。

第1点：设计结构新颖、造型美观、功能多样。

第2点：大多数包装都比较简洁，加上一些小装饰即可让包装显得更加出色。

主要步骤

① 加入背景图像，并调整背景图像的颜色。

② 使用“矩形选框工具”和“椭圆形工具”绘制标签图像，并在其中添加花纹和文字的效果。

③ 使用“渐变工具”绘制酒盒立体效果。

10.2.1　红酒盒包装设计

01 按Ctrl+N组合键新建一个“金属酒盒包装”文件，具体参数设置“宽度”为20厘米、“高度”为16厘米、“分辨率”为200像素/英寸、“颜色模式”为RGB颜色、“背景内容”为透明，如图10-8所示，单击“确定”按钮 确定 ，得到一个透明背景图像，如图10-9所示。

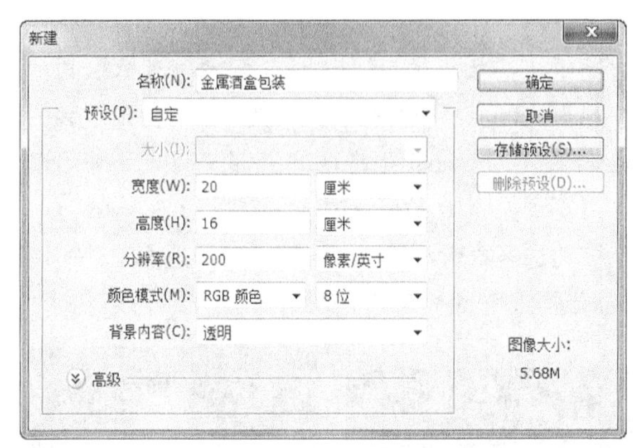

图10-8

图10-9

02 打开本书配套资源中的“素材文件>CH10>金属酒盒包装>素材05.jpg”文件，然后使用“移动工具” 将其拖曳到当前操作界面中的合适位置，如图10-10所示。

03 执行“图像>调整>色相/饱和度”菜单命令，在打开的“色相/饱和度”对话框中做如图10-11所示的设置。

图10-10

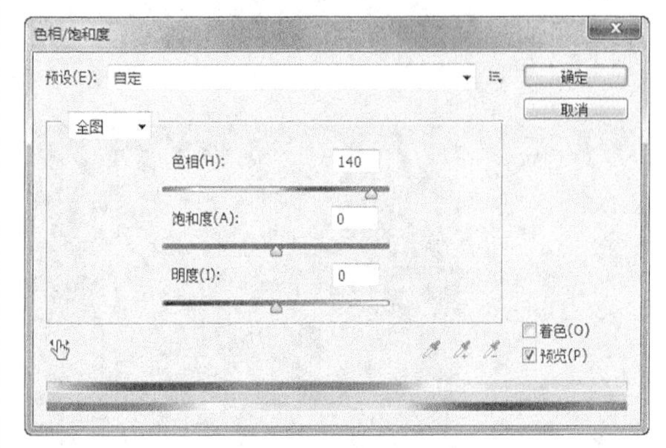

图10-11

04 单击“确定”按钮 确定 ，得到调整为绿色后的图像效果，如图10-12所示。

图10-12

05 选择“减淡工具” ，在属性栏设置画笔“大小”为300，然后在图像中下方进行涂抹，得到亮光图像效果，如图10-13所示。

06 选择“加深工具” ，在属性栏设置画笔“大小”为400，然后在图像四周进行涂抹，加深图像效果，如图10-14所示。

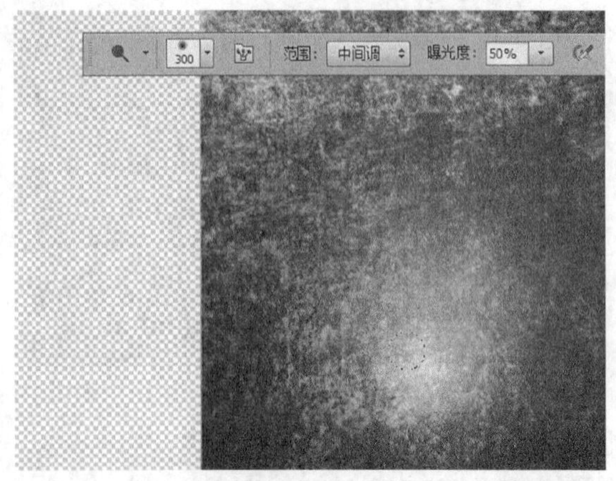

图10-13

图10-14

07 选择“矩形选框工具”，在图像左侧绘制一个矩形选区，并填充为黑色，效果如图10-15所示。

图10-15

08 新建一个“图层3”，然后执行“视图>标尺”菜单命令和“视图>显示>网格”菜单命令，显示标尺和网格线，如图10-16所示。

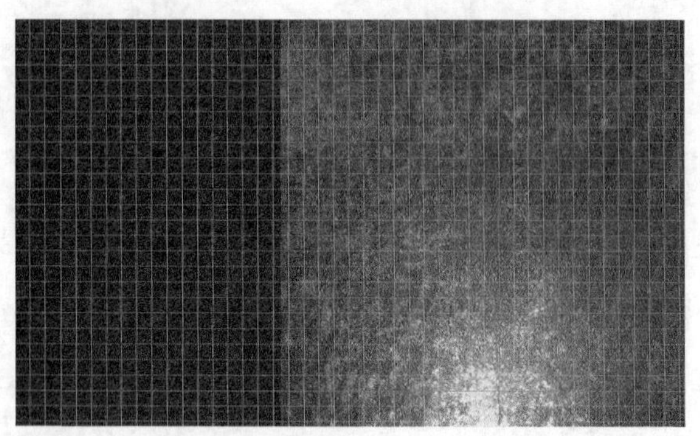

图10-16

09 使用“矩形选框工具”在绘图区域绘制一个矩形选区，然后在按住Shift键的同时使用“椭圆选框工具”在矩形选区的上部绘制一个椭圆选区，得到如图10-17所示的选区。

10 将选区填充为白色，再使用“矩形选框工具”在周围绘制一个矩形选区，如图10-18所示。

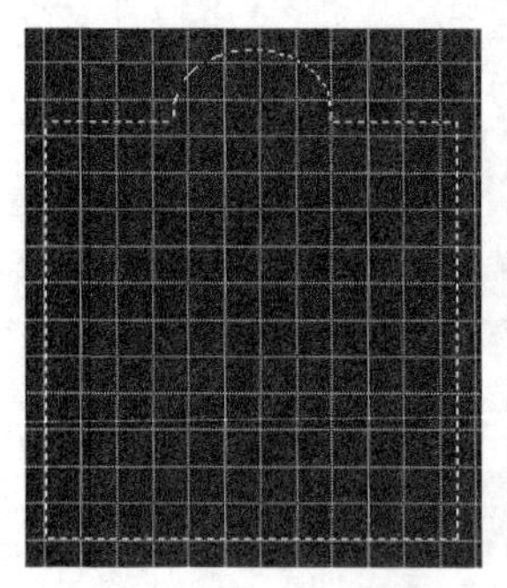

图10-17

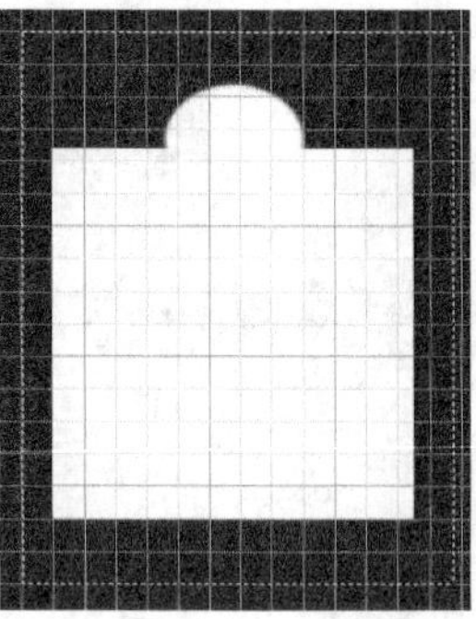

图10-18

11 执行“编辑>描边”菜单命令，打开“描边”对话框，设置描边“宽度”为2，颜色为灰色，位置为内部，如图10-19所示。

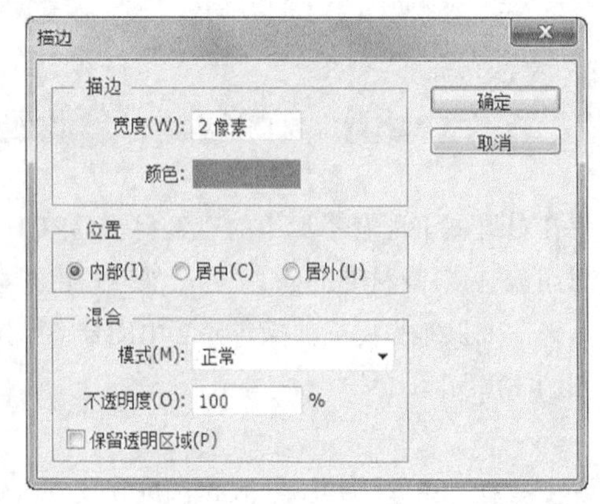

图10-19

12 单击“确定”按钮，得到选区的描边效果，如图10-20所示。

图10-20

13 新建一个图层，选择“魔棒工具”，单击白色图像获取选区，然后执行“选区>变换选区”菜单命令，按Shift+Alt组合键中心缩小选区，如图10-21所示，在变换框内双击鼠标确定变换。

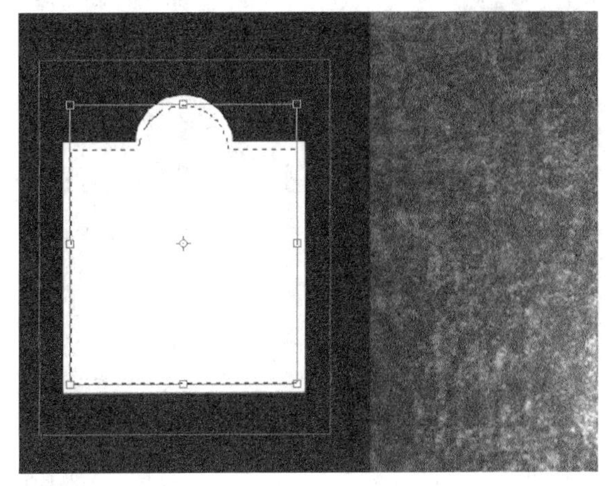

图10-21

14 执行“编辑>描边”菜单命令，打开“描边”对话框，设置描边“宽度”为4，颜色为黑色，其他设置如图10-22所示，单击“确定”按钮，得到的描边效果如图10-22所示。

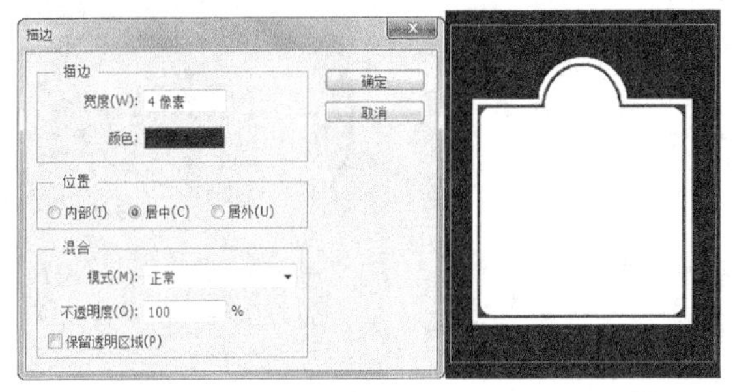

图10-22

15 新建一个“图层5”，打开本书配套中的“素材文件>Chapter06>金属酒盒包装>原色.psd”文件，然后将其拖曳到当前操作界面中，放到黑色图像中间，再按Ctrl+E组合键向下合并图层，完成后的效果如图10-23所示。

图10-23

16 新建一个图层，使用“矩形选框工具”绘制一个矩形选区，如图10-24所示。

图10-24

17 选择“渐变工具”，在属性栏中打开“渐变编辑器”对话框，设置颜色为灰色系渐变，色标位置如图10-25所示。

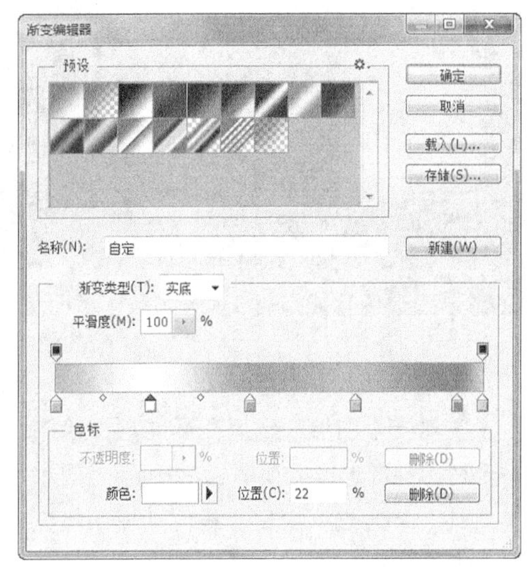

图10-25

18 单击属性栏中的“线性渐变”按钮，然后在选区中从左向右拉出渐变，效果如图10-26所示。

图10-26

19 确定“图层6”为当前层，执行“编辑>自由变换”菜单命令，然后单击属性栏中的“在自由变换和变形模式之间切换”按钮，再将底边的两个边手柄向下拖曳到如图10-27所示的位置，完成后的效果如图10-28所示。

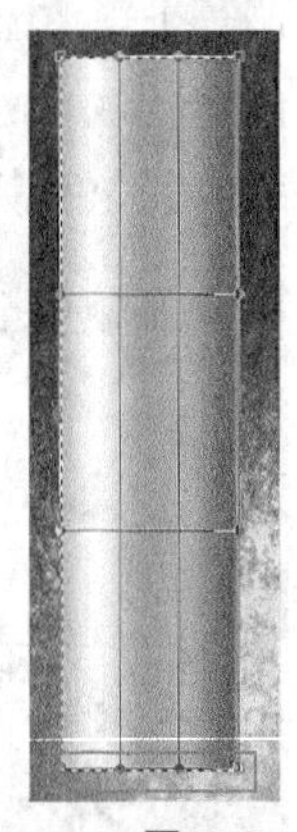

图10-27

图10-28

20 新建一个图层，然后在酒盒顶部绘制一个大小合适的椭圆选区，如图10-29所示，再使用“渐变工具”为选区应用“线性渐变”填充，设置渐变颜色为灰色系，效果如图10-30所示。

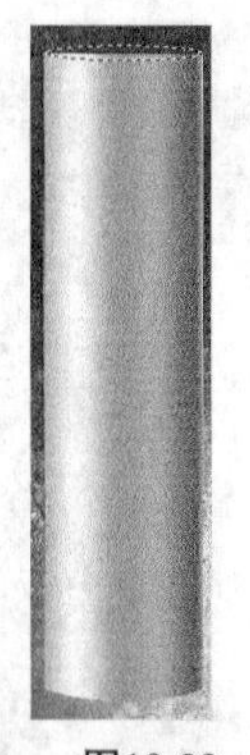

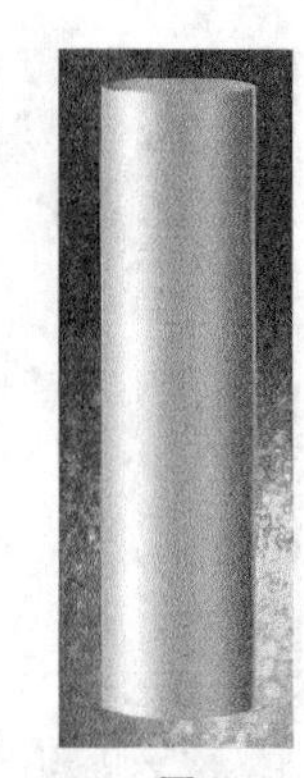

图10-29　图10-30

21 在“图层”面板中选择原色标签图像所在图层，按Ctrl+J组合键复制该图层，放到包装盒中，然后选择“魔棒工具”，单击白色图像获取选区，再按Delete键删除选区内的像素，如图10-31所示。

图10-31

22 执行“编辑>自由变换”菜单命令，单击属性栏中的“在自由变换和变形模式之间切换”按钮，将复制的标签图像做如图10-32所示的变换。

图10-32

23 单击“工具箱”中的“减淡工具”，并在属性栏中设置“范围”为高光，然后在“原色”两个字上细细地涂抹，得到明暗变化效果，如图10-33所示。

图10-33

24 新建一个图层，然后使用“矩形选框工具”在酒盒的上部绘制一个大小合适的选区，再用黑色填充选区，如图10-34所示。

图10-34

25 执行“编辑>自由变换”菜单命令，然后单击属性栏中的“在自由变换和变形模式之间切换”按钮，对其做弧线造型，再使用“减淡工具”（设置“范围”为阴影），在该图层绘制高光和反光效果，如图10-35所示。

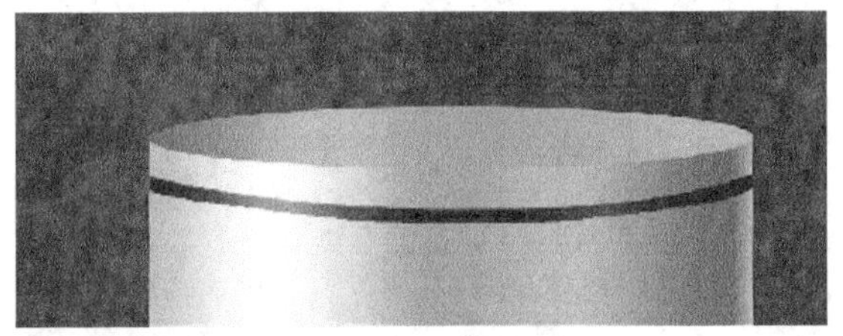

图10-35

26 复制“图层8副本”，并将其拖曳到酒盒的下部，如图10-36所示，然后将“图层8”和“图层8副本”合并为“图层8”。

图10-36

10.2.2 红酒瓶立体标签设计

01 打开本书配套资源中的“素材文件>CH10>金属酒盒包装>酒瓶.psd”文件，如图10-37所示，使用“移动工具”将图像拖曳到当前操作界面中的合适位置，如图10-38所示。

图10-37

图10-38

02 执行“编辑>自由变换”菜单命令，然后调整瓶底弧度，如图10-39所示，再复制标签图像并拖曳到酒瓶图像中，如图10-40所示。

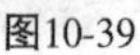

图10-39　　图10-40

03 载入复制的标签图像选区，然后执行“图层>新建填充图层>渐变填充”菜单命令，从左向右为选区填充“线性渐变”色，效果如图10-41所示。

04 执行“编辑>自由变换”菜单命令，并单击属性栏中的“在自由变换和变形模式之间切换”按钮，再将其做如图10-42所示的调整。

图10-41　　图10-42

05 新建一个图层，使用“钢笔工具”绘制瓶贴的路径，然后按Ctrl+Enter组合键载入该路径的选区，再使用“渐变工具”为选区应用“线性渐变”填充，设置颜色为灰色系，效果如图10-43所示。

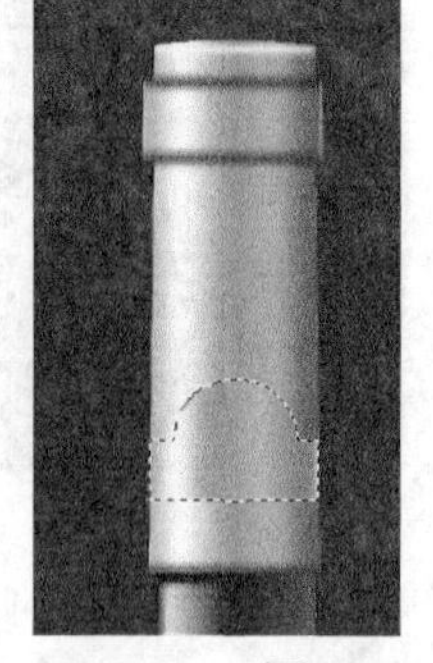

图10-43

06 新建一个“图层11”，使用“套索工具”框选标签上的雪花图案，然后按住Alt+Ctrl组合键移动复制图像，放到标签中，效果如图10-44所示。

07 选择“画笔工具”，沿着灰色图像边缘绘制黑色轮廓曲线，再使用“加深工具”和“减淡工具”涂抹出亮部与暗部，效果10-45所示。

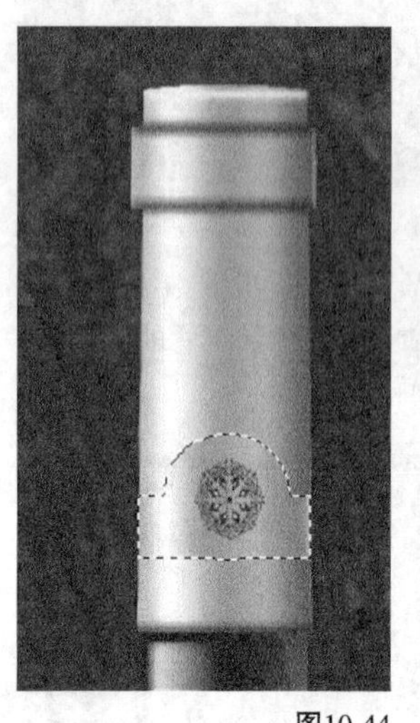

图10-44　　图10-45

08 打开本书配套资源中的“素材文件>CH10>金属酒盒包装>底台.psd”文件，然后将其拖曳到当前操作界面中的合适位置，并将其调整到合适的大小，再使用“加深工具”和“减淡工具”涂抹出高光与阴影区域，效果如图10-46所示，完成本实例的操作。

图10-46

10.3　课堂案例——CD盒包装设计

案例位置　案例文件>CH10> CD盒包装设计.psd
视频位置　多媒体教学>CH10> CD盒包装设计.flv
难易指数　★★★★☆
学习目标　学习普通工具与“创建剪切蒙版”的使用

本案例是一个方案展示性的设计，尺寸上要求并不严格，主要体现出光盘和包装盒之间的搭配就可以了。在设计上既要体现出企业的行业特点，又要体现出美感，所以光盘的图案直接采用艺术图案。CD盒材料采用的是塑料，所以光盘的光泽度一定要高，这样才能和CD盒的背景颜色统一起来。CD盒包装设计的最终效果如图10-47所示。

图10-47

相关知识

CD盒包装设计是依附于立体上的平面包装，是包装外表上的视觉形象，包括文字、摄影、插图和图案等要素。同商标设计相比，“CD盒包装”不仅注重于标贴设计，还要注意容器的形状，CD与CD盒之间的相互关系。在CD盒包装设计中主要掌握以下3点。

第1点：“CD盒”外观造型要优美、色彩要和谐，立体感要强。

第2点：选材要新颖，主题要突出。

第3点：主要元素之间的层次感要分明。

主要步骤

① 使用“渐变工具”和“减淡工具”制作背景效果。

② 使用“钢笔工具”和“加深工具”制作“盒体”的立体效果。

③ 制作“槽口”和“盒扣”。

④ 使用“钢笔工具”和“加深工具”制作“背盖”的立体效果。

⑤ 制作“CD盒”的投影效果。

⑥ 制作“光盘”效果后再添加光泽图层，使其与“CD盒”的搭配更加协调。

10.3.1　制作CD盒立体效果

01 启动Photoshop CS6，新建一个“CD盒包装”文件，具体参数设置“宽度”为30厘米、“高度”为9厘米、“分辨率”为72像素/英寸、“颜色模式”为RGB颜色，如图10-48所示。

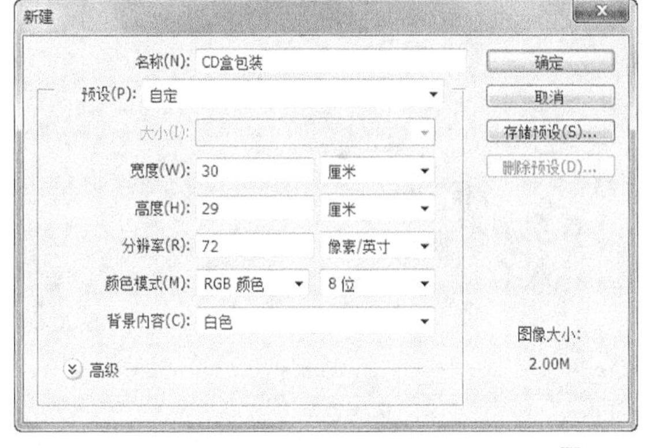

图10-48

02 设置前景色和背景色为浅灰色（R：227，G：227，B：227）和灰色（R：176，G：176，B：176），然后选择“渐变工具”，在属性栏中打开“渐变编辑器”对话框，选择使用“前景到背景渐变”从上到下垂直拉出渐变，如图10-49所示，单击“确定”按钮，图像效果如图10-50所示。

03 创建一个新图层“图层1”，再使用“钢笔工具”在绘图区域绘制一个如图10-51所示的路径。

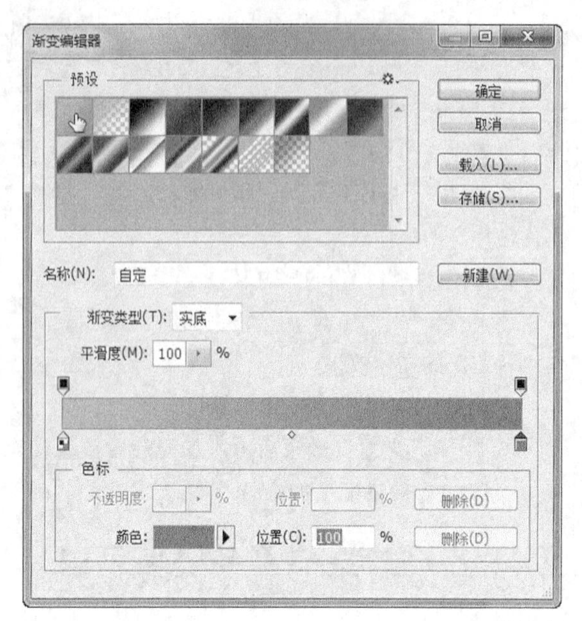

图10-49

图10-50

图10-51

04 设置前景色为深灰色（R: 46, G: 37, B: 37），单击“路径”面板下面的“用前景色填充路径”按钮，填充后的效果如图10-52所示。

图10-52

05 使用“减淡工具”在属性栏设置画笔“大小”为80、“曝光度”为10%，然后对图像左上部分进行涂抹，减淡该部分图像；再使用“加深工具”对图像右下部分进行涂抹，加深图像，完成效果如图10-53所示。

图10-53

06 使用“多边形套索工具”勾选出如图10-54所示的选区，然后使用“加深工具”对选区中的图像进行涂抹，效果如图10-55所示。

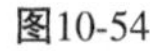

图10-54

图10-55

07 载入“图层1”的选区，然后按住Alt键的同时使用“多边形套索工具”勾选出除左边缘部分以外的选区，即可将右部分选区减除，效果如图10-56所示。

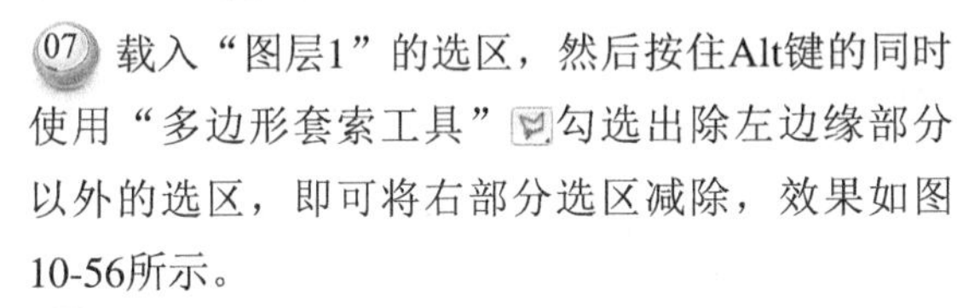

08 使用“减淡工具”，在属性栏中设置画笔“大小”为50，“曝光度”为10%，然后减淡选区中的图像，效果如图10-57所示。

图10-56

图10-57

09 创建一个新图层“图层2”，再使用“钢笔工具”在绘图区域绘制一个如图10-58所示的路径。

10 设置前景色为深灰色（R：23，G：23，B：23），单击“路径”面板下面的“用前景色填充路径”按钮，然后载入该图层的选区，效果如图10-59所示。

11 创建一个新图层“图层3”，执行“编辑>描边”菜单命令打开“描边”对话框，设置“半径”为2像素，颜色为深灰色（R：64，G：64，B：64），“位置”为居中，如图10-60所示，单击“确定”按钮，描边效果如图10-61所示。

图10-58

图10-59

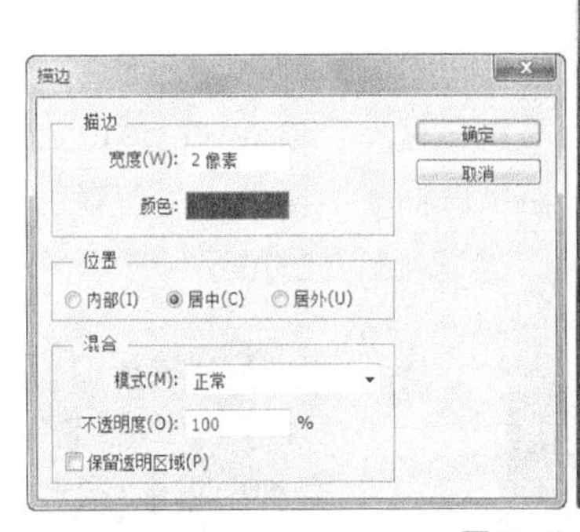

图10-60

图10-61

12 确定“图层1”为当前层，使用“多边形套索工具”在CD盒边缘绘制一个细长的凹槽图像选区，如图10-62所示，再填充为深灰色（R：46，G：35，B：39），效果如图10-63所示。

图10-62

图10-63

13 再次使用“多边形套索工具”在绘图区域勾选如图10-64所示的选区，填充为较浅的灰色（R：71，G：61，B：64），最后用“加深工具”在适当的地方涂抹，效果如图10-65所示。

图10-64　　图10-65

14 创建一个新图层，再使用“钢笔工具”在绘图区域绘制一个如图10-66所示的路径。

15 设置前景色为粉红色（R：235，G：217，B：205），单击“路径”面板下面的“用前景色填充路径”按钮，填充效果如图10-67所示。

图10-66　　图10-67

16 创建一个新图层，命名为“扣子”，使用“多边形套索工具”在粉红色图像中绘制如图10-68所示的选区，再填充为深灰色（R：16，G：16，B：16），效果如图10-69所示。

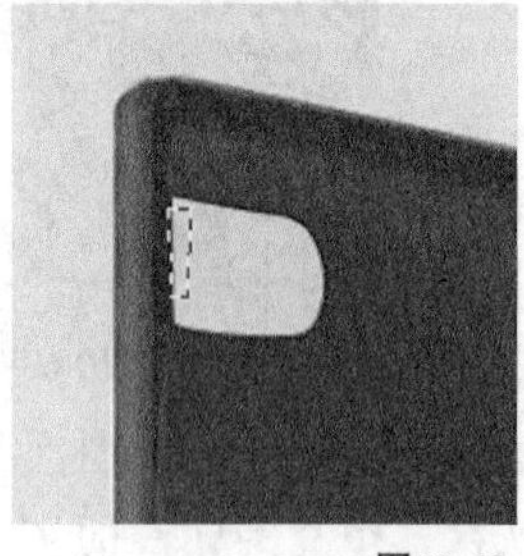

图10-68　　图10-69

17 再次使用“多边形套索工具”在绘图区域勾选出如图10-70所示的选区，设置前景色为（R：85，G：75，B：69），然后用前景色填充选区，效果如图10-71所示。

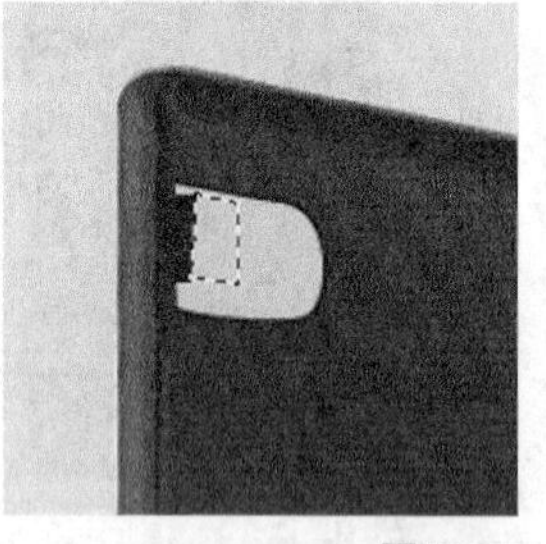

图10-70　　图10-71

18 确定图层“扣子”为当前层，使用“钢笔工具”在绘图区域绘制一个如图10-72所示的路径，再设置前景色为灰色（R：78，G：67，B：64），然后单击“路径”面板下面的“用前景色填充路径”按钮，效果如图10-73所示。

19 单击“图层”面板下面的“添加图层样式”按钮，在弹出的菜单中选择“斜面和浮雕”命令，在弹出的“图层样式”对话框中设置“大小”为2像素，如图10-74所示，单击“确定”按钮，添加“图层样式”后的效果如图10-75所示。

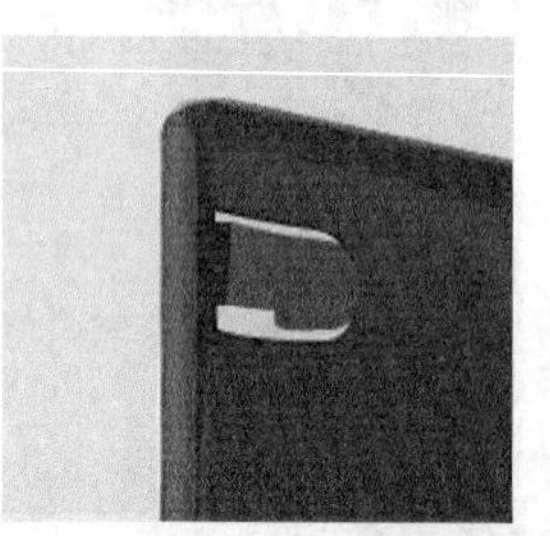

图10-72　　图10-73

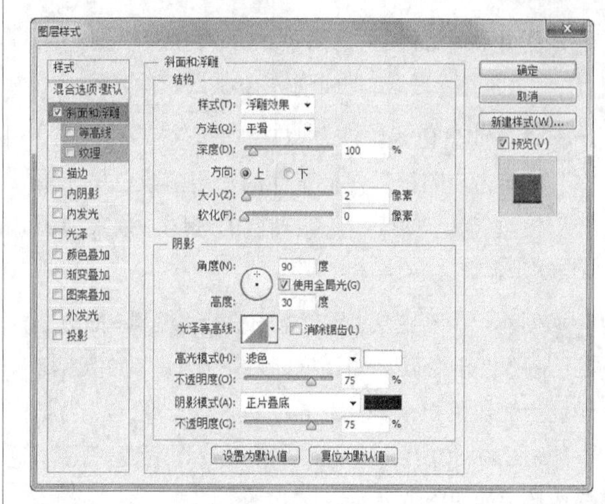

图10-74

图10-75

20 使用“加深工具”，在属性栏中设置画笔“大小”为20，“曝光度”为15%，对制作的“扣子”图像内部进行涂抹，得到阴影效果，如图10-76所示。

21 在“图层”面板中选择“图层1”，再使用“加深工具”在“扣子”图像右上方拖动出一条加深的直线，效果如图10-77所示。

图10-76

图10-77

22 选择“扣子”图层和粉红色图像所在图层，按Ctrl+E组合键将其合并，再将合并后的图层更名为“盒盖扣子”，复制新图层“盒盖扣子副本”，放到盒子下方，如图10-78所示。

23 按Ctrl+T组合键将其变形，最后使用“加深工具”将其处理成如图10-79所示的效果。

图10-78

图10-79

24 创建一个新图层“背盖”，然后使用“钢笔工具”在绘图区域绘制如图10-80所示的路径。

图10-80

25 设置前景色为灰红色（R：104，G：94，B：95），然后单击“路径”下面的“用前景色填充路径”按钮，填充效果如图10-81所示。

图10-81

26 使用“加深工具”，在属性栏中设置画笔“大小”为150，“曝光度”为20%，在“背盖”图像四周进行涂抹，处理成如图10-82所示的效果。

27 载入图层“背盖”的选区，然后按住Alt键的同时使用“多边形套索工具”选中除需要制作边框线以外的选区，得到减选后的选区，效果如图10-83所示。

图10-82

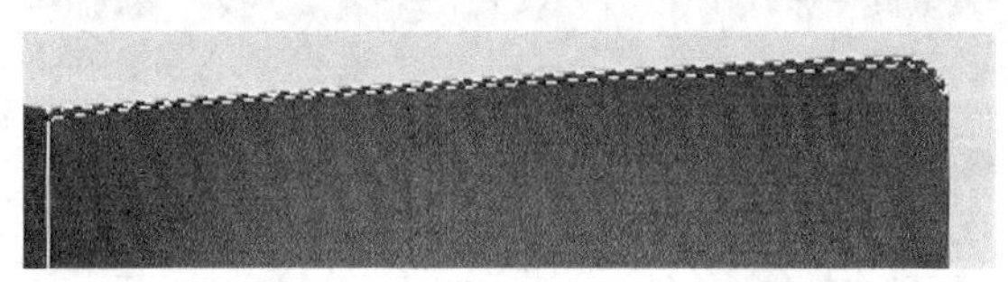
图10-83

28 设置前景色为（R：37，G：33，B：34），按Alt+Delete组合键填充选区，再使用“减淡工具”减淡边缘部分，效果如图10-84所示，采用同样的方法制作出下边缘效果，如图10-85所示。

图10-84

图10-85

10.3.2 制作CD盘凹槽效果

01 创建一个新图层“槽圈1”，再使用“钢笔工具”在绘图区域绘制一个如图10-86所示的路径。

02 设置前景色为灰色（R：57，G：51，B：52），再单击“路径”面板下面的“用前景色填充路径”按钮，效果如图10-87所示。

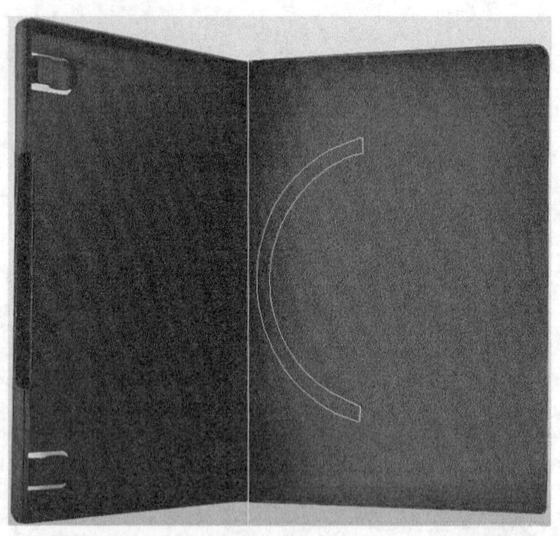
图10-86

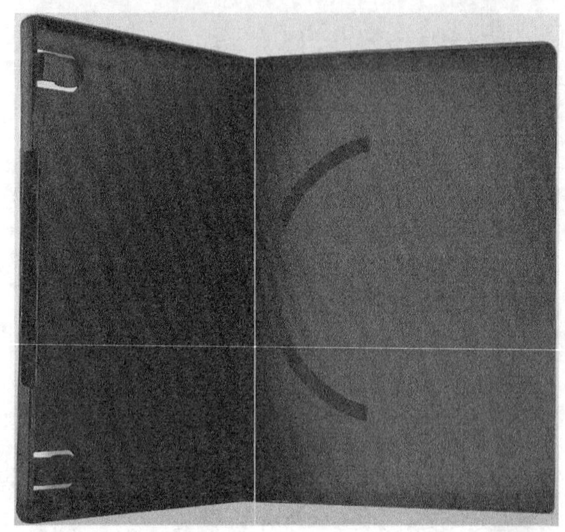
图10-87

03 创建一个新图层“盘槽轮廓”，将其拖曳到图层“槽圈1”的下面一层，再使用“椭圆选框工具”在绘图区域绘制一个如图10-88所示的椭圆形选区，填充为灰色（R：115，G：103，B：100），效果如图10-89所示。

04 使用“加深工具”，在属性栏中设置画笔“大小”为50，曝光度为20%，在中心位置、边缘部分和“槽圈”重合部分来回涂抹，再使用“模糊工具”在中心部分和边缘部分来回涂抹，效果如图10-90所示。

图10-88

图10-89

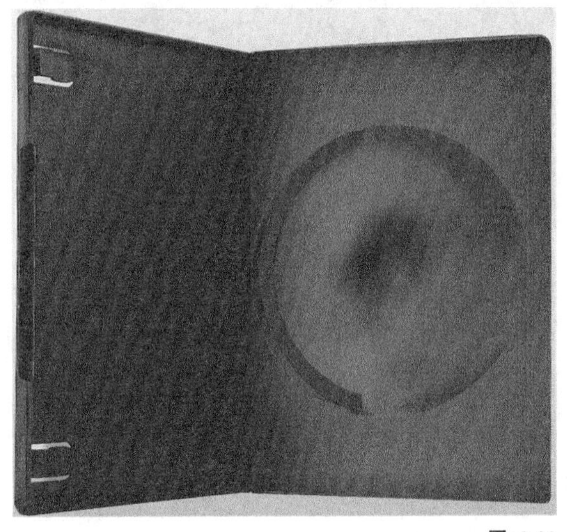
图10-90

技巧与提示

步骤5主要是提前将“光盘”的阴影制作出来，因为在添加光盘图片后不好制作阴影效果。

05 创建一个新图层“托口”，再使用“椭圆选框工具”在绘图区域绘制一个如图10-91所示的椭圆形选区，然后按住Alt键的同时使用“矩形选框工具”，分别在椭圆形选区的上下两部分绘制一个矩形选区，通过减选得到如图10-92所示的选区。

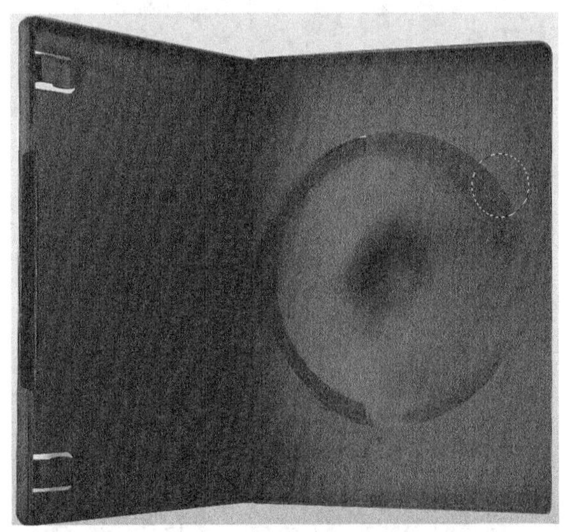
图10-91

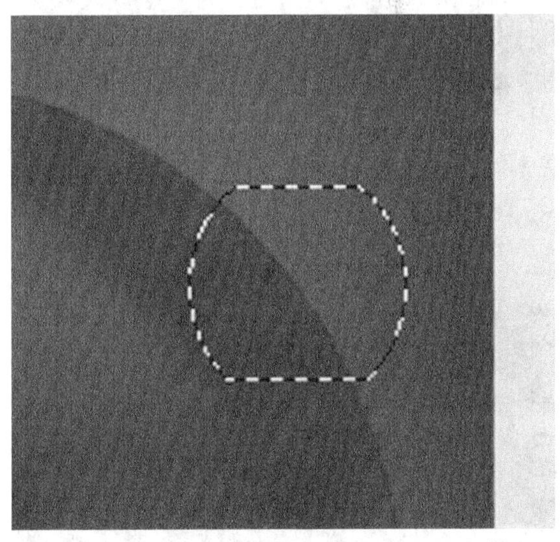
图10-92

06 填充选区为黑色，再按Ctrl+T组合键旋转图像，将图像逆时针旋转到如图10-93所示的位置，然后复制一个新图层“托口副本”，按Ctr+T组合键将其旋转并放到如图10-94所示的位置。

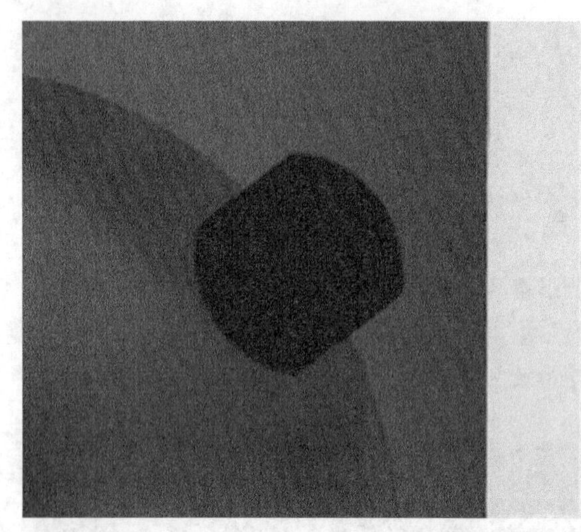

图10-93

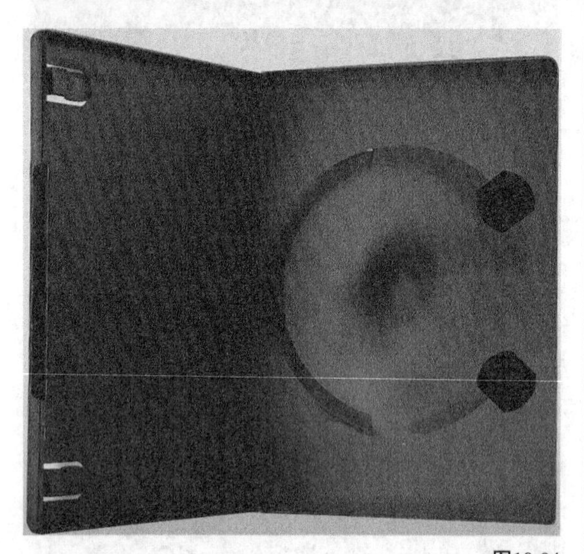

图10-94

07 创建一个新图层“耳朵”，使用“钢笔工具” 在绘图区域绘制如图10-95所示的路径。

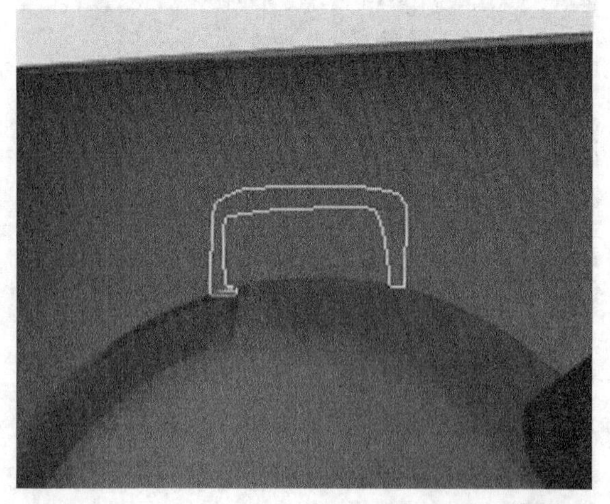

图10-95

08 设置前景色为浅粉色（R：238，G：222，B：215），然后单击“路径”面板下面的“用前景色填充路径”按钮 ，填充效果如图10-96所示。

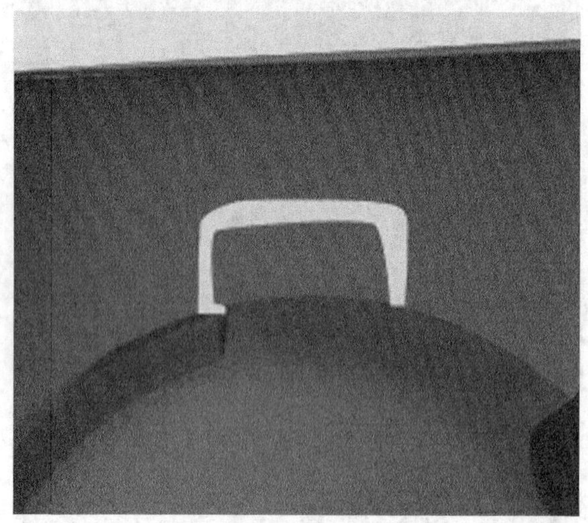

图10-96

09 复制一个新图层“耳朵副本”到“盘槽”图像的下方，再执行“编辑>变换>垂直翻转”菜单命令，效果如图10-97所示，然后使用“多边形套索工具” 或“钢笔工具” 制作其他的部件和投影图像，效果如图10-98所示。

10 创建一个新图层，设置前景色为深灰色，然后使用“画笔工具” 在CD盘凹槽周围绘制一个圆角矩形边框，如图10-99所示。

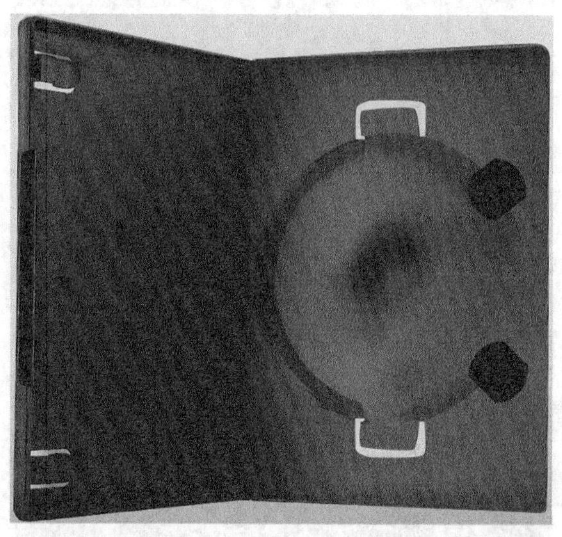

图10-97

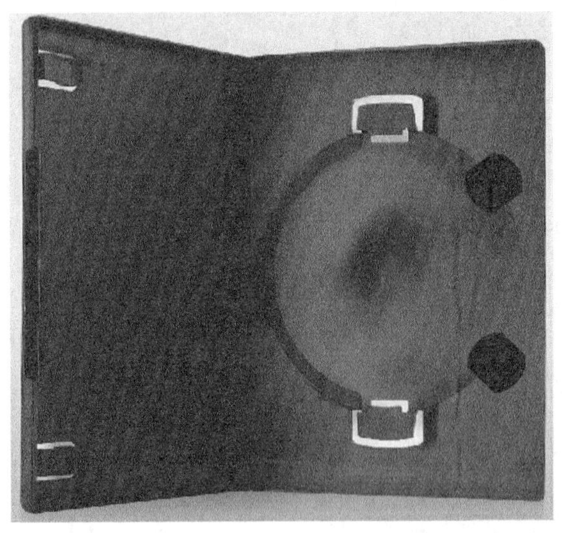
图10-98

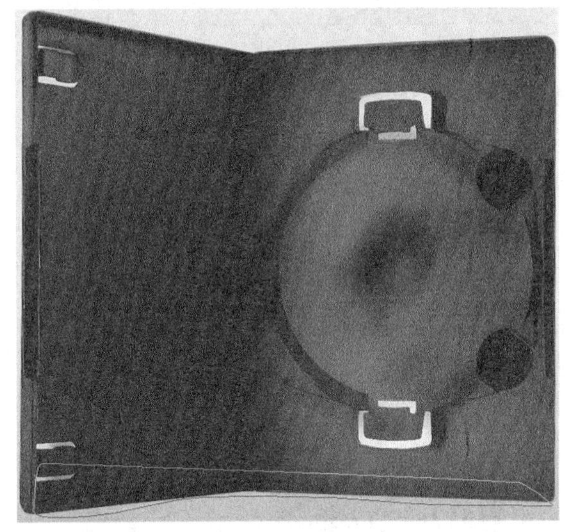
图10-99

11 在“图层”面板中按住Ctrl键选择除“背景图层”外的所有图层，再按Ctrl+E组合键进行合并，将合并后的图层更名为“CD盒”，再复制一个新图层“CD盒副本”，执行“编辑>变换>垂直翻转”菜单命令，将其拖曳到“CD盒”的下面，然后按Ctrl+T组合键，单击属性栏中的“在变换和自由变形模式之间切换”按钮，将第一排的左右两个控制点作如图10-100所示的调整。

12 单击“图层”面板下面的“添加图层蒙版”按钮，设置前景色和背景色为“黑色”和“白色”，对复制的CD盒图像从上到下应用“线性渐变”填充，然后设置该图层的“不透明度”为30%，得到的投影效果如图10-101所示。

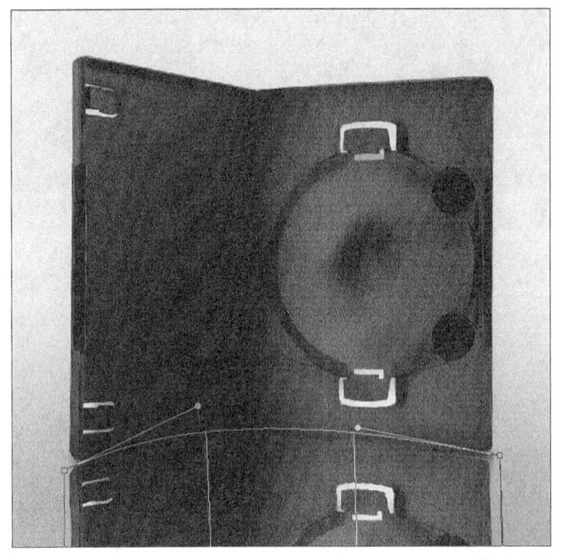
图10-100

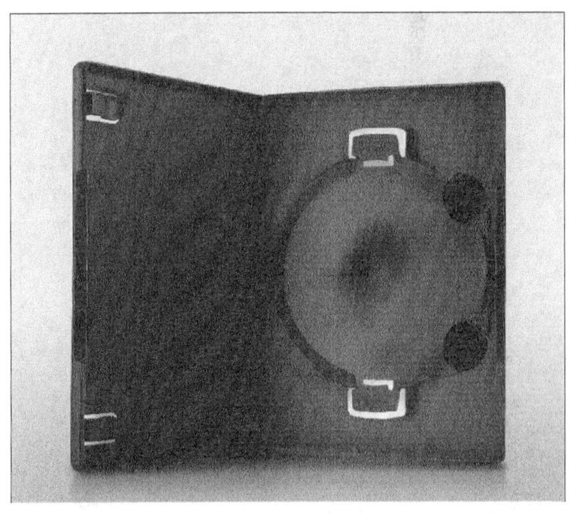
图10-101

10.3.3 制作CD光盘效果

01 创建一个新图层“光盘模型”，将其拖曳到最上一层，再使用“椭圆选框工具”在绘图区域绘制一个椭圆形选区，将其填充为灰色（R: 123，G: 123，B: 123），如图10-102所示。

02 执行“选择>变换选区”菜单命令缩小选区，再按住Alt+Ctrl组合键将其拖曳到如图10-103所示的位置，然后按Delete键删除选区中的图像。

03 使用“多边形套索工具”将“光盘模型”和两个“耳朵”交接出的图像勾选出来，按Delete键删除选区中的图像，效果如图10-104所示。

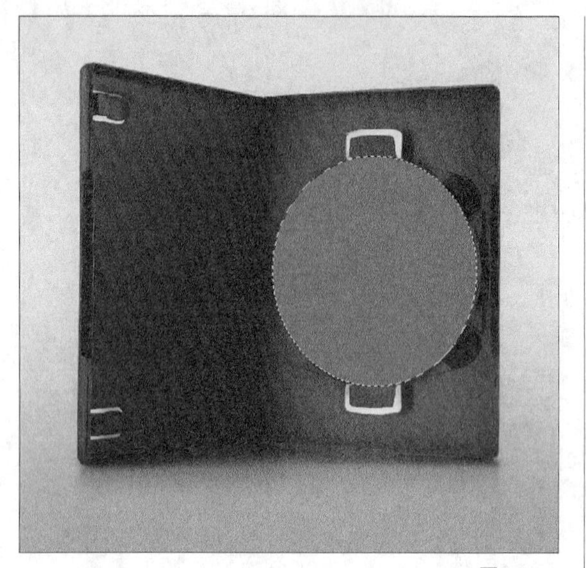

图10-102

图10-103

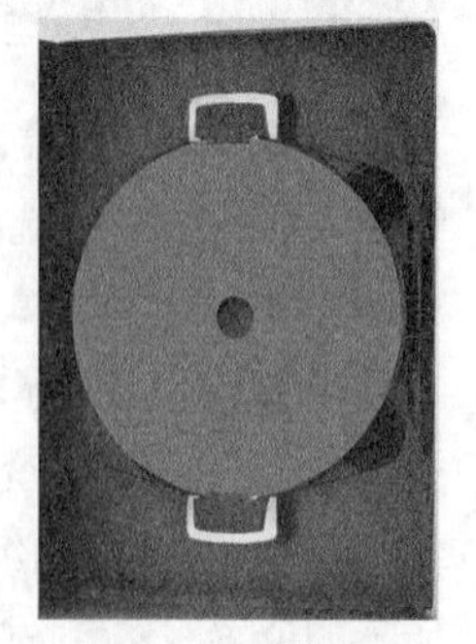

图10-104

04 打开本书配套资源中的“素材文件>CH10>CD盒包装设计>花纹横.jpg”文件，将其拖曳到绘图区域中如图10-105所示的位置，将新生成的图层更名为“光盘花纹”。

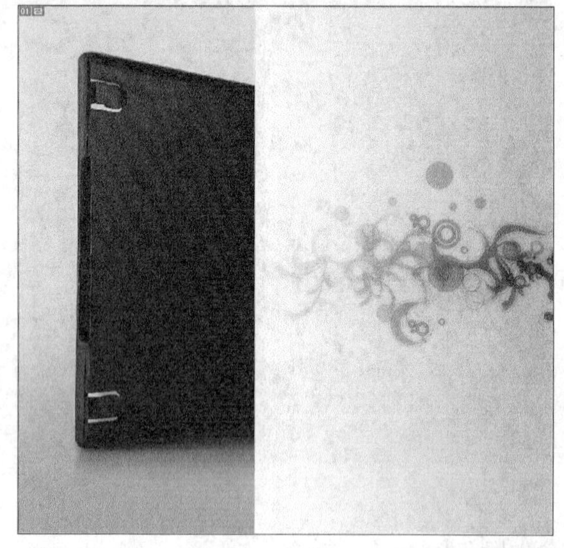

图10-105

05 执行“图层>创建剪切蒙版”菜单命令，图像效果如图10-106所示。

图10-106

知识点

“创建剪切蒙版”的操作方法很简单，其效果和反选选区后再删除图像相似，但是后者制作出的图像在边缘部分会产生锯齿，如果要调整图像的位置就必须返回后再重新操作，而使用“创建剪切蒙版”的话，操作就不会这么烦琐，用户可以随意调整图像的位置，整体框架也不会改变，但需要注意的是操作的图像位置一定是固定的，而且在使用该方法的时候要先绘制一个“创建剪切蒙版”的基本模型。

06 打开本书配套资源中的“素材文件>CH10>CD盒包装设计>花纹竖.jpg”文件，将其拖曳到如图10-107所示的位置，并将新生成的图层更名为“盒子花纹”，然后按Ctrl+T组合键对其做如图10-108所示的变形。

图10-107

图10-108

07 使用“加深工具”对花纹四周图像进行加深处理，效果如图10-109所示。

08 打开本书配套资源中的“素材文件>CH10>CD盒包装设计>光盘.psd”文件，将其拖曳到绘图区域中如图10-110所示的位置，将新生成的图层更名为“光盘模型”。

图10-109

图10-110

09 设置该图层的混合模式为正片叠底，“不透明度”为80%，得到的图像效果如图10-111所示。

10 在“光盘”上添加相关文字信息和一些辅助图案完成整个“CD盒”的制作，最终效果如图10-112所示。

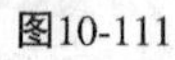
图10-111

图10-112

10.4 课堂案例——洗发水包装设计

案例位置 案例文件>CH10>洗发水包装设计.psd
视频位置 多媒体教学>CH10>洗发水包装设计.flv
难易指数 ★★★★☆
学习目标 学习瓶类立体效果的制作手法以及对普通工具的回顾

本案例中的洗发水——“柏拉靓士”是一个传统品牌，在设计上既要求保留传统设计风格，又要求具有创新之处，因此在整体形状上保留了传统的矩形风格，然后在矩形的基础上采用了中国“旗袍”的设计风格，使整体效果具有女性纤柔的特点，而本案例的重点是要表现出“柔顺”的特点，不管在何种洗发水包装设计中都需要表现出这个特点。洗发水包装设计的最终效果如图10-113所示。

图10-113

相关知识

构思是设计的灵魂，在设计创作中很难制定固定的构思方法。创作是由不成熟到成熟的，在这一过程中会肯定一些和否定一些，修改一些和补充一些，这都是正常的现象。构思的核心在于考虑表现什么和如何表现，而要做好这2点就需要先解决以下4点。

第1点：表现重点是指表现内容的集中点，重点对商品、消费、销售三方面的有关资料进行比较和选择。

第2点：表现角度是确定表现重点后的深化，即确定重点后还要确定具体的突破口。

第3点：表现手法有直接表现和间接表现两种方式，但无论如何表现都需要表现出内容中的重点和内容中的某个比较突出的特征。

第4点：表现形式是设计制作中语言和视觉传达，通过表现形式才能制作出最完美的作品。

主要步骤

① 制作瓶体效果。
② 制作标志。
③ 制作首乌效果。

10.4.1　制作瓶体效果

01 启动Photoshop CS6，新建一个“洗发水包装”文件，具体参数设置“宽度”为27厘米、“高度”为20厘米、“分辨率”为200像素/英寸、“颜色模式”为RGB颜色，如图10-114所示。

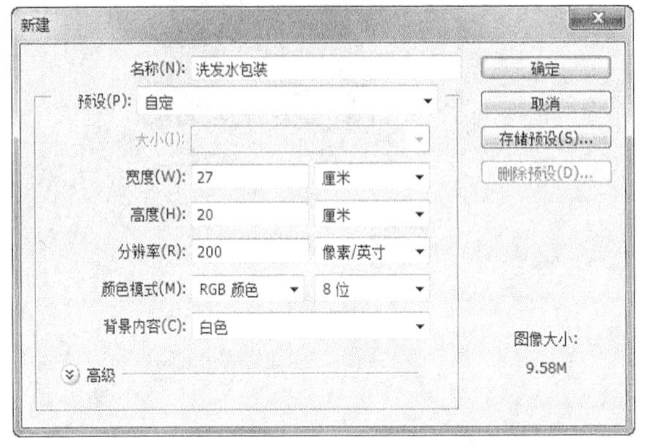

图10-114

02 创建一个新图层“瓶盖”，然后使用“钢笔工具”在绘图区域绘制一个如图10-115所示的路径。

图10-115

03 设置前景色为咖啡色（R：167，G：143，B：122），然后单击“路径”面板下面的“用前景色填充路径”按钮，效果如图10-116所示。

04 使用“加深工具”和“减淡工具”，在属性栏中设置画笔“大小”为100，“曝光度”为20%，在图像边缘和中间进行涂抹，然后使用“模糊工具”在边缘部分来回涂抹，得到的效果如图10-117所示。

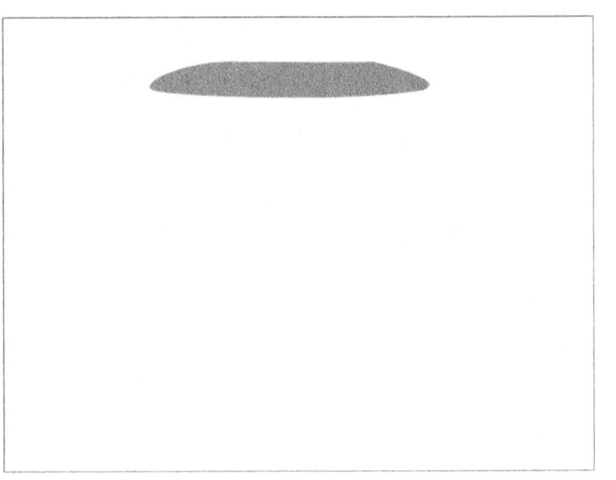

图10-116

图10-117

05 创建一个新图层“盖侧”，将其拖曳到图层“瓶盖”的下一层，然后使用“钢笔工具”在绘图区域绘制一个如图10-118所示的路径。

图10-118

技巧与提示

加深左右边缘部分主要是体现出侧面的立体效果；减淡中心部分主要是为了体现光感；将边缘部分进行模糊处理主要是为了和下面要制作的侧边相融合。

06 设置前景色为橘黄色（R：221，G：169，B：122），单击“路径”面板下面的“用前景色填充路径”按钮，效果如图10-119所示。

图10-119

07 使用“加深工具”和“减淡工具”，在属性栏中设置画笔“大小”为80，“曝光度”为20%，然后对图像边缘和中间图像进行涂抹，得到渐变效果，如图10-120所示。

图10-120

08 下面绘制瓶颈图像。创建一个新图层，命名为“瓶颈”，并将其拖曳到最下面一层，然后使用“钢笔工具”在绘图区域绘制一个如图10-121所示的路径。

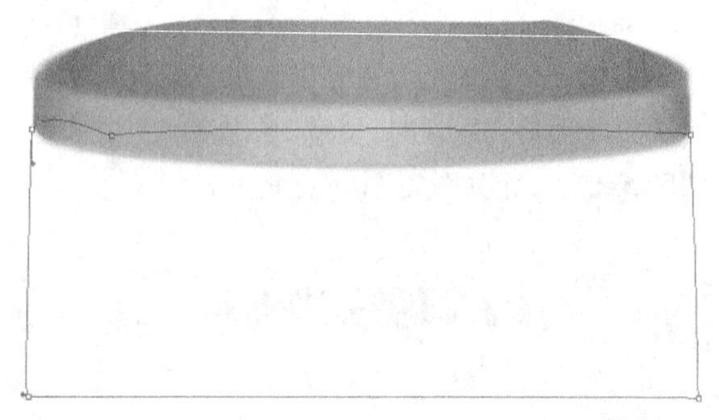

图10-121

09 设置前景色为橘红色（R：104，G：56，B：34），再单击“路径”面板下面的“用前景色填充路径”按钮，效果如图10-122所示。

图10-122

10 执行“滤镜>杂色>添加杂色”菜单命令打开“添加杂色”对话框，设置“数量”为5%，“分布”为“平均分布”，再勾选“单色”选项，如图10-123所示，单击“确定”按钮，得到的图像效果如图10-124所示。

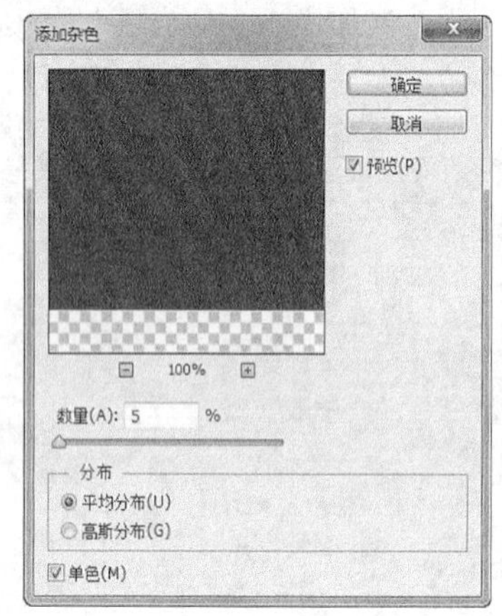

图10-123

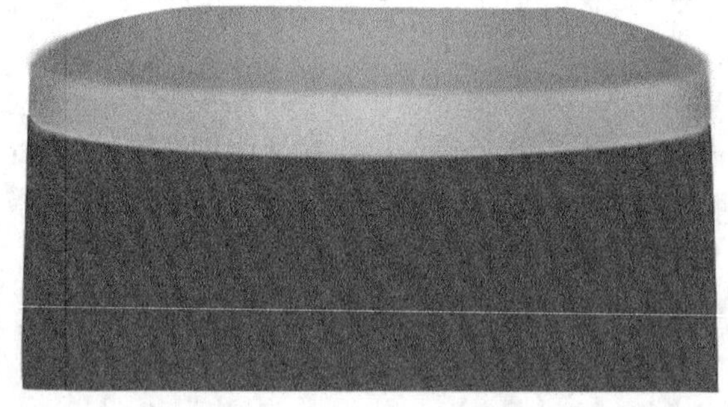

图10-124

11 使用“减淡工具”，在属性栏中设置画笔“大小”为125，“曝光度”为20%，对瓶颈图像中间进行涂抹，将其处理成如图10-125所示的效果。

图10-125

12 确定图层“瓶颈”为当前层，选择“椭圆选框工具”，在绘图区域绘制一个如图10-126所示的椭圆形选区，然后按Ctrl+J组合键复制选区中的图像到新的图层，再将该图层更名为“瓶扣”。

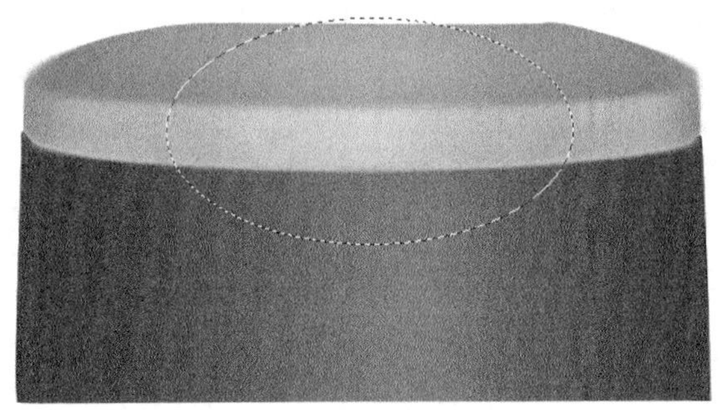

图10-126

13 确定图层“瓶扣”为当前层，然后选择“减淡工具”，在属性栏中设置画笔“大小”为60，“曝光度”为10%，将其处理成如图10-127所示的效果。

图10-127

14 创建一个新图层“瓶体外轮廓”，将其拖曳到最下面一层，然后使用“钢笔工具”在绘图区域绘制一个如图10-128所示的路径。

15 设置前景色为（R：242，G：206，B：146），然后单击“路径”面板下面的“用前景色填充路径”按钮，效果如图10-129所示。

图10-128　　图10-129

16 使用“加深工具”在属性栏中设置画笔“大小”为100，“曝光度”为20%，然后在图像两侧边缘部分来回涂抹，完成后的效果如图10-130所示。

17 在“路径”面板中选中“工作路径”，然后使用“直接选择工具”将路径调整成如图10-131所示的形状。

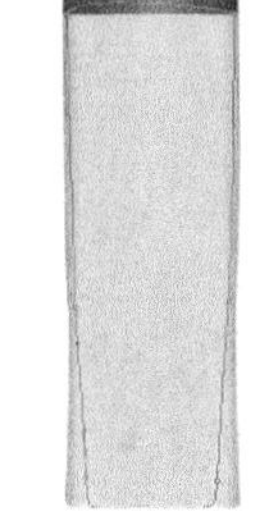

图10-130　　图10-131

18 单击“路径”面板下面的“将路径转换为选区”按钮，然后创建一个新图层“瓶体内轮廓”，设置前景色为橘黄色（R：242，G：206，B：146），再用前景色填充选区，最后使用“加深工具”将其处理成如图10-132所示的效果。

19 创建一个新图层“信息栏”，将其拖曳到图层“瓶体内轮廓”的上一层，然后使用“钢笔工具”在绘图区域绘制一个如图10-133所示的路径。

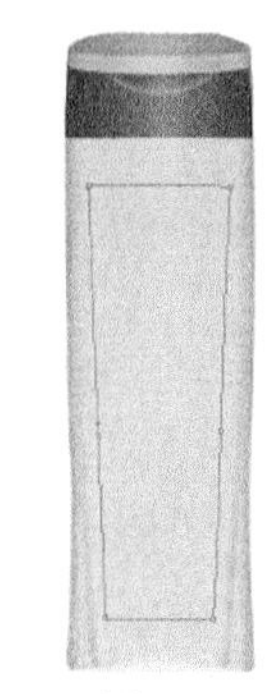

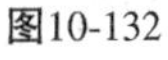

图10-132　　图10-133

20 设置前景色为淡黄色（R：252，G：227，B：171），单击“路径”面板下面的“用前景色填充路径”按钮，效果如图10-134所示。

21 设置前景色为白色，载入图层“信息栏”的选区，再使用“画笔工具”（设置画笔“主直径”为125，“不透明度”为20%）将其处理成如图10-135所示的效果。

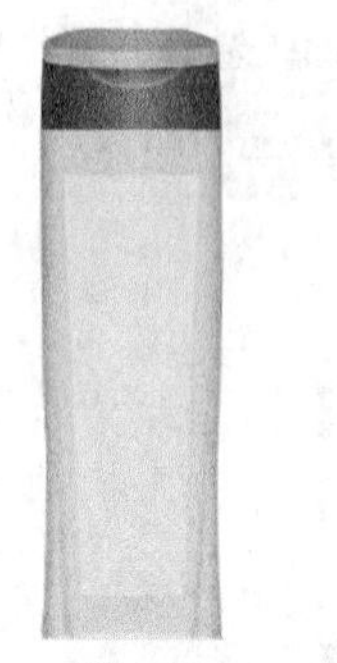
图10-134

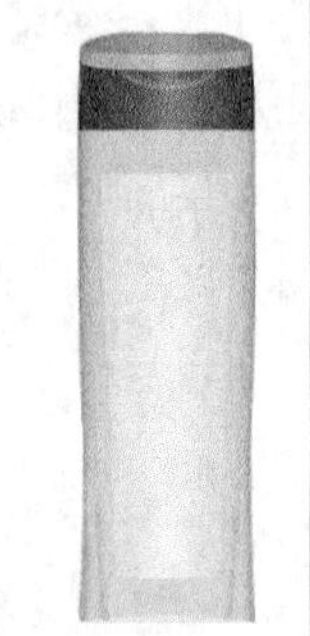
图10-135

22 创建一个新图层“瓶底轮廓”，将其拖曳到最上面一层，然后使用“钢笔工具”在绘图区域绘制一个如图10-136所示的路径。

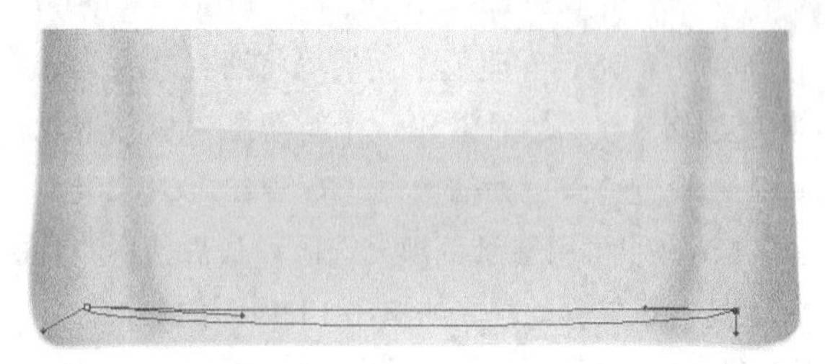
图10-136

23 设置前景色为淡黄色（R：255，G：242，B：209），然后单击“路径”面板下面的“用前景色填充路径”按钮，效果如图10-137所示。

图10-137

24 使用“多边形套索工具”将“瓶底”与“瓶体内轮廓”的重合部分勾选出来，再按Delete键删除选区中的图像，效果如图10-138所示，然后使用“加深工具”、“减淡工具”和“模糊工具”将其处理成如图10-139所示的效果。

图10-138

图10-139

10.4.2 制作标志

01 选中所有的图层，按Ctrl+G组合键将其归入一个组中并将该组更名为“瓶体模型”。创建一个新图层“产品标志”，然后使用“钢笔工具”在图层“信息栏”图像的左上部绘制一个如图10-140所示的路径。

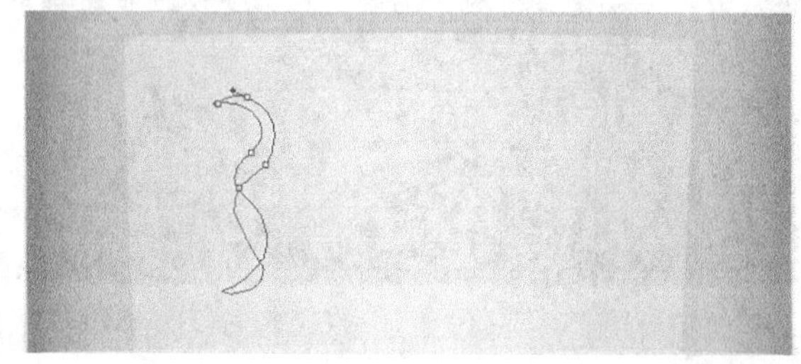
图10-140

02 设置前景色为黑色，然后单击“路径”面板下面的“用前景色填充路径”按钮，效果如图10-141所示。

图10-141

技巧与提示

由于该路径有两个交叉点，所以在绘制时最好分成3段来绘制。

03 创建一个新图层“产品标志左”，然后使用“钢笔工具”在绘图区域绘制一个如图10-142所示的路径，再单击“路径”下面的“用前景色填充路径”按钮，效果如图10-143所示。

图10-142

图10-143

04 单击“图层”面板下面的“添加图层蒙版”按钮，按D键还原前景色和背景色，然后在图像中从下向上拉出线性渐变，效果如图10-144所示。

05 单击“工具箱”中的“横排文字工具”，在图像中输入文字，然后在属性栏设置字体为“方正粗倩简体”，并适当调整字体大小，效果如图10-145所示。

图10-144

图10-145

06 使用“矩形选框工具”在绘图区域绘制一个如图10-146所示的矩形选区，然后设置前景色为深红色（R：121，G：29，B：2），再用前景色填充选区，效果如图10-147所示。

图10-146

图10-147

07 使用“横排文字工具”在红色矩形图像中输入相应的文字信息，完成后的效果如图10-148所示。

图10-148

08 创建一个新图层“洗发水标志”，然后使用“钢笔工具”在“瓶体”的中心部分绘制一个如图10-149所示的路径。

图10-149

(09) 设置前景色为（R：173，G：14，B：20），单击“路径”面板下面的“用前景色填充路径”按钮，效果如图10-150所示，然后使用“加深工具”和“减淡工具”将其处理成如图10-151所示的效果。

图10-150

图10-151

(10) 按住Shift键的同时使用“椭圆选框工具”在绘图区域绘制一个如图10-152所示的圆形选区。

图10-152

(11) 选择“渐变工具”，打开“渐变编辑器”对话框，设置颜色从白色到粉红色（R：229，G：181，B：163），然后对选区应用“径向渐变”填充，具体参数设置如图10-153所示，效果如图10-154所示。

技巧与提示

不直接用径向渐变主要是因为没有采用辅助线来绘制圆形选区，不易准确地把握中心点，而采用新建图层自动填充渐变的方法可以很准确地把握渐变中心点。

(12) 载入上一步绘制的渐变图层的选区，设置前景色为白色，再使用“画笔工具”在属性栏设置画笔“大小”为60，“不透明度”为30%，然后在中心部分涂抹，效果如图10-155所示。

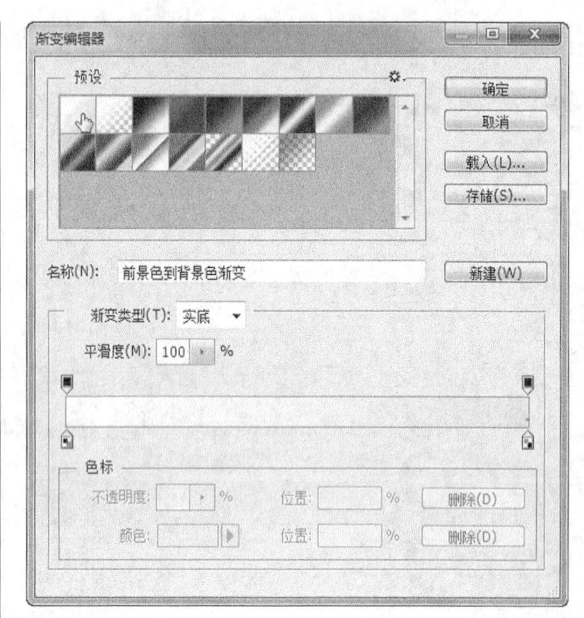

图10-153

图10-154

图10-155

(13) 保持选区状态，设置前景色为白色，再创建一个新图层“外框”，然后执行“编辑>描边”菜单命令打开“描边”对话框，设置“宽度”为5像素，“位置”为居中，如图10-156所示，单击“确定”按钮，得到的描边效果如图10-157所示。

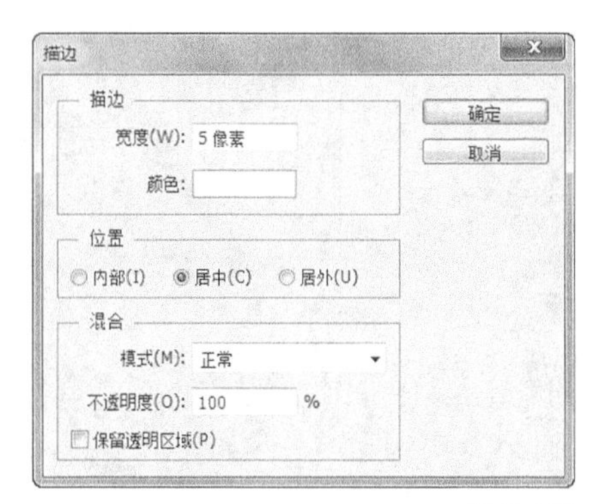

图10-156

图10-157

14 执行“图层>图层样式>斜面和浮雕”命令，打开“图层样式”对话框，设置样式为“内斜面”，再设置光泽等高线为“环形”，其他参数设置如图10-158所示，效果如图10-159所示。

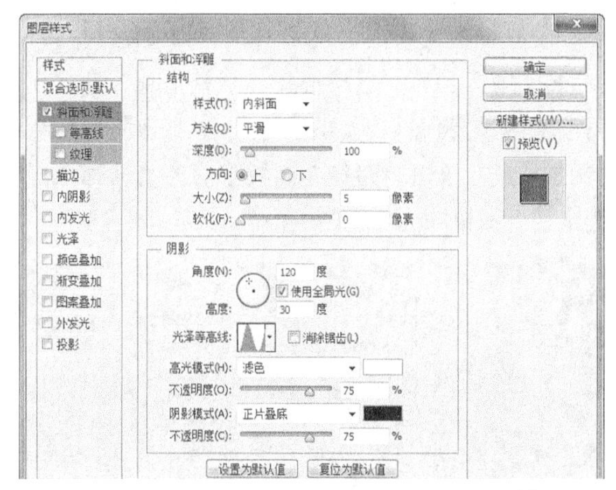

图10-158

图10-159

15 最后在洗发水“瓶体”上输入其他相关文字信息，完成后的效果如图10-160所示。

图10-160

10.4.3　制作首乌效果

01 下面制作首乌图像效果。选择“自定形状工具”，在属性栏单击“路径”按钮，然后单击“形状”右侧的“自定形状拾色器”按钮，在弹出的面板中选择“叶子3”，如图10-161所示，按住Shift键的同时在绘图区域等比例绘制一个叶子形状的路径，效果如图10-162所示。

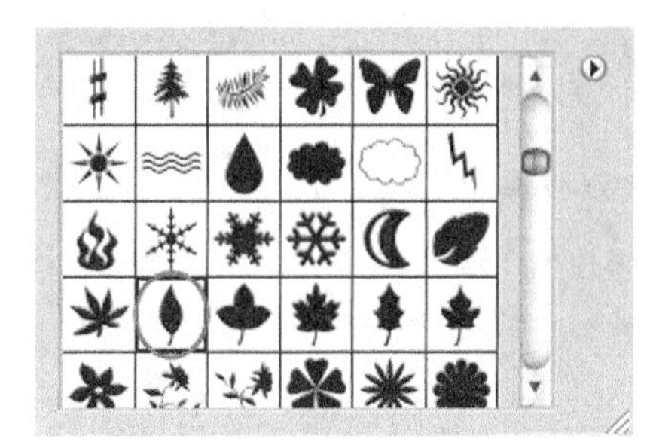

图10-161

图10-162

02 使用“直接选择工具”将路径调整成如图10-163所示的效果，再单击创建一个新图层“叶子”，设置前景色为（R：118，G：155，B：63），然后单击“路径”面板下面的“用前景色填充路径”按钮，效果如图10-164所示。

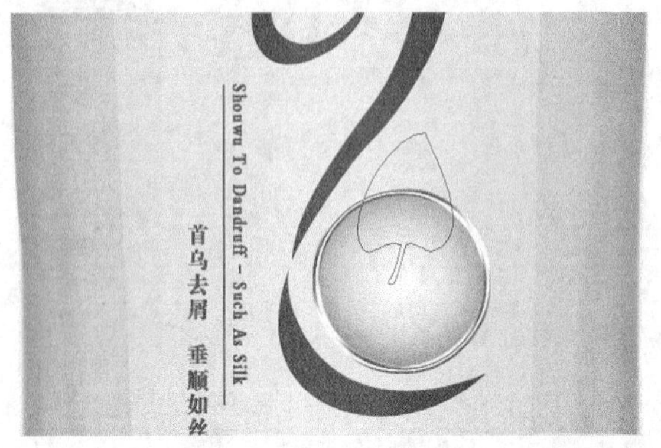

图10-163

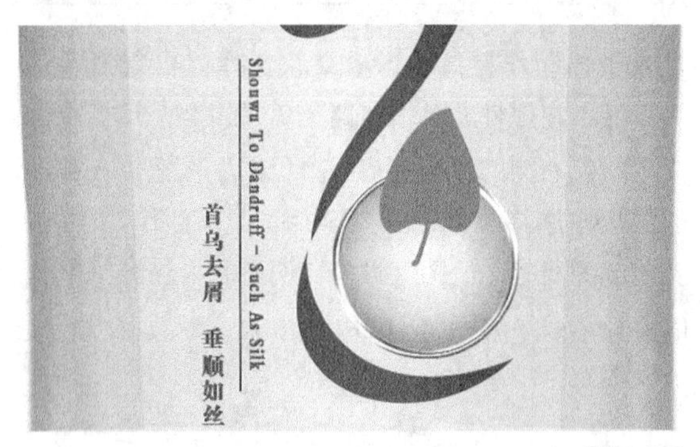

图10-164

03 设置前景色为（R：63，G：100，B：22），再使用“画笔工具”在属性栏中设置画笔大小为3，“不透明度”为40%，然后在“叶子”上绘制“叶茎”，效果如图10-165所示。

图10-165

04 使用“多边形套索工具”将“叶柄”部分勾选出来，再按Delete键删除选区中的图像，然后按Ctrl+T组合键对其做如图10-166所示的变形。

图10-166

05 复制若干个“叶子”副本，然后按Ctrl+T组合键对其做如图10-167所示的变形。

图10-167

06 使用“钢笔工具”绘制如图10-168所示的路径，再创建一个新图层“藤”，将其拖曳到所有“叶子”图层的下面，设置前景色为（R：133，G：87，B：79），然后选择“画笔工具”，在属性栏中设置画笔“大小”为5，“不透明度”为100%，最后单击“路径”面板下面的“用画笔描边路径”按钮，效果如图10-169所示。

图10-168

技巧与提示

由于该路径是由多条单线段的路径组成，在绘制完一条路径后，按Esc键可确认该路径的绘制，然后绘制下一条路径，同时需要注意的是绘制的路径一定要根据叶子的分布情况来绘制。

图10-169

07 使用“加深工具”和“减淡工具”在“藤”的末梢和顶部来回涂抹，再按Ctrl+T组合键将其等比例缩小到如图10-170所示的大小。

图10-170

08 使用“钢笔工具”在绘图区域绘制一个如图10-171所示的路径，然后创建一个新图层“首乌果实”，设置前景色为（R: 203，G: 74，B: 41），再单击“路径”面板下面的“用前景色填充路径”按钮，效果如图10-172所示。

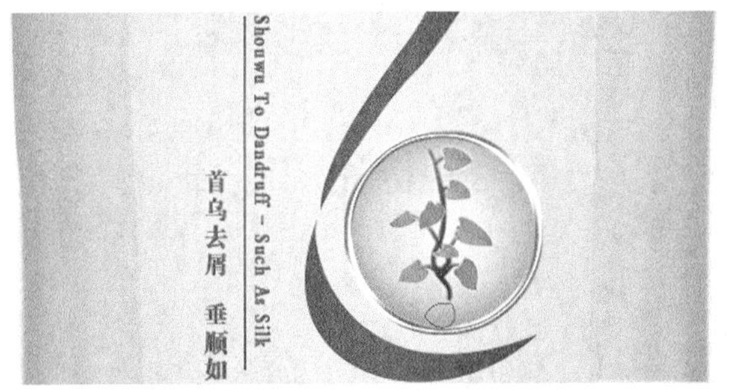

图10-171

图10-172

09 使用“加深工具”在属性栏中设置画笔“大小”为6，“曝光度”为40%，在“首乌果实”的边缘部分来回涂抹，效果如图10-173所示，然后复制两个“首乌果实”副本，再按Ctrl+T组合键将其变形，最后按Ctrl+E组合键合并制作“首乌果实”的3个图层，将合并后的图层更名为“一排首乌果实”，效果如图10-174所示。

图10-173

图10-174

10 确定图层“一排首乌果实”为当前层，复制一个副本并按Ctrl+T组合键对其做如图10-175所示的变形，确定图层“一排首乌果实”为当前层，然后使用“多边形套索工具”勾选出根的形状，用前景色填充选区，最后使用“加深工具”加深根和果实的结合部分，效果如图10-176所示。

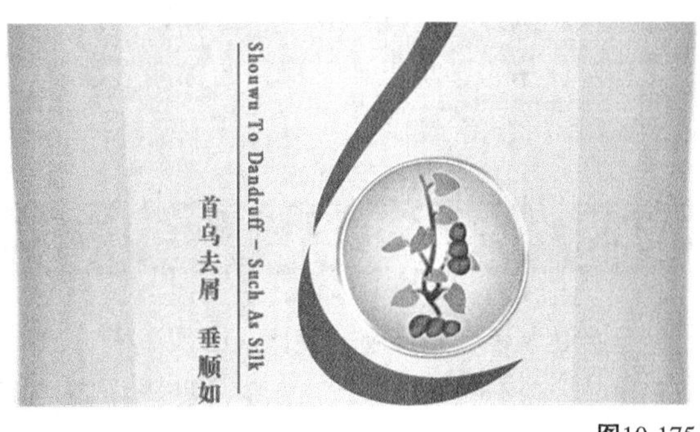

图10-175

图10-176

11 选中除“背景”图层外的所有图层，然后通过“复制”和“移动”命令制作系列包装中的另外两个“洗发水”包装，效果如图10-177所示。

图10-177

12 打开本书配套资源中的“素材文件>CH10>洗发水包装设计>蓝色背景.jpg”文件，然后使用“移动工具”将其拖曳到当前操作界面中的合适位置，适当调整大小，如图10-178所示。

13 选择洗发水合并后的图层，按Ctrl+J组合键复制图层，执行“编辑>变换>垂直翻转”菜单命令，然后使用“移动工具”将图像向下移动，效果如图10-179所示。

图10-178

图10-179

14 选择“橡皮擦工具”，在属性栏中设置画笔“大小”为100，“不透明度”为50%，对复制的洗发水图像进行涂抹，得到倒影效果，如图10-180所示。

图10-180

10.5 本章小结

造型包装设计是直观的设计，必须清晰明了，同时要在有限的展示面内突出产品特点，使消费者对其一目了然。造型包装设计也是竞争的设计，要做到创新表现，应该先了解自身归属、价格因素和消费者定位等条件，然后再着手进行设计，这样才能做出好的造型包装设计。

10.6　课后习题

练习是学习的过程中必不可少的一个环节，也是非常重要的一个环节，因为实践才是获得真理的最佳途径。鉴于包装设计的重要性和复杂性，本章安排了3个课后习题，用于巩固所学知识。

10.6.1　课后习题1——饮料包装设计

案例位置　案例文件>CH10>饮料包装设计.psd
视频位置　多媒体教学>CH10>饮料包装设计.flv
难易指数　★★★☆☆
学习目标　练习用"渐变工具"及水果素材合成饮料瓶

饮料包装的设计主要体现出饮品的健康和独有特点。抓住这两点，在设计中就会容易很多，如何去体现这两点是非常关键的。本案例以拉链的形式将每种饮料的主要原料呈现出来，思维非常新颖，天使和蝴蝶素材的运用，体现出了饮料的健康。饮料包装设计的最终效果如图10-181所示。

图10-181

步骤分解如图10-182所示。

图10-182

10.6.2 课后习题2——巧克力包装设计

案例位置 案例文件>CH10>巧克力包装设计.psd
视频位置 多媒体教学>CH10>巧克力包装设计.flv
难易指数 ★★★★☆
学习目标 练习用"画笔工具"绘制包装袋的立体感；用图层样式制作巧克力质感文字

巧克力包装定位在中高端，主要消费人群是年轻人、恋人和朋友等，整体有档次，有品位。因为心代表了亲情、爱情和友情等感情色彩，因此本例以心为主题图形来展开设计。巧克力包装设计的最终效果如图10-183所示。

图10-183

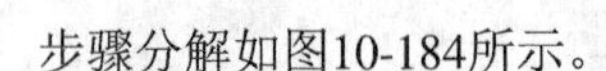

步骤分解如图10-184所示。

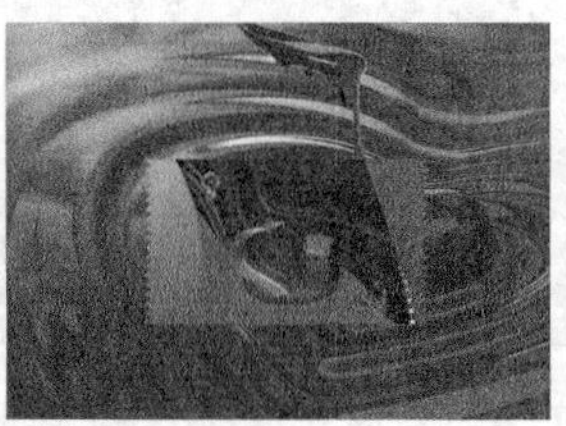

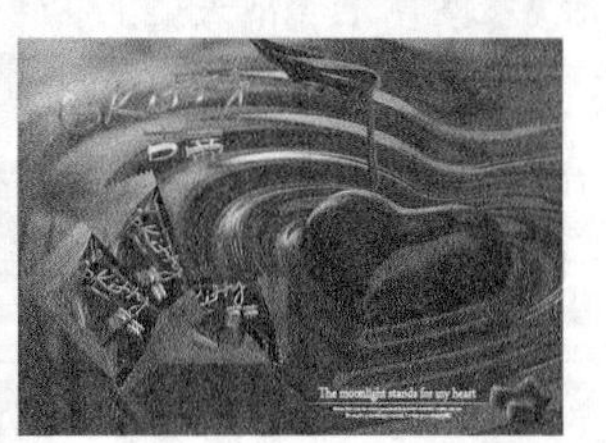

图10-184

10.6.3 课后习题3——白酒包装设计

案例位置 案例文件>CH10>白酒包装设计.psd
视频位置 多媒体教学>CH10>白酒包装设计.flv
难易指数 ★★★★☆
学习目标 练习用各种元素合成正面图；用图层样式制作主题文字

本案例是为白酒设计的一款包装，整个设计稳重大方，红色与金黄色的搭配给人一种喜庆的感觉，尤其是主体文字"福"字的处理，立体感非常强，是整个设计的精髓。白酒包装的最终效果如图10-185所示。

图10-185

步骤分解如图10-186所示。

图10-186